U0036743

Deepen Your Mind

Deepen Your Mind

前言

TensorFlow 是目前使用最廣泛的機器學習架構，能滿足廣大使用者的需求。如今 TensorFlow 已經更新到 2.X 版本，具有更強的便利性。

❖ 本書特色

1. 以 2.X 版本為基礎，提供了大量的程式設計經驗

本書中的實例全部基於 TensorFlow 2.1 版本，同時也包含了許多該版本的使用技巧和經驗。

2. 覆蓋了 TensorFlow 的大量介面

TensorFlow 是一個非常龐大的架構，內部有很多介面可以滿足不同使用者的需求。合理使用現有介面可以在開發過程中獲得事半功倍的效果。然而，由於 TensorFlow 的程式更新速度太快，有些介面的搭配文件並不是很全。作者花了大量的時間與精力，對一些實用介面的使用方法進行摸索與整理，並將這些方法寫到書中。

3. 提供了高度可重用程式，公開了大量的商用程式片段

本書實例中的程式大多來自作者的商業專案，這些程式的便利性、穩定性、再使用性都很強。讀者可以將這些程式分析出來直接用在自己的專案中，加快開發進度。

4. 書中的實戰案例可應用於真實場景

本書中大部分實例都是目前應用非常廣泛的通用任務，包含圖片分類、物件辨識文字分類、影像產生、識別未知分類等多個方向。讀者可以在書中介紹的模型的基礎上，利用自己的業務資料集快速實現 AI 功能。

5. 從專案角度出發，覆蓋專案開發全場景

本書以專案實現為目標，全面覆蓋開發實際 AI 專案中所相關的知識，並全部配有實例，包含開發資料集、訓練模型、特徵工程、開發模型、分散式訓練。其中，特徵工程部分全面説明了 TensorFlow 中的特徵列介面。該介面可以使資料在特徵處理階段就以圖的方式進行加工，進一步確保了在訓練場景下和使用場景下模型的輸入統一。

6. 提供了大量前端論文連結地址，便於讀者進一步深入學習

本書使用的 AI 模型，參考了一些前端的技術論文，並做了一些結構改進。這些實例具有很高的科學研究價值。讀者可以參考這些論文，進一步深入學習更多的前端知識，再配合本書的實例進行充分了解，達到融會貫通。本書也可以幫助 AI 研究者進行學術研究。

7. 注重方法與經驗的傳授

本書在説明知識時，更注重傳授方法與經驗。全書共有幾十個「提示」標籤，其中的內容都是功力很高的成功經驗分享與易錯事項歸納，有關於經驗技巧的，也有關於風險避開的，可以幫助讀者在學習的路途上披荊斬棘，快速進步。

❀ 本書資源下載

本書程式碼請至本公司官網 https://deepmind.com.tw/ 尋找相關書號下載。另本書資料集較大，請至原書網站下載，網址為：

https://www.aianaconda.com/index/tensorFlow2x

❀ 本書適合讀者群

- 人工智慧同好
- 人工智慧開發工程師
- 人工智慧相關課程的大專院校學生
- 使用 TensorFlow 架構的工程師
- 人工智慧專業的教師
- 整合人工智慧的開發人員
- 人工智慧初學者

♣ 關於作者

本書的內容由李金洪主筆撰寫，書中的大部分程式由許青幫忙偵錯和整理，在此表示感謝。

許青，NLP 演算法工程師，南京航空太空大學碩士畢業，取得許多電腦視覺相關專利，作為核心開發人員參與過多個領域的 AI 專案。

李金洪

目錄

第一篇　準備篇

01　學習準備

1.1　什麼是 TensorFlow 架構...........1-1

1.2　如何學習本書...........................1-3

02　快速上手 TensorFlow

2.1　設定 TensorFlow 環境...............2-1

    2.1.1　準備硬體 2-1

    2.1.2　準備開發環境 2-3

    2.1.3　安裝 TensorFlow 2-4

    2.1.4　檢視顯示卡的指令及方法2-5

    2.1.5　建立虛擬環境 2-8

2.2　訓練模型的兩種方式................2-11

    2.2.1　「靜態圖」方式 2-11

    2.2.2　「動態圖」方式 2-12

2.3　實例 1：用靜態圖訓練模型，
　　　使其能夠從一組資料中找到
　　　y ≈ 2x 規律 2-13

    2.3.1　開發步驟與程式實現 2-13

    2.3.2　模型是如何訓練的 2-21

    2.3.3　產生檢查點檔案 2-21

    2.3.4　載入檢查點檔案 2-22

    2.3.5　修改輪次次數，二次訓練2-22

2.4　實例 2：用動態圖訓練一個具
　　　有儲存檢查點功能的回歸模型2-23

    2.4.1　程式實現：定義動態圖
　　　　　的網路結構 2-23

    2.4.2　程式實現：在動態圖中
　　　　　加入儲存檢查點功能 2-24

    2.4.3　程式實現：在動態圖中
　　　　　訓練模型 2-25

    2.4.4　執行程式，顯示結果 2-25

03　TensorFlow 2.X 程式設計基礎

3.1　動態圖的程式設計方式............3-1

    3.1.1　實例 3：在動態圖中取得
　　　　　參數 3-1

    3.1.2　實例 4：在靜態圖中使用
　　　　　動態圖 3-4

    3.1.3　什麼是自動圖 3-6

3.2　掌握估算器架構介面的應用....3-7

    3.2.1　了解估算器架構介面 3-7

    3.2.2　實例 5：使用估算器架構 3-8

    3.2.3　定義估算器中模型函數
　　　　　的方法 3-16

    3.2.4　用 tf.estimator.RunConfig
　　　　　控制更多的訓練細節 3-17

    3.2.5　用 config 檔案分配硬體
　　　　　運算資源 3-18

    3.2.6　透過暖啟動實現模型微調3-19

    3.2.7　測試估算器模型 3-22

    3.2.8　使用估算器模型 3-23

    3.2.9　用鉤子函數（Training_
　　　　　Hooks）追蹤訓練狀態 3-24

3.2.10 實例 6：用鉤子函數取得
估算器模型的記錄檔 3-25

3.3 實例 7：將估算器模型轉化成
靜態圖模型 3-26
3.3.1 程式實現：複製網路結構3-27
3.3.2 程式實現：重用輸入函數3-29
3.3.3 程式實現：建立階段恢
復模型 3-29
3.3.4 程式實現：繼續訓練 3-30

3.4 實例 8：用估算器架構實現分
散式部署訓練 3-32
3.4.1 執行程式：修改估算器
模型，使其支援分散式 ...3-32
3.4.2 透過 TF_CONFIG 變數
進行分散式設定 3-33
3.4.3 執行程式 3-35
3.4.4 擴充：用分佈策略或
KubeFlow 架構進行分散
式部署 3-37

3.5 掌握 tf.keras 介面的應用 3-37
3.5.1 了解 Keras 與 tf.keras 介
面 3-37
3.5.2 實例 9：用呼叫函數式
API 進行開發 3-38
3.5.3 實例 10：用建置子類別
模式進行開發 3-42
3.5.4 使用 tf.keras 介面的開發
模式歸納 3-46
3.5.5 儲存模型與載入模型 3-47
3.5.6 模型與 JSON 檔案的匯
入 / 匯出 3-48
3.5.7 了解 tf.keras 介面中訓練
模型的方法 3-49
3.5.8 Callbacks() 方法的種類 3-52

3.6 分配運算資源與使用分佈策略3-53
3.6.1 為整個程式指定實際的
GPU 卡 3-53
3.6.2 為整個程式指定所佔的
GPU 顯示記憶體 3-54
3.6.3 在程式內部，轉換不同
的 OP（運算符號）到指
定的 GPU 卡 3-55
3.6.4 其他設定相關的選項 3-55
3.6.5 動態圖的裝置指派 3-56
3.6.6 使用分佈策略 3-56

3.7 用 tfdbg 偵錯 TensorFlow 模型 3-57

3.8 用自動混合精度加速模型訓練3-57
3.8.1 自動混合精度的原理 3-58
3.8.2 自動混合精度的實現 3-58
3.8.3 自動混合精度的常見問題3-59

第二篇 基礎篇

04 用 TensorFlow 製作自己的資料集

4.1 資料集的基本介紹 4-1
4.1.1 TensorFlow 中的資料集
格式 4-2
4.1.2 資料集與架構 4-2
4.1.3 什麼是 TFDS 4-3

4.2 實例 11：將模擬資料製作成
記憶體物件資料集 4-4
4.2.1 程式實現：產生模擬資料4-4
4.2.2 程式實現：定義預留位置4-5
4.2.3 程式實現：建立階段，
並取得資料 4-5

4.2.4 程式實現：將模擬資料
　　　視覺化 4-6
4.2.5 執行程式 4-6
4.2.6 程式實現：建立帶有疊
　　　代值並支援亂數功能的
　　　模擬資料集 4-7

4.3 實例 12：將圖片製作成記憶
　　體物件資料集 4-10
4.3.1 樣本介紹 4-11
4.3.2 程式實現：載入檔案名
　　　稱與標籤 4-12
4.3.3 程式實現：產生佇列中
　　　的批次樣本資料 4-13
4.3.4 程式實現：在階段中使
　　　用資料集 4-14
4.3.5 執行程式 4-16

4.4 實例 13：將 Excel 檔案製作
　　成記憶體物件資料集 4-16
4.4.1 樣本介紹 4-17
4.4.2 程式實現：逐行讀取資
　　　料並分離標籤 4-17
4.4.3 程式實現：產生佇列中
　　　的批次樣本資料 4-18
4.4.4 程式實現：在階段中使
　　　用資料集 4-20
4.4.5 執行程式 4-21

4.5 實例 14：將圖片檔案製作成
　　TFRecord 資料集 4-22
4.5.1 樣本介紹 4-22
4.5.2 程式實現：讀取樣本檔
　　　案的目錄及標籤 4-23
4.5.3 程式實現：定義函數產
　　　生 TFRecord 資料集 4-24
4.5.4 程式實現：讀取
　　　TFRecord 資料集，並將
　　　其轉化為佇列 4-25

4.5.5 程式實現：建立階段，
　　　將資料儲存到檔案 4-27
4.5.6 執行程式 4-28

4.6 實例 15：將記憶體物件製作
　　成 Dataset 資料集 4-29
4.6.1 如何產生 Dataset 資料集 .4-30
4.6.2 如何使用 Dataset 介面 4-31
4.6.3 tf.data.Dataset 介面所支
　　　援的資料集轉換操作 4-31
4.6.4 程式實現：以元組和字
　　　典的方式產生 Dataset 物
　　　件 4-37
4.6.5 程式實現：對 Dataset 物
　　　件中的樣本進行轉換操作4-38
4.6.6 程式實現：建立 Dataset
　　　疊代器 4-39
4.6.7 程式實現：在階段中取
　　　出資料 4-40
4.6.8 執行程式 4-40
4.6.9 使用 tf.data.Dataset.from_
　　　tensor_slices 介面的注意
　　　事項 4-42

4.7 實例 16：將圖片檔案製作成
　　Dataset 資料集 4-43
4.7.1 程式實現：讀取樣本檔
　　　案的目錄及標籤 4-44
4.7.2 程式實現：定義函數，
　　　實現圖片轉換操作 4-44
4.7.3 程式實現：用自訂函數
　　　實現圖片歸一化 4-45
4.7.4 程式實現：用第三方函
　　　數將圖片旋轉 30° 4-45
4.7.5 程式實現：定義函數，
　　　產生 Dataset 物件 4-47
4.7.6 程式實現：建立階段，
　　　輸出資料 4-47

4.7.7 執行程式 4-49

4.7.8 擴充：使用 Addons 模組
增強程式 4-50

4.8 實例 17：在動態圖中讀取
Dataset 資料集 4-51

4.8.1 程式實現：增加動態圖
呼叫 4-51

4.8.2 製作資料集 4-51

4.8.3 程式實現：在動態圖中
顯示資料 4-52

4.9 實例 18：在不同場景中使用
資料集 4-53

4.9.1 程式實現：在訓練場景
中使用資料集 4-53

4.9.2 程式實現：在應用模型
場景中使用資料集 4-55

4.9.3 程式實現：在訓練與測
試混合場景中使用資料集 4-55

4.10 tf.data.Dataset 介面的更多
應用 4-57

05 數值分析與特徵工程

5.1 什麼是特徵工程 5-1

5.1.1 特徵工程的作用 5-2

5.1.2 特徵工程的方法 5-2

5.1.3 離散資料特徵與連續資
料特徵 5-3

5.1.4 連續資料與離散資料的
相互轉換 5-3

5.2 什麼是特徵列介面 5-4

5.2.1 實例 19：用 feature_
column 模組處理連續值
特徵列 5-4

5.2.2 實例 20：將連續值特徵
列轉換成離散值特徵列 ...5-9

5.2.3 實例 21：將離散文字特
徵列轉為 one-hot 編碼與
詞向量 5-11

5.2.4 實例 22：根據特徵列產
生交換列 5-20

5.2.5 了解序列特徵列介面 5-22

5.2.6 實例 23：使用序列特徵
列介面對文字資料前置
處理 5-23

5.3 實例 24：用 wide_deep 模型
預測人口收入 5-28

5.3.1 認識 wide_deep 模型 5-28

5.3.2 模型任務與資料集介紹 ...5-29

5.3.3 程式實現：探索性資料
分析 5-32

5.3.4 程式實現：將樣本轉為
特徵列 5-34

5.3.5 程式實現：產生估算器
模型 5-38

5.3.6 程式實現：定義輸入函數 5-39

5.3.7 程式實現：定義用於匯
出凍結圖檔案的函數 5-40

5.3.8 程式實現：定義類別，
解析啟動參數 5-41

5.3.9 程式實現：訓練和測試
模型 5-42

5.3.10 程式實現：使用模型 5-44

5.3.11 程式實現：呼叫模型進
行預測 5-45

5.4 實例 25：梯度提升樹
（TFBT）介面的應用 5-46

5.4.1 梯度提升樹介面介紹 5-46

5.4.2 程式實現：為梯度提升
樹模型準備特徵列 5-47

5.4.3 程式實現：建置梯度提
升樹模型 5-48

5.4.4 訓練並使用模型 5-49

5.5 實例 26：以知識圖譜為基礎
的電影推薦系統 5-50

5.5.1 模型任務與資料集介紹 ...5-50

5.5.2 前置處理資料 5-51

5.5.3 程式實現：架設 MKR
模型 5-51

5.5.4 訓練模型並輸出結果 5-60

5.6 實例 27：預測飛機引擎的剩
餘使用壽命 5-60

5.6.1 模型任務與資料集介紹 ...5-60

5.6.2 循環神經網路介紹 5-62

5.6.3 了解 RNN 模型的基礎單
元 LSTM.....................5-62

5.6.4 認識 JANET 單元 5-66

5.6.5 程式實現：前置處理資
料——製作資料集的輸
入樣本與標籤 5-67

5.6.6 程式實現：建置帶有
JANET 單元的多層動態
RNN 模型 5-72

5.6.7 程式實現：訓練並測試
模型 5-73

5.6.8 執行程式 5-75

第三篇 進階篇

06 自然語言處理

6.1 BERT 模型與 NLP 的發展
階段...................................6-1

6.1.1 基礎的神經網路階段 6-1

6.1.2 BERTology 階段...............6-2

6.2 實例 28：用 TextCNN 模型分
析評論者是否滿意....................6-2

6.2.1 什麼是卷積神經網路 6-3

6.2.2 模型任務與資料集介紹 ...6-4

6.2.3 熟悉模型：了解
TextCNN 模型 6-4

6.2.4 資料前置處理：用
preprocessing 介面製作
字典 6-5

6.2.5 程式實現：產生 NLP 文
字資料集 6-9

6.2.6 程式實現：定義
TextCNN 模型 6-11

6.2.7 執行程式 6-13

6.3 實例 29：用帶注意力機制的
模型分析評論者是否滿意........6-13

6.3.1 BERTology 系列模型的
基礎結構——注意力機制6-13

6.3.2 了解帶有位置向量的詞
嵌入模型 6-16

6.3.3 了解模型任務與資料集 ...6-17

6.3.4 程式實現：將 tf.keras 介
面中的 IMDB 資料集還
原成句子 6-18

6.3.5 程式實現：用 tf.keras 介
面開發帶有位置向量的
詞嵌入層 6-21

6.3.6 程式實現：用 tf.keras 介
面開發注意力層 6-23

6.3.7 程式實現：用 tf.keras 介
面訓練模型 6-26

6.3.8 執行程式 6-28

6.3.9 擴充：用 Targeted
Dropout 技術進一步提升
模型的效能 6-28

6.4 實例 30：用帶有動態路由的
　　RNN 模型實現文字分類任務 ..6-29
　　6.4.1 了解膠囊神經網路與動
　　　　　態路由 6-29
　　6.4.2 模型任務與資料集介紹 ...6-37
　　6.4.3 程式實現：前置處理資
　　　　　料——對齊序列資料並
　　　　　計算長度 6-37
　　6.4.4 程式實現：定義資料集 ...6-38
　　6.4.5 程式實現：用動態路由
　　　　　演算法聚合資訊 6-38
　　6.4.6 程式實現：用 IndyLSTM
　　　　　單元架設 RNN 模型 6-41
　　6.4.7 程式實現：建立階段，
　　　　　訓練網路 6-42
　　6.4.8 擴充：用分級網路將文
　　　　　章（長文字資料）分類 ...6-43

6.5 NLP 中的常見任務及資料集 ...6-44
　　6.5.1 以文章處理為基礎的任務6-44
　　6.5.2 以句子處理為基礎的任務6-44
　　6.5.3 以句子中詞為基礎的處
　　　　　理任務 6-46

6.6 了解 Transformer 函數庫 6-47
　　6.6.1 什麼是 Transformers 函
　　　　　數庫 6-48
　　6.6.2 Transformers 函數庫的安
　　　　　裝方法 6-49
　　6.6.3 檢視 Transformers 函數
　　　　　庫的安裝版本 6-50
　　6.6.4 Transformers 函數庫的 3
　　　　　層應用結構 6-51

6.7 實例 31：用管線方式完成多
　　種 NLP 任務 6-52
　　6.7.1 在管線方式中指定 NLP
　　　　　任務 6-52

6.7.2 程式實現：完成文字分
　　　　類任務 6-53
6.7.3 程式實現：完成特徵分
　　　　析任務 6-55
6.7.4 程式實現：完成完形填
　　　　空任務 6-57
6.7.5 程式實現：完成閱讀了
　　　　解任務 6-59
6.7.6 程式實現：完成摘要產
　　　　生任務 6-60
6.7.7 預訓練模型檔案的組成
　　　　及其載入時的固定名稱 ..6-61
6.7.8 程式實現：完成實體詞
　　　　識別任務 6-62
6.7.9 管線方式的工作原理 6-63
6.7.10 在管線方式中應用指定
　　　　 模型 6-66

6.8 Transformers 函數庫中的自動
　　模型類別（TFAutoModel）.......6-67
　　6.8.1 了解各種 TFAutoModel
　　　　　類別 6-67
　　6.8.2 TFAutoModel 類別的模型
　　　　　載入機制 6-68
　　6.8.3 Transformers 函數庫中其
　　　　　他的語言模型（model_
　　　　　cards）.............................6-69

6.9 Transformers 函數庫中的
　　BERTology 系列模型 6-71
　　6.9.1 Transformers 函數庫的檔
　　　　　案結構 6-71
　　6.9.2 尋找 Transformers 函數庫
　　　　　中可以使用的模型 6-76
　　6.9.3 更適合 NLP 任務的啟動
　　　　　函數（GELU）..................6-78
　　6.9.4 實例 32：用 BERT 模型
　　　　　實現完形填空任務 6-79

6.10 Transformers 函數庫中的詞表
工具......................................6-83
  6.10.1 了解 PreTrainedTokenizer
類別中的特殊詞.............6-84
  6.10.2 PreTrainedTokenizer 類
別中的特殊詞使用方法
舉例................................6-85
  6.10.3 在 PreTrainedTokenizer
類別中增加詞.................6-90
  6.10.4 實例 33：用手動載入
GPT2 模型權重的方式
將句子補充完整.............6-91
  6.10.5 子詞的拆分原理.............6-95
6.11 BERTology 系列模型.................6-97
  6.11.1 Transformer 模型之前的
主流模型........................6-97
  6.11.2 Transformer 模型............6-99
  6.11.3 BERT 模型......................6-102
  6.11.4 BERT 模型的缺點..........6-105
  6.11.5 GPT-2 模型.....................6-106
  6.11.6 Transformer-XL 模型......6-107
  6.11.7 XLNet 模型.....................6-108
  6.11.8 XLNet 模型與 AE 和
AR 間的關係..................6-112
  6.11.9 RoBERTa 模型................6-113
  6.11.10 ELECTRA 模型.............6-114
  6.11.11 T5 模型.........................6-115
  6.11.12 ALBERT 模型................6-116
  6.11.13 DistillBERT 模型與知識
蒸餾..............................6-119
6.12 用遷移學習訓練 BERT 模型
來對中文分類........................6-120
  6.12.1 樣本介紹........................6-121
  6.12.2 程式實現：建置並載入
BERT 預訓練模型.........6-121
  6.12.3 程式實現：建置資料集.6-123

  6.12.4 BERT 模型類別的內部
邏輯...............................6-124
  6.12.5 程式實現：定義最佳化
器並訓練模型...............6-127
  6.12.6 擴充：更多的中文預訓
練模型...........................6-128

07 機器視覺處理

7.1 實例 34：使用預訓練模型識
別影像....................................7-1
  7.1.1 了解 ResNet50 模型與殘
差網路.............................7-1
  7.1.2 取得預訓練模型................7-3
  7.1.3 使用預訓練模型................7-4
  7.1.4 預訓練模型的更多呼叫
方式..................................7-6
7.2 了解 EfficientNet 系列模型......7-6
  7.2.1 EfficientNet 系列模型的
主要結構..........................7-7
  7.2.2 MBConv 卷積塊................7-8
  7.2.3 什麼是深度可分離卷積...7-9
  7.2.4 什麼是 DropConnect 層....7-12
  7.2.5 模型的規模和訓練方式...7-13
  7.2.6 隨機資料增強
（RandAugment）................7-15
  7.2.7 用對抗樣本訓練的模型
——AdvProp....................7-15
  7.2.8 用自訓練架構訓練的模
型——Noisy Studet...........7-17
  7.2.9 主流卷積模型的通用結
構——單調設計 7-18
  7.2.10 什麼是物件辨識中的上
取樣與下取樣.................7-19
  7.2.11 用八度卷積取代模型中
的普通卷積.......................7-20

7.2.12 實例 35：用 EfficientNet
模型識別影像 7-22

7.3 實例 36：在估算器架構中用
tf.keras 介面訓練 ResNet 模
型，識別圖片中是橘子還是
蘋果....................................7-22
  7.3.1 樣本準備 7-22
  7.3.2 程式實現：準備訓練與
      測試資料集 7-23
  7.3.3 程式實現：製作模型輸
      入函數 7-23
  7.3.4 程式實現：架設 ResNet
      模型 7-24
  7.3.5 程式實現：訓練分類器
      模型 7-25
  7.3.6 執行程式：評估模型 7-26
  7.3.7 擴充：全連接網路的最
      佳化 7-27
  7.3.8 在微調過程中如何選取
      預訓練模型 7-27

7.4 以圖片內容為基礎的處理任務7-28
  7.4.1 了解物件辨識任務 7-29
  7.4.2 了解圖片分割任務 7-29
  7.4.3 什麼是非極大值抑制
      （NMS）演算法.................7-30
  7.4.4 了解 Mask R-CNN 模型 ...7-31
  7.4.5 了解 Anchor-Free 模型 7-33
  7.4.6 了解 FCOS 模型 7-35
  7.4.7 了解 focal 損失 7-36
  7.4.8 了解 CornerNet 與
      CornerNet-Lite 模型..........7-38
  7.4.9 了解沙漏（Hourglass）
      網路模型 7-38
  7.4.10 了解 CenterNet 模型.........7-40

7.5 實例 37：用 YOLO V3 模型
識別門牌號............................7-41

7.5.1 模型任務與樣本介紹 7-41
7.5.2 程式實現：讀取樣本資
     料並製作標籤 7-42
7.5.3 YOLO V3 模型的樣本與
     結構 7-47
7.5.4 程式實現：用 tf.keras 介
     面建置 YOLO V3 模型並
     計算損失 7-49
7.5.5 程式實現：訓練模型 7-55
7.5.6 程式實現：用模型識別
     門牌號 7-60
7.5.7 擴充：標記自己的樣本 ...7-63

08 生成式模型：能夠輸出內容的模型

8.1 快速了解資訊熵（information
entropy）......................................8-2
  8.1.1 資訊熵與機率的計算關係8-2
  8.1.2 聯合熵（joint entropy）
      及其公式介紹 8-5
  8.1.3 條件熵（conditional
      entropy）及其公式介紹 ...8-5
  8.1.4 交叉熵（cross entropy）
      及其公式介紹 8-6
  8.1.5 相對熵（relative
      entropy）及其公式介紹 ...8-7
  8.1.6 JS 散度及其公式介紹.......8-8
  8.1.7 互資訊（mutual information）
      及其公式介紹 8-9

8.2 通用的無監督模型 -- 自編碼
與對抗神經網路........................8-11
  8.2.1 了解自編碼網路模型 8-12

8.2.2 了解對抗神經網路模型 ...8-12

8.2.3 自編碼網路模型與對抗
神經網路模型的關係 8-12

8.3 實例 38：用多種方法實現變
分自編碼神經網路............8-13

8.3.1 什麼是變分自編碼神經
網路 8-13

8.3.2 了解變分自編碼模型的
結構 8-14

8.3.3 程式實現：用 tf.keras 介
面實現變分自編碼模型 ...8-15

8.3.4 程式實現：訓練無標籤
模型的撰寫方式 8-21

8.3.5 程式實現：將張量損失
封裝成損失函數 8-23

8.3.6 程式實現：在動態圖架
構中實現變分自編碼 8-24

8.3.7 程式實現：以類別的方
式封裝模型損失函數 8-25

8.3.8 程式實現：更合理的類
別封裝方式 8-26

8.4 常用的批次歸一化方法............8-27

8.4.1 自我調整的批次歸一化
（BatchNorm）演算法.......8-28

8.4.2 實例歸一化
（InstanceNorm）演算法...8-28

8.4.3 批次再歸一化
（ReNorm）演算法............8-28

8.4.4 層歸一化（LayerNorm）
演算法 8-29

8.4.5 組歸一化
（GroupNorm）演算法......8-29

8.4.6 可交換歸一化
（SwitchableNorm）
演算法 8-29

8.5 實例 39：建置 DeblurGAN 模
型，將模糊照片變清晰............8-30

8.5.1 影像風格轉換任務與
DualGAN 模型 8-30

8.5.2 模型任務與樣本介紹 8-31

8.5.3 準備 SwitchableNorm 演
算法模組 8-31

8.5.4 程式實現：建置
DeblurGAN 中的生成器
模型 8-32

8.5.5 程式實現：建置
DeblurGAN 中的判別器
模型 8-34

8.5.6 程式實現：架設
DeblurGAN 的完整結構...8-36

8.5.7 程式實現：引用函數庫
檔案，定義模型參數 8-36

8.5.8 程式實現：定義資料
集，建置正反向模型 8-38

8.5.9 程式實現：計算特徵空間
損失，並將其編譯到生成
器模型的訓練模型中 8-39

8.5.10 程式實現：按指定次數
訓練模型 8-41

8.5.11 程式實現：用模型將模
糊圖片變清晰 8-44

8.5.12 練習題 8-46

8.5.13 擴充：DeblurGAN 模型
的更多妙用 8-47

8.6 更加了解 WGAN 模型 8-48

8.6.1 GAN 模型難以訓練的
原因 8-48

8.6.2 WGAN 模型——解決
GAN 模型難以訓練的
問題 8-49

8.6.3 WGAN 模型的原理與不
足之處 8-50

8.6.4 WGAN-gp 模型——更容
易訓練的 GAN 模型.........8-52

8.6.5 WGAN-div 模型——帶
有 W 散度的 GAN 模型...8-54

8.7 實例 40：建置 AttGAN 模型，
對照片進行加鬍子、加頭簾、
加眼鏡、變年輕等修改............8-56

8.7.1 什麼是人臉屬性編輯任務8-56

8.7.2 模型任務與樣本介紹 8-57

8.7.3 了解 AttGAN 模型的結構8-59

8.7.4 程式實現：實現支援動
態圖和靜態圖的資料集
工具類別 8-61

8.7.5 程式實現：將 CelebA 做
成資料集 8-63

8.7.6 程式實現：建置 AttGAN
模型的編碼器 8-68

8.7.7 程式實現：建置含有轉
置卷積的解碼器模型 8-68

8.7.8 程式實現：建置 AttGAN
模型的判別器模型部分 ...8-71

8.7.9 程式實現：定義模型參
數，並建置 AttGAN 模型8-72

8.7.10 程式實現：定義訓練參
數，架設正反向模型 8-75

8.7.11 程式實現：訓練模型 8-81

8.7.12 為人臉增加不同的眼鏡 ...8-85

8.7.13 擴充：AttGAN 模型的
限制 8-87

8.8 散度在神經網路中的應用........8-87

8.8.1 了解 f-GAN 架構 8-87

8.8.2 以 f 散度為基礎的變分
散度最小化方法 8-88

8.8.3 用 Fenchel 共軛函數實現
f-GAN 8-89

8.8.4 f-GAN 中判別器的啟動
函數 8-92

8.8.5 了解互資訊神經估計模型8-94

8.8.6 實例 41：用神經網路估
計互資訊 8-96

8.8.7 穩定訓練 GAN 模型的
技巧 8-100

8.9 實例 42：用 Deep Infomax（DIM）
模型做一個圖片搜尋器............8-102

8.9.1 了解 DIM 模型的設計
思想 8-102

8.9.2 了解 DIM 模型的結構......8-104

8.9.3 程式實現：載入 MNIST
資料集 8-108

8.9.4 程式實現：定義 DIM
模型 8-108

8.9.5 產生實體 DIM 模型並進
行訓練 8-111

8.9.6 程式實現：分析子模
型，並用其視覺化圖片
特徵 8-112

8.9.7 程式實現：用訓練好的
模型來搜尋圖片 8-113

09 識別未知分類的方法：零次學習

9.1 了解零次學習.........................9-1

9.1.1 零次學習的原理 9-2

9.1.2 與零次學習有關的常用
資料集 9-5

9.1.3 零次學習的基本做法 9-6

9.1.4 直推式學習 9-6

9.1.5 泛化的零次學習任務 9-7

9.2 零次學習中的常見困難............9-7

9.2.1 領域漂移問題 9-7

9.2.2 原型稀疏性問題 9-8

9.2.3 語義間隔問題 9-9

9.3 帶有視覺結構約束的直推
ZSL（VSC 模型）.....................9-10

9.3.1 分類模型中視覺特徵的
本質 9-10

9.3.2 VSC 模型的原理...............9-11

9.3.3 以視覺中心點學習為基
礎的約束方法 9-13

9.3.4 以倒角距離為基礎的視
覺結構約束 9-14

9.3.5 什麼是對稱倒角距離 9-14

9.3.6 以二分符合為基礎的視
覺結構約束 9-15

9.3.7 什麼是指派問題與耦合
矩陣 9-15

9.3.8 以 W 距離為基礎的視覺
結構約束 9-17

9.3.9 什麼是最佳傳輸 9-18

9.3.10 什麼是 OT 中的熵正規化 9-19

9.4 詳解 Sinkhorn 疊代演算法.......9-22

9.4.1 Sinkhorn 演算法的求解
轉換 9-22

9.4.2 Sinkhorn 演算法的原理....9-23

9.4.3 Sinkhorn 演算法中 ε 的
原理 9-24

9.4.4 舉例 Sinkhorn 演算法
過程 9-25

9.4.5 Sinkhorn 演算法中的
品質守恆 9-28

9.4.6 Sinkhorn 演算法的程式
實現 9-31

9.5 實例 43：用 VSC 模型識別圖
片中的鳥屬於什麼類別...........9-33

9.5.1 模型任務與樣本介紹 9-33

9.5.2 用遷移學習的方式獲得
訓練集分類模型 9-35

9.5.3 用分類模型分析圖片的
視覺特徵 9-35

9.5.4 程式實現：訓練 VSC 模
型，將類別屬性特徵轉
換成類別視覺特徵 9-37

9.5.5 程式實現：以 W 距離為
基礎的損失函數 9-38

9.5.6 載入資料並進行訓練 9-39

9.5.7 程式實現：根據特徵距
離對圖片進行分類 9-39

9.6 提升零次學習精度的方法........9-41

9.6.1 分析視覺特徵的品質 9-41

9.6.2 分析直推式學習的效果 9-42

9.6.3 分析直推模型的能力 9-43

9.6.4 分析未知類別的分群效果 9-45

9.6.5 清洗測試資料集 9-46

9.6.6 利用視覺化方法進行輔
助分析 9-47

後記

第 **1** 篇

準備篇

第 1 章 學習準備

第 2 章 快速上手 TensorFlow

第 3 章 TensorFlow 2.X 程式設計基礎

學習準備

本章將介紹一些基本概念和常識，以及學習本書的方法。

▣ 1.1 什麼是 TensorFlow 架構

TensorFlow 架構支援多種開發語言，可以在多種平台上部署。

- 在程式領域：可以支援 C、JavaScript、Go、Java、Python 等多種程式語言。
- 在應用平台領域：可以支援 Windows、Linux、Android、Mac 等。
- 在硬體應用領域：可以支援 X86 平台、ARM 平台、MIPS 平台、樹莓派、iPhone、Android 手機平台等。
- 在應用部署領域：可以支援 Hadoop、Spark、Kubernetes 等大數據平台。

1. 在哪些領域可以應用 TensorFlow

從應用角度來看，用 TensorFlow 幾乎可以架設出來 AI 領域所能觸及的各種網路模型。其中包含：

- NLP（自然語言處理）領域的分類、翻譯、對話、摘要產生、模擬產生等。
- 圖片處理領域的圖片識別、像素語義分析、實物檢測、模擬產生、壓縮、超清還原、圖片搜尋、跨域產生等。
- 數值分析領域的異常值監測、模擬產生、時間序列預測、分類等。
- 語音領域的語音辨識、聲紋識別、TTS（語音合成）模擬合成等。
- 視訊領域的分類識別、人物追蹤、模擬產生等。
- 音樂領域的產生音樂、識別類型等。

甚至還可以實現跨領域的文字轉影像、影像轉文字、根據視訊產生文字摘要等。

2. 本書中有哪些內容

作為深度學習領域應用廣泛的架構，TensorFlow 整合了多種進階介面，可以方便地進行開發、偵錯和部署。

本書先介紹這些進階介面的使用方法與技巧，再從應用角度介紹 TensorFlow 在數值應用、NLP 任務、機器視覺處理領域的應用實例。

◀》 提示：

TensorFlow 2.X 版本相對於 TensorFlow 1.X 版本有了很大調整，並且二者不互相相容。本書的程式是以 TensorFlow 2.X 版本為基礎的。

---

3. Python 和 TensorFlow 的關係

隨著人工智慧的興起，Python 語言越來越受關注。到目前為止，使用 Python 語言開發 AI 專案已經成為一種企業趨勢。

綜合來看，在 TensorFlow 架構中用 Python 進行開發，是保持自己技術不被淘汰的上選。

⊕ 1.2 如何學習本書

本書從實用角度說明如何用 TensorFlow 開發人工智慧專案。本書配有大量的實例，從樣本製作到網路模型的匯入、匯出，覆蓋了日常工作中的所有環節。

隨著智慧化時代的到來，AI 的專案化與理論化逐漸分離的特點越來越明顯。所以，如果想學好 TensorFlow，則需要先弄清楚自己的定位——是偏專案應用，還是偏理論研究。

1. 對於偏專案應用的讀者

如果是偏專案應用的讀者，就目前的各種整合 API 來看，主要需要程式設計技術與偵錯能力。

🔊 提示：

推薦先從 Python 基礎開始，將基礎知識掌握紮實，可以讓後面的開發事半功倍。

接下來就是對本書的學習了。本書中的實例和知識更偏重於點對點的專案發佈，幾乎涵蓋了 AI 領域的各大主流應用，也分享了許多來自實際專案的經驗與技巧。讀者在打好基礎後，將有能力修改本書中的實例，並將它們運用到真實專案中。學會本書中的內容，可以讓自己的職場身價有一個長足的進步。

2. 對於偏理論研究的讀者

研究工作者推動了社會的進步、企業的發展，值得人們尊敬。要想成為一名優秀的研究人員，付出的精力會遠遠大於專案應用人員。本書並不能引導讀者如何成為一個研究人員，但是可以在工作中造成催化器的作用。

本書中把深度學習實作過程中的很多細節和各種情況都進行了拆分和歸類，並用程式實現。研究者可以透過將這些程式拼湊起來，迅速地將自己的理論轉化為程式實現，並驗證結果。本書可以大幅提升研究者將理論落實的進度。

如果是剛入行的研究者，同樣也是建議先把程式設計基礎打紮實。這個過程
與偏專案應用的讀者是一樣的，沒有捷徑可走。程式設計基礎對於開發相對
底層的神經網路演算法，以及開發自己的深度學習架構會很有幫助。

Chapter

02

快速上手 TensorFlow

本章將介紹如何設定 TensorFlow 2.1 版本的開發環境，以及訓練模型的兩種方法，並介紹了兩個訓練實例。

2.1 設定 TensorFlow 環境

在學習 TensorFlow 之前，需要先將 TensorFlow 安裝到本機。實際方法如下。

2.1.1 準備硬體

本書中的實例大都是較大的模型，所以建議讀者準備一個帶有 GPU 的機器，並使用和 GPU 相搭配的主機板及電源。

> ◀》提示：
>
> 在已有的主機上直接增加 GPU（尤其是在原有伺服器上增加 GPU），需要考慮以下問題：
> - 主機板的插槽是否支援。舉例來說，需要 PCIE x16（16 倍數）的插槽。
> - 晶片組是否支援。舉例來說，需要 C610 系列或是更先進的晶片組。
> - 電源是否支援。GPU 的功率一般都會很大，必須採用搭配的電源。如果驅動程式已安裝正常，但在系統中卻找不到 GPU，則可以考慮是否是由於電源供電不足導致的。

如果不想準備硬體，則可以用雲端服務的方式訓練模型。雲端服務是需要單獨購買的，且按使用時間收費。如果不需要頻繁訓練模型，則推薦使用這種方式。

讀者在學習本書的過程中，需要頻繁訓練模型。如果使用雲端服務，則會花費較高的成本。建議直接購買一台帶有 GPU 的機器會好一些。

1. 如何選擇 GPU

（1）如果是個人學習使用。

推薦選擇 NVIDIA 公司生產的 GPU，型號最好高於 GTX1070。選擇 GPU 還需要考慮顯示記憶體的大小。推薦選擇顯示記憶體大於 8GB 的 GPU。這一點很重要，因為在執行大型神經網路時，系統預設將網路節點全部載入顯示記憶體。如果顯示記憶體不足，則會顯示資源耗盡提示，導致程式不能正常執行。

（2）如果企業級使用。

應根據運算需求量、實際業務，以及公司資金情況來綜合考慮。

2. 是否需要安裝多片 GPU

（1）如果是個人學習使用。

不建議在一台機器上安裝多片 GPU。可以直接用兩片卡的資金購買一塊高性能的 GPU，這種方式更為划算。

（2）如果是用於企業級使用。

如果一片高規格的 GPU 無法滿足運算需求，則可以使用多片 GPU 協作計算。不過 TensorFlow 多卡協作機制並不能完全智慧地將整體效能發揮出來，有時會出現只有一個 GPU 的運算負荷較大，而其他卡的運算不飽和的情況（這種問題在 TensorFlow 新版本中也逐步獲得了改善）。透過定義運算策略或是手動分配運算任務的方式，可以讓多 GPU 協作的運算效率更高。

如果一台伺服器上的多卡協作計算仍然滿足不了需求，則可以考慮分散式平行運算。當然，也可以將現有的機器叢集起來，進行分散式運算。

2.1.2 準備開發環境

下面來詳細介紹 Anaconda 的下載及安裝方法。

1. 下載 Anaconda 開發工具

來到 Anaconda 官網的軟體下載頁面，如圖 2-1 所示。其中有 Linux、
Windows、MacOSX 的各種版本，可以任意選擇。

Anaconda installer archive

Filename	Size	Last Modified	MD5
Anaconda3-2020.02-Linux-ppc64le.sh	276.0M	2020-03-11 10:32:32	fef889d3939132d9caf7f56ac9174ff6
Anaconda3-2020.02-Linux-x86_64.sh	521.6M	2020-03-11 10:32:37	17600d1f12b2b047b62763221f29f2bc
Anaconda3-2020.02-MacOSX-x86_64.pkg	442.2M	2020-03-11 10:32:57	d1e7fe5d52e5b3ccb38d9af262688e89
Anaconda3-2020.02-MacOSX-x86_64.sh	430.1M	2020-03-11 10:32:34	f0229959e0bd45dee0c14b20e58ad916
Anaconda3-2020.02-Windows-x86.exe	423.2M	2020-03-11 10:32:58	64ae8d0e5095b9a878d4522db4ce751e
Anaconda3-2020.02-Windows-x86_64.exe	466.3M	2020-03-11 10:32:35	6b02c1c91049d29fc65be68f2443079a
Anaconda2-2019.10-Linux-ppc64le.sh	295.3M	2019-10-15 09:26:13	6b9809bf5d36782bfa1e35b791d983a0
Anaconda2-2019.10-Linux-x86_64.sh	477.4M	2019-10-15 09:26:03	69c64167b8cf3a8fc6b50d12d8476337
Anaconda2-2019.10-MacOSX-x86_64.pkg	635.7M	2019-10-15 09:27:30	67dba3993ee14938fc4acd57cef60e87

圖 2-1 下載清單（部分）

以 Linux 64 位元下的 Python 3.7 版本為例，可以選擇對應的安裝套件為
Anaconda3 -2020.02-Linux-x86_64.sh（見圖 2-1 中的標記）。

> 🔊 提示：
> 本書的實例均使用 Python 3.7 版本來實現。
> 雖然 Python 3 以上的版本算作同一階段的，但是版本間也會略有區別（例如：
> Python 3.5 與 Python 3.6），並且沒有向下相容。在與其他的 Python 軟體套件整
> 合使用時，一定要按照所要整合軟體套件的說明文件找到完全符合的 Python 版
> 本，否則會帶來不可預料的麻煩。
> 另外，不同版本的 Anaconda 預設支援的 Python 版本是不一樣的：支援 Python 2
> 的版本 Anaconda 統一以 "Anaconda 2" 為開頭來命名；支援 Python 3 的版本
> Anaconda 統一以 "Anaconda 3" 為開頭來命名。本書使用的版本為 Anaconda
> 2020.02，可以支援 Python 3.7 版本。

2. 安裝 Anaconda

這裡以 Ubuntu 16.04 版本的作業系統為例。

首先下載 Anaconda3-2020.02-Linux-x86_64.sh 安裝套件,然後輸入以下指令對安裝套件增加可執行許可權,並進行安裝:

```
chmod u+x Anaconda3-2020.02-Linux-x86_64.sh
./ Anaconda3-2020.02-Linux-x86_64.sh
```

在安裝過程中會有各種互動性提示,有的需要按 Enter 鍵,有的需要輸入 "yes",按照提示來即可。

🔊 提示:

如果在安裝過程中意外中止,導致本機有部分殘留檔案進而影響再次安裝,則可以使用以下指令進行覆蓋安裝:

./Anaconda3-2020.02-Linux-x86_64.sh -u

在 Windows 下安裝 Anaconda 軟體的方法與安裝一般軟體的方法相似:按右鍵安裝套件,在出現的快顯功能表中選擇「以管理員身份執行」指令即可。這裡不再詳述。

2.1.3 安裝 TensorFlow

安裝 TensorFlow 的方式有多種。這裡只介紹一種最簡單的方式——使用 Anaconda 進行安裝。

1. 檢視 TensorFlow 的版本編號

在 Ananonda 軟體中整合的 TensorFlow 安裝套件有多個版本。這些安裝套件的版本編號可以透過以下指令檢視:

```
anaconda search -t conda tensorflow
```

2. 用 Anaconda 安裝 TensorFlow

在裝好 Anaconda 後就可以使用 pip 指令安裝 TensorFlow 了。這個步驟與系統無關,保持電腦聯網狀態即可。

(1)如果想安裝 TensorFlow 的 GPU 版本,則在命令列裡輸入以下指令:

```
conda install tensorflow-gpu
```

執行上面指令後,系統會將支援 GPU 的 TensorFlow Release 版本安裝套件下載到機器上並進行安裝。系統會自動把該安裝套件以及對應的 NVIDIA 工具套件(CUDA 和 cuDNN)安裝到本機。

🔊 提示:

conda 指令只能管理作業系統中處於使用者層面的開發套件,並不能對核心層面的 NVIDIA 驅動程式做更新。在安裝 TensorFlow 時,最好先更新本機驅動程式到最新版本,以免底層的舊版本驅動無法支援上層的進階 API 呼叫。

---

(2)如果想安裝 TensorFlow 的 CPU 版本,則在命令列裡輸入以下指令:

```
conda install tensorflow-cpu
```

(3)如果想安裝指定版本的 TensorFLow,則在指令後面加上版本編號:

```
conda install  tensorflow-gpu==2.1.0
```

該指令執行後,系統會將指定版本(2.1.0 版本)的 TensorFlow 安裝到本機。

2.1.4 檢視顯示卡的指令及方法

這裡介紹幾個小指令,它可以幫助讀者定位在安裝過程遇到的問題。

1. 用 nvidia-smi 指令檢視顯示卡資訊

nvidia-smi 指的是 NVIDIA System Management Interface。該指令用於檢視顯示卡的資訊及執行情況。

(1)在 Windows 系統中使用 nvidia-smi 指令。

在安裝完成 NVIDIA 顯示卡驅動後,對於 Windows 使用者而言,DOS 視窗中還無法識別 nvidia-smi 指令,需要將相關環境變數增加進去。如果將 NVIDIA 顯示卡驅動安裝在預設位置,則 nvidia-smi 指令所在的完整路徑是:

```
C:\Program Files\NVIDIA Corporation\NVSMI
```

將上述路徑增加進 Path 系統環境變數中。之後在 DOS 視窗中執行 nvidia-smi 指令,可以看到如圖 2-2 所示介面。

```
+------------------------------------------------------------------+
| NVIDIA-SMI 376.53              Driver Version: 376.53            |
|-------------------------------+----------------------+-----------|
| GPU  Name          TCC/WDDM | Bus-Id       Disp.A | Volatile Uncorr. ECC |
| Fan  Temp  Perf  Pwr:Usage/Cap|         Memory-Usage | GPU-Util  Compute M. |
|===============================+======================+======================|
|   0  GeForce GTX 1070    WDDM | 0000:01:00.0     On |                  N/A |
| 59%   64C    P2    48W / 151W |  6997MiB /  8192MiB |     1%       Default |
+-------------------------------+----------------------+----------------------+

+------------------------------------------------------------------+
| Processes:                                             GPU Memory |
|  GPU       PID  Type  Process name                     Usage      |
|===================================================================|
|    0      1248  C+G   Insufficient Permissions              N/A   |
|    0      3768  C     C:\local\Anaconda3\python.exe         N/A   |
|    0      5376  C+G   C:\Windows\explorer.exe               N/A   |
|    0      5668  C+G   ...ost_cw5n1h2txyewy\ShellExperienceHost.exe N/A |
|    0      6460  C+G   ...oftEdge_8wekyb3d8bbwe\MicrosoftEdgeCP.exe N/A |
|    0      7104  C+G   ...iles (x86)\Internet Explorer\iexplore.exe N/A |
|    0      8260  C+G   ...osoftEdge_8wekyb3d8bbwe\MicrosoftEdge.exe N/A |
|    0      8620  C+G   ...indows.Cortana_cw5n1h2txyewy\SearchUI.exe N/A |
+------------------------------------------------------------------+
```

圖 2-2　Windows 系統的顯示卡資訊

圖 2-2 中第 1 行是作者的驅動資訊，第 3 行是顯示卡資訊 "GeForce GTX 1070"，第 4 行和第 5 行是目前使用顯示卡的處理程序。

如果這些資訊都存在，則表示目前的安裝是成功的。

🔊 提示：

在安裝 CUDA 時，建議將本機的 NVIDIA 顯示卡驅動程式更新到最新版本，否則在執行 nvidia-smi 指令時有可能出現以下錯誤：

C:\Program Files\NVIDIA Corporation\NVSMI>nvidia-smi.exe

NVIDIA-SMI has failed because it couldn't communicate with the NVIDIA driver. Make sure that the latest NVIDIA driver is installed and running. This can also be happening if non-NVIDIA GPU is running as primary display, and NVIDIA GPU is in WDDM mode.

該錯誤表明本機的 NVIDIA 顯示卡驅動程式版本過舊，不支援目前的 CUDA 版本。將驅動程式更新後再執行 "nvidia-smi" 指令即可恢復正常。

（2）在 Linux 系統中使用 "nvidia-smi" 指令。

在 Linux 系統中，可以透過在命令列裡輸入 "nvidia-smi" 來顯示顯示卡資訊，顯示的資訊如圖 2-3 所示。

```
root@user-NULL:~# nvidia-smi
Sat Jun 23 06:55:33 2018

+-----------------------------------------------------------------------------+
| NVIDIA-SMI 396.24.02              Driver Version: 396.24.02                  |
|-------------------------------+----------------------+----------------------+
| GPU  Name        Persistence-M| Bus-Id        Disp.A | Volatile Uncorr. ECC |
| Fan  Temp  Perf  Pwr:Usage/Cap|         Memory-Usage | GPU-Util  Compute M. |
|===============================+======================+======================|
|   0  Tesla K80           Off  | 00000000:86:00.0 Off |                    0 |
| N/A   38C    P0    55W / 149W |      0MiB / 11441MiB |      0%      Default |
+-------------------------------+----------------------+----------------------+
|   1  Tesla K80           Off  | 00000000:87:00.0 Off |                    0 |
| N/A   30C    P0    73W / 149W |      0MiB / 11441MiB |     85%      Default |
+-------------------------------+----------------------+----------------------+

+-----------------------------------------------------------------------------+
| Processes:                                                       GPU Memory |
|  GPU       PID   Type   Process name                             Usage      |
|=============================================================================|
|  No running processes found                                                 |
+-----------------------------------------------------------------------------+
```

圖 2-3 Linux 系統的顯示卡資訊

🔊 提示：

還可以用 "nvidia-smi -l" 指令即時檢視顯示卡狀態。

2. 檢視 CUDA 的版本

在裝完 CUDA 後，可以透過以下指令來檢視實際的版本：

```
nvcc -V
```

在 Windows 與 Linux 系統中的操作都一樣，直接在命令列裡輸入指令即可，如圖 2-4 所示。

```
(base) root@user-NULL:/# nvcc -V
nvcc: NVIDIA (R) Cuda compiler driver
Copyright (c) 2005-2017 NVIDIA Corporation
Built on Fri_Sep__1_21:08:03_CDT_2017
Cuda compilation tools, release 9.0, V9.0.176
```

圖 2-4 檢視 CUDA 版本

3. 檢視 cuDNN 的版本

在裝完 cuDNN 後，可以透過檢視 include 資料夾下的 cudnn.h 檔案的程式中找到實際的版本。

（1）在 Windows 系統中檢視 cuDNN 版本。

在 Windows 系統中找到 CUDA 安裝路徑下的 include 資料夾，開啟 cudnn.h 檔案，在裡面如果找到以下程式，則代表目前是 7 版本。

```
#define CUDNN_MAJOR 7
```

（2）在 Linux 系統中檢視 cuDNN 版本。

在 Linux 系統中，預設的安裝路徑是 "/usr/local/cuda/include/cudnn.h"，在該路徑下開啟檔案即可檢視。

也可以使用以下指令：

```
root@user-NULL:~# cat /usr/local/cuda/include/cudnn.h | grep CUDNN_MAJOR
-A 2
```

顯示內容如圖 2-5 所示。

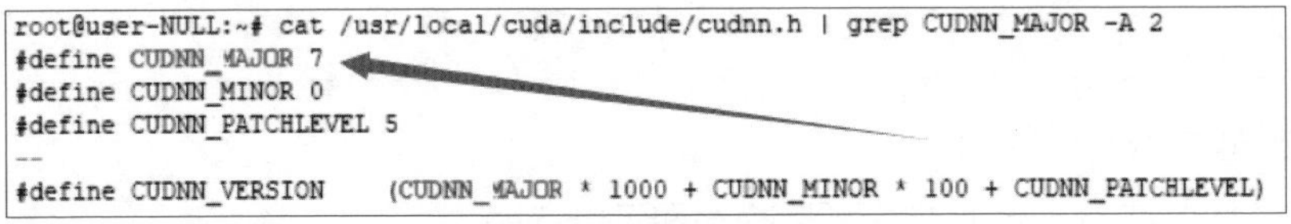

```
root@user-NULL:~# cat /usr/local/cuda/include/cudnn.h | grep CUDNN_MAJOR -A 2
#define CUDNN_MAJOR 7
#define CUDNN_MINOR 0
#define CUDNN_PATCHLEVEL 5
--
#define CUDNN_VERSION    (CUDNN_MAJOR * 1000 + CUDNN_MINOR * 100 + CUDNN_PATCHLEVEL)
```

圖 2-5 檢視 cuDNN 版本

4. 用程式測試安裝環境

在設定好環境後，可以開啟 Spyder 編輯器輸入以下程式進行測試：

```
import tensorflow as tf                              #匯入 TensorFlow 函數庫
gpu_device_name = tf.test.gpu_device_name()          #取得 GPU 的名稱
print(gpu_device_name)                               #輸出 GPU 的名稱
tf.test.is_gpu_available()                           #測試 GPU 是否有效
```

程式執行後輸出以下結果：

```
/device:GPU:0
True
```

輸出結果的第 1 行中有 GPU 的名稱，第 2 行的 True 表明 GPU 有效。

2.1.5 建立虛擬環境

由於 TensorFlow 的 1.X 版本與 2.X 版本差異較大。在 1.X 版本上實現的專案，有些並不能直接執行在 2.X 版本上。而新開發的專案推薦使用 2.X 版本。這就需要解決 1.X 版本與 2.X 版本共存的問題。

如果用 Anaconda 軟體建立虛擬環境，則可以在同一個主機上安裝不同版本的
TensorFlow。

1. 檢視 Python 虛擬環境及 Python 的版本

在裝完 Anaconda 軟體後，預設會建立一個虛擬環境。該虛擬環境的名字是
"base"，是目前系統的執行主環境。可以用 "conda info --envs" 指令進行檢
視。

（1）在 Linux 系統中檢視所有的 Python 虛擬環境。

以 Linux 系統為例，檢視所有的 Python 虛擬環境。實際指令如下：

```
(base) root@user-NULL:~# conda info -envs
```

該指令執行後，會顯示以下內容：

```
# conda environments:
#
base                  *  /root/anaconda3
```

在顯示結果中可以看到，目前虛擬環境的名字是 "base"，這是 Anaconda 預設
的 Python 環境。

（2）在 Linux 系統中檢視目前 Python 的版本

可以透過 "python --version" 指令檢視目前 Python 的版本。實際指令如下：

```
(base) root@user-NULL:~# python -version
```

執行該指令後會顯示以下內容：

```
Python 3.7.1 :: Anaconda, Inc.
```

在顯示結果中可以看到，目前 Python 的版本是 3.7.1。

2. 建立 Python 虛擬環境

建立 Python 虛擬環境的指令是 "conda create"。在建立時，應指定好虛擬環境
的名字和需要使用的版本。

（1）在 Linux 系統中建立 Python 虛擬環境。

下面以在 Linux 系統中建立一個 Python 版本為 3.7.1 的虛擬環境為例（在
Windows 系統中，建立方法完全一致）。實際指令如下：

```
(base) root@user-NULL:~# conda create --name tf21 python=3.7.1
```

建立完成後，可以使用以下指令來啟動或取消啟動虛擬環境：

```
conda activate tf21                    #將虛擬環境 tf21 作為目前的 Python 環境
conda deactivate                       #使用預設的 Python 環境
```

🔊 提示：

在 Windows 中，啟動和取消啟動虛擬環境的指令如下：

activate tf21

deactivate

（2）檢查 Python 虛擬環境是否建立成功。

再次輸入 "conda info --envs" 指令，檢視所有的 Python 虛擬環境：

```
(base) root@user-NULL:~# conda info -envs
```

該指令執行後，會顯示以下內容：

```
# conda environments:
#
base                         /root/anaconda3
tf21                         /root/anaconda3/envs/tf21
```

可以看到虛擬環境中出現了一個 "tf21"，表示建立成功。

（3）刪除 Python 虛擬環境。

如果想刪除已經建立的虛擬環境，則可以使用 "conda remove" 指令：

```
(base) root@user-NULL:~# conda remove --name tf21 -all
```

該指令執行後沒有任何顯示。可以再次透過 "conda info --envs" 指令檢視
Python 虛擬環境是否被刪除。

3. 在 Python 虛擬環境中安裝 TensorFlow

先啟動新建立的虛擬環境 "tf21"，然後安裝 TensorFlow。實際指令如下：

```
(base) root@user-NULL:~# conda activate tf21                #啟動 tf21 虛擬環境
(tf21) root@user-NULL:~# conda install  tensorflow-gpu==2.1.0  #安裝
TensorFlow 2.1.0 版本
```

⊞ 2.2 訓練模型的兩種方式

訓練模型是深度學習中的主要內容。訓練模型是指,透過程式的反覆輪次來修正神經網路中各個節點的值,進一步實現具有一定擬合效果的演算法。

在 TensorFlow 中有兩種訓練模型的方式——「靜態圖」方式和「動態圖」方式。實際介紹如下。

2.2.1 「靜態圖」方式

「靜態圖」是 TensorFlow 1.X 版本中張量流的主要執行方式。其執行機制是將「定義」與「執行」相分離。相當於:先用程式架設起一個結構(即在記憶體中建置一個圖),然後讓資料(張量流)按照圖中的結構順序進行計算,最後計算出結果。

1. 了解靜態圖方式

靜態圖方式可以分為兩個過程:模型建置和模型執行。

- 模型建置:從正向和反向兩個方向架設好模型。
- 模型執行:在建置好模型後,透過多次輪次的方式執行模型,實現訓練過程。

在 TensorFlow 中,每個靜態圖都可以被了解成一個任務。所有的任務都要透過階段(session)才能執行。

2. 在 TensorFlow 1.X 版本中使用靜態圖

在 TensorFlow 1.X 版本中使用靜態圖的步驟如下:

(1)定義運算符號(呼叫 tf.placeholder 函數)。
(2)建置模型。
(3)建立階段(呼叫 tf.session 之類的函數)。
(4)在階段裡執行張量流並輸出結果。

3. 在 TensorFlow 2.X 版本中使用靜態圖

在 TensorFlow 2.X 版本中使用靜態圖的步驟與在 TensorFlow 1.X 版本中使用

靜態圖的步驟完全一致。但由於靜態圖不是 TensorFlow 2.X 版本中的預設工作模式,所以在使用時還需要注意兩點:

(1) 在程式的最開始處,用 tf.compat.v1.disable_v2_behavior 函數關閉動態圖模式。

(2) 將 TensorFlow 1.X 版本中的靜態圖介面取代成 tf.compat.v1 模組下的對應介面。例如:

▪ 將函數 tf.placeholder 取代成函數 tf.compat.v1.placeholder。

▪ 將函數 tf.session 取代成函數 tf.compat.v1.session。

2.2.2 「動態圖」方式

「動態圖」(eager)是在 TensorFlow 1.3 版本之後出現的。到了 1.11 版本時,它已經變得較完善。在 TensorFlow 2.X 版本中,它已經變成了預設的工作方式。

1. 了解動態圖的程式設計方式

所謂的動態圖是指,程式中的張量可以像 Python 語法中的其他物件一樣直接參與計算,不再需要像靜態圖那樣用階段(session)對張量進行運算。

動態圖主要是在原始的靜態圖上做了程式設計模式的最佳化。它使得使用 TensorFlow 變得更簡單、更直觀。

舉例來說,呼叫函數 tf.matmul 後,動態圖與靜態圖中的區別如下:

▪ 在動態圖中,程式會直接獲得兩個矩陣相乘的值。

▪ 在靜態圖中,程式只會產生一個 OP(運算符號)。該 OP 必須在繪畫中使用 run() 方法才能進行真正的計算,並輸出結果。

2. 在 TensorFlow 2.X 版本中使用動態圖

在 TensorFlow 2.X 版本中已經將動態圖設為預設的工作模式,直播使用動態圖撰寫程式即可。

TensorFlow 1.X 中的 tf.enable_eager_execution 函數在 TensorFlow 2.X 版本中已經被刪除,另外在 TensorFlow 2.X 版本中還提供了關閉動態圖與啟用動態圖的兩個函數。

- 關閉動態圖的函數：tf.compat.v1.disable_v2_behavior。
- 啟用動態圖的函數：tf.compat.v1.enable_v2_behavior。

3. 動態圖的原理及不足

在建立動態圖的過程中，預設也建立了一個階段（session）。所有的程式都在該階段中進行，而且該階段具有與處理程序相同的生命週期。這表示：在目前程式中只能有一個階段，並且該階段一直處於開啟狀態，無法被關閉。

動態圖的不足之處是：在動態圖中無法實現多階段操作。

對於習慣了多階段開發模式的使用者而言，需要先將靜態圖中的多階段邏輯轉為單階段邏輯，然後才可以將其移植到動態圖中。

⊕ 2.3 實例 1：用靜態圖訓練模型，使其能夠從一組資料中找到 $y \approx 2x$ 規律

本實例屬於一個回歸任務。回歸任務是指，對輸入資料進行計算，並輸出某個實際值的任務。與之相對的還有分類任務，它們都是深度學習中最常見的任務模式。

2.3.1 開發步驟與程式實現

在實現過程中，需要完成的實際步驟如下：（1）產生模擬樣本；（2）架設全連接網路模型；（3）訓練模型。在步驟（3）中需要完成對檢查點檔案的產生和載入。實際過程如下。

1. 產生模擬樣本

這裡使用 $y=2x$ 這個公式作為主體，透過加入一些干擾雜訊讓其中的「等於」變成「約等於」。

實際程式如下：

- 匯入標頭檔，然後產生-1～1 之間的 100 個數作為 x。

- 將 x 乘以 2，再加上一個[-1,1]區間的隨機數乘以 0.3，即 $y=2\times x+a\times 0.3$，其中 a 是屬於[-1,1]的隨機數。

■ 程式 2-1 用靜態圖訓練一個具有儲存檢查點功能的回歸模型

```
01 import tensorflow as tf
02 import numpy as np
03 import matplotlib.pyplot as plt
04 print(tf.__version__)
05 tf.compat.v1.disable_v2_behavior()
06 #產生模擬資料
07 train_X = np.linspace(-1, 1, 100)
08 train_Y = 2 * train_X + np.random.randn(*train_X.shape) * 0.3 #y=2x，但是
   加入了雜訊
09 #顯示為圖形
10 plt.plot(train_X, train_Y, 'ro', label='Original data')
11 plt.legend()
12 plt.show()
```

執行上面程式會顯示如圖 2-6 所示結果。

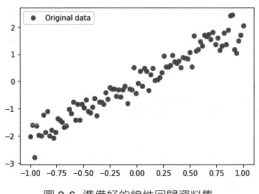

圖 2-6 準備好的線性回歸資料集

2. 架設全連接網路模型

模型架設分為兩個方向：正向和反向。

（1）架設正向模型。

在實際操作之前，先來了解一下模型的樣子。

神經網路是由多個神經元組成的，單一神經元的網路模型如圖 2-7 所示。

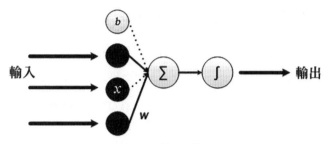

圖 2-7 神經元模型

其計算公式見式（2.1）。

$$z = \sum_{i=1}^{n} w_i \times x_i + b = w \cdot x + b \qquad (2.1)$$

式中，z 為輸出的結果，x 為輸入，w 為權重，b 為偏置值。

z 的計算過程是將輸入的 x 與其對應的 w 相乘，然後把結果相加，再加上偏置值 b。

舉例來説，有 3 個輸入 x_1、x_2、x_3，分別對應與 w_1、w_2、w_3，則 $z = x_1 \times w_1 + x_2 \times w_2 + x_3 \times w_3 + b$。這個過程，在線性代數中正好可以用兩個矩陣來表示，於是就可以寫成（矩陣 W）×（矩陣 X）+b，見式（2.2）。

$$\{w_1 \quad w_2 \quad w_3\} \times \begin{Bmatrix} x_1 \\ x_2 \\ x_3 \end{Bmatrix} = x_1 \times w_1 + x_2 \times w_2 + x_3 \times w_3 \qquad (2.2)$$

上面的式（2.2）表明：形狀為 1 行 3 列的矩陣與 3 行 1 列的矩陣相乘，結果的形狀為 1 行 1 列的矩陣，即（1, 3）×（3, 1）=（1, 1）。

🔊 提示：

如果想得到兩個矩陣相乘後的形狀，則可以將第 1 個矩陣的行與第 2 個矩陣的列組合起來。

在神經元中，w 和 b 可以視為兩個變數。模型每次的「學習」都是調整 w 和 b 以獲得一個更合適的值。最後，這個值配合上運算公式所形成的邏輯就是神經網路的模型。實際程式如下。

■ 程式 2-1 用靜態圖訓練一個具有儲存檢查點功能的回歸模型（續）

```
13 # 建立模型
14 X = tf.compat.v1.placeholder("float")       #預留位置
15 Y = tf.compat.v1.placeholder("float")
16 # 模型參數
17 W = tf.Variable(tf.compat.v1.random_normal([1]), name="weight")
18 b = tf.Variable(tf.zeros([1]), name="bias")
19 # 正向結構
20 z = tf.multiply(X, W)+ b
```

下面說明一下程式。

- X 和 Y：預留位置，使用了 placeholder 函數來定義。一個代表 x 的輸入，另一個代表對應的真實值 y。預留位置的意思是輸入變數的載體。也可以將其了解成定義函數時的參數，它是靜態圖的一種資料植入方式。程式執行時期，透過預留位置向模型中傳入資料。
- W 和 b：前面說的參數。W 被初始化成[-1, 1]的隨機數，形狀為一維的數字；b 的初始化為 0，形狀也是一維的數字。
- Variable：定義變數。
- tf.multiply：兩個數相乘的意思，結果再加上 b 就等於 z 了。

（2）架設反向模型。

神經網路在訓練的過程中資料流向有兩個方向，即透過正向產生一個值，然後觀察與真實值的差距，再透過反向過程調整裡面的參數，接著再次正向產生預測值並與真實值進行比較。這樣循環下去，直到將參數調整到合適為止。

正向傳播比較好了解，反向傳播會引用一些演算法來實現對參數的正確調整。實際程式如下。

■ 程式 2-1 用靜態圖訓練一個具有儲存檢查點功能的回歸模型（續）

```
21 global_step = tf.Variable(0, name='global_step', trainable=False)
22 #反向最佳化
23 cost =tf.reduce_mean( tf.square(Y - z))
24 learning_rate = 0.01
25 optimizer =
   tf.compat.v1.train.GradientDescentOptimizer(learning_rate).minimize
   (cost,global_step) #梯度下降
```

```
26
27  # 初始化所有變數
28  init = tf.compat.v1.global_variables_initializer()
29  # 定義學習參數
30  training_epochs = 20
31  display_step = 2
32
33  savedir = "log/"
34  saver = tf.compat.v1.train.Saver(tf.compat.v1.global_variables(),
    max_to_keep=1) #產生 saver。max_to_keep=1 表明最多只儲存一個檢查點檔案
35
36  #定義產生 loss 值視覺化的函數
37  plotdata = { "batchsize":[], "loss":[] }
38  def moving_average(a, w=10):
39      if len(a) < w:
40          return a[:]
41      return [val if idx < w else sum(a[(idx-w):idx])/w for idx, val in
    enumerate(a)]
```

程式第 23 行定義一個 cost，它等於產生值與真實值的平方差。

程式第 24 行定義一個學習率，代表調整參數的速度。這個值一般小於 1。這個值越大，則表明調整的速度越大，但不精確；值越小，則表明調整的精度越高，但速度慢。這個有如念書時生物課上的顯微鏡偵錯，顯微鏡上有兩個調節焦距的旋轉鈕——粗調鈕和細調鈕。

程式第 25 行 GradientDescentOptimizer 函數是一個封裝好的梯度下降演算法，其中的參數 learning_rate 被叫作「學習率」，用來指定參數調節的速度。如果將「學習率」比作顯微鏡上不同檔位的「調節鈕」，則梯度下降演算法可以了解成「顯微鏡筒」，它會按照學習參數的速度來改變顯微鏡上焦距的大小。

在程式第 34 行，定義了一個 saver 張量。在階段執行中，用 saver 物件的 save() 方法來產生檢查點檔案。

3. 訓練模型

在建立好模型後，可以透過輪次來訓練模型了。TensorFlow 中的執行任務是透過 session 來進行的。

在下面的程式中，先進行全域初始化，然後設定訓練輪次的次數並啟動 session 開始執行任務。

■ 程式 2-1 用靜態圖訓練一個具有儲存檢查點功能的回歸模型（續）

```
42  with tf.compat.v1.Session() as sess:
43      sess.run(init)
44      kpt = tf.train.latest_checkpoint(savedir)
45      if kpt!=None:
46          saver.restore(sess, kpt)
47
48      # 向模型輸入資料
49      while global_step.eval()/len(train_X) < training_epochs:
50          step = int( global_step.eval()/len(train_X) )
51          for (x, y) in zip(train_X, train_Y):
52              sess.run(optimizer, feed_dict={X: x, Y: y})
53
54          #顯示訓練的詳細資訊
55          if step % display_step == 0:
56              loss = sess.run(cost, feed_dict={X: train_X, Y:train_Y})
57              print ("Epoch:", step+1, "cost=", loss,"W=", sess.run(W),
    "b=", sess.run(b))
58              if not (loss == "NA" ):
59                  plotdata["batchsize"].append(global_step.eval())
60                  plotdata["loss"].append(loss)
61              saver.save(sess, savedir+"linermodel.cpkt", global_step)
62
63      print (" Finished!")
64      saver.save(sess, savedir+"linermodel.cpkt", global_step)
65
66      print ("cost=", sess.run(cost, feed_dict={X: train_X, Y: train_Y}),
    "W=", sess.run(W), "b=", sess.run(b))
67
68      #顯示模型
69      plt.plot(train_X, train_Y, 'ro', label='Original data')
70      plt.plot(train_X, sess.run(W) * train_X + sess.run(b), label=
    'Fitted line')
71      plt.legend()
72      plt.show()
73
74      plotdata["avgloss"] = moving_average(plotdata["loss"])
75      plt.figure(1)
```

```
76        plt.subplot(211)
77        plt.plot(plotdata["batchsize"], plotdata["avgloss"], 'b--')
78        plt.xlabel('Minibatch number')
79        plt.ylabel('Loss')
80        plt.title('Minibatch run vs. Training loss')
81
82        plt.show()
```

在上面的程式中，透過 sess.run 來進行網路節點的運算，透過 feed 機制將真實資料灌到預留位置對應的位置（feed_dict={X: x, Y: y}），另外，每執行一次都會將網路結構中的節點列印出來。

執行程式後將輸出以下資訊：

```
Epoch: 5 cost= 0.068201326 W= [1.9001628] b= [0.05935569]
Epoch: 7 cost= 0.06531468 W= [1.9611242] b= [0.03599149]
Epoch: 9 cost= 0.0651572 W= [1.9768896] b= [0.0299421]
Epoch: 11 cost= 0.0651559 W= [1.9809667] b= [0.02837759]
Epoch: 13 cost= 0.0651582 W= [1.9820203] b= [0.02797326]
Epoch: 15 cost= 0.06515897 W= [1.9822932] b= [0.02786848]
Epoch: 17 cost= 0.06515919 W= [1.9823637] b= [0.02784149]
Epoch: 19 cost= 0.06515924 W= [1.9823813] b= [0.02783464]
 Finished!
cost= 0.065159254 W= [1.9823848] b= [0.02783331]
```

可以看出，cost 的值在不斷地變小，w 和 b 的值也在不斷地調整。同時，程式又輸出了訓練過程中的兩幅圖，如圖 2-8、圖 2-9 所示。

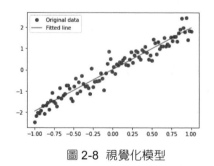

圖 2-8 視覺化模型

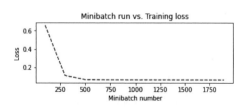

圖 2-9 視覺化訓練 loss

圖 2-8 中的斜線是模型中的參數 w 和 b 為常數所組成的關於 x 與 y 的直線方程式。可以看到它是一條近乎 $y=2x$ 的直線（$w=1.9823848$ 接近 2，$b=0.02783331$ 接近 0）。

從圖 2-9 中可以看到剛開始損失值一直在下降，直到最後趨近平穩。

🔊 提示：

本實例中的模型非常簡單，且輸入批次為 1。實際工作中的模型會比這個複雜得多，且每批次都會同時處理多筆資料。在計算網路輸出時，更多的是用矩陣相乘。

例如：
```
a= tf.constant([1,2, 3, 4, 5, 6], shape=[2, 3])      #a 為[[ 1, 2, 3 ], [ 4, 5, 6 ]]
b = tf.constant([7, 8, 9, 10, 11, 12], shape=[3, 2])  #b 為[[ 7,  8 ], [ 9, 10 ], [ 11, 12 ]]
c = tf.matmul(a, b)                                    #a 和 b 矩陣相乘
print("c",c.numpy() )                                  #輸出 c [[ 58, 64 ] , [ 139, 154 ]]

#也可以寫成：
c = a@b
print("c",c.numpy() )                                  #輸出 c [[ 58, 64 ], [ 139, 154 ]]
```

上面程式執行完後，除有顯示資訊外，還會在 log 資料夾下多了幾個以 "linermodel.cpkt–2000" 開頭的檔案。它們就是檢查點檔案。

其中，"2000" 表示該檔案是執行最佳化器第 2000 次後產生的檢查點檔案。

在程式 2-1 的第 30 行中設定了 training_epochs 的值為 "20"，表示將整個資料集疊代 20 次。每疊代一次資料集，需要執行 100 次最佳化器。

🔊 提示：

在檢查點檔案中有一個副檔名為.meta 的檔案是網路節點名稱檔案，可以將其刪掉，不會影響模型恢復。

這裡介紹一個小技巧：在產生模型檢查點檔案時（程式第 61、64 行），程式可以寫成以下樣子，讓模型不再產生 meta 檔案，這樣可以減小模型所佔的磁碟空間：

```
saver.save(sess, savedir+"linermodel.cpkt", global_step,write_meta_graph=False)
```

2.3.2 模型是如何訓練的

在訓練神經網路的過程中，資料的流向有兩個：正向和反向。

- 正向負責預測產生結果，即沿著網路節點的運算方向一層一層地計算下去。
- 反向負責最佳化調整模型參數，即用連鎖律求導將誤差和梯度從輸出節點開始一層一層地傳遞迴去，對每層的參數進行調整。

訓練模型的完整步驟如下：

（1）透過正向產生一個值，然後計算該值與真實標籤之間的誤差。
（2）利用反向求導的方式將誤差從網路的最後一層傳到前一層。
（3）對前一層中的參數求偏導，並按照偏導結果的方向和大小來調整參數。
（4）透過循環的方式，不停地執行（1）、（2）、（3）這 3 步操作。從整個過程中可以看到，步驟（1）的誤差越來越小。這表示模型中的參數需要調整的幅度越來越小，模型的擬合效果越來越好。

在反向的最佳化過程中，除簡單的連鎖律求導外，還可以加入一些其他的演算法，以使訓練過程更容易收斂。

在 TensorFlow 中，反向傳播的演算法已經被封裝到實際的函數中，讀者只需要明白各種演算法的特點即可。在使用時，可以根據適用的場景直接呼叫對應的 API，不再需要手動實現。

2.3.3 產生檢查點檔案

產生檢查點檔案的步驟如下。

1. 產生 saver 物件

saver 物件是由 tf.train.Saver 類別的產生實體方法產生的。該方法有很多參數，常用的有以下幾個。

- var_list：指定要儲存的變數。
- max_to_keep：指定要保留檢查點檔案的個數。
- keep_checkpoint_every_n_hours：指定間隔幾小時儲存一次模型。

實例程式如下：

```
saver = tf.train.Saver(tf.compat.v1.global_variables(), max_to_keep=1)
```

該程式表示將全部的變數儲存起來，最多只儲存一個檢查點檔案（一個檢查點檔案包含 3 個子檔案）。

2. 產生檢查點檔案

呼叫 saver 物件的 save()方法產生儲存檢查點檔案。實例程式如下：

```
saver.save(sess, savedir+"linermodel.cpkt", global_step=epoch)
```

該程式執行後，系統會將檢查點檔案儲存到 savedir 目錄中，也將疊代次數 global_step 的值放到檢查點檔案的名字中。

2.3.4 載入檢查點檔案

首先用 tf.train.latest_checkpoint()方法找到最近的檢查點檔案，接著用 saver.restore()方法將該檢查點檔案載入。程式如下：

```
kpt = tf.train.latest_checkpoint(savedir)  #找到最近的檢查點檔案
    if kpt!=None:
        saver.restore(sess, kpt)                #載入檢查點檔案
```

2.3.5 修改疊代次數，二次訓練

將資料集的疊代次數調大到 28（修改程式第 30 行 training_epochs 的值），再次執行，輸出以下結果：

```
INFO:tensorflow:Restoring parameters from log/linermodel.cpkt-2000
Epoch: 21 cost= 0.088184044 W= [2.0288355] b= [0.00869429]
Epoch: 23 cost= 0.08760502 W= [2.0110996] b= [0.00945178]
Epoch: 25 cost= 0.087475054 W= [2.0058548] b= [0.01136262]
Epoch: 27 cost= 0.08744553 W= [2.004488] b= [0.01188545]
Finished!
cost= 0.08744063 W= [2.0042534] b= [0.01197556]
```

可以看到，輸出結果的第 1 行程式直接從檢查點檔案（以 "linermodel.cpkt-2000" 開頭的檔案）中讀出上次訓練的次數（20），並從這個次數繼續向下訓練。

讀取檢查點檔案對應的程式邏輯如下：

（1） 尋找最近產生的檢查點檔案（見程式 2-1 中的第 44 行）。

（2） 判斷檢查點檔案是否存在（見程式 2-1 中的第 45 行）。

（3） 如果存在，則將檢查點檔案的值恢復到張量圖中（見程式 2-1 中的第 46 行）。

在程式內部是透過張量 global_step 的載入、載出來記錄疊代次數的。

◀» 提示：

靜態圖是 TensorFlow 的基礎操作，但在 TensorFlow 2.X 版本中已經不再推薦使用它。所以這裡沒有詳細說明。

◉ 2.4 實例 2：用動態圖訓練一個具有儲存檢查點功能的回歸模型

下面實現一個簡單的動態圖實例。使用動態圖訓練模型要比使用靜態圖訓練模型簡單得多，不再需要建立階段，直接將資料傳入模型即可。

模擬資料集的製作過程與 2.3 節實例一致，這裡直接從定義網路結構開始。

2.4.1 程式實現：定義動態圖的網路結構

定義動態圖的網路結構與定義靜態圖的網路結構有所不同，動態圖不支援預留位置的定義。實際程式如下。

■ 程式 2-2 用動態圖訓練一個具有儲存檢查點功能的回歸模型（片段）

```
01  # 定義學習參數
02  W = tf.Variable(tf.random.normal([1]),dtype=tf.float32, name="weight")
03  b = tf.Variable(tf.zeros([1]),dtype=tf.float32, name="bias")
04
05  global_step = tf.compat.v1.train.get_or_create_global_step()
06
07  def getcost(x,y):#定義函數以計算 loss 值
08      # 正向結構
```

```
09    z = tf.cast(tf.multiply(np.asarray(x,dtype = np.float32), W)+
   b,dtype = tf.float32)
10    cost =tf.reduce_mean( tf.square(y - z))#loss 值
11    return cost
12
13 learning_rate = 0.01
14 # 定義最佳化器
15 optimizer = tf.compat.v1.train.GradientDescentOptimizer
   (learning_rate=learning_rate)
```

2.4.2 程式實現：在動態圖中加入儲存檢查點功能

在動態圖中可以用 tf.compat.v1.train.Saver 類別操作檢查點檔案，因為動態圖中沒有「階段」和「圖」的概念，所以不支援用 tf.global_variables 函數取得所有參數。必須手動指定要儲存的參數，實際步驟如下：

（1）產生實體一個物件 saver，手動指定參數[W, b]進行儲存。

（2）將階段（session）有關的參數設為 None。

實際程式如下。

■ 程式 2-2 用動態圖訓練一個具有儲存檢查點功能的回歸模型（續）

```
16 #定義 saver，示範兩種方法處理檢查點檔案
17 savedir = "logeager/"
18
19 saver = tf.compat.v1.train.Saver([W,b], max_to_keep=1)  #產生 saver。
   max_to_keep=1 表明最多只儲存 1 個檢查點檔案
20
21 kpt = tf.train.latest_checkpoint(savedir)              #找到檢查點檔案
22 if kpt!=None:
23    saver.restore(None, kpt)                            #兩種載入方式都可以
24
25 training_epochs = 10                                    #疊代訓練次數
26 display_step = 2
```

在複雜模型中，模型的參數會非常多。用手動指定變數的方式來儲存模型（見程式第 19 行）會顯得過於麻煩。

動態圖架構一般會與 tf.keras 介面配合使用。利用 tf.keras 介面，可以很容易地將參數放到定義時的 saver 物件中。

🔊 提示：

在 TensorFlow 2.X 版本中，推薦用 tf.train.Checkpoint()方法操作檢查點檔案。
TensorFlow 1.X 版本中的 tf.train.Saver 類別在 2.X 版本中不被推薦使用。在使用
tf.train.Checkpoint()方法時，必須將網路結構封裝成類別，否則無法呼叫。

2.4.3 程式實現：在動態圖中訓練模型

疊代訓練過程的程式是最容易了解的。它是動態圖的真正優勢所在，使張量
程式像 Python 的普通程式一樣執行。

在動態圖程式中，可以對每個張量的 numpy()方法進行設定值，不再需要使用
run 函數與 eval()方法。

在反向傳播過程中，動態圖使用了 tf.GradientTape()方法追蹤自動微分
（automatic differentiation）之後的梯度計算工作。實際程式如下。

■ 程式 2-2 用動態圖訓練一個具有儲存檢查點功能的回歸模型（續）

```
27  plotdata = { "batchsize":[], "loss":[] }#收集訓練參數
28
29  while global_step/len(train_X) < training_epochs: #疊代訓練模型
30      step = int( global_step/len(train_X) )
31      with tf.GradientTape() as tape:
32          cost_ =getcost(train_X,train_Y)
33      gradients=tape.gradient(target=cost_,sources=[W,b])   #計算梯度
34      optimizer.apply_gradients(zip(gradients,[W,b]),global_step)
35  …
```

使用 tf.GradientTape 函數可以對梯度做更精細化的控制（可以自由指定需要
訓練的變數），程式第 33 行呼叫 tape.gradient 函數產生梯度 gradients。在疊
代訓練的反向傳播過程中，gradients 會被傳入最佳化器的 apply_gradients()方
法中對模型的參數進行最佳化。

2.4.4 執行程式，顯示結果

程式執行後輸出以下結果：

```
TensorFlow 版本: 2.1.0
Eager execution: True
```

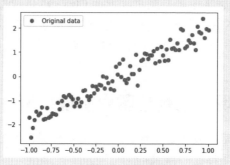

圖 2-10 動態圖回歸模型結果（a）

```
Epoch: 1 cost= 2.7563627 W= [0.26635304] b= [0.01309205]
Epoch: 3 cost= 0.14655435 W= [1.5330775] b= [0.01505858]
Epoch: 5 cost= 0.0032546197 W= [1.8566017] b= [0.01509316]
Epoch: 7 cost= 0.0006836037 W= [1.9392302] b= [0.01509374]
Epoch: 9 cost= 0.0022461722 W= [1.9603337] b= [0.01509374]
Epoch: 11 cost= 0.0027899994 W= [1.9657234] b= [0.01509374]
Epoch: 13 cost= 0.0029383437 W= [1.9671] b= [0.01509374]
Epoch: 15 cost= 0.0029768397 W= [1.9674516] b= [0.01509374]
Epoch: 17 cost= 0.002986682 W= [1.9675411] b= [0.01509374]
Epoch: 19 cost= 0.0029891713 W= [1.9675636] b= [0.01509374]
Finished!
cost= 0.080912225 W= [1.9675636] b= [0.01509374]
```

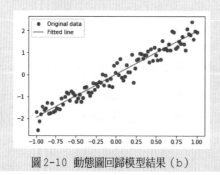

圖 2-10 動態圖回歸模型結果（b）

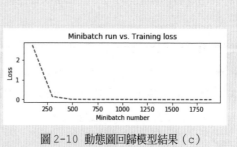

圖 2-10 動態圖回歸模型結果（c）

圖 2-10（c）顯示的是 loss 值經過移動平均演算法的結果。用移動平均演算法可以使產生的曲線更加平滑，便於看出整體趨勢。

TensorFlow 2.X 程式設計基礎

本章學習 TensorFlow 2.X 的基礎語法及功能函數。學完本章後，TensorFlow 的程式對你來講將不再陌生，你可以很輕易看懂網上和書中實例的程式，並可以嘗試寫一些簡單的模型和演算法。

🌐 3.1 動態圖的程式設計方式

動態圖是 TensorFlow 2.X 架構的主要執行模式。要學好 TensorFlow 2.X，則必須將這部分知識牢牢掌握。下面就從實際應用中所遇到的場景出發，透過實例來介紹動態圖的應用。

3.1.1 實例 3：在動態圖中取得參數

動態圖的參數變數儲存機制與靜態圖截然不同。

動態圖用類似 Python 變數生命週期的機制來儲存參數變數，不能像靜態圖那樣透過圖的操作獲得指定變數。但在訓練模型、儲存模型等場景中，如何在動態圖裡獲得指定變數呢？這裡提供以下兩種方法。

- 方法一：將模型封裝成類別，借助類別的產生實體物件在記憶體中的生命週期來管理模型變數，即使用模型的 variables 成員變數。

- 方法二：用 variable_scope.EagerVariableStore()方法將動態圖的變數儲存到全域容器裡，然後透過產生實體的物件取出變數。這種方式更加靈活，程式設計人員不必以類別的方式來實現模型。

下面將示範方法二。

■ 程式 3-1 從動態圖種取得變數（片段）

```
01  …#產生模擬資料（與 2.3.1 節中的產生模擬資料部分一致）
02  from tensorflow.python.ops import variable_scope
03  #建立資料集
04  dataset = tf.data.Dataset.from_tensor_slices( (np.reshape(train_X,
    [-1,1]),np.reshape(train_X,[-1,1])) )
05  dataset = dataset.repeat().batch(1)
06  global_step = tf.compat.v1.train.get_or_create_global_step()
07  container = variable_scope.EagerVariableStore()#container 進行了改變
08  learning_rate = 0.01
09  # 用隨機梯度下降法作為最佳化器
10  optimizer = tf.compat.v1.train.GradientDescentOptimizer
    (learning_rate=learning_rate)
11
12  def getcost(x,y):#定義函數以計算 loss 值
13      # 正向結構
14      with container.as_default():#將動態圖使用的層包裝起來，以獲得變數
15          z = tf.compat.v1.layers.dense(x,1, name="l1")
16      cost =tf.reduce_mean( input_tensor=tf.square(y - z))#loss 值
17      return cost
18
19  def grad( inputs, targets):
20      with tf.GradientTape() as tape:
21          loss_value = getcost(inputs, targets)
22      return tape.gradient(loss_value,container.trainable_variables())
23
24  training_epochs = 20   #疊代訓練次數
25  display_step = 2
26
27  #疊代訓練模型
28  for step,value in enumerate(dataset) :
29      grads = grad( value[0], value[1])
30      optimizer.apply_gradients(zip(grads, container.trainable_
    ariables()), global_step=global_step)
```

```
31    if step>=training_epochs:
32        break
33 …
```

上面程式的主要流程解讀如下：

（1）程式第 4 行，將模擬資料做成了資料集。TensorFlow 官方推薦採用 tf.data.Dataset 介面的資料集。

（2）程式第 7 行，產生實體 variable_scope.EagerVariableStore 類別，獲得 container 物件。

（3）程式第 14 行，計算損失值函數 getcost。在該函數中，透過 with container.as_default 作用域將網路參數儲存在 container 物件中。

（4）程式第 20、21 行，計算梯度函數 grad。其中使用了 tf.GradientTape()方法，並透過 container.trainable_variables()方法取得需要訓練的參數，然後將該參數傳入 tape.gradient()方法中計算梯度。

（5）程式第 30 行，再次透過 container.trainable_variables()方法取得需要訓練的參數，並將其傳入最佳化器的 apply_gradients()方法中，以更新權重參數。

程式執行後輸出以下結果：

```
TensorFlow 版本: 2.1.0
Eager execution: True
Epoch: 1 cost= 0.11828259153554481
Epoch: 3 cost= 0.09272109443044181
Epoch: 5 cost= 0.07258319799191404
Epoch: 7 cost= 0.05665282399104451
Epoch: 9 cost= 0.04400892987470931
Epoch: 11 cost= 0.033949746009501354
Epoch: 13 cost= 0.025937515234633546
Epoch: 15 cost= 0.01955791804589977
Epoch: 17 cost= 0.014490085910067178
Epoch: 19 cost= 0.010484296911198973
 Finished!
cost= 0.010484296911198973
l1/bias:0 [-0.08494885]
l1/kernel:0 [[0.71364929]]
```

在輸出結果的倒數第 5 行可以看到，在模型疊代訓練了 19 次後，損失值 cost 降到了 0.01。

在輸出結果的最後兩行可以看到，在訓練出的模型中包含兩個權重——"l1/bias:0" 和 "l1/kernel:0"。這表示使用 tf.layers.dense 函數建置的全連接網路模型，與程式檔案「2-2 用動態圖訓練一個具有儲存檢查點功能的回歸模型.py」中手動建置的模型具有相同的結構（兩個權重）。只不過兩者的權重名字不同而已（本實例中的權重名稱是 l1/bias 和 l1/kernel，而程式檔案「2-2 用動態圖訓練一個具有儲存檢查點功能的回歸模型.py」中模型的權重名稱是 W 和 b）。

🔊 提示：

在本實例中，container 物件還可以用 container.variables()方法來獲得全部的變數，以及用 container. non_trainable_variables()方法獲得不需要訓練的變數。

tf.layers 介面是 TensorFlow 中一個較為底層的介面。tf.keras 介面就是在 tf.layers 介面之上開發的。

3.1.2 實例 4：在靜態圖中使用動態圖

在整體訓練時，動態圖對 loss 值的處理部分顯得比靜態圖煩瑣一些。但是在正向處理時，使用動態圖卻更直觀、方便。

下面介紹一種在靜態圖中使用動態圖的方法——「正向用動態圖，反向用靜態圖」。這樣可以使程式兼顧二者的優勢。

用 tf.py_function 函數可以實現在靜態圖中使用動態圖的功能。tf.py_function 函數可以將正常的 Python 函數封裝起來，在動態圖中進行張量運算。

修改 2.3.1 小節中的靜態圖程式，在其中加入動態圖部分。實際程式如下。

■ 程式 3-2 在靜態圖中使用動態圖

```
01  import tensorflow as tf
02  import numpy as np
03  import matplotlib.pyplot as plt
04
05  …
```

```
06  tf.compat.v1.reset_default_graph()
07
08  def my_py_func(X, W,b):              #將網路中的正向張量圖用函數封裝起來
09    z = tf.multiply(X, W)+ b
10    print(z)
11    return z
12  …
13  X = tf.compat.v1.placeholder("float")
14  Y = tf.compat.v1.placeholder("float")
15  #模型參數
16  W = tf.Variable(tf.random_normal([1]), name="weight")
17  b = tf.Variable(tf.zeros([1]), name="bias")
18  #正向結構
19  z = tf.py_function(my_py_func, [X, W,b], tf.float32)#將靜態圖改成動態圖
20  global_step = tf.Variable(0, name='global_step', trainable=False)
21  #反向最佳化
22  cost =tf.reduce_mean( tf.square(Y - z))
23  …
24      print ("cost=", sess.run(cost, feed_dict={X: train_X, Y: train_Y}),
    "W=", sess.run(W), "b=", sess.run(b))
25      #顯示模型
26      plt.plot(train_X, train_Y, 'ro', label='Original data')
27      v = sess.run(z, feed_dict={X: train_X})     #再次呼叫動態圖，產生 y 值
28      plt.plot(train_X, v, label='Fitted line')  #將其顯示出來
29      plt.legend()
30      plt.show()
```

程式第 19 行，用 tf.py_function 函數對自訂函數 my_py_func 進行了封裝。這樣，my_py_func 函數裡的張量便都可以在動態圖中執行了。

在 my_py_func 函數中，張量 z 可以像 Python 中的數值物件一樣直接被使用（見程式第 10 行，可以透過 print 函數將其內部的值直接輸出）。在靜態圖中用動態圖的方式可以使模型的偵錯變得簡單。

程式執行後可以看到以下結果：

```
  …
    1.8424727    1.8831174    1.923762    1.9644067 ], shape=(100,), dtype=
float32)
  Epoch: 33 cost= 0.07197194 W= [2.0119123] b= [-0.04750564]
  tf.Tensor([-2.059418], shape=(1,), dtype=float32)
  tf.Tensor([-2.025845], shape=(1,), dtype=float32)
```

上面截取的結果是訓練過程中的片段。在結果的最後兩行輸出了 z 的值。可以看到，雖然 z 還是張量，但是已經有值。

程式第 10 行也可以用 print(z.numpy())程式來代替，該程式可以直接將 z 的實際值列印出來。

3.1.3 什麼是自動圖

在 TensorFlow 1.X 版本中，要開發以張量控制流為基礎的程式，則必須使用 tf.conf、tf. while_loop 之類的專用函數。這增加了開發的複雜度。

在 TensorFlow 2.X 版本中，可以透過自動圖（AutoGraph）功能將普通的 Python 控制流敘述轉成以張量為基礎的運算圖。這大幅簡化了開發工作。

在 TensorFlow 2.X 版本中，可以用 tf.function 裝飾器修飾 Python 函數，將其自動轉化成張量運算圖。範例程式如下：

```
import tensorflow as tf              #匯入 TensorFlow
@tf.function
def autograph(input_data):           #用自動圖修飾的函數
    if tf.reduce_mean(input_data) > 0:
      return input_data              #傳回整數類型
    else:
      return input_data // 2         #傳回整數類型
a =autograph(tf.constant([-6, 4]))
b =autograph(tf.constant([6, -4]))
print(a.numpy(),b.numpy()) #在 TensorFlow 2.X 上執行，輸出:[-3  2] [ 6 -4]
```

從上面程式的輸出結果中可以看到，程式執行了控制流 "tf.reduce_mean (input_data) > 0" 敘述的兩個分支。這表明被裝飾器 tf.function 修飾的函數具有張量圖的控制流功能。

🔊 提示：

在使用自動圖功能時，如果在被修飾的函數中有多個傳回分支，則必須確保所有的分支都傳回相同類型的張量，否則會顯示出錯。

🌐 3.2 掌握估算器架構介面的應用

估算器架構介面（Estimators API）是 TensorFlow 中的一種進階 API。它提供了一整套訓練模型、測試模型的準確率及產生預測的方法。

3.2.1 了解估算器架構介面

在估算器架構內部會自動實現整體的資料流向架設，其中包含：檢查點檔案的匯出與恢復、儲存 TensorBoard 的摘要、初始化變數、異常處理等操作。在使用估算器架構進行開發模型時，只需要實現對應的方法即可。

🔊 提示：

TensorFlow 2.X 版本可以完全相容 TensorFlow 1.X 版本的估算器架構程式。用估算器架構開發模型程式，不需要考慮版本移植的問題。

---

1. 估算器架構的組成

估算器架構是在 tf.layers 介面上建置而成的。估算器架構可以分為 3 個主要部分。

- 輸入函數：主要由 tf.data.Dataset 介面組成，可以分為訓練輸入函數（train_input_fn）和測試輸入函數（eval_input_fn）。前者用於輸出資料和訓練資料，後者用於輸出驗證資料和測試資料。
- 模型函數：由模型（tf.layers 介面）和監控模組（tf.metrics 介面）組成，主要用來實現訓練模型、測試（或驗證）模型、監控模型參數狀況等功能。
- 估算器模型：將深度學習開發過程中模型的植入、正反向傳播、結果輸出、評估、測試等各個基礎部分「黏合」起來，控制資料在模型中的流動與轉換，並控制模型的各種行為（運算）。它類似電腦中的作業系統。

2. 估算器架構中的預置模型

估算器架構除支援自訂模型外，還提供了一些封裝好的常用模型，例如：以線性為基礎的回歸和分類模型（LinearRegressor、LinearClassifier）、以深度神經網路為基礎的回歸和分類模型（DNNRegressor、DNNClassifier）等。直接使用這些模型可以省去大量的開發時間。

3. 以估算器架構開發為基礎的進階模型

在 TensorFlow 中，還有兩個以估算器開發為基礎的進階模型架構——TFTS 與 TF-GAN。

- TFTS：專用於處理序列資料的通用架構。
- TF-GAN：專用於處理對抗神經網路（GAN）的通用架構。

4. 估算器架構的利與弊

估算器架構的價值主要是，對模型的訓練、使用等流程化的工作做了高度整合。它適用於封裝已經開發好的模型程式。它會使整體的專案程式更加簡潔。該架構的弊端是：由於對流程化的工作整合度太高，導致在開發模型過程中無法精確控制某個實際的環節。

綜上所述，估算器架構不適用於偵錯模型的場景，但適用於對成熟模型進行訓練、使用的場景。

3.2.2 實例 5：使用估算器架構

估算器架構（Estimators API）屬於 TensorFlow 中的進階 API。由於它對底層程式實現了高度封裝，使得開發模型過程變得更加簡單。但在帶來便捷的同時，也帶來了學習成本。

本節就來使用估算器架構將 2.3 節的實例重新實現一遍——從一堆資料中找出 $y \approx 2x$ 的規律。透過本實例，讀者可以掌握估算器架構的基本開發方法。

1. 產生樣本資料集

為了使程式更為標準，這裡將 2.3 節的資料集產生部分封裝起來。程式如下：

■ 程式 3-3 用估算器架構訓練一個回歸模型

```
01  import tensorflow as tf
02  import numpy as np
03  tf.compat.v1.disable_v2_behavior()
```

```
04  #在記憶體中產生模擬資料
05  def GenerateData(datasize = 100 ):
06      train_X = np.linspace(-1, 1, datasize) #train_X 為-1~1 之間連續的100 個
    浮點數
07      train_Y = 2 * train_X + np.random.randn(*train_X.shape) * 0.3 #y=2x,
    但是加了雜訊
08      return train_X, train_Y                 #以生成器的方式傳回
09
10  train_data = GenerateData()                 #產生原始的訓練資料集
11  test_data = GenerateData(20)                #產生20 個測試資料集
12  batch_size=10
13  tf.compat.v1.reset_default_graph()          #清空運行圖中的所有張量
```

2. 設定記錄檔等級

可以透過 tf.compat.v1.logging.set_verbosity()方法來設定記錄檔的等級。

- 當設成 INFO 時,則所有等級高於 INFO 的記錄檔都可以顯示。
- 當設定成其他等級時(例如 ERROR),則只顯示等級比 ERROR 高的記錄
  檔,INFO 將不顯示。

■ 程式 3-3 用估算器架構訓練一個回歸模型(續)

```
14  tf.compat.v1.logging.set_verbosity(tf.compat.v1.logging.INFO)
    #能夠控制輸出資訊
```

程式第 14 行設定了程式執行時期的輸出記錄檔等級。在 TensorFlow 中的記錄
檔等級有:ERROR、FATAL、INFO、WARN 等。

3. 實現估算器架構的輸入函數

估算器架構的輸入函數實現起來很簡單:將原始的資料來源轉化成為
tf.data.Dataset 介面的資料集並傳回。

在本實例中建立了兩個輸入函數:

- train_input_fn 函數用於訓練使用,對資料集做了亂數,並且支援對資料的
  重複讀取。
- eval_input_fn 函數用於測試模型及使用模型進行預測,支援不帶標籤的輸
  入。

實際程式如下：

■ 程式 3-3 用估算器架構訓練一個回歸模型（續）

```
15  def train_input_fn(train_data, batch_size):     #定義訓練資料集的輸入函數
16      #建置資料集，該資料集由特徵和標籤組成
17      dataset = tf.data.Dataset.from_tensor_slices ((train_data[0],
    train_data[1]))
18      dataset = dataset.shuffle(1000).repeat().batch(batch_size)
        #將資料集亂數、設為重複讀取、按批次組合
19      return dataset                     #傳回資料集
20  #定義在測試或使用模型時資料集的輸入函數
21  def eval_input_fn(data,labels, batch_size):
22      #batch 不允許為空
23      assert batch_size is not None, "batch_size must not be None"
24
25      if labels is None:                        #如果是評估，則沒有標籤
26          inputs = data
27      else:
28          inputs = (data,labels)
29      #建置資料集
30      dataset = tf.data.Dataset.from_tensor_slices(inputs)
31
32      dataset = dataset.batch(batch_size)       #按批次組合
33      return dataset                            #傳回資料集
```

4. 估算器模型函數中的網路結構

在估算器模型函數中定義網路結構的方法，與在正常的靜態圖中定義網路結構的方法幾乎一樣。估算器架構支援 TensorFlow 中的各種網路模型 API，其中包含 tf.layers、tf.keras 等。

因為估算器架構本來就是在 tf.layers 介面上建置的，所以在模型中使用 tf.layers 的 API 會更加方便。

下面透過一個最基本的模型來介紹估算器架構的使用方法。實際程式如下。

■ 程式 3-3 用估算器架構訓練一個回歸模型（續）

```
34  def my_model(features, labels, mode, params):#自訂模型函數
35      #定義網路結構
36      W = tf.Variable(tf.random.normal([1]), name="weight")
```

```
37        b = tf.Variable(tf.zeros([1]), name="bias")
38        #正向結構
39        predictions = tf.multiply(tf.cast(features,dtype = tf.float32), W)+ b
40
41        if mode == tf.estimator.ModeKeys.PREDICT:      #預測處理
42          return tf.estimator.EstimatorSpec(mode, predictions= predictions)
43
44        #定義損失函數
45        loss = tf.compat.v1.losses.mean_squared_error(labels=labels,
    predictions=predictions)
46
47        meanloss  = tf.compat.v1.metrics.mean(loss)      #增加評估輸出項
48        metrics = {'meanloss':meanloss}
49
50        if mode == tf.estimator.ModeKeys.EVAL:       #測試處理
51            return tf.estimator.EstimatorSpec(   mode, loss=loss,
    eval_metric_ops=metrics)
52
53        #訓練處理
54        assert mode == tf.estimator.ModeKeys.TRAIN
55        optimizer = tf.compat.v1.train.AdagradOptimizer(learning_rate=
    params['learning_rate'])
56        train_op = optimizer.minimize(loss, global_step= tf.compat.v1.
    train.get_global_step())
57        return tf.estimator.EstimatorSpec(mode, loss=loss, train_op=
    train_op)
```

程式第 51 行，在傳回 EstimatorSpec 物件時傳入了 eval_metric_ops 參數。
eval_metric_ops 參數會使模型在評估時多顯示一個 meanloss 指標（見程式第
48 行）。eval_metric_ops 參數是透過 tf.metrics 函數建立的，它傳回的是一個
元組類型物件。

如果需要只顯示預設的評估指標，則可以將第 51 行程式改為：

```
return tf.estimator.EstimatorSpec(mode, loss=loss)
```

即，不向 EstimatorSpec()方法中傳入 eval_metric_ops 參數。

5. 指定硬體的運算資源

在預設情況下，估算器架構會佔滿全部顯示記憶體。如果不想讓估算器架構

佔滿全部顯示記憶體,則可以用 tf.GPUOptions 類別限制估算器模型使用的 GPU 顯示記憶體。實際做法如下。

■ **程式 3-3 用估算器架構訓練一個回歸模型（續）**

```
58  gpu_options = tf.compat.v1.GPUOptions(
    per_process_gpu_memory_fraction=0.333)#建置 gpu_options,防止顯示記憶體被佔滿
59  session_config=tf.compat.v1.ConfigProto(gpu_options=gpu_options)
```

程式第 58 行,產生了 tf.compat.v1.GPUOptions 類別的產生實體物件 gpu_options。該物件用來控制目前程式,使其只佔用 33.3% 的 GPU 顯示記憶體。

程式第 59 行,用 gpu_options 物件對 tf.compat.v1.ConfigProto 類別進行產生實體,產生 session_config 物件。session_config 物件就是用於指定硬體運算的變數。

6. 定義估算器模型

在下面的程式第 61 行中,用 tf.estimator.Estimator()方法產生一個估算器模型（estimator）。該估算器模型的參數如下:

- 模型函數 model_fn 的值為 my_model 函數。
- 訓練時輸出的模型路徑是 "./myestimatormode"。
- 將學習率 learning_rate 放到 params 字典裡,並將字典 params 傳入模型。
- 透過 tf.estimator.RunConfig()方法產生 config 設定參數,並將 config 設定參數傳入模型。

■ **程式 3-3 用估算器架構訓練一個回歸模型（續）**

```
60  #建置估算器模型
61  estimator =
    tf.estimator.Estimator( model_fn=my_model,model_dir='./myestimatormode',
    params={'learning_rate': 0.1},
    config=tf.estimator.RunConfig(session_config=tf.compat.v1.ConfigProto
    (gpu_options=gpu_options))
62            )
```

在程式第 61 行中,params 裡的學習率（learning_rate）會在 my_model 函數中被使用（見程式第 55 行）。

估算器模型的定義主要透過 tf.estimator.Estimator 函數來完成。其初始化函數
如下：

```
def __init__(self,   #類別物件實例（屬於 Python 類別相關的語法，在類別中預設傳值）
 model_fn,                    #自訂的模型函數
model_dir=None,              #訓練時產生的模型目錄
config=None,                 #設定檔，用於指定運算時的附件條件
params=None,                 #傳入自訂模型函數中的參數
warm_start_from=None):       #暖啟動的模型目錄
```

在上述參數中，暖啟動（warm_start_from）表示將網路節點的權重從指定目
錄下的檔案參數或 WarmStartSettings 物件中恢復到記憶體中。該功能類似在
二次訓練時載入檢查點檔案，常在對原有模型進行微調時使用。

7. 用估算器架構訓練模型

透過呼叫 estimator.train() 方法可以訓練模型。該方法的定義如下：

```
def train(self,
          input_fn,                    #輸入函數
          hooks=None,     #鉤子函數（優先順序比 estimator 中的鉤子的優先順序高）
          steps=None,                  #訓練的次數
          max_steps=None,              #最大訓練次數，為一個累積值
          saving_listeners=None):  #儲存的回呼函數
```

其中：

- self 是 Python 語法中的類別實例物件。
- 輸入函數 input_fn 沒有參數。
- hooks 是 SessionRunHook 類型的列表。
- 如果 Steps 為 None，則一直訓練不停止。
- saving_listeners 是一個 CheckpointSaverListener 類型的清單，用於在儲存
  模型過程中的前、中、後環節對指定的函數進行回呼。

在本實例中，傳入了指定資料集的輸入函數與訓練步數。實際程式如下。

■ 程式 3-3 用估算器架構訓練一個回歸模型（續）

```
63 estimator.train(lambda: train_input_fn(train_data, batch_size),steps=200)
      #訓練200次
64
65 tf.compat.v1.logging.info("訓練完成.")                    #輸出：訓練完成
```

程式執行後，輸出以下資訊：

```
   INFO:tensorflow:Using config: {'_model_dir': './myestimatormode', '_tf_
random_ seed': None, '_save_summary_steps': 100, '_save_checkpoints_steps':
None, '_save_ checkpoints_secs': 600, '_session_config': gpu_options {
    per_process_gpu_memory_fraction: 0.333
   }
   , '_keep_checkpoint_max': 5, '_keep_checkpoint_every_n_hours': 10000,
'_log_step_count_steps': 100, '_train_distribute': None, '_service': None,
'_cluster_spec': <tensorflow.python.training.server_lib.ClusterSpec object
at 0x000002C53AA769B0>, '_task_type': 'worker', '_task_id': 0, '_global_id_
in_cluster': 0, '_master': '', '_evaluation_master': '', '_is_chief': True,
'_num_ps_replicas': 0, '_num_worker_replicas': 1}
   INFO:tensorflow:Calling model_fn.
   INFO:tensorflow:Done calling model_fn.
   INFO:tensorflow:Create CheckpointSaverHook.
   INFO:tensorflow:Graph was finalized.
   INFO:tensorflow:Running local_init_op.
   INFO:tensorflow:Done running local_init_op.
   INFO:tensorflow:Saving checkpoints for 1 into ./myestimatormode\model.
ckpt.
   INFO:tensorflow:loss = 2.0265186, step = 0
   INFO:tensorflow:global_step/sec: 648.135
   INFO:tensorflow:loss = 0.29844713, step = 100 (0.156 sec)
   INFO:tensorflow:Saving checkpoints for 200
into ./myestimatormode\model.ckpt.
   INFO:tensorflow:Loss for final step: 0.15409622.
   INFO:tensorflow:訓練完成.
```

在輸出資訊中，以 "INFO" 開頭的輸出資訊都可以透過 tf.compat.v1.logging.
set_verbosity()方法來設定。最後一行的輸出結果是透過 tf.compat.v1.logging.
info()方法實現的（見程式第 65 行）。

在以 "INFO" 開頭的結果資訊中，可以看到第 1 行是估算器架構的設定項目資訊。該資訊中包含估算器架構訓練時的所有詳細參數，可以透過調節這些參數來更進一步地控制訓練過程。

🔊 提示：

在程式第 63 行的 estimator.train()方法中，第 1 個參數是樣本輸入函數，它使用了匿名函數的方法進行封裝。

由於架構支援的輸入函數要求沒有參數，而自訂的輸入函數 train_input_fn 是有參數的，所以這裡用一個匿名函數給原有的輸入函數 train_input_fn 包上一層，這樣就可以將輸入函數 train_input_fn 傳入 estimator.train 中。還可以透過偏函數或裝飾器技術來實現對輸入函數 train_input_fn 的包裝。例如：

(1) 偏函數的形式：

from functools import partial
estimator.train(input_fn=partial(train_input_fn, train_data=train_data, batch_size=batch_size),   steps=200)

(2) 裝飾器的形式：

```
def wrapperFun(fn):       #定義裝飾器函數
    def wrapper():         #包裝函數
        return fn(train_data=train_data, batch_size=batch_size)  #呼叫原函數
    return wrapper

@wrapperFun
def train_input_fn2(train_data, batch_size): #定義訓練資料集輸入函數
    #建置資料集
    dataset = tf.data.Dataset.from_tensor_slices( ( train_data[0],train_data[1]) )
    #將資料集亂數、設為重複讀取、按批次組合
dataset = dataset.shuffle(1000).repeat().batch(batch_size)
    return dataset    #傳回資料集
estimator.train(input_fn=train_input_fn2, steps=200)
```

程式的第 63 行是將 Dataset 資料集轉化為輸入函數。在 3.2.7 小節測試模型時，還會示範一種更簡單的方法——直接將 Numpy 變數轉化為輸入函數。

3.2.3 定義估算器中模型函數的方法

在 3.2.2 節的實例中，用估算器模型函數 my_model 來實現模型的封裝。在定義估算器模型函數時，函數名稱可以任意起，但函數的參數與傳回值的類型必須是固定的。

1. 估算器模型函數中的固定參數

估算器模型函數中有以下 4 個固定的參數。

- features：用於接收輸入的樣本資料。
- labels：用於接收輸入的標籤資料。
- mode：指定模型的執行模式，分為 tf.estimator.ModeKeys.TRAIN（訓練模式）、tf.estimator.ModeKeys.EVAL（測試模型）、tf.estimator.ModeKeys.PREDICT（使用模型）3 個值。
- params：用於傳遞模型相關的其他參數。

2. 估算器模型函數中的固定傳回值

估算器模型函數的傳回值有固定要求：必須是一個 tf.estimator.EstimatorSpec 類型的物件。該物件的初始化方法如下：

```
def __new__(cls,          #類別實例（屬於 Python 類別相關的語法，在類別中預設傳值）
    mode,                 #使用模式
    predictions=None,     #傳回的預測值節點
    loss=None,            #傳回的損失函數節點
    train_op=None,        #訓練的 OP
    eval_metric_ops=None, #測試模型時需要額外輸出的資訊
    export_outputs=None,  #匯出模型的路徑
    training_chief_hooks=None, #分散式訓練中的主機鉤子函數
    training_hooks=None,  #訓練中的鉤子函數（如果是分散式，則將在所有的機器上生效）
    scaffold=None,        #使用自訂的操作集合，可以進行自訂初始化、摘要、檢查點檔案等
    evaluation_hooks=None, #評估模型時的鉤子函數
    prediction_hooks=None): #預測時的鉤子函數
```

在本實例中,用函數 my_model 作為模型函數。傳入不同的 mode,會傳回不同的 EstimatorSpec 物件,即:

- 如果 mode 等於 ModeKeys.PREDICT 常數,此時模型類型為預測,則傳回帶有 predictions 的 EstimatorSpec 物件。
- 如果 mode 等於 ModeKeys.EVAL 常數,此時模型類型為評估,則傳回帶有 loss 的 EstimatorSpec 物件。
- 如果 mode 等於 ModeKeys.TRAIN 常數,此時模型類型為訓練,則傳回帶有 loss 和 train_op 的 EstimatorSpec 物件。

🔊 提示:

EstimatorSpec 物件初始化參數中的鉤子函數,可以用於監視或儲存特定內容,或在圖形和階段中進行一些操作。

3.2.4 用 tf.estimator.RunConfig 控制更多的訓練細節

在 3.2.2 實例程式第 61 行中,tf.estimator.Estimator()方法中的 config 參數接收的是一個 tf.estimator.RunConfig 物件。該物件還有更多關於模型訓練的設定項目。實際程式如下:

```
def __init__(self,
             model_dir=None,  #指定模型的目錄(優先順序比estimator的優先順序高)
             tf_random_seed=None,           #初始化的隨機種子
             save_summary_steps=100,        #儲存摘要的頻率
             save_checkpoints_steps=_USE_DEFAULT, #產生檢查點檔案的步數頻率
             save_checkpoints_secs=_USE_DEFAULT,  #產生檢查點檔案的時間頻率
             session_config=None,          #接收 tf.compat.v1.ConfigProto 的設定
             keep_checkpoint_max=5,         #保留檢查點檔案的個數
             keep_checkpoint_every_n_hours=10000,  #產生檢查點檔案的頻率
             log_step_count_steps=100,      #訓練過程中同級 loss 值的頻率
             train_distribute=None):        #透過 tf.contrib.distribute.
    DistributionStrategy 指定的分散式運算實例
```

其中，參數 save_checkpoints_steps 和 save_checkpoints_secs 不能同時設定，只能設定一個。

- 如果都沒有指定，則預設 10 分鐘儲存一次模型。
- 如果都設定為 None，則不儲存模型。

在本實例中都採用的是預設設定。讀者可以用實際的參數來調整模型，以掌握各個參數的意義。

🔊 提示：

在分散式訓練時，keep_checkpoint_max 可以設定得大一些，否則超過 keep_checkpoint_max 的檢查點檔案會被系統提前收回，而導致其他 work 在同步估算模型時找不到對應的模型。

3.2.5 用 config 檔案分配硬體運算資源

在 3.2.2 節實例程式第 59 行中，用 session_config 物件指定了硬體的運算資源。這種方法也同樣適用於階段（session）。一般使用以下方式建立階段（session）：

```
with tf.compat.v1.Session(config=session_config) as sess:
```

1. 估算器模型佔滿全部顯示記憶體所帶來的問題

如果不對顯示記憶體加以限制，一旦目前系統中還有其他程式也在佔用 GPU，則會回報以下錯誤：

```
InternalError: Blas GEMV launch failed:  m=1, n=1
    [[Node: linear/linear_model/x/weighted_sum = MatMul[T=DT_FLOAT,
transpose_a=false, transpose_b=false, _device="/job:localhost/replica:0/
task:0/device:GPU:0"](linear/linear_model/x/Reshape, linear/linear_model/x/
weights/part_0/read/_35)]]
```

為了避免類似問題發生，一般都會對使用的顯示記憶體加以限制。當多人共用一台伺服器進行訓練時可以使用該方法。

2. 限制顯示記憶體的其他方法

在 3.2.2 節的實例中，第 58 行程式還可以寫成以下形式：

```
config = tf.compat.v1.ConfigProto()
config.gpu_options.per_process_gpu_memory_fraction = 0.333
    #佔用 33.3% 的 GPU 顯示記憶體
```

除指定顯示記憶體百分比外，還可用 allow_growth 項讓 GPU 佔用最小的顯示記憶體。例如：

```
config = tf.compat.v1.ConfigProto()
config.gpu_options.allow_growth = True
```

3.2.6 透過暖啟動實現模型微調

本節將透過程式示範暖啟動的實現，接著 3.2.2 節的實例完成以下實際步驟：

（1） 重新定義一個估算器模型 estimator2。

（2） 將事先建置好的 warm_start_from 傳入 tf.estimator.Estimator() 方法中。

（3） 將路徑 "./myestimatormode" 中的檢查點檔案修復到估算器模型 estimator2 中。

（4） 對估算器模型 estimator2 進行繼續訓練，並將訓練的模型儲存在 "./myestimatormode3" 中。

實際程式如下。

■ 程式 3-3 用估算器架構訓練一個回歸模型（續）

```
66  #暖啟動
67  warm_start_from = tf.estimator.WarmStartSettings(
68             ckpt_to_initialize_from='./myestimatormode',
69         )
70  #重新定義帶有暖啟動的估算器模型
71  estimator2 = tf.estimator.Estimator
    ( model_fn=my_model,model_dir='./myestimatormode3',warm_start_from=
    warm_start_from,params={'learning_rate': 0.1},
72
    config=tf.estimator.RunConfig (session_config=session_config) )
73  estimator2.train(lambda: train_input_fn(train_data, batch_size),steps=200)
```

程式第 67 行，用 tf.estimator.WarmStartSettings 類別的產生實體來指定暖啟動檔案。在模型啟動後，將透過 tf.estimator.WarmStartSettings 類別產生實體的物件讀取 "./myestimatormode" 下的模型檔案，並為目前模型的權重設定值。

該類別的初始化參數有 4 個，實際如下。

- ckpt_to_initialize_from：指定模型檔案的路徑。系統會從該路徑下載入模型檔案，並將其中的值指定給目前模型中的指定權重。

- vars_to_warm_start：指定將模型檔案中的哪些變數設定值給目前模型。該值可以是一個張量列表，也可以是指定的張量名稱，還可以是一個正規表示法。當該值為正規表示法時，系統會在模型檔案裡用正規表示法過濾出對應的張量名稱。預設值為 ".*"。

- var_name_to_vocab_info：該參數是一個字典形式。用於將模型檔案修復到 tf.estimator.VocabInfo 類型的張量。預設值都為 None。tf.estimator.VocabInfo 是對詞嵌入的二次封裝，支援將原有的詞嵌入檔案轉化為新的詞嵌入檔案並進行使用。

- var_name_to_prev_var_name：該參數是一個字典形式。當模型檔案中的變數符號與目前模型中的變數不同時，則可以用該參數進行轉換。預設值為 None。

這種方式常用於載入詞嵌入檔案的場景，即將訓練好的詞嵌入檔案載入到目前模型中指定的詞嵌入變數中進行二次訓練。

程式執行後產生以下結果（實際輸出中並沒有序號）：

```
1. INFO:tensorflow:Using config: {'_model_dir': './myestimatormode',
   '_tf_random_seed': None,
2. ......
3. INFO:tensorflow:Saving checkpoints for 200 into ./myestimatormode\
   model.ckpt.
4. INFO:tensorflow:Loss for final step: 0.14718035.
5. INFO:tensorflow:訓練完成.
6. INFO:tensorflow:Using config: {'_model_dir': './myestimatormode3',
   '_tf_random_seed': None, '_save_summary_steps': 100, '_save_
   checkpoints_steps': None, '_save_checkpoints_secs': 600,
   '_session_config': gpu_options {
7. per_process_gpu_memory_fraction: 0.333
```

```
8.  }
9.  ......
10. INFO:tensorflow:Warm-starting with WarmStartSettings:
    WarmStartSettings(ckpt_to_initialize_from='./myestimatormode',
    vars_to_warm_start='.*', var_name_to_vocab_info={},
    var_name_to_prev_var_name={})
11. INFO:tensorflow:Warm-starting from: ('./myestimatormode',)
12. INFO:tensorflow:Warm-starting variable: weight; prev_var_name:
    Unchanged
13. INFO:tensorflow:Initialize variable weight:0 from checkpoint
    ./myestimatormode with weight
14. INFO:tensorflow:Warm-starting variable: bias; prev_var_name:
    Unchanged
15. INFO:tensorflow:Initialize variable bias:0 from checkpoint
    ./myestimatormode with bias
16. INFO:tensorflow:Create CheckpointSaverHook.
17. ......
18. INFO:tensorflow:Saving checkpoints for 200 into ./myestimatormode3
    \model.ckpt.
19. INFO:tensorflow:Loss for final step: 0.08332317.
```

下面介紹輸出結果。

- 第 3 行，顯示了模型的儲存路徑是 "./myestimatormode\model.ckpt"。
- 第 5 行，顯示了估算器模型 estimator 的訓練結束。
- 從第 6 行開始，是估算器模型 estimator2 的建立過程。在第 2 個省略符號的下一行，可以看到螢幕輸出了 "INFO:tensorflow:Warm-starting"，這表示 estimator2 實現了暖啟動模式，正在從"./myestimatormode\model.ckpt" 中恢復參數。
- 第 16 行，顯示模型恢復完參數後開始繼續訓練。
- 第 18 行，顯示估算器模型 estimator2 將訓練的結果儲存到"./myestimatormode3\model.ckpt" 下，完成了微調模型的操作。

🔊 提示：

這裡介紹了一個使用 tf.estimator.WarmStartSettings 類別時的程式偵錯技巧。

由於 tf.estimator 屬於高整合架構，所以，如果使用了帶有正規表示法的 tf.estimator.WarmStartSettings 類別，則一旦程式出錯會非常難偵錯。

如果在估算器模型程式中引用了 warm_starting_util 模組，則可以對 WarmStartSettings 類別的正規表示法進行獨立偵錯，以確保暖啟動環節正常執行，進一步降低 tf.estimator 架構的複雜度。

3.2.7 測試估算器模型

測試估算器模型的程式與訓練的程式十分類似，直接呼叫 estimator 的 evaluate()方法並傳入輸入函數即可。

接著 3.2.2 節的實例，使用估算器模型的另一個輸入函數——tf.compat. v1.estimator.inputs. numpy _input_fn 完成對模型的測試。

tf.compat.v1.estimator.inputs.numpy_input_fn 函數可以直接把 Numpy 變數的資料包裝成一個輸入函數傳回。

實際程式如下。

■ 程式 3-3 用估算器架構訓練一個回歸模型（續）

```
74 test_input_fn = tf.compat.v1.estimator.inputs.numpy_input_fn(
   test_data[0],test_data [1],batch_size=1,shuffle=False)
75 train_metrics = estimator.evaluate(input_fn=test_input_fn)
76 print("train_metrics",train_metrics)
```

程式第 74 行，將 Numpy 類型變數製作成估算器模型的輸入函數。與該方法類似，還可以用 tf.estimator.inputs.pandas_input_fn 函數將 Pandas 類型變數製作成估算器模型的輸入函數。

程式執行後，輸出以下結果：

```
  ...
  INFO:tensorflow:Saving dict for global step 200: global_step = 200,
loss = 0.08943534, meanloss = 0.08943534
  train_metrics {'loss': 0.08943534, 'meanloss': 0.08943534, 'global_step'
: 200}
```

在輸出結果的最後一行可以看到 "meanloss" 這一項，該資訊就是程式第 48 行中增加的輸出資訊。

3.2.8 使用估算器模型

呼叫 estimator 的 predict()方法，分別將測試資料集和手動產生的資料傳入模型中進行預測。

- 在使用測試資料集時，呼叫輸入函數 eval_input_fn（見 3.2.2 小節程式第 21 行），並傳入值為 None 的標籤。
- 在使用手動產生的資料時，用函數 tf.estimator.inputs.numpy_input_fn 產生輸入函數 predict_input_fn，並將輸入函數 predict_input_fn 傳入估算器模型的 predict()方法。

實際程式如下。

■ 程式 3-3 用估算器架構訓練一個回歸模型（續）

```
77 predictions = estimator.predict(input_fn=lambda:
   eval_input_fn(test_data[0],None,batch_size))
78 print("predictions",list(predictions))
79 #定義輸入資料
80 new_samples = np.array( [6.4, 3.2, 4.5, 1.5], dtype=np.float32)
81 predict_input_fn = tf.compat.v1.estimator.inputs.numpy_input_fn(
   new_samples,num_epochs=1, batch_size=1,shuffle=False)
82 predictions = list(estimator.predict(input_fn=predict_input_fn))
83 print( "輸入，結果: {} {}\n".format(new_samples,predictions))
```

函數 estimator.predict 的傳回值是一個生成器類型。需要將其轉化為清單才能列印出來（見程式第 82 行）。

程式執行後，輸出以下結果：

```
   ...
   INFO:tensorflow:Restoring parameters from ./myestimatormode\model.ckpt-
200
   INFO:tensorflow:Running local_init_op.
   INFO:tensorflow:Done running local_init_op.
   predictions [-1.8394374, -1.6450617, -1.4506862, -1.2563106, -1.061935,
-0.8675593, -0.6731837, -0.4788081, -0.28443247, -0.09005685, 0.10431877,
0.29869437, 0.49307, 0.68744564, 0.8818213, 1.0761969, 1.2705725, 1.4649482,
1.6593237, 1.8536993]
   ...
```

```
   INFO:tensorflow:Restoring parameters from ./myestimatormode\model.
ckpt-200
   INFO:tensorflow:Running local_init_op.
   INFO:tensorflow:Done running local_init_op.
   輸入，結果: [6.4 3.2 4.5 1.5]  [11.825169, 5.91615, 8.316689, 2.7769835]
```

從輸出結果中可以看出，兩種資料都有正常的輸出。

如果是在生產環境中，則還可以將估算器模型儲存成凍結圖檔案，透過 TF Serving 模組來部署。

3.2.9 用鉤子函數（Training_Hooks）追蹤訓練狀態

在 TensorFlow 中有一個 Training_Hooks 介面，它實現了鉤子函數的功能。該介面由多種 API 組成。在程式中使用 Training_Hooks 介面，可以追蹤模型在訓練、執行過程中各個環節的實際的狀態。該介面的說明見表 3-1。

表 3-1 Training_Hooks 介面的說明

介面名稱	描　　述
tf.train.SessionRunHook	所有鉤子函數的基礎類別。如果想自訂鉤子函數，則可以整合該類別
tf.train.LoggingTensorHook	按照指定步數輸出指定張量的值。這是非常常用的鉤子函數
tf.train.StopAtStepHook	在指定步數後停止追蹤
tf.train.CheckpointSaverHook	按照指定步數或時間產生檢查點檔案。還可以用 tf.train.CheckpointSaverListener 函數監聽產生檢查點檔案的操作，並可以在操作過程的前、中、後 3 個階段設定回呼函數
tf.train.StepCounterHook	按照指定步數或時間計數
tf.train.NanTensorHook	指定要監視的 loss 張量。如果 loss 為 NaN，則停止執行
tf.train.SummarySaverHook	按照指定步數儲存摘要資訊
tf.train.GlobalStepWaiterHook	直到 Global step 的值達到指定值後才開始執行
tf.train.FinalOpsHook	取得某個張量在階段（session）結束時的值
tf.train.FeedFnHook	指定輸入，並取得輸入資訊的鉤子函數
tf.train.ProfilerHook	捕捉硬體執行時期的分配資訊

表 3-1 中的鉤子（Hook）類別一般會配合 tf.train.MonitoredSession()方法一起使用，有時也會配合估算器架構一起使用。在本書 3.2.10 節會透過詳細實例來示範其用法。

3.2.10 實例 6：用鉤子函數取得估算器模型的記錄檔

將程式檔案「3-3 用估算器架構訓練一個回歸模型.py」複製一份，並在其內部增加記錄檔鉤子函數，將模型中的 loss 值按照指定步數輸出。

1. 在模型中增加張量

在模型函數 my_model 中，用 tf.identity 函數複製張量 loss，並將新的張量命名為 "loss"。實際程式如下。

■ 程式 3-4 為估算器模型增加鉤子

```
01  def my_model(features, labels, mode, params):      #自訂模型函數
02      ...
03          return tf.estimator.EstimatorSpec(mode, predictions=predictions)
04
05      #定義損失函數
06      loss = tf.compat.v1.losses.mean_squared_error(labels=labels,
    predictions=predictions)
07      lossout = tf.identity(loss, name="loss")        #複製張量用於顯示
08      meanloss  = tf.compat.v1.metrics.mean(loss)     #增加評估輸出項
09      ...
10      return tf.estimator.EstimatorSpec(mode, loss=loss, train_op=train_op)
```

2. 定義鉤子函數，並將其加入訓練中

在呼叫訓練模型方法 estimator.train()之前，用函數 tf.train.LoggingTensorHook 定義好鉤子函數，並將產生的鉤子函數 logging_hook 放入 estimator.train()方法中。

實際程式如下。

■ 程式 3-4 為估算器模型增加鉤子（續）

```
11  ...
12  tensors_to_log = {"鉤子函數輸出": "loss"}    #定義要輸出的內容
13  logging_hook = tf.estimator.LoggingTensorHook( tensors=tensors_to_log,
    every_n_iter=1)
14
15  estimator.train(lambda: train_input_fn(train_data, batch_size),steps=200,
16                      hooks=[logging_hook])
17  tf.compat.v1.logging.info("訓練完成。")       #輸出「訓練完成」
```

程式第 13 行用 tf.train.LoggingTensorHook 函數產生了鉤子函數 logging_hook。該函數中的參數 every_n_iter 表示，在疊代訓練中每訓練 every_n_iter 次就呼叫一次鉤子函數，輸出參數 tensors 所指定的資訊。

程式執行後輸出以下結果：

```
...
INFO:tensorflow:鉤子函數輸出 = 0.0732526 (0.004 sec)
INFO:tensorflow:鉤子函數輸出 = 0.09113709 (0.004 sec)
INFO:tensorflow:Saving checkpoints for 4200
into ./estimator_hook\model.ckpt.
INFO:tensorflow:Loss for final step: 0.09113709.
INFO:tensorflow:訓練完成。
```

從結果中可以看出，程式每疊代訓練一次就輸出一次鉤子資訊。

在本書書附程式中還有一個關於自訂 hook 配合 tf.train.MonitoredSession 使用的實例，實際請見程式檔案「3-5 自訂 hook.py」。

⊞ 3.3 實例 7：將估算器模型轉化成靜態圖模型

對使用者來說，估算器架構在帶來便捷的同時也帶來了不方便。如果要對模型做更為細節的調整和改進，則優先使用靜態圖或動態圖架構。

本實例參照 3.2.2 節程式進行開發，將估算器架構程式改寫成靜態圖程式。實現步驟如下。

（1） 複製網路結構：將 3.2.2 節實例程式中 my_model 函數中的網路結構重新複製一份，作為靜態圖的網路結構。

（2） 重用輸入函數：將輸入函數產生的資料集作為靜態圖的輸入資料來源。

（3） 建立階段恢復模型：在階段裡載入檢查點檔案。

（4） 繼續訓練。

3.3.1 程式實現：複製網路結構

作為程式的開始部分，在複製網路結構之前需要引用模組，並把模擬產生資料集函數一起移植過來。

在複製網路結構時，還需要額外處理幾個地方。

- 定義輸入預留位置（features、labels）：在 3.2.2 節的 my_model 函數中，features、labels 是估算器模型傳入的疊代器變數，在靜態圖中已經不再適合，所以需要手動定義輸入預留位置。
- 定義全域計步器（global_step）：估算器架構會在內部產生一個 global_step，但是普通的靜態圖模型並不會自動建立 global_step，所以需要手動定義一個 global_step。
- 定義儲存檔案物件（saver）：在估算器架構中，saver 是內建的。在靜態圖中，需要建立 saver。

實際程式如下。

■ 程式 3-6 將估算器模型轉為靜態圖模型

```
01  import tensorflow as tf
02  import numpy as np
03  import matplotlib.pyplot as plt
04  tf.compat.v1.disable_v2_behavior()
05  #在記憶體中產生模擬資料
06  def GenerateData(datasize = 100 ):
07      train_X = np.linspace(-1, 1, datasize)   #train_X 是-1~1 之間連續的 100 個
    浮點數
08      train_Y = 2 * train_X + np.random.randn(*train_X.shape) * 0.3
09      return train_X, train_Y                 #以生成器的方式傳回
10
11  train_data = GenerateData()
12
13  batch_size=10
14
15  def train_input_fn(train_data, batch_size): #定義訓練資料集的輸入函數
16      #建置資料集的組成：一個是特徵輸入，另一個是標籤輸入
17      dataset = tf.data.Dataset.from_tensor_slices
    ( (  train_data[0],train_data[1]) )
```

```
18    dataset = dataset.shuffle(1000).repeat().batch(batch_size)
      #將資料集亂數、設為重複讀取、按批次組合
19    return dataset                              #傳回資料集
20
21 #定義產生 loss 值視覺化的函數
22 plotdata = { "batchsize":[], "loss":[] }
23 def moving_average(a, w=10):
24    if len(a) < w:
25        return a[:]
26     return [val if idx < w else sum(a[(idx-w):idx])/w for idx, val in
   enumerate(a)]
27
28 tf.compat.v1.reset_default_graph()
29
30 features = tf.compat.v1.placeholder("float",[None])   #重新定義預留位置
31 labels = tf.compat.v1.placeholder("float",[None])
32
33 #其他網路結構不變
34 W = tf.Variable(tf.random_normal([1]), name="weight")
35 b = tf.Variable(tf.zeros([1]), name="bias")
36 predictions = tf.multiply(tf.cast(features,dtype = tf.float32),
   W)+ b                                        #正向結構
37 oss = tf.compat.v1.losses.mean_squared_error(labels=labels,
   predictions=predictions)                     #定義損失函數
38
39 global_step = tf.compat.v1.train.get_or_create_global_step()
   #重新定義 global_step
40
41 optimizer = tf.compat.v1.train.AdagradOptimizer(learning_rate=0.1)
42 train_op = optimizer.minimize(loss, global_step=global_step)
43
44 saver = tf.compat.v1.train.Saver(tf.compat.v1.global_variables(),
   max_to_keep=1)        #重新定義 saver
```

程式第 39 行，用函數 tf.train.get_or_create_global_step 產生張量 global_step。
這樣做的好處是：不用再考慮自訂的 global_step 與估算器架構中 global_step
的類型比對問題。

🔊 提示：

定義儲存檔案物件（saver）必須在網路定義的最後一步建立，否則在其後面定義的變數將不會被 saver 物件儲存到檢查點檔案中。

原因：在產生 saver 物件時，系統會用 tf.compat.v1.global_variables 函數獲得目前圖中的所有變數，並將這些變數儲存到 saver 物件的內部空間中，用於儲存或恢復。如果產生 saver 物件的程式在定義網路結構的程式之前，則 tf.compat.v1. global_variables 函數將無法獲得在目前圖中定義的變數。

3.3.2 程式實現：重用輸入函數

直接使用在 3.2.2 節中實現的輸入函數 train_input_fn，該函數將傳回一個 Dataset 類型的資料集。從該資料集中取出張量元素，用於輸入模型。

實作方式見以下程式。

■ 程式 3-6 將估算器模型轉為靜態圖模型（續）

```
45  #定義學習參數
46  training_epochs = 500    #設定疊代次數為 500
47  display_step = 2
48
49  dataset = train_input_fn(train_data, batch_size)#重複使用輸入函數
    train_input_fn
50  one_element = tf.compat.v1.data.make_one_shot_iterator(dataset).
    get_next()#獲得輸入資料的張量
```

3.3.3 程式實現：建立階段恢復模型

估算器架構產生的檢查點檔案，與一般靜態圖的模型檔案完全一致。只要在載入模型值前保障目前圖的結構與模型結構一致即可（3.3.1 節所做的事情）。實際見以下程式。

■ 程式 3-6 將估算器模型轉為靜態圖模型（續）

```
51  with tf.compat.v1.Session() as sess:
52
53      #恢復估算器模型的檢查點
```

```
54    savedir = "myestimatormode/"
55    kpt = tf.train.latest_checkpoint(savedir)        #找到檢查點檔案
56    print("kpt:",kpt)
57    saver.restore(sess, kpt)                          #恢復檢查點資料
```

3.3.4 程式實現：繼續訓練

該部分程式沒有新基礎知識。實際程式如下。

■ 程式 3-6 將估算器模型轉為靜態圖模型（續）

```
58 #向模型中輸入資料
59    while global_step.eval() < training_epochs:
60        step = global_step.eval()
61        x,y =sess.run(one_element)
62
63        sess.run(train_op, feed_dict={features: x, labels: y})
64
65        #顯示訓練中的詳細資訊
66        if step % display_step == 0:
67            vloss = sess.run(loss, feed_dict={features: x, labels: y})
68            print ("Epoch:", step+1, "cost=", vloss)
69            if not (vloss == "NA" ):
70                plotdata["batchsize"].append(global_step.eval())
71                plotdata["loss"].append(vloss)
72            saver.save(sess, savedir+"linermodel.cpkt", global_step)
73
74    print (" Finished!")
75    saver.save(sess, savedir+"linermodel.cpkt", global_step)
76
77    print ("cost=", sess.run(loss,  feed_dict={features: x, labels: y}))
78
79    plotdata["avgloss"] = moving_average(plotdata["loss"])
80    plt.figure(1)
81    plt.subplot(211)
82    plt.plot(plotdata["batchsize"], plotdata["avgloss"], 'b--')
83    plt.xlabel('Minibatch number')
84    plt.ylabel('Loss')
85    plt.title('Minibatch run vs. Training loss')
86
87    plt.show()
```

執行程式後輸出以下結果:

```
...
Epoch: 483 cost= 0.08857741
Epoch: 485 cost= 0.07745837
Epoch: 487 cost= 0.07305251
Epoch: 489 cost= 0.14077939
Epoch: 491 cost= 0.035170306
Epoch: 493 cost= 0.025990102
Epoch: 495 cost= 0.07111463
Epoch: 497 cost= 0.08413558
Epoch: 499 cost= 0.074357346
 Finished!
cost= 0.07475543
```

顯示的損失值曲線如圖 3-1 所示。

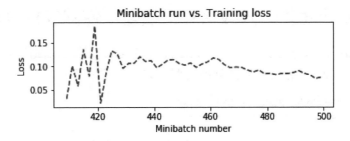

圖 3-1 靜態圖對估算器架構產生的模型進行二次訓練

從結果和損失曲線可以看出,程式執行正常。

📝 **練習題:**

在 TensorFlow 2.X 版本中,動態圖架構變得更加常用。讀者可以根據本節的方法,結合動態圖的特性(見 2.4 節、3.1 節),自己嘗試將估算器架構程式改寫成動態圖程式。

⊕ 3.4 實例 8：用估算器架構實現分散式部署訓練

在大型的資料集上訓練神經網路，需要的運算資源非常大，而且還要花上很長時間才能完成。

為了縮短訓練時間，可以用分散式部署的方式將一個訓練任務拆成多個小任務，將這些小任務分配到不同的電腦上來完成協作運算。這樣用電腦群運算來代替單機運算，可以使訓練時間大幅變短。

TensorFlow 1.4 版本之後的估算器架構具有 train_and_evaluate 函數。該函數可以使分散式訓練的實現變得更為簡單。只需要修改 TF_CONFIG 環境變數（或在程式中指定 TF_CONFIG 變數），即可實現分散式部署中不同的角色的協作合作，本實例使用與 3.2.2 節一樣的資料與模型進行分散式示範。

3.4.1 執行程式：修改估算器模型，使其支援分散式

將 3.2.2 節中第 63 行及前面的程式全部複製過來，並在後面用 tf.estimator.train_and_evaluate()方法分散式訓練模型。實際程式如下。

■ 程式 3-7 用估算器架構進行分散式訓練

```
...
64  estimator =
    tf.estimator.Estimator(  model_fn=my_model,model_dir='myestimatormode',
    params={'learning_rate': 0.1},
    config=tf.estimator.RunConfig(session_config=session_config) )
65
66  #建立 TrainSpec 與 EvalSpec
67  train_spec = tf.estimator.TrainSpec(input_fn=lambda:
    train_input_fn(train_data, batch_size), max_steps=1000)
68  eval_spec = tf.estimator.EvalSpec(input_fn=lambda:
    eval_input_fn(test_data,None, batch_size))
69
70  tf.estimator.train_and_evaluate(estimator, train_spec, eval_spec)
```

3.4.2 透過 TF_CONFIG 變數進行分散式設定

透過增加 TF_CONFIG 變數實現分散式訓練的角色設定。增加 TF_CONFIG 變數有兩種方法。

- 方法一：直接將 TF_CONFIG 變數增加到環境變數裡。
- 方法二：在程式執行前加入 TF_CONFIG 變數的定義。例如在命令列裡輸入：

```
TF_CONFIG='內容' python xxxx.py
```

從上面的兩種方法中任選其一即可。在增加完 TF_CONFIG 變數後，還要為其指定內容。實際格式如下。

1. TF_CONFIG 變數內容的格式

TF_CONFIG 變數的內容是一個字串。該字串用於描述分散式訓練中各個角色（chief、worker、ps）的資訊。每個角色都由 task 裡面的 type 來指定。實際程式如下。

（1）chief 角色：分散式訓練的主計算節點。

```
TF_CONFIG='{
    "cluster": {
        "chief": ["主機 0-IP: 通訊埠"],
        "worker": ["主機 1-IP: 通訊埠", "主機 2-IP: 通訊埠", "主機 3-IP: 通訊埠"],
        "ps": ["主機 4-IP: 通訊埠", "主機 5-IP: 通訊埠"]
    },
    "task": {"type": "chief", "index": 0}
}'
```

（2）worker 角色：分散式訓練的一般計算節點。

```
TF_CONFIG='{
    "cluster": {
        "chief": ["主機 0-IP: 通訊埠"],
        "worker": ["主機 1-IP: 通訊埠", "主機 2-IP: 通訊埠", "主機 3-IP: 通訊埠"],
        "ps": ["主機 4-IP: 通訊埠", "主機 5-IP: 通訊埠"]
    },
    "task": {"type": "worker", "index": 0}
}'
```

（3）ps角色：分散式訓練的服務端。

```
TF_CONFIG='{
    "cluster": {
        "chief": ["主機0-IP: 通訊埠"],
        "worker": ["主機1-IP: 通訊埠", "主機2-IP: 通訊埠", "主機3-IP: 通訊埠"],
        "ps": ["主機4-IP: 通訊埠", "主機5-IP: 通訊埠"]
    },
    "task": {"type": "ps", "index": 0}
}'
```

2. 程式實現：定義 TF_CONFIG 變數的環境變數

本實例只是一個示範程式，將 3 種角色放在了同一台機器上執行。實際步驟如下：

（1）將 TF_CONFIG 變數的環境變數放到程式裡。

（2）將程式檔案複製成3份，分別代表 chief、worker、ps 三種角色。

其中，代表 ps 角色的實際程式如下。

■ 程式 3-8 用估算器架構分散式訓練 ps

```
01 TF_CONFIG='''{
02     "cluster": {
03         "chief": ["127.0.0.1:2221"],
04         "worker": ["127.0.0.1:2222"],
05         "ps": ["127.0.0.1:2223"]
06     },
07     "task": {"type": "ps", "index": 0}
08 }'''
09
10 import os
11 os.environ['TF_CONFIG']=TF_CONFIG
12 print(os.environ.get('TF_CONFIG'))
...
```

該程式是 ps 角色的主要實現。將第 7 行中的 ps 改為 chief，獲得程式檔案「3-9 用估算器架構進行分散式訓練 chief.py」（完整程式在本書的書附程式中），用於建立 chief 角色。實際程式如下：

```
    "task": {"type": "chief", "index": 0}
```

再將第 7 行中的 ps 改為 chief，獲得程式檔案「3-10 用估算器架構進行分散式訓練 worker.py」（完整程式在本書的書附程式中），用於建立 worker 角色。實際程式如下：

```
"task": {"type": "worker", "index": 0}
```

3.4.3 執行程式

在執行程式之前，需要開啟 3 個 Console（主控台），如圖 3-2 所示。第 1 個是 ps 角色，第 2 個是 chief 角色，第 3 個是 worker 角色。

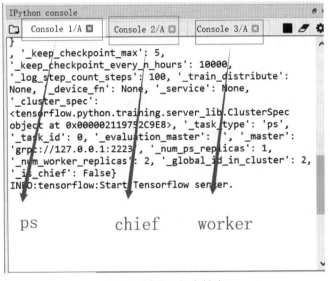

圖 3-2 開啟 3 個主控台

按照圖 3-2 中主控台的實際順序，依次執行每個角色的程式檔案。產生的結果如下：

（1）主控台 Console1：用於展示 ps 角色。啟動後等待 chief 與 worker 的連線。

```
 ...
  '_cluster_spec': <tensorflow.python.training.server_lib.ClusterSpec object
at 0x000002119752C9E8>, '_task_type': 'ps', '_task_id': 0, '_evaluation_
```

```
master': '', '_master': 'grpc://127.0.0.1:2223', '_num_ps_replicas': 1,
'_num_worker_replicas': 2, '_global_id_in_cluster': 2, '_is_chief': False}
    INFO:tensorflow:Start Tensorflow server.
```

（2）主控台 Console2：用於展示 chief 角色。在訓練完成後儲存模型。

```
    ...
    '_cluster_spec': <tensorflow.python.training.server_lib.ClusterSpec
object at 0x0000025AD5B8B9E8>, '_task_type': 'chief', '_task_id': 0,
'_evaluation_master': '', '_master': 'grpc://127.0.0.1:2221', '_num_ps_
replicas': 1, '_num_worker_replicas': 2, '_global_id_in_cluster': 0,
'_is_chief': True}
    ...
    INFO:tensorflow:loss = 0.13062291, step = 2748 (0.367 sec)
    INFO:tensorflow:global_step/sec: 565.905
    INFO:tensorflow:global_step/sec: 532.612
    INFO:tensorflow:loss = 0.11379747, step = 2953 (0.372 sec)
    INFO:tensorflow:global_step/sec: 578.003
    INFO:tensorflow:global_step/sec: 578.006
    INFO:tensorflow:loss = 0.11819798, step = 3157 (0.353 sec)
    INFO:tensorflow:global_step/sec: 574.74
    INFO:tensorflow:global_step/sec: 558.949
    ...
    INFO:tensorflow:loss = 0.09850123, step = 5814 (0.424 sec)
    INFO:tensorflow:global_step/sec: 572.337
    INFO:tensorflow:global_step/sec: 439.875
    INFO:tensorflow:Saving checkpoints for 6002 into myestimatormode\model.
ckpt.
    INFO:tensorflow:Loss for final step: 0.04346009.
```

（3）主控台 Console3：用於展示 worker 角色，只負責訓練。

```
    ...
    <tensorflow.python.training.server_lib.ClusterSpec object at
0x00000209A423D9E8>, '_task_type': 'worker', '_task_id': 0,
'_evaluation_master': '',
'_master': 'grpc://127.0.0.1:2222', '_num_ps_replicas': 1, '_num_worker_
replicas': 2, '_global_id_in_cluster': 1, '_is_chief': False}
    ...
```

```
INFO:tensorflow:loss = 0.22635186, step = 2292 (0.408 sec)
INFO:tensorflow:loss = 0.07718446, step = 2457 (0.329 sec)
...
INFO:tensorflow:loss = 0.1483176, step = 5982 (0.405 sec)
INFO:tensorflow:Loss for final step: 0.08431114.
```

從輸出結果的（2）和（3）部分中可以看到，訓練的實際步數（step）並不是連續的，而是交換進行的。這表示，chief 角色與 worker 角色二者在一起進行了協作訓練。

3.4.4 擴充：用分佈策略或 KubeFlow 架構進行分散式部署

在實際場景中，還可以用分佈策略或 KubeFlow 架構進行分散式部署。其中，分佈策略的方法介紹可以參考 3.5 節。

▣ 3.5 掌握 tf.keras 介面的應用

tf.keras 介面是 TensorFlow 中支援 Keras 語法的進階 API。它可以將用 Keras 語法實現的程式移植到 TensorFlow 中來執行。

3.5.1 了解 Keras 與 tf.keras 介面

Keras 是一個用 Python 撰寫的進階神經網路介面。它是目前最通用的前端神經網路介面。

以 Keras 開發為基礎的程式可以在 TensorFlow、CNTK、Theano 等主流的深度學習架構中直接執行。在 TensorFlow 2.X 版本中，用 tf.keras 介面在動態圖中開發模型是官方推薦的主流方法之一。

🔊 提示：

用 tf.keras 介面開發模型程式，不需要考慮版本移植的問題。TensorFlow 2.X 版本可以完全相容 TensorFlow 1.X 版本的估算器架構程式。

---

2. 如何學習 Keras

與 TensorFlow 不同的是，Keras 的説明文件做得特別詳細，並帶有程式實例。可以直接在其官網上學習。

另外，Keras 還推出了中文的線上文件，讀者可以自己去尋找閱讀。在 Keras 的説明文件中介紹了 Keras 的特點和由來，以及資料前置處理工具、視覺化工具、整合的資料集等常用工具。另外還有詳細的教學説明了 Keras 中常用函數的使用方法，並用實例進行示範。

在 TensorFlow 的官網中也有 tf.keras 介面的詳細教學。

3. 如何在 TensorFlow 中使用 Keras

在 TensorFlow 中，除可以使用 tf.keras 介面外，還可以直接使用 Keras。

在本機安裝完 TensorFlow 後，透過以下命令列安裝 keras。

```
pip install keras
```

這時使用的 Keras 程式，會預設將 TensorFlow 作為後端來進行運算。

4. Keras 與 tf.keras 介面

在開發過程中，所有的 Keras 都可以用 tf.keras 介面來無縫取代（實際細節略有一點差別，可以忽略）。

在開發演算法原型時，可以直接用 tf.keras 介面中整合的資料集（如 BOSTON_HOUSING、CIFAR10、CIFAR100、FASHION_MNIST、IMDB、MNIST、REUTERS 等）來快速驗證模型的效果。

當然，在實際開發中，每種不同的進階介面都有它的學習成本。讀者應根據自己對某個 API 的熟練程度來選取適合自己的 API。

3.5.2 實例 9：用呼叫函數式 API 進行開發

呼叫函數式 API 模式是使用函數組合的方式來定義網路模型的，可以實現多輸出模型、有向無環圖模型、帶有共用層的模型等。

1. 呼叫函數式 API 的程式範例

本節就來使用 tf.keras 介面中的呼叫函數式 API，將 2.3 節的實例重新實現一遍——從一堆資料中找出 $y \approx 2x$ 規律。實際程式如下：

■ 程式 3-11 keras 回歸模型

```
01 import numpy as np                                    # 引用基礎模組
02 import random
03 from tensorflow.keras.layers import Dense, Input
04 from tensorflow.keras.models import Model
05
06 # 產生訓練資料 y=2x+隨機數
07 x_train = np.linspace(0, 10, 100)                      # 100 個數
08 y_train_random = -1 + 2 * np.random.random(100)        # -1~1 之間的隨機數
09 y_train = 2 * x_train + y_train_random                 # y=2x +隨機數
10 print("x_train \n", x_train)
11 print("y_train \n", y_train)
12
13 # 產生測試資料
14 x_test = np.linspace(0, 10, 100)                       # 100 個數
15 y_test_random = -1 + 2 * np.random.random(100)         # -1~1 之間的隨機數
16 y_test = 2 * x_test + y_test_random                    # y=2x +隨機數
17 print("x_test \n", x_test)
18 print("y_test \n", y_test)
19
20 # 預測資料
21 x_predict = random.sample(range(0, 10), 10)            # 10 個數
22
23 # 定義網路層，1 個輸入層，3 個全連接層
24 inputs = Input(shape=(1,))              # 定義輸入張量
25 x = Dense(64, activation='relu')(inputs)               # 第 1 個全連接層
26 x = Dense(64, activation='relu')(x)                    # 第 2 個全連接層
27 predictions = Dense(1)(x)                              # 第 3 個全連接層
28
29 # 編譯模型，指定訓練的參數
30 model = Model(inputs=inputs, outputs=predictions)
31 model.compile(optimizer='rmsprop',                     # 定義最佳化器
32               loss='mse',                              # 損失函數是均方差
33               metrics=['mae'])                         # 定義度量，絕對誤差平均值
34
35 # 訓練模型，指定訓練超參數
```

```
36 history = model.fit(x_train,
37                     y_train,
38                     epochs=100,          # 疊代訓練 100 次
39                     batch_size=16)       # 訓練的每批資料量
40
41 # 測試模型
42 score = model.evaluate(x_test,
43                        y_test,
44                        batch_size=16)    # 測試的每批資料量
45 # 列印誤差值和評估標準值
46 print("score \n", score)
47
48 # 模型預測
49 y_predict = model.predict(x_predict)
50 print("x_predict \n", x_predict)
51 print("y_predict \n", y_predict)
```

上面這段程式架設了一個 3 層全連接網路模型，其結構如圖 3-3 所示。

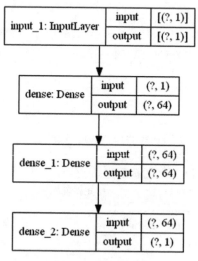

圖 3-3　模型結構

該模型實現了函數 $y \approx 2x$ 的回歸擬合。

程式中有 3 種類型的資料集，分別是訓練資料集、測試資料集、預測資料集。其中，訓練資料集、測試資料集分為樣本特徵和樣本標籤，預測資料集只有樣本特徵沒有標籤。實際如下：

- 訓練資料集特徵 x_train 是用函數 np.linspace 產生的 0~10 之間的 100 個數，每一個數表示一個有 1 個特徵的樣本，一共有 100 個樣本。
- 訓練資料集標籤 y_train 是 x_train 的兩倍再加上–1～1 之間的隨機數獲得的。
- 測試資料集特徵 x_test 與 x_train 的產生方法相同。
- 測試資料集標籤 y_test 是 x_test 的兩倍再加上–1～1 之間的隨機數獲得。
- 預測資料集特徵 x_predict 是 0～9 之間的 10 個隨機數，表示要預測是 10 個樣本特徵。

執行該程式，過程如下。

```
x_train
[ 0.  0.1010101  0.2020202  …  9.7979798   9.8989899  10. ]
y_train
[-8.81099740e-01 6.88462798e-03  …  1.89161457e+01  2.07285211e+01]
x_test
[ 0.  0.1010101   0.2020202  …  9.7979798   9.8989899  10. ]
y_test
[ 4.84016349e-01  8.61420451e-03   …  1.97950098e+01  1.90439088e+01]
Epoch 1/100
100/100 [==============================] - 1s 7ms/step - loss: 93.6648
- mean_absolute_error: 8.2897
Epoch 2/100
100/100 [==============================] - 0s 80us/step - loss: 53.3397
- mean_absolute_error: 6.2249

…
100/100 [==============================] - 0s 90us/step - loss: 0.4380
- mean_absolute_error: 0.5704
Epoch 100/100
100/100 [==============================] - 0s 100us/step - loss: 0.3908
- mean_absolute_error: 0.5520
```

程式第 46 行 print("score \n", score)的列印結果是：

```
score
 [0.3462614142894745, 0.5025795]
```

其中第 1 個數 "0.4922257089614868" 表示測試誤差值，第 2 個數 "0.5998018312454224" 表示模型的評估標準值。

程式第 50 行 print("x_predict \n", x_predict) 列印出的輸入資料是：

```
x_predict
 [5, 6, 1, 4, 8, 3, 0, 9, 7, 2]
```

程式第 51 行 print("y_predict \n", y_predict) 列印出的預測結果是：

```
y_predict
 [[10.17544   ]
 [12.194451  ]
 [ 2.0995815 ]
 [ 8.156428  ]
 [16.232473  ]
 [ 6.137417  ]
 [ 0.23318775]
 [18.251486  ]
 [14.213463  ]
 [ 4.1184864 ]]
```

從預測結果可以看出，y_predict≈2 × x_predict。

2. 用呼叫函數式 API 進行開發的步驟

從這個實例可以看出用呼叫函數式 API 進行開發的步驟是：

（1）定義網路層。
（2）呼叫 compile()方法編譯模型，並指定訓練的參數。
（3）呼叫 fit()方法訓練模型，並指定訓練超參數。
（4）呼叫 evaluate()方法測試模型。
（5）用訓練的模型呼叫 predict 函數對新資料進行預測。

3.5.3 實例 10：用建置子類別模式進行開發

建置子類別模式是自訂網路層的一種方式，可以繼承於 Layer 網路層類別。

1. 建置子類別模式的開發步驟

建置子類別模式的實際步驟如下：

（1）自訂一個類別，並繼承類別 Layer。
（2）定義該類別的初始化方法__init__()。

（3）在該類別中定義 build()方法，實現權重的計算邏輯。

（4）在該類別中定義 call()方法，撰寫各層的計算邏輯。

（5）如果層更改了輸入張量的形狀，則需要定義方法 compute_output_shape()，
以實現形狀變化的邏輯。

2. 建置子類別模式的程式舉例

本節就來使用 tf.keras 介面中的建置子類別模式，將 2.3 節的實例重新實現一
遍——從一堆資料中找出 $y \approx 2x$ 規律。實際程式如下。

■ 程式 3-12 keras 回歸模型 2

```
01 import tensorflow as tf        # 引用基礎模組
02 import tensorflow.keras
03 import numpy as np
04 from tensorflow.keras.layers import Dense, Input, Layer
05 from tensorflow.keras.models import Model
06 import random
07
08 class MyLayer(Layer):
09     # 自訂一個類別，繼承自 Layer
10     def __init__(self, output_dim, **kwargs):
11         self.output_dim = output_dim
12         super(MyLayer, self).__init__(**kwargs)
13
14     # 定義 build()方法用來建立權重
15     def build(self, input_shape):
16         shape = tf.TensorShape((input_shape[1], self.output_dim))
17         # 定義可訓練變數
18         self.weight = self.add_weight(name='weight',
19                                       shape=shape,
20                                       initializer='uniform',
21                                       trainable=True)
22         super(MyLayer, self).build(input_shape)
23
24     # 實現父類別的 call()方法，實現層功能邏輯
25     def call(self, inputs):
26         return tf.matmul(inputs, self.weight)
27
28     # 如果層更改了輸入張量的形狀，則需要定義形狀變化的邏輯
```

```
29    def compute_output_shape(self, input_shape):
30        shape = tf.TensorShape(input_shape).as_list()
31        shape[-1] = self.output_dim
32        return tf.TensorShape(shape)
33
34    def get_config(self):
35        base_config = super(MyLayer, self).get_config()
36        base_config['output_dim'] = self.output_dim
37        return base_config
38
39    @classmethod
40    def from_config(cls, config):
41        return cls(**config)
42
43 # 單元測試程式
44 if __name__ == '__main__':
45     # 產生訓練資料 y=2x
46     x_train = np.linspace(0, 10, 100)        # 100 個數
47     y_train_random = -1 + 2 * np.random.random(100)  # -1～1 之間的隨機數
48     y_train = 2 * x_train + y_train_random          # y=2x + 隨機數
49     print("x_train \n", x_train)
50     print("y_train \n", y_train)
51
52     # 產生測試資料
53     x_test = np.linspace(0, 10, 100)         # 100 個數
54     y_test_random = -1 + 2 * np.random.random(100)
55     y_test = 2 * x_test + y_test_random              # y=2x + 隨機數
56     print("x_test \n", x_test)
57     print("y_test \n", y_test)
58
59     # 預測資料
60     x_predict = random.sample(range(0, 10), 10)    # 10 個數
61
62     # 定義網路層，1 個輸入層，3 個全連接層
63     inputs = Input(shape=(1,))                    # 定義輸入張量
64     x = Dense(64, activation='relu')(inputs)      # 第 1 個全連接層
65     x = MyLayer(64)(x)                            # 第 2 個全連接層，是自訂的層
66     predictions = Dense(1)(x)                     # 第 3 個全連接層
67
68     # 編譯模型，指定訓練的參數
```

```
69    model = Model(inputs=inputs, outputs=predictions)
70    model.compile(optimizer='rmsprop',      # 定義最佳化器
71                  loss='mse',               # 定義損失函數，絕對誤差平均值
72                  metrics=['mae'])          # 定義度量
73
74    # 訓練模型，指定訓練超參數
75    history = model.fit(x_train,
76                        y_train,
77                        epochs=100,          # 疊代訓練 100 次
78                        batch_size=16)       # 訓練的每批資料量
79
80    # 測試模型
81    score = model.evaluate(x_test,
82                           y_test,
83                           batch_size=16)    # 測試的每批資料量
84    # 列印誤差值和評估標準值
85    print("score \n", score)
86
87    # 模型預測
88    y_predict = model.predict(x_predict)
89    print("x_predict \n", x_predict)
90    print("y_predict \n", y_predict)
```

上面這段程式架設的網路模型與圖 3-3 完全一致，只是把第 2 個全連接層換成自訂的層 MyLayer。

該程式執行後，對應於第 85 行 print("score \n", score)的列印結果是：

```
score
 [0.3562994647026062, 0.4992482]
```

其中，第 1 個數 "0.3562994647026062" 表示測試誤差值，第 2 個數 "0.4992482" 表示模型的評估標準值。

程式第 89 行 print("x_predict \n", x_predict)的列印預測資料是：

```
x_predict
 [3, 5, 6, 4, 7, 0, 9, 2, 8, 1]
```

程式第 90 行 print("y_predict \n", y_predict)的列印預測結果是：

```
y_predict
 [[ 6.2013574 ]
 [10.223148  ]
 [12.234042  ]
 [ 8.212253  ]
 [14.244938  ]
 [ 0.17312957]
 [18.266727  ]
 [ 4.1904626 ]
 [16.255835  ]
 [ 2.179567  ]]
```

該結果是模型預測的標籤值。

從預測結果可以看出，該神經網路擬合出 $y=2x$。

3.5.4 使用 tf.keras 介面的開發模式歸納

還可以用 tf.keras 介面中的 function 函數架設更簡潔的模型。被 function 函數組合起來的模型更加輕便，適合巢狀結構在其他模型中。

function 函數只有模型的組合功能，沒有 compile 之類的進階方法。它與 Model 的用法十分類似：直接指定好輸入節點和輸出節點即可。

用 tf.keras 介面建置深度學習模型有呼叫函數式 API 和建置子類別兩種方法。呼叫函數式 API 這種方法簡單好用，可以快速實現大部分的網路模型。

建置子類別這種方法經常用來自訂網路層，需要自訂類別並繼承某些層，是一種完全物件導向的程式設計思維。

在理論研究或專案實作中，通用的方法是：

- 將 tf.keras 介面中沒有的網路層用建置子類別的方式來實現。
- 將重用度高的模型片段用 function 函數封裝成簡潔模型。

用呼叫函數式 API 這種方法將所有網路層連接起來，將形成最後的模型。

3.5.5 儲存模型與載入模型

tf.keras 介面保留了 Keras 架構中儲存模型的格式，可以產生副檔名為 "h5" 的模型檔案，也可以產生 TensorFlow 檢查點格式的模型檔案。

1. 產生及載入 h5 模型檔案

在模型訓練好後，可以用 save()方法進行儲存。儲存後的模型檔案可以透過函數 load_model 進行載入。

產生模型檔案的程式如下：

```
model.save('my_model.h5')     #儲存模型
```

上面程式執行時期，會在本機程式的同級目錄下產生模型檔案 "my_model.h5"。

載入模型檔案的程式如下：

```
del model                      #刪除目前模型
model = tf.keras.models.load_model('my_model.h5')   #載入模型
a = model.predict(x_predict)
```

程式被載入後，便可以對輸入資料進行預測。

🔊 提示：

"h5"模型檔案屬於 h5py 類型，可以直接手動呼叫 h5py 進行解析。舉例來說，下列程式可以將模型中的節點顯示出來：

import h5py
f=h5py.File('my_model.h5')
for name in f:
   print(name)

執行程式後，會輸出以下結果：

```
model_weights         #模型的權重
optimizer_weights     #最佳化器的權重
```

2. 產生 TensorFlow 檢查點格式的模型檔案

呼叫 save_weights()方法，可以產生 TensorFlow 檢查點格式的模型檔案。在 save_weights()方法中，可以根據 save_format 參數對應的格式產生指定的模型檔案。

參數 save_format 的設定值有兩種：''tf'' 與 ''h5''。前者是 TensorFlow 檢查點檔案格式，後者是 ''h5'' 模型檔案格式。

在沒有指定參數 save_format 值的情況下，如果傳入 save_weights 中的檔案名稱不是以 ''.h5'' 或 ''.keras'' 結尾的，則參數 save_format 的設定值為 ''tf''，否則其值為 ''h5''。實際程式如下：

```
#產生 tf 格式的檔案
model.save_weights('./keraslog/kerasmodel') #預設產生 tf 格式的檔案
#產生 tf 格式的檔案，手動指定
os.makedirs("./kerash5log", exist_ok=True)
model.save_weights('./kerash5log/kerash5model',save_format = 'h5') #可以
指定 save_format 是 h5 或 tf 來產生對應的格式
```

程式執行後，系統會在本機的 keraslog 資料夾下產生 TensorFlow 檢查點格式的檔案，在本機的 kerash5log 資料夾下產生 Keras 架構格式的模型檔案 ''kerash5model''（雖然沒有副檔名，但它是 ''h5'' 格式的）。

🔊 提示：

將 Keras 架構格式的模型檔案轉化成 TensorFlow 檢查點的模型檔案，這個過程是單向的。TensorFlow 的 2.1 版本中還沒有提供將 TensorFlow 檢查點格式的模型檔案轉化成 Keras 架構格式的模型檔案的方法。

3.5.6 模型與 JSON 檔案的匯入/匯出

在 TensorFlow 的檢查點檔案中包含模型的符號及對應的值，而在 Keras 架構中產生的檢查點檔案（副檔名為 ''h5'' 的檔案）中只包含模型的值。

在 tf.keras 介面中，可以將模型符號轉化為 JSON 檔案再進行儲存。實際程式如下：

```
json_string = model.to_json()  #模型 JSON 化,相等於 json_string =
model.get_config()
open('my_model.json','w').write(json_string)

#載入模類型資料和weights
model_7 = tf.keras.models.model_from_json(open('my_model.json').read())
model_7.load_weights('my_model.h5')
a = model_7.predict(x_predict)
print("載入後的測試",a[:10])
```

上述程式實現的邏輯如下:

(1)將模型符號儲存到 my_model.json 檔案中。

(2)從 my_model.json 檔案中載入權重到模型 model_7 中。

(3)為模型 model_7 恢復權重。

(4)用模型 model_7 進行預測。

◀)) 提示:

用 tf.keras 介面開發模型時,常會把模型檔案分成 JSON 和 "h5" 兩種格式儲存,用於不同的場景:

● 在使用場景中,直接載入 "h5" 格式模型檔案。

● 在訓練場景中,同時載入 JSON 與 "h5" 兩種格式模型檔案。

這樣可以讓模型訓練場景與使用場景分離。透過隱藏原始程式的方式保障程式版本的唯一性(防止使用者修改模型而產生多套模型原始程式,難以維護),是合作專案中很常見的技巧。

3.5.7. 了解 tf.keras 介面中訓練模型的方法

原生的 tf.keras 介面訓練模型的方法有 fit()、fit_generator()和 train_on_batch(),這 3 個方法都可以透過模型物件進行呼叫。

▪ fit():模型物件的普通訓練方法。支援從記憶體資料、tf.Data.dataset 資料集物件中讀取資料進行訓練。

▪ fit_generator():模型物件的疊代器訓練方法。支援從疊代器物件中讀取資料進行訓練。

- train_on_batch()：模型物件的單次訓練方法，這是一個相對底層的 API 方法。在使用時，可以手動在外層建置循環並取得資料，然後將這些資料傳入模型中進行訓練。

fit()方法與 fit_generator()方法的功能及參數都很相似，只是傳入的輸入資料不同。而 train_on_batch()相比較較底層，使用起來更加靈活可控。

下面以 fit()方法為例介紹，其他方法中的參數與 fit()方法大致雷同，讀者可以參考官方的說明文件。

🔊 提示：

在 TensorFlow 2.1 之後版本的 tf.keras 介面中，已經將 fit_generator()方法的處理功能合併到 fit()方法中。所以，直接將疊代器物件傳入 fit()方法也可以正常執行。即，可以完全用 fit()方法取代 fit_generator()方法。有關用疊代器作為輸入並用 fit()方法進行訓練的實例請參考本書 8.8.6 節。

---

1. fit()方法的定義

fit()方法的作用是以固定數量的輪次（資料集上的疊代）訓練模型。

該方法的原型如下：

```
fit(x=None,y=None,batch_size=None,epochs=1,verbose=1, callbacks=None,
validation_split=0.0, validation_data=None, shuffle=True, class_weight=None,
sample_weight=None, initial_epoch=0,steps_per_epoch=None, validation_
steps=None)
```

該方法的實際參數解釋如下。

- x：訓練模型的樣本資料。該參數可以接收 Numpy 陣列、tf.Data.dataset 資料集物件、TensorFlow 中的張量、Python 的記憶體物件（字典、清單類型）。
- y：訓練模型的目標（標籤）資料。該參數可以接收的資料類型與 x 一樣。
- batch_size：每一批次輸入資料的樣本數。預設值是 32。
- epochs：模型疊代訓練的最後次數。模型疊代訓練到第 epochs 次後會停止訓練。

- verbose：記錄檔資訊的顯示模式。可以設定值 0（安靜模式，不輸出記錄檔資訊）、1（進度指示器模式）、2（每個 epoch 顯示一行記錄檔資訊）。
- callbacks：向訓練過程註冊的回呼函數，以便在某個訓練環節中實現指定的操作。
- validation_split：用於驗證集的訓練資料的比例。模型將拆分出一部分不參與訓練的驗證資料，並將在每一輪結束後評估這些驗證資料的誤差和模型的任何其他指標。設定值為 0～1。
- validation_data：輸入的驗證資料集。形狀為元組（x_val，y_val）或元組（x_val，y_val，val_sample_weights）。該資料專用來評估損失，以及在每輪結束後模型的任何度量指標。模型不會在該驗證資料集上進行訓練。這個參數會覆蓋 validation_split。
- shuffle：布林值（是否在每輪疊代之前打亂資料）或字串（batch）。batch 是處理 HDF5 資料格式的特殊選項，它對一個 batch 內部的資料進行打亂。當 steps_per_epoch 不是 None 時，這個參數無效。
- class_weight：可選的字典，用來對映類別索引（整數）到權重（浮點）值，用於加權損失函數（僅在訓練期間）。當訓練資料中不同類別的樣本數量相差過大時，可以使用該參數進行調節。當該值為 "auto" 時，模型會對每個類別的樣本進行自動調節。
- sample_weight：訓練樣本的可選 Numpy 權重陣列，用於對損失函數進行加權（僅在訓練期間）。可以傳遞與輸入樣本長度相同的平坦 Numpy 陣列（權重和樣本之間是 1:1 對映，即 1D）；或在時序資料的情況下，傳遞尺寸為（samples, sequence_length）的 2D 陣列，以對每個樣本的每個時間步進值施加不同的權重（在這種情況下，應該確保在 compile()方法中指定了 sample_weight_mode="temporal"）。
- initial_epoch：開始訓練的輪次，有助恢復之前的訓練。
- steps_per_epoch：定義每輪訓練的總步數。在使用 TensorFlow 資料張量等輸入張量進行訓練時，預設值 None 等於資料集中樣本的數量除以批次的大小。
- validation_steps：只有在指定了 steps_per_epoch 時才有用。停止前要驗證的總步數（樣本批次）。

3.5.8 Callbacks()方法的種類

Callbacks()方法是指在被呼叫的函數或方法裡回呼其他函數的技術。即：由呼叫函數提供回呼函數的實現，由被呼叫函數選擇時機去執行。

3.5.7 節所介紹的 fit()方法與 fit_generator()方法，使訓練模型的操作變得簡單。但其背後的實現流程卻很複雜。它要實現建立循環、從疊代器中取出資料、傳入模型、計算損失等一系列的動作。

在設計介面時，對於高度封裝的方法，一般都會對外提供一個回呼方法，以保障使用該介面時的靈活性。tf.keras 介面也不例外，模型物件的 fit()方法和 fit_generator()方法都支援 Callbacks 參數。在使用 tf.keras 介面訓練模型時，可以透過設定 Callbacks 參數來實現 Callbacks()方法。有了 Callbacks()方法，便可以對模型訓練過程中的各個環節進行控制。

1. 常用的 Callbacks 類別

在 tf.keras 介面中定義了很多實用的 Callbacks 類別。在使用時，會將這些 Callbacks 類別產生實體，並傳入 fit()方法或 fit_generator()方法的 Callbacks 參數中。下面介紹幾個常用的 Callbacks 類別。

- ProgbarLogger 類別可以將訓練過程中的指定資料輸出到螢幕上。指定的輸出資料需要放到 Metrics 中。
- TensorBoard 類別是 TensorFlow 架構中一個視覺化訓練資訊的工具，可以將訓練過程中的概要記錄檔以 Web 頁面的方式多維度地展現出來。
- ModelCheckpoint 類別可以儲存訓練過程中的檢查點檔案。
- EarlyStopping 類別實現模型的「早停」功能，即在訓練次數沒到指定的疊代次數之前，可以根據訓練過程中的監測資訊判斷是否需要提前停止訓練。
- ReduceLROnPlateau 類別可以實現在評價指標不再提升時減少學習率。

2. 自訂 Callbacks()方法

透過繼承 keras.callbacks.Callback 類別，可以實現自訂的 Callbacks()方法。自訂 Callbacks()方法可以更靈活地控制訓練過程。

keras.callbacks.Callback 類別將訓練過程的呼叫時機封裝到成員函數中。在實現子類別時，只需要多載對應的成員函數，即可在指定的時機實現自訂方法的呼叫。這些成員函數如下。

- on_epoch_begin：在每個 epoch 開始時呼叫。
- on_epoch_end：在每個 epoch 結束時呼叫。
- on_batch_begin：在每個 batch 開始時呼叫。
- on_batch_end：在每個 batch 結束時呼叫。
- on_train_begin：在訓練開始時呼叫。
- on_train_end：在訓練結束時呼叫。

⊞ 3.6 分配運算資源與使用分佈策略

在 TensorFlow 中，分配 GPU 的運算資源是很常見的事情。大致可以分為 3 種情況：

- 為整個程式指定實際的 GPU 卡。
- 為整個程式指定其所佔用的 GPU 顯示記憶體大小。
- 在程式內部轉換不同的 OP（運算符號）到指定的 GPU 卡。

透過指定硬體的運算資源，可以加強系統的運算效能，進一步縮短模型的訓練時間。在實現時，既可以呼叫底層的介面進行手動轉換，也可以呼叫上層的進階介面進行分佈策略的應用。實際的做法如下。

3.6.1 為整個程式指定實際的 GPU 卡

這種方法主要是透過設定 CUDA_VISIBLE_DEVICES 變數來實現的。例如：

```
CUDA_VISIBLE_DEVICES=1      #代表只使用序號（device）為 1 的卡
CUDA_VISIBLE_DEVICES=0,1    #代表只使用序號（device）為 0 和 1 的卡
CUDA_VISIBLE_DEVICES="0,1"  #代表只使用序號（device）為 0 和 1 的卡
CUDA_VISIBLE_DEVICES=0,2,3  #代表只使用序號（device）為 0、2、3 的卡，序號為 1 的
卡不可見
CUDA_VISIBLE_DEVICES=""     #代表不使用 GPU 卡
```

設定該變數有以下兩種方式。

（1）命令列方式。

在透過命令列執行程式時，可以在 "python" 前加上 "CUDA_VISIBLE_DEVICES"，如下所示：

```
root@user-NULL:~/test# CUDA_VISIBLE_DEVICES=1 python 要執行的 Python 程式.py
```

（2）在程式中設定。

在程式的最開始處增加以下程式：

```
import os
os.environ["CUDA_VISIBLE_DEVICES"] = "0"
```

CUDA_VISIBLE_DEVICES 的值可以是字串類型，也可以是數值型態。

🔊 提示：

設定 CUDA_VISIBLE_DEVICES，主要是為了讓程式對指定的 GPU 卡可見，這時系統只會對可見的 GPU 卡編號。在執行時期，這個編號並不代表 GPU 卡的真正序號。

舉例來說，設定 CUDA_VISIBLE_DEVICES=1，則執行程式後會顯示目前任務是在 device:GPU:0 上執行的。見下面的輸出資訊：

2018-06-24 06:24:53.535524: I

tensorflow/core/common_runtime/gpu/gpu_device.cc:1053] Created TensorFlow

device (/job:localhost/replica:0/task:0/device:GPU:0 with 10764 MB memory) ->

physical GPU (device: 0, name: Tesla K80, pci bus id: 0000:86:00.0, compute

capability: 3.7)

這說明，目前程式會把系統中的序號為 "1" 的卡當作自己的第 "0" 片卡來使用。

3.6.2 為整個程式指定所佔的 GPU 顯示記憶體

在 TensorFlow 中，為整個程式分配 GPU 顯示記憶體的方式，主要是靠建置 tf.compat.v1.ConfigProto 類別來實現的。tf.compat.v1.ConfigProto 類別可以被

了解成一個容器。可以在 TensorFlow 原始程式中 protobuf/config.proto 裡找到該類別的定義。

在原始程式檔案 protobuf/config.proto 裡可以看到各種訂製化選項的定義。這些訂製化選項，都可以放置到 tf.compat.v1.ConfigProto 類別中，例如 RPCOptions、RunOptions、GPUOptions、graph_options 等。

可以透過定義 GPUOptions 來控制運算時的硬體資源設定，例如：使用哪個 GPU、需要佔用多大快取等。

3.6.3 在程式內部，轉換不同的 OP（運算符號）到指定的 GPU 卡

在程式前使用 tf.device 敘述，可以指定目前的敘述在哪個裝置上執行。例如：

```
with tf.device('/cpu:0'):
```

這表示目前程式在第 0 顆 CPU 上執行。

3.6.4 其他設定相關的選項

其他與指派裝置的選項如下。

（1）自動選擇執行裝置：allow_soft_placement。
如果 tf.device 指派的裝置不存在或不可用，為防止程式發生等待或異常，則可以設定 tf.compat.v1.ConfigProto 中的參數 allow_soft_placement=True，表示允許 TensorFlow 自動選擇一個存在並且可用的裝置來執行操作。

（2）記錄裝置指派情況：log_device_placement。
設定 tf.compat.v1.ConfigProto 中參數 log_device_placement = True，可以獲得 operations 和 Tensor 被指派到哪個裝置（幾號 CPU 或幾號 GPU）上的執行資訊，並在終端顯示。

3.6.5 動態圖的裝置指派

在動態圖中，也可以用 with tf.device()方法對硬體資源進行指派。以下面程式為例：

```
import tensorflow as tf
import tensorflow.python.eager import context
print(context.num_gpus())              #取得目前系統中 GPU 的個數

x = tf.random.normal([10, 10])         #定義一個張量

with tf.device('/gpu:0'):
    _ = tf.matmul(x, x)                #在第 0 號 GPU 上執行乘法
```

3.6.6 使用分佈策略

分配運算資源的最簡單方式是使用分佈策略。使用分佈策略也是 TensorFlow 官方推薦的主流方式。該方式針對幾種常用的訓練場景，將資源設定的演算法封裝成不同的分佈策略。使用者在訓練模型時，只需要選擇對應的分佈策略即可。在執行時期，系統會按照該策略中的演算法進行資源設定，這樣可以讓機器的運算效能大幅地發揮出來。

（1）實際的分佈策略及對應的場景如下。

- MirroredStrategy（映像檔策略）：該策略適用於「一機多 GPU」的場景，將計算任務均勻地分配到每片 GPU 上。
- CollectiveAllReduceStrategy（集合歸約策略）：該策略適用於分佈訓練場景，用多台機器訓練一個模型任務。先將每台機器上使用 MirroredStrategy 策略進行訓練，再將多台機器的結果進行歸約合併。
- ParameterServerStrategy（參數伺服器策略）：適用於分佈訓練場景。也是用多台機器來訓練一個模型任務。在訓練過程中，使用參數伺服器來統一管理每個 GPU 的訓練參數。

（2）使用方式。

分佈策略的使用方式非常簡單。需要產生實體一個分佈策略物件，並將其作為參數傳入訓練模型中。以 MirroredStrategy 策略為例，產生實體的程式如下：

```
distribution = tf.distribute.MirroredStrategy()
```

產生實體後的物件 distribution 可以傳入 tf.keras 介面中 model 類別的 fit()方法中用於訓練。例如：

```
model.compile(loss='mean_squared_error',
              optimizer=tf.train.GradientDescentOptimizer(learning_rate=0.2),
              distribute=distribution)
```

也可以傳入估算器架構的 RunConfig()方法中，產生設定物件 config，並將該物件傳入估算器架構的 Estimator()方法中進行模型的建置。例如：

```
config = tf.estimator.RunConfig(train_distribute=distribution)
classifier = tf.estimator.Estimator(model_fn=model_fn, config=config)
```

在使用多機訓練的分佈策略時，還需要指定網路中的角色關係。

3.7 用 tfdbg 偵錯 TensorFlow 模型

在 TensorFlow 中提供了可以偵錯工具的 API——tfdbg。用 tfdbg 可以輕鬆地對原生的 TensorFlow 程式、Estimators 程式、tf.keras 程式進行偵錯。官網上提供了詳細的文件教學。教學中介紹了用 tfdbg 偵錯一個訓練過程中產生 inf 和 nan 值的實例。這也是 tfdbg 的重要價值所在。限於篇幅，這裡不再詳細介紹。讀者可以跟著官網上的教學自行學習。

TensorFlow 中還提供了配合 tfdbg 的視覺化外掛程式，該外掛程式可以被整合到 Tensorboard 中進行使用。

3.8 用自動混合精度加速模型訓練

自動混合精度訓練方法，是一種在 GPU 底層計算的基礎上所實現的一種加速訓練神經網路模型的方法。該方法既可以提升模型的訓練速度，又可以減小模型訓練時所佔用的顯示記憶體。

3.8.1 自動混合精度的原理

在訓練過程中,神經網路的參數和中間結果絕大部分都是用單精度浮點數
(Float32)進行儲存和計算的。當網路變得超級大時,使用較低精度的浮點數
(例如使用半精度浮點數),會大幅加強計算速度。使用低精度浮點數訓練模
型,在帶來速度提升的同時,還會導致模型的精度下降。

自動混合精度方法使用了以下 3 種特殊的處理,以減小使用低精度浮點數訓
練模型下的精度損失。

- 權重備份(master weights):在模型的正向傳播和梯度計算時使用半精度
  浮點數(Float16),在儲存網路參數的梯度時使用單精度浮點數
  (Float32)。
- 損失放縮(loss scaling):如果在梯度計算過程中使用的是半精度浮點
  數,則獲得的梯度精度會下降,進一步使得訓練出的模型精度發生下降。
  損失放縮是指:在計算梯度前對參數進行放大,在計算出梯度之後再將結
  果還原。這種做法可以減少梯度精度的下降。
- 保持特殊運算的精度(precison of ops):對於特殊的運算,使用原有的精
  度(單精度浮點數)進行運算。神經網路中的大部分運算都可以使用半精
  度浮點數進行運算。但對於輸出結果遠遠大於輸入資料的運算(例如指
  數、對數等),則需要使用單精度浮點數進行運算,但可以將其運算結果
  轉為半精度浮點數來儲存。

3.8.2 自動混合精度的實現

自動混合精度的實現非常簡單,實際步驟如下。

(1)在程式最前端加上以下環境變數:

```
import os
os.environ['TF_AUTO_MIXED_PRECISION_GRAPH_REWRITE_IGNORE_PERFORMANCE'] =
'1'
```

(2)在定義最佳化器之後增加以下程式:

```
opt = tf.train.experimental.enable_mixed_precision_graph_rewrite(opt)
```

程式中的 opt 是指最佳化器物件，例如可以用以下程式定義 opt：

```
opt = tf.keras.optimizers.Adam()          #keras 介面的編碼形式
opt = tf.compat.v1.train.AdamOptimizer    #執行圖介面的編碼形式
```

3.8.3 自動混合精度的常見問題

在 NVIDIA 系列 GPU 中，自動混合精度圖形最佳化器僅適用於 Volta 一代
（SM 7.0）或更新版本的 GPU。如果目前的 GPU 是 Titan 版本或是 Volta 之前
的版本，則在執行過程中會提示找不到符合的 GPU，內容如下：

```
tensorflow/core/grappler/optimizers/auto_mixed_precision.cc:1892] No
(suitable) GPUs detected, skipping auto_mixed_precision graph optimizer
```

這表明目前 GPU 的型號不符合，不能使用自動混合精度的方式訓練模型。需
要更換更新的 GPU 硬體才可以使用自動混合精度的方式訓練模型。

第**2**篇

基礎篇

第 4 章　用 TensorFlow 製作自己的資料集

第 5 章　數值分析與特徵工程

用 TensorFlow 製作自己的資料集

本章會透過多個實例介紹 TensorFlow 中多種資料集的使用方法。建議讀者：

- 簡單了解記憶體物件資料集、TFRecord 資料集的使用方法，達到能讀懂程式的程度即可。
- 重點掌握 Dataset 資料集。在 TensorFlow 2.X 之後，主要推薦使用 Dataset 資料集。
- 熟悉使用 tf.keras 介面資料集，tf.keras 介面對資料前置處理的一些方法進行了封裝，並整合了許多常用的資料集，這些資料集都有對應的載入函數，可以直接呼叫它們。

⊕ 4.1 資料集的基本介紹

資料集是樣本的集合。在深度學習中，資料集用於模型訓練。在用 TensorFlow 架構開發深度學習模型之前，需要為模型準備好資料集。在訓練模型環節，程式需要從資料集中不斷地將資料植入模型，模型透過對植入資料的計算來學習特徵。

4.1.1 TensorFlow 中的資料集格式

TensorFlow 中有 4 種資料集格式。

▪ 記憶體物件資料集：直接用字典變數 feed_dict，透過植入模式向模型輸入資料。該資料集適用於少量的資料集輸入。

▪ TFRecord 資料集：用佇列式管線（tfRecord）向模型輸入資料。該資料集適用於大量的資料集輸入。

▪ Dataset 資料集：透過效能更高的輸入管線（tf.data）向模型輸入資料。該資料集適用於 TensorFlow 1.4 之後的版本。

▪ tf.keras 介面資料集：支援 tf.keras 語法的資料集介面。該資料集適用於 TensorFlow 1.4 之後的版本。

4.1.2 資料集與架構

資料集的使用方法跟架構的模式有關。在 TensorFlow 中，大致可以分為 5 種架構。

▪ 靜態圖架構：一種「定義」與「執行」相分離的架構，是 TensorFlow 最原始的架構，也是最靈活的架構。定義的張量，必須要在階段（session）中呼叫 run()方法才可以獲得其實際值。

▪ 動態圖架構：更符合 Python 語言的架構。即在程式被呼叫的同時便開始計算實際值，不需要再建立階段來執行程式。

▪ 估算器架構：一個整合了常用操作的進階 API。在該架構中進行開發，程式更為簡單。

▪ Keras 架構：一個支援 Keras 介面的架構。

▪ Swift 架構：一個可以在 iOS 系統中使用 Swift 語言開發 TensorFlow 模型的架構，使用了動態圖機制。

本章重點說明的是資料集的製作。為了配合資料集，還會介紹架構方面的知識。

靜態圖架構是 TensorFlow 中最早的架構，也是最基礎的架構，本書中的大多實例都是以該架構實現為基礎的。當然，在少數實例中也會使用其他架構。

每個架構的實際使用方法，會伴隨實例進行詳細說明。

另外，Swift 架構不在本書的介紹範圍之內。有興趣的讀者可以尋找相關資料自行研究。

4.1.3 什麼是 TFDS

TFDS 是 TensorFlow 中的資料集集合模組。該模組將常用的資料集封裝起來，實現自動下載與統一的呼叫介面，為開發模型提供了便利。

1. 安裝 TFDS

TFDS 模組要求目前的 TensorFlow 版本在 1.12 或 1.12 之上。在滿足這個條件後，可以使用以下指令進行安裝：

```
pip install tensorflow-datasets
```

2. 用 TFDS 載入資料集

在安裝好 TFDS 模組後，可以撰寫程式從該模組中載入資料集。以 MNIST 資料集為例，實際程式如下：

```
import tensorflow_datasets as tfds
print(tfds.list_builders())          #檢視有效的資料集
ds_train, ds_test = tfds.load(name="mnist", split=["train", "test"])
#載入資料集
ds_train = ds_train.shuffle(1000).batch(128).prefetch(10) #用 tf.data.
Dataset 介面處理資料集
for features in ds_train.take(1):
    image, label = features["image"], features["label"]
```

在上面程式中，用 tfds.load()方法實現資料集的載入。還可以用 tfds.builder()方法實現更靈活的操作。

在 tfds 介面中還支援 as_numpy()方法，該方法會將資料集以生成器物件的形式傳回，該生成器物件的類型為 Numpy 陣列。

3. 在 TFDS 模組中增加自訂資料集

TFDS 模組還支援自訂資料集的增加。實際方法可以參考 GitHub 網站中 TensorFlow 專案的 datasets 模組說明。

◉ 4.2 實例 11：將模擬資料製作成記憶體物件資料集

本實例將用記憶體中的模擬資料來製作成資料集。產生的資料集被直接儲存在 Python 記憶體物件中。這種做法的好處是──資料集的製作可以獨立於任何架構。

當然，由於本實例沒有使用 TensorFlow 中的任何架構，所以，所有需要特徵轉換的程式都得手動撰寫，這會增加很大的工作量。

本實例將產生一個模擬 $y \approx 2x$ 的資料集，並透過靜態圖的方式顯示出來。

為了示範一套完整的操作，在產生資料集後，還要在靜態圖中建立階段，將資料顯示出來。本實例的實現步驟如下：

（1）產生模擬資料。
（2）定義預留位置。
（3）建立階段（session），取得並顯示模擬資料。
（4）將模擬資料視覺化。
（5）執行程式。

4.2.1 程式實現：產生模擬資料

在樣本製作過程中，最忌諱的是一次性將資料都放入記憶體中。如果資料量很大，這樣容易造成記憶體用盡。即使是模擬資料，也不建議將資料全部產生後一次性放入記憶體中。

一般常用的做法是：

（1）建立一個模擬資料生成器。
（2）每次只產生指定批次的樣本（見 4.2.2 節）。

這樣在疊代過程中，就可以用「隨用隨製作」的方式來獲得樣本資料。

下面定義 GenerateData 函數來產生模擬資料，並將 GenerateData 函數的傳回值設為以生成器方式傳回。這種做法使記憶體被佔用得最少。實際程式如下：

■ 程式 4-1　將模擬資料製作成記憶體物件資料集

```
01 import tensorflow as tf
02 import numpy as np
03 import matplotlib.pyplot as plt
04 tf.compat.v1.disable_v2_behavior()
05 #在記憶體中產生模擬資料
06 def GenerateData(batchsize = 100):
07     train_X = np.linspace(-1, 1, batchsize)#產生-1~1 之間的 100 個浮點數
08     train_Y = 2 * train_X + np.random.randn(*train_X.shape) * 0.3
   #y=2x，但是加入了雜訊
09     yield train_X, train_Y            #以生成器的方式傳回
```

程式第 9 行，用關鍵字 yield 修飾函數 GenerateData 的傳回方式，使得函數
GenerateData 以生成器的方式傳回資料。生成器物件只使用一次，之後便會自
動銷毀。這樣做可以為系統節省大量的記憶體。

4.2.2　程式實現：定義預留位置

在正常的模型開發中，這個環節應該是定義預留位置和網路結構。在訓練模
型時，系統會將資料集的輸入資料用預留位置來代替，並使用靜態圖的植入
機制將輸入資料傳入模型，進行疊代訓練。

因為本實例只需要從資料集中取得資料，所以只定義預留位置，不需要定義
其他網路節點。實際程式如下。

■ 程式 4-1　將模擬資料製作成記憶體物件資料集（續）

```
10 #定義模型結構部分，這裡只有預留位置張量
11 Xinput = tf.compat.v1.placeholder("float",(None))    #定義兩個預留位置
12 Yinput = tf.compat.v1.placeholder("float",(None))
```

程式第 11 行的 Xinput 用於接收 GenerateData 函數的 train_X 傳回值。
程式第 12 行的 Yinput 用於接收 GenerateData 函數的 train_Y 傳回值。

4.2.3　程式實現：建立階段，並取得資料

首先定義資料集的疊代次數，接著建立階段（session）。在 session 中，使用
了兩層 for 循環：第 1 層是按照疊代次數來循環；第 2 層是對 GenerateData 函
數傳回的生成器物件進行循環，並將資料列印出來。

因為 GenerateData 函數傳回的生成器物件只有一個元素,所以第 2 層循環也只執行一次。

■ 程式 4-1 將模擬資料製作成記憶體物件資料集(續)

```
13  #建立階段,取得並輸出資料
14  training_epochs = 20                    #定義需要疊代的次數
15  with tf.compat.v1.Session() as sess:    #建立階段(session)
16      for epoch in range(training_epochs): #疊代資料集20遍
17          for x, y in GenerateData():      #透過 for 循環列印所有的點
18              xv,yv = sess.run([Xinput,Yinput],feed_dict={Xinput: x,
    Yinput: y})                              #透過靜態圖植入的方式傳入資料
19              #列印資料
20              print(epoch,"| x.shape:",np.shape(xv),"| x[:3]:",xv[:3])
21              print(epoch,"| y.shape:",np.shape(yv),"| y[:3]:",yv[:3])
```

程式第 14 行,定義了資料集的疊代次數。這個參數在訓練模型時才會用到。本實例中,變數 training_epochs 代表讀取資料的次數。

4.2.4 程式實現:將模擬資料視覺化

為了使本實例的結果更加直觀,下面把取出的資料以圖的方式顯示出來。實際程式如下。

■ 程式 4-1 將模擬資料製作成記憶體物件資料集(續)

```
22  #顯示模擬資料點
23  train_data =list(GenerateData())[0]     #取得資料
24  plt.plot(train_data[0], train_data[1], 'ro', label='Original data')
    #產生影像
25  plt.legend()                            #增加圖例說明
26  plt.show()                              #顯示影像
```

影像顯示部分不是本實例重點,讀者了解一下即可。

4.2.5 執行程式

程式執行後,輸出以下結果:

```
0 | x.shape: (100,) | x[:3]: [-1.         -0.97979796 -0.959596  ]
0 | y.shape: (100,) | y[:3]: [-2.0518072 -1.7162607 -1.9215399]
```

```
1 | x.shape: (100,) | x[:3]: [-1.          -0.97979796 -0.959596  ]
1 | y.shape: (100,) | y[:3]: [-1.7399402 -1.8851279 -1.8028339]
...
18 | x.shape: (100,) | x[:3]: [-1.          -0.97979796 -0.959596  ]
18 | y.shape: (100,) | y[:3]: [-2.1623547 -2.1738577 -2.6779299]
19 | x.shape: (100,) | x[:3]: [-1.          -0.97979796 -0.959596  ]
19 | y.shape: (100,) | y[:3]: [-2.2008154 -1.9220618 -1.3616668]
```

程式循環執行了 20 次，每次都會產生 100 個 x 與 y 對應的資料。

輸出結果的第 1、2 行可以看到，在第 1 次循環時，取出了 x 與 y 的內容。每
行資料的內容被 " | " 符號被分割成 3 段，依次為：疊代次數、資料的形狀、
前 3 個元素的值。

同時，程式又產生了資料的視覺化結果，如圖 4-1 所示。

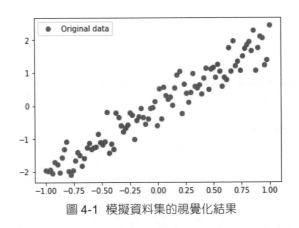

圖 4-1 模擬資料集的視覺化結果

4.2.6 程式實現：建立帶有疊代值並支援亂數功能的 模擬資料集

下面對本實例的程式做更進一步的最佳化：

（1）將資料集與疊代功能綁定在一起，讓程式變得更簡潔。

（2）對資料集進行亂數操作，讓產生的 x 資料無規則。

透過對資料集的亂數，可以消除樣本中無用的特徵，進一步大幅提升模型的
泛化能力。

下面詳細介紹實作方式方法。

1. 修改 GenerateData 函數，產生帶有多個元素的生成器物件，並進行亂數操作

在函數 GenerateData 的定義中傳入參數 training_epochs，並按照 training_epochs 的循環次數產生帶有多個元素的生成器物件。實際程式如下。

◀》提示：

在亂數操作部分使用的是 sklearn.utils 函數庫中的 shuffle()方法。要使用該方法需要先安裝 sklearn 函數庫。實際指令如下：

pip install sklearn

■ 程式 4-2 帶疊代的模擬資料集

```
01 import tensorflow as tf
02 import numpy as np
03 import matplotlib.pyplot as plt
04 from sklearn.utils import shuffle        #匯入 sklearn 函數庫
05 tf.compat.v1.disable_v2_behavior()
06 #在記憶體中產生模擬資料
07 def GenerateData(training_epochs ,batchsize = 100):
08     for i in range(training_epochs):
09         train_X = np.linspace(-1, 1, batchsize) #train_X 是-1～1 之間連續的
    100 個浮點數
10         train_Y = 2 * train_X + np.random.randn(*train_X.shape) * 0.3
    #y=2x，但是加入了雜訊
11         yield shuffle(train_X, train_Y),i
```

在程式第 8 行中，加入了 for 循環，按照指定的疊代次數產生帶有多個元素的疊代器物件。在程式第 11 行中，將產生的變數 train_X、train_Y 傳入 shuffle 函數中進行亂數，這樣獲得的樣本 train_X、train_Y 的順序會被打亂。

2. 修改 session 處理過程，直接檢查生成器物件取得資料

在 session 中，用 for 循環來檢查函數 GenerateData 傳回的生成器物件（見程式第 18 行）。實際程式如下。

■ 程式 4-2 帶疊代的模擬資料集（續）

```
12 Xinput = tf.compat.v1.placeholder("float",(None))#定義兩個預留位置，以接收參數
13 Yinput = tf.compat.v1.placeholder("float",(None))
14
15 training_epochs = 20                        #定義需要疊代的次數
16
17 with tf.compat.v1.Session() as sess:        #建立階段（session）
18     for (x, y) ,ii in GenerateData(training_epochs): #用一個 for 循環來檢查
   生成器物件
19         xv,yv = sess.run([Xinput,Yinput],feed_dict={Xinput: x, Yinput:
   y})    #透過靜態圖植入的方式傳入資料
20         print(ii,"| x.shape:",np.shape(xv),"| x[:3]:",xv[:3])#輸出資料
21         print(ii,"| y.shape:",np.shape(yv),"| y[:3]:",yv[:3])
```

3. 獲得並視覺化只有 1 個元素的生成器物件

再次呼叫函數 GenerateData，並傳入參數 1。函數 GenerateData 會傳回只有 1 個元素的生成器，生成器中的元素為一個批次的模擬資料。獲得資料後，將其以圖的方式顯示出來。

■ 程式 4-2 帶疊代的模擬資料集（續）

```
22 #顯示模擬資料點
23 train_data =list(GenerateData(1))[0]     #取得資料
24 plt.plot(train_data[0][0], train_data[0][1], 'ro', label='Original
   data')                                    #產生影像
25 plt.legend()                              #增加圖例說明
26 plt.show()                                #顯示影像
```

程式第 23 行，用函數 GenerateData 傳回了一個生成器物件，該生成器物件只有 1 個元素。

4. 該資料集執行程式

整個程式改好後，執行效果如下：

```
0 | x.shape: (100,) | x[:3]: [-0.8787879   0.97979796  0.8787879 ]
0 | y.shape: (100,) | y[:3]: [-1.4220259  1.4639419  1.8528527]
1 | x.shape: (100,) | x[:3]: [-0.97979796  0.83838385  0.7171717 ]
1 | y.shape: (100,) | y[:3]: [-1.5776895  2.3976982  1.0726162]
...
18 | x.shape: (100,) | x[:3]: [ 0.7777778  1.          -0.03030303]
18 | y.shape: (100,) | y[:3]: [ 1.3839471  1.7204176  -0.62857807]
```

```
19 | x.shape: (100,) | x[:3]: [0.8181818  0.01010101 0.61616164]
19 | y.shape: (100,) | y[:3]: [ 2.1516888 -0.2165111  1.3852897]
```

可以看到 *x* 的資料每次都不一樣,這是與 4.2.4 節結果的最大區別。原因是,*x* 的值已經被打亂順序了。這樣的資料訓練模型還會有更好的泛化效果。

🔊 **歸納:**

透過本實例的學習,讀者在掌握基礎的製作模擬資料集方法的同時,更需要記住兩個基礎知識:生成器與亂數。
生成器語法在 TensorFlow 底層的資料集處理中應用得非常廣泛。在實際應用中,它可以為系統節省很大的記憶體。要學會使用生成器語法。

對資料集進行亂數是深度學習中的重要基礎知識,但很容易被開發者忽略。這一點值得注意。

⊕ 4.3 實例 12:將圖片製作成記憶體物件資料集

本實例將使用圖片樣本資料來製作成資料集。在製作資料集的過程中,使用了 TensorFlow 的佇列方式。這樣做的好處是:能充分使用 CPU 的多執行緒資源,讓訓練模型與資料讀取以平行的方式同時執行,進一步大幅提升效率。

有一套從 1~9 的手寫圖片樣本。本實例首先將這些圖片樣本做成資料集,輸入靜態圖中;然後執行程式,將資料從靜態圖中輸出,並顯示出來。

在讀取圖片過程中,最需要考慮的因素——記憶體的大小。如果樣本比較少,則可以採用較簡單的方式——直接將圖片一次性全部讀取系統。如果樣本足夠大,則這種方法會將記憶體全部佔滿,使程式無法執行。

所以,一般建議使用「邊讀邊用」的方式:一次唯讀取所需要的圖片,用完後再讀取下一批。這種方式能夠滿足程式正常執行。但是頻繁的 I/O 讀取操作也會使效能受到影響。

最好的方式是——以佇列的方式進行讀取。即使用至少兩個執行緒平行處理執行:一個執行緒用於從佇列裡取資料並訓練模型,另外一個執行緒用於讀取檔案放入快取。這樣既可以確保記憶體不會被佔滿,又贏得了效率。

4.3.1 樣本介紹

本實例使用的是 MNIST 資料集,該資料集中儲存的是圖片。在本書搭配的資源中找到資料夾為 "mnist_digits_images" 的樣本,並將其複製到本機程式的同級路徑下。

開啟資料夾 "mnist_digits_images" 可以看到 10 個子資料夾,如圖 4-2 所示。

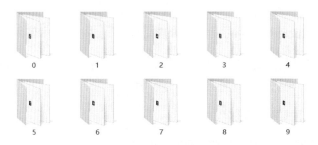

圖 4-2 MNIST 圖片資料夾

每個子資料夾裡放的圖片內容都與該資料夾的名稱一致。舉例來說,開啟名字為 "0" 的資料夾,會看到各種數字是 "0" 的圖片,如圖 4-3 所示。

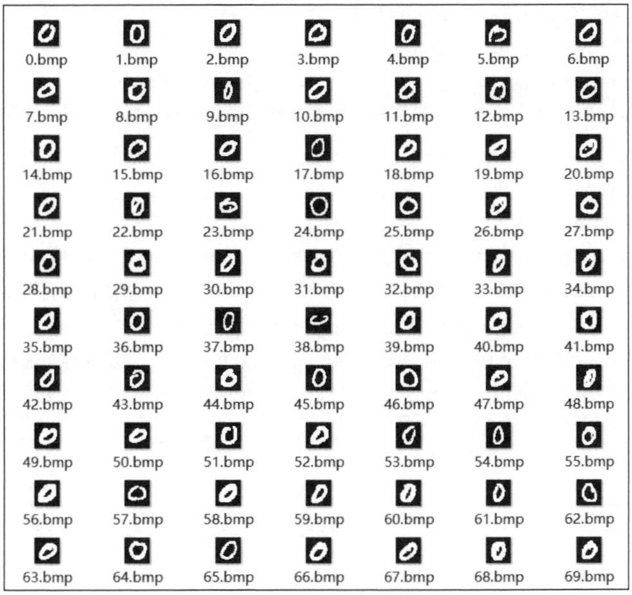

圖 4-3 MNIST 圖片檔案

4.3.2 程式實現：載入檔案名稱與標籤

撰寫函數 load_sample 載入指定路徑下的所有檔案的名稱載入，並將檔案所屬目錄的名稱作為標籤。

load_sample 函數會傳回 3 個物件。

- lfilenames：檔案名稱陣列，將根據檔案名稱來讀取圖片資料。
- labels：數值化後的標籤，與每一個檔案的名稱一一對應。
- lab：數值化後的標籤與字串標籤的對應關係，用於顯示使用。

因為標籤 labels 物件主要用於模型的訓練，所以這裡將其轉化為數值型。待需要輸出結果時，再透過 lab 將其轉化為字串。

載入檔案名稱與標籤的實際程式如下。

■ 程式 4-3　將圖片製作成記憶體物件資料集

```
01  import tensorflow as tf
02  import os
03  from matplotlib import pyplot as plt
04  import numpy as np
05  from sklearn.utils import shuffle
06  tf.compat.v1.disable_v2_behavior()
07  def load_sample(sample_dir):
08      '''遞迴讀取檔案。只支援一級。傳回檔案名稱、數值標籤、數值對應的標籤名稱'''
09      print ('loading sample  dataset..')
10      lfilenames = []
11      labelsnames = []
12      for (dirpath, dirnames, filenames) in os.walk(sample_dir):  #檢查資料夾
13          for filename in filenames:                              #檢查所有檔案名稱
14              filename_path = os.sep.join([dirpath, filename])
15              lfilenames.append(filename_path)        #增加檔案名稱
16              labelsnames.append( dirpath.split('\\')[-1] )    #增加檔案名稱對
    應的標籤
17
18      lab= list(sorted(set(labelsnames)))                    #產生標籤名稱列表
19      labdict=dict( zip( lab  ,list(range(len(lab)))  ))     #產生字典
20
21      labels = [labdict[i] for i in labelsnames]
```

```
22    return shuffle(np.asarray( lfilenames),np.asarray( labels)),
   np.asarray(lab)
23
24 data_dir = 'mnist_digits_images\\'                    #定義檔案路徑
25
26 (image,label),labelsnames = load_sample(data_dir) #載入檔案名稱與標籤
27 print(len(image),image[:2],len(label),label[:2])#輸出 load_sample 傳回的結果
28 print(labelsnames[ label[:2] ],labelsnames) #輸出 load_sample 傳回的標籤字串
```

程式執行後，輸出以下結果：

```
loading sample  dataset..
8000 ['data\\mnist_digits_images\\2\\520.bmp'  'data\\mnist_digits_
images\\2\\ 1.bmp'] 8000 [2 2]
['2' '2'] ['0' '1' '2' '3' '4' '5' '6' '7' '8' '9']
```

輸出結果的第 2 行共分為 4 部分，依次是：圖片的長度（8000）、前兩個圖片的檔案名稱、標籤的長度（8000）、前兩個標籤的實際值（[2 2]）。

因為函數 load_sample 已經將傳回值的順序打亂（見程式第 23 行），所以該函數傳回資料的順序是沒有規律的。

4.3.3　程式實現：產生佇列中的批次樣本資料

撰寫函數 get_batches，傳回批次樣本資料。實際步驟如下：

（1）用 tf.compat.v1.train.slice_input_producer 函數產生一個輸入佇列。

（2）按照指定路徑讀取圖片，並對圖片進行前置處理。

（3）用 tf.compat.v1.train.batch 函數將前置處理後的圖片變成批次資料。

在步驟（3）呼叫函數 tf.compat.v1.train.batch 時，還可以指定批次（batch_size）、執行緒個數（num_threads）、佇列長度（capacity）。該函數的定義如下：

```
def batch(tensors, batch_size, num_threads=1, capacity=32,
          enqueue_many=False, shapes=None, dynamic_pad=False,
          allow_smaller_final_batch=False, shared_name=None, name=None)
```

在實際使用時，按照對應的參數進行設定即可。

函數 get_batches 的完整實現及呼叫程式如下。

■ 程式 4-3 將圖片製作成記憶體物件資料集（續）

```
29 def get_batches(image,label,resize_w,resize_h,channels,batch_size):
30
31    queue = tf.compat.v1.train.slice_input_producer([image ,label])
   #實現一個輸入佇列
32    label = queue[1]                              #從輸入佇列裡讀取標籤
33
34    image_c = tf.io.read_file(queue[0])           #從輸入佇列裡讀取 image 路徑
35
36    image = tf.image.decode_bmp(image_c,channels)  #按照路徑讀取圖片
37
38    image = tf.image.resize_with_crop_or_pad(image,resize_w,resize_h)
   #修改圖片的大小
39
40    #將影像進行標準化處理
41    image = tf.image.per_image_standardization(image)
42    image_batch,label_batch = tf.compat.v1.train.batch([image,label],
   #產生批次資料
43                batch_size = batch_size,
44                num_threads = 64)
45
46    images_batch = tf.cast(image_batch,tf.float32)    #將資料類型轉為
   Float32 格式
47    #修改標籤的形狀
48    labels_batch = tf.reshape(label_batch,[batch_size])
49    return images_batch,labels_batch
50 batch_size = 16
51 image_batches,label_batches = get_batches(image,label,28,28,1,batch_size)
```

程式第 50、51 行定義了批次大小，並呼叫 get_batches 函數產生兩個張量（用於輸入資料）。

4.3.4 程式實現：在階段中使用資料集

首先，定義 showresult 和 showimg 函數，用於將圖片資料進行視覺化輸出。

接著，建立 session，準備執行靜態圖。在 session 中啟動一個帶有協調器的佇列執行緒，透過 session 的 run()方法獲得資料並將其顯示。

實際程式如下。

■ 程式 4-3 將圖片製作成記憶體物件資料集（續）

```
52 def showresult(subplot,title,thisimg):                    #顯示單一圖片
53     p =plt.subplot(subplot)
54     p.axis('off')
55     #p.imshow(np.asarray(thisimg[0], dtype='uint8'))
56     p.imshow(np.reshape(thisimg, (28, 28)))
57     p.set_title(title)
58
59 def showimg(index,label,img,ntop):                         #顯示批次圖片
60     plt.figure(figsize=(20,10))                            #定義顯示圖片的寬和高
61     plt.axis('off')
62     ntop = min(ntop,9)
63     print(index)
64     for i in range (ntop):
65         showresult(100+10*ntop+1+i,label[i],img[i])
66     plt.show()
67
68 with tf.compat.v1.Session() as sess:
69     init = tf.compat.v1.global_variables_initializer()
70     sess.run(init)                                         #初始化
71
72     coord = tf.train.Coordinator()                         #建立列隊協調器
73     threads = tf.compat.v1.train.start_queue_runners(sess = sess,coord =
   coord)#啟動佇列執行緒
74     try:
75         for step in np.arange(10):
76             if coord.should_stop():
77                 break
78             images,label = sess.run([image_batches,label_batches])
   #植入資料
79
80             showimg(step,label,images,batch_size)          #顯示圖片
81             print(label)                                   #列印資料
82
83     except tf.errors.OutOfRangeError:
84         print("Done!!!")
85     finally:
86         coord.request_stop()
87
88     coord.join(threads)                                    #關閉列隊
```

關於執行緒、佇列及佇列協調器方面的知識，屬於 Python 的基礎知識。

4.3.5 執行程式

程式執行後,輸出以下結果:

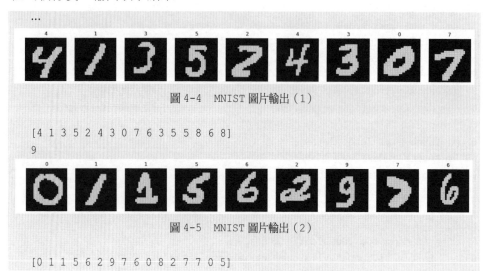

圖 4-4　MNIST 圖片輸出(1)

[4 1 3 5 2 4 3 0 7 6 3 5 5 8 6 8]
9

圖 4-5　MNIST 圖片輸出(2)

[0 1 1 5 6 2 9 7 6 0 8 2 7 7 0 5]

圖 4-4 的內容為一批次圖片資料的前 9 張輸出結果。

在圖 4-5 的上面有一個數字 "9",代表第 9 次輸出的結果。

在圖 4-5 的下面有一個陣列,代表這一批次資料對應的標籤。因為批次大小為 16(見程式第 50 行),所以圖 4-5 下面的陣列元素個數為 16。

4.4 實例 13:將 Excel 檔案製作成記憶體物件資料集

本實例用 TensorFlow 中的佇列方式,將 Excel 檔案格式的樣本資料製作成資料集。

有兩個 Excel 檔案:一個是訓練資料,另一個是測試資料。現在需要做的是: (1)將訓練資料的樣本按照一定批次讀取並輸出;(2)將測試資料的樣本按照順序讀取並輸出。

在製作資料集時，習慣將資料分成 2 或 3 部分，這樣做的主要目的是，將訓練模型使用的資料與測試模型使用的資料分開，使得訓練模型和評估模型各自使用不同的資料。這樣做可以極佳地反映出模型的泛化性。

4.4.1 樣本介紹

本實例的樣本是兩個 CSV 檔案—— "iris_training.csv" 和 "iris_test.csv"。這兩個檔案的內部格式完全一樣，如圖 4-6 所示。

	A	B	C	D	E	F
1	Id	SepalLengthCm	SepalWidthCm	PetalLengthCm	PetalWidthCm	Species
2	1	5.9	3	4.2	1.5	1
3	2	6.9	3.1	5.4	2.1	2
4	3	5.1	3.3	1.7	0.5	0
5	4	6	3.4	4.5	1.6	1
6	5	5.5	2.5	4	1.3	1
7	6	6.2	2.9	4.3	1.3	1
8	7	5.5	4.2	1.4	0.2	0
9	8	6.3	2.8	5.1	1.5	2
10	9	5.6	3	4.1	1.3	1

圖 4-6 iris_training 和 iris_test 檔案的資料格式

在圖 4-6 中，樣本一共有 6 列：

- 第 1 列（Id）是序號，可以不用關心。
- 第 2~5 列（SepalLengthCm、SepalWidthCm、PatalLengthCm、PatalWidthCm）是資料樣本列。
- 最後一列（Species）是標籤列。

下面就透過程式讀取樣本。

4.4.2 程式實現：逐行讀取資料並分離標籤

定義函數 read_data 用於讀取資料，並將資料中的樣本與標籤進行分離。在函數 read_data 中實現以下邏輯：

（1）呼叫 tf.compat.v1.TextLineReader 函數，對單一 Excel 檔案進行逐行讀取。

（2） 呼叫 tf.io.decode_csv，將 Excel 檔案中的單行內容按照指定的列進行分離。

（3） 將 Excel 單行中的多個屬性列按樣本資料列與標籤資料列進行劃分：將樣本資料列（featurecolumn）放到第 2~5 列，用 tf.stack 函數將其組合到一起；將標籤資料列（labelcolumn）放到最後 1 列。

實際程式如下。

■ **程式 4-4 將 Excel 檔案製作成記憶體物件資料集**

```
01 import tensorflow as tf
02 tf.compat.v1.disable_v2_behavior()
03 def read_data(file_queue):                          #CSV 檔案的處理函數
04     reader = tf.compat.v1.TextLineReader(skip_header_lines=1)
   #每次讀取一行
05     key, value = reader.read(file_queue)
06
07     defaults = [[0], [0.], [0.], [0.], [0.], [0]] #為每個欄位設定初值
08     cvscolumn = tf.io.decode_csv(records= value, record_defaults=
   defaults)    #對每一行進行解析
09
10     featurecolumn = [i for i in cvscolumn[1:-1]] #劃分出列中的樣本資料列
11     labelcolumn = cvscolumn[-1]                  #劃分出列中的標籤資料列
12
13     return tf.stack(featurecolumn), labelcolumn  #傳回結果
```

4.4.3 程式實現：產生佇列中的批次樣本資料

撰寫 create_pipeline 函數，用於傳回批次資料。實際步驟如下：

（1） 用 tf.compat.v1.train.string_input_producer 函數產生一個輸入佇列。

（2） 用 read_data 函數讀取 CSV 檔案內容，並進行樣本與標籤的分離處理。

（3） 在獲得資料的樣本（feature）與標籤（label）後，用 tf.compat.v1.train.shuffle_batch 函數產生批次資料。

其中，tf.compat.v1.train.shuffle_batch 函數的實際定義如下：

```
def shuffle_batch(tensors, batch_size, capacity, min_after_dequeue,
        num_threads=1, seed=None, enqueue_many=False, shapes=None,
        allow_smaller_final_batch=False, shared_name=None, name=None)
```

在 tf.compat.v1.train.shuffle_batch 函數中,可以指定批次(batch_size)、執行緒個數(num_threads)、佇列的最小的樣本數(min_after_dequeue)、佇列長度(capacity)等。

🔊 提示:

min_after_dequeue 的值不能超過 capacity 的值。min_after_dequeu 的值越大,則樣本被打亂的效果越好。

實際程式如下。

■ 程式 4-4 將 Excel 檔案製作成記憶體物件資料集(續)

```
14  def create_pipeline(filename, batch_size, num_epochs=None):
        #建立佇列資料集函數
15      #建立一個輸入佇列
16      file_queue = tf.compat.v1.train.string_input_producer([filename],
    num_epochs=num_epochs)
17
18      feature, label = read_data(file_queue)                   #載入資料和標籤
19
20      min_after_dequeue = 1000 #在佇列裡至少保留1000筆資料
21      capacity = min_after_dequeue + batch_size              #佇列的長度
22
23      feature_batch, label_batch = tf.compat.v1.train.shuffle_batch(
    #產生亂數的批次資料
24          [feature, label], batch_size=batch_size, capacity=capacity,
25          min_after_dequeue=min_after_dequeue
26      )
27
28      return feature_batch, label_batch                      #傳回指定批次資料
29  #讀取訓練集
30  x_train_batch, y_train_batch = create_pipeline('iris_training.csv', 32,
    num_epochs=100)
31  x_test, y_test = create_pipeline('iris_test.csv', 32)  #讀取測試集
```

程式的最後兩行(第 30、31 行)程式,分別用 create_pipeline 函數產生了訓練資料集和測試資料集。其中,訓練資料集的疊代次數為 100 次。

4.4.4 程式實現：在階段中使用資料集

建立 session，準備執行靜態圖。在 session 中，先啟動一個帶有協調器的佇列執行緒，然後透過 run()方法獲得資料並將其顯示。

實際程式如下。

■ 程式 4-4 將 Excel 檔案製作成記憶體物件資料集（續）

```
32 with tf.compat.v1.Session() as sess:
33
34     init_op = tf.compat.v1.global_variables_initializer() #初始化
35     local_init_op = tf.compat.v1.local_variables_initializer()
   #初始化本機變數
36     sess.run(init_op)
37     sess.run(local_init_op)
38
39     coord = tf.train.Coordinator()          #建立協調器
40     threads = tf.compat.v1.train.start_queue_runners(coord=coord)
   #開啟執行緒列隊
41
42     try:
43         while True:
44             if coord.should_stop():
45                 break
46             example, label = sess.run([x_train_batch, y_train_batch])
   #植入訓練資料
47             print ("訓練資料：",example)      #列印資料
48             print ("訓練標籤：",label)        #列印標籤
49     except tf.errors.OutOfRangeError:        #定義取完資料的異常處理
50         print ('Done reading')
51         example, label = sess.run([x_test, y_test]) #植入測試資料
52         print ("測試資料：",example)          #列印資料
53         print ("測試標籤：",label)            #列印標籤
54     except KeyboardInterrupt:                #定義按 Ctrl+C 鍵對應的異常處理
55         print("程式終止...")
56     finally:
57         coord.request_stop()
58
59     coord.join(threads)
60     sess.close()
```

在程式第 46 行，用 sess.run()方法從訓練集裡不停地取資料。當訓練集裡的資料被取完後會觸發 tf.errors.OutOfRangeError 異常。

在程式第 49 行，捕捉了 tf.errors.OutOfRangeError 異常，並將測試資料輸出。

🔊 提示：

程式第 35 行初始化本機變數是必要的。如果不進行初始化則會顯示出錯。

4.4.5 執行程式

程式執行後，輸出以下結果：

```
...
[5.7 4.4 1.5 0.4]
 [6.2 2.8 4.8 1.8]
 [5.7 3.8 1.7 0.3]]
訓練標籤： [0 2 0 1 0 2 2 2 0 1 2 1 1 1 0 2 2 0 2 2 2 0 0 2 1 2 0 0 1 1 0 0]
訓練資料： [[5.1 3.8 1.6 0.2]
 [6.  2.9 4.5 1.5]
 ...
 [7.6 3.  6.6 2.1]
訓練標籤： [0 1 2 0 2 0 1 0 1 2 0 2 0 1 2 0 0 0 0 1 0 1 0 2 1 0 2 2 0 1 2 0]
Done reading
測試資料： [[6.3 2.8 5.1 1.5]
 [6.7 3.1 4.7 1.5]
 ...
 [6.  3.4 4.5 1.6]]
測試標籤： [2 1 1 1 0 1 2 0 1 1 1 0 0 1 0 1 0 1 1 1 0 1 2 2 2 1 1 2 1 1 0 1]
```

◉ 4.5 實例 14：將圖片檔案製作成 TFRecord 資料集

有兩個資料夾，分別放置男人與女人的照片。現要求：（1）將兩個資料夾中的圖片製作成 TFRecord 格式的資料集；（2）從該資料集中讀取資料，將獲得的圖片資料儲存到本機檔案中。

TFRecord 格式是與 TensorFlow 架構強綁定的格式，通用性較差。

但是，如果不考慮程式的架構獨立性，TFRecord 格式還是很好的選擇。因為它是一種非常高效的資料持久化方法，尤其對需要前置處理的樣本集。

將處理後的資料用 TFRecord 格式儲存並進行訓練，可以大幅提升訓練模型的運算效率。

4.5.1 樣本介紹

本實例的樣本為兩個資料夾——man 和 woman，其中分別儲存著男人和女人的圖片，各 10 張，共計 20 張，如圖 4-7 所示。

man   woman

圖 4-7 man 和 woman 圖片樣本

從圖 4-7 可以看出，樣本被分別儲存在兩個資料夾下。

- 資料夾的名稱可以被當作樣本標籤（man 和 woman）。
- 資料夾中的實際圖片檔案可以被當作實際的樣本資料。

下面透過程式完成本實例的功能。

4.5.2 程式實現：讀取樣本檔案的目錄及標籤

定義函數 load_sample，用來將圖片路徑及對應標籤讀入記憶體。實際程式如下。

■ **程式 4-5 將圖片檔案製作成 TFRecord 資料集**

```
01 import os
02 import tensorflow as tf
03 from PIL import Image
04 from sklearn.utils import shuffle
05 import numpy as np
06 from tqdm import tqdm
07 tf.compat.v1.disable_v2_behavior()
08 def load_sample(sample_dir,shuffleflag = True):
09     '''遞迴讀取檔案。只支援一級。傳回檔案名稱、數值標籤、數值對應的標籤名稱'''
10     print ('loading sample  dataset..')
11     lfilenames = []
12     labelsnames = []
13     for (dirpath, dirnames, filenames) in os.walk(sample_dir):
   #遞迴檢查資料夾
14         for filename in filenames:                    #檢查所有檔案名稱
15             #print(dirnames)
16             filename_path = os.sep.join([dirpath, filename])
17             lfilenames.append(filename_path)          #增加檔案名稱
18             labelsnames.append( dirpath.split('\\')[-1])
   #增加檔案名稱對應的標籤
19
20     lab= list(sorted(set(labelsnames)))               #產生標籤名稱列表
21     labdict=dict( zip( lab  ,list(range(len(lab))) )) #產生字典
22
23     labels = [labdict[i] for i in labelsnames]
24     if shuffleflag == True:
25         return shuffle(np.asarray( lfilenames),
   np.asarray( labels)),np.asarray(lab)
26     else:
27         return (np.asarray( lfilenames),np.asarray( labels)),
   np.asarray(lab)
28
29 directory='man_woman\\'                              #定義樣本路徑
30 (filenames,labels),_ = load_sample(directory,shuffleflag=False)
   #載入檔案名稱與標籤
```

在程式第 6 行中引用了第三方函數庫——tqdm，以便在批次處理過程中顯示進度。如果執行時期提示找不到該函數庫，則可以在命令列中用以下指令進行安裝：

```
pip install tqdm
```

load_sample 函數的傳回值有 3 個，分別是：圖片檔案的名稱清單（lfilenames）、每個圖片檔案對應的標籤清單（labels）、實際的標籤數值對應的字串清單（lab）。

在程式的最後兩行（第 29、30 行），用 load_sample 函數傳回實際的檔案目錄資訊。

4.5.3 程式實現：定義函數產生 TFRecord 資料集

定義函數 makeTFRec，將圖片樣本製作成 TFRecord 格式的資料集。實際程式如下。

■ 程式 4-5 將圖片檔案製作成 TFRecord 資料集（續）

```
31 def makeTFRec(filenames,labels):    #定義產生 TFRecord 的函數
32     #定義 writer，用於向 TFRecords 檔案寫入資料
33     writer= tf. io.TFRecordWriter("mydata.tfrecords")
34     for i in tqdm( range(0,len(labels) ) ):
35         img=Image.open(filenames[i])
36         img = img.resize((256, 256))
37         img_raw=img.tobytes()              #將圖片轉化為二進位格式
38         example = tf.train.Example(features=tf.train.Features (feature={
39                                         #儲存圖片的標籤 label
40             "label": tf.train.Feature(int64_list= tf.train.Int64List
   (value=[labels[i]])),
41                                         #儲存實際的圖片
42             'img_raw': tf.train.Feature(bytes_list=
   tf.train.BytesList(value=[img_raw]))
43         }))              #用 example 物件對 label 和 image 資料進行封裝
44
45         writer.write(example.SerializeToString())    #序列化為字串
46     writer.close()              #資料集製作完成
47
48 makeTFRec(filenames,labels)
```

程式第 34 行呼叫了第三方函數庫——tqdm，實現進度指示器的顯示。

函數 makeTFRec 接收的參數為檔案名稱列表（filenames）、標籤列表（labels）。內部實現的流程是：

（1）按照 filenames 中的路徑讀取圖片。

（2）將讀取的圖片與標籤組合在一起。

（3）用 TFRecordWriter 物件的 write()方法將讀取的圖片與標籤資料寫入檔案。

依次讀取 filenames 中的圖片檔案內容，並配合對應的標籤一起，呼叫 TFRecordWriter 物件的 write()方法進行寫入操作。

程式第 48 行呼叫了 makeTFRec 函數。該程式執行後，可以在本機檔案路徑下找到 mydata.tfrecords 檔案。這個檔案就是製作好的 TFRecord 格式樣本資料集。

4.5.4 程式實現：讀取 TFRecord 資料集，並將其轉化為佇列

定義函數 read_and_decode，用來將 TFRecord 格式的資料集轉化為可以輸入靜態圖的佇列格式。

函數 read_and_decode 支援兩種模式的佇列格式轉化：訓練模式和測試模式。

- 在訓練模式下，會對資料集進行亂數（shuffle）操作，並將其按照指定批次組合起來。

- 在測試模式下，會按照順序讀取資料集一次，不需要亂數操作和批次組合操作。

實際程式如下。

■ 程式 4-5 將圖片檔案製作成 TFRecord 資料集（續）

```
49  def read_and_decode(filenames,flag = 'train',batch_size = 3):
50      #根據檔案名稱產生一個佇列
51      if flag == 'train':
52          filename_queue = tf.compat.v1.train.string_input_producer
```

```
   (filenames) #亂數操作，並循環讀取
53     else:
54         filename_queue = tf.compat.v1.train.string_input_producer
   (filenames,num_epochs = 1,shuffle = False)
55
56     reader = tf.compat.v1.TFRecordReader()
57     _, serialized_example = reader.read(filename_queue)
   #傳回檔案名稱和檔案
58     features = tf.io.parse_single_example(serialized= serialized_example,
   #取出包含 image 和 label 的 feature
59             features={
60                 'label': tf.io.FixedLenFeature([], tf.int64),
61                 'img_raw' : tf.io.FixedLenFeature([], tf.string),
62                             })
63
64     #tf.decode_raw 可以將字串解析成影像對應的像素陣列
65     image = tf.io.decode_raw(features['img_raw'], tf.uint8)
66     image = tf.reshape(image, [256,256,3])
67
68     label = tf.cast(features['label'], tf.int32)        #轉換標籤類型
69
70     if flag == 'train':          #如果是訓練使用，則應將其歸一化，並按批次組合
71         image = tf.cast(image, tf.float32) * (1. / 255) - 0.5   #歸一化
72         img_batch, label_batch = tf.compat.v1.train.batch([image, label],
   #按照批次組合
73                                 batch_size=batch_size, capacity=20)
74         return img_batch, label_batch
75
76     return image, label
77
78 TFRecordfilenames = ["mydata.tfrecords"]
79 image, label =read_and_decode(TFRecordfilenames,flag='test')
   #以測試的方式開啟資料集
```

函數 read_and_decode 接收的參數有：TFRecord 檔案名稱清單（filenames）、執行模式（flag）、劃分的批次（batch_size）。

- 如果是測試模式，則傳回一個標籤資料，代表被測圖片的計算結果。
- 如果是訓練模式，則傳回一個清單，其中包含一批次樣本資料的計算結果。

程式第 78、79 行呼叫了函數 read_and_decode，並將函數 read_and_decode 的參數 flag 設定為 test，代表是以測試模式載入資料集。該函數被執行後，便可以在階段（session）中透過佇列的方式讀取資料了。

🔊 提示：

如果要以訓練模式載入資料集，則直接將函數 read_and_decode 的參數 flag 設定為 train 即可。完整的程式可以參考本書書附程式中的程式檔案「4-5 將圖片檔案製作成 TFRecord 資料集.py」。

4.5.5 程式實現：建立階段，將資料儲存到檔案

將資料儲存到檔案中的步驟如下：

（1）定義要儲存檔案的路徑。

（2）建立階段（session），準備執行靜態圖。

（3）在階段（session）中啟動一個帶有協調器的佇列執行緒。

（4）用階段（session）的 run()方法獲得資料，並將資料儲存到指定路徑下。

實際程式如下。

■ **程式 4-5 將圖片檔案製作成 TFRecord 資料集（續）**

```
80 saveimgpath = 'show\\'              #定義儲存圖片的路徑
81 if tf.io.gfile.Exists(saveimgpath):  #如果存在 saveimgpath，則將其刪除
82     tf.io.gfile.rmtree(saveimgpath)
83 tf.io.gfile.MakeDirs(saveimgpath)    #建立 saveimgpath 路徑
84
85 #開始一個讀取資料的階段
86 with tf.compat.v1.Session() as sess:
87     sess.run(tf.compat.v1.local_variables_initializer()) #初始化本機變數，如
   果沒有這句則會顯示出錯
88
89     coord=tf.train.Coordinator()     #啟動多執行緒
90     threads= tf.compat.v1.train.start_queue_runners(coord=coord)
91     myset = set([])                  #建立集合物件，用於儲存子資料夾
92
93     try:
94         i = 0
95         while True:
```

```
96          example, examplelab = sess.run([image,label]) #取出 image 和
    label
97          examplelab = str(examplelab)
98          if examplelab not in myset:
99              myset.add(examplelab)
100              tf.io.gfile.MakeDirs(saveimgpath+examplelab)
101          img=Image.fromarray(example, 'RGB')    #轉為 Image 格式
102          img.save(saveimgpath+examplelab+'/'+str(i)+'_Label_'+ '.jpg')
    #儲存圖片
103          print( i)
104          i = i+1
105      except tf.errors.OutOfRangeError:              #定義取完資料的異常處理
106          print('Done Test -- epoch limit reached')
107      finally:
108          coord.request_stop()
109          coord.join(threads)
110          print("stop()")
```

程式第 82 行是刪除指定目錄的操作，也可以用程式 shutil.rmtree(saveimgpath) 來實現。

程式第 91 行，建立集合物件 myset，用於按資料的標籤來建立子資料夾。

在程式第 95 行，用無限循環的方式從訓練集裡不停地取資料。當訓練集裡的資料被取完後，會觸發 tf.errors.OutOfRangeError 異常。

在程式第 98 行，會判斷是否有新的標籤出現。如果沒有新的標籤出現，則將資料存到已有的資料夾裡；如果有新的標籤出現，則接著建立新的子資料夾（見程式第 100 行）。

4.5.6 執行程式

程式執行後，輸出以下結果：

```
loading sample  dataset..
100%|██████████████████| 20/20 [00:00<00:00, 246.26it/s]
0
1
......
18
19
```

```
Done Test -- epoch limit reached
stop()
```

執行後，在本機路徑下會發現有一個 show 的資料夾，裡面放置了產生的圖片，如圖 4-8 所示。

圖 4-8 轉化後的 man 和 woman 樣本

show 資料夾中有兩個子資料夾：0 和 1。0 資料夾中放置的是男人圖片，1 資料夾中放置的是女人圖片。

4.6 實例 15：將記憶體物件製作成 Dataset 資料集

tf.data.Dataset 介面是一個可以產生 Dataset 資料集的進階介面。用 tf.data.Dataset 介面來處理資料集會使程式變得簡單。這也是目前 TensorFlow 官方主推的一種資料集處理方式。

本實例將產生一個模擬 $y \approx 2x$ 的資料集，將資料集的樣本和標籤分別以元組和字典類型儲存為兩份。建立兩個 Dataset 資料集：一個是被傳入元組類型的樣本，另一個是被傳入字典類型的樣本。

然後對這兩個資料集做以下操作，並比較結果：

（1）處理資料來源是元組類型的資料集，將前 5 個資料依次顯示出來。

（2）處理資料來源是字典類型的資料集，將前 5 個資料依次顯示出來。

（3）處理資料來源是元組類型的資料集，按照每批次 10 個樣本的格式進行劃分，並將前 5 個批次的資料依次顯示出來。

（4）對資料來源是字典類型的資料集中的 y 變數做轉換，將其轉化成整形。然後將前 5 個資料依次顯示出來。

（5）對資料來源是元組類型的資料集進行亂數操作，將前 5 個資料依次顯示出來。

下面先介紹 tf.data.Dataset 介面的基本使用方法，然後介紹 Dataset 資料集的實際操作。

4.6.1 如何產生 Dataset 資料集

tf.data.Dataset 介面是透過建立 Dataset 物件來產生 Dataset 資料集的。Dataset 物件可以表示為一系列元素的封裝。

有了 Dataset 物件後，就可以在其上直接做亂數（shuffle）、元素轉換（map）、疊代設定值（iterate）等操作。

Dataset 物件可以由不同的資料來源轉化而來。在 tf.data.Dataset 介面中，有 3 種方法可以將記憶體中的資料轉化成 Dataset 物件，實際如下。

- tf.data.Dataset.from_tensors()：根據記憶體物件產生 Dataset 物件。該 Dataset 物件中只有 1 個元素。
- tf.data.Dataset.from_tensor_slices()：根據記憶體物件產生 Dataset 物件。記憶體物件是清單、元組、字典、Numpy 陣列等類型。另外該方法也支援 TensorFlow 中的張量類型。
- tf.data.Dataset.from_generator()：根據生成器物件產生 Dataset 物件。

這幾種方法的使用基本類似。本實例中使用的是 tf.data.Dataset.from_tensor_slices 介面。

🔊 提示：

在使用 tf.data.Dataset.from_tensor_slices 之類的介面時，如果傳入了巢狀結構 list 類型的物件，則必須確定 list 中每個巢狀結構元素的長度都相同，否則會顯示出錯。

正確使用舉例：

Dataset.from_tensor_slices([[1, 2],[1, 2]]) #list 裡有兩個子 list，並且長度相同

錯誤使用舉例：

Dataset.from_tensor_slices([[1, 2],[1]])　　#list 裡有兩個子 list，並且長度不同

4.6.2 如何使用 Dataset 介面

使用 Dataset 介面的操作步驟如下：

（1）產生資料集 Dataset 物件。

（2）對 Dataset 物件中的樣本進行轉換操作。

（3）建立 Dataset 疊代器。

（4）在階段（session）中將資料取出。

其中，步驟（1）是必備步驟，步驟（2）是可選步驟。

1. Dataset 介面所支援的資料集操作

在 tf.data.Dataset 介面的 API 中，支援的資料集轉換操作有亂數（shuffle）、自訂元素轉換（map）、按批次組合（batch）、重複讀取（repeat）等。

2. Dataset 介面在不同架構中的應用

步驟（3）和步驟（4）是在靜態圖中使用資料集的步驟，作用是取出資料集中的資料。在實際應用中，步驟（3）和步驟（4）會隨著 Dataset 物件所應用的架構不同而有所變化。例如：

- 在動態圖架構中，可以直接疊代 Dataset 物件進行取資料。
- 在估算器架構中，可以直接將 Dataset 物件封裝成輸入函數來進行取資料。

4.6.3 tf.data.Dataset 介面所支援的資料集轉換操作

在 TensorFlow 中封裝了 tf.data.Dataset 介面的多個常用函數，見表 4-1。

表 4-1 tf.data.Dataset 介面的常用函數

函　　數	描　　述
range(*args)	根據傳入的數值範圍，產生一系列整數組成的資料集。其中，傳入參數與 Python 中的 xrange 函數一樣，共有 3 個：start（起始數字）、stop（結束數字）、step（步進值）。 例：import tensorflow as tf 　　　Dataset =tf.data.Dataset 　　　Dataset.range(5) 的值為 [0, 1, 2, 3, 4]

函　　數	描　　述
	Dataset.range(2, 5) 的值為[2, 3, 4]
	Dataset.range(1, 5, 2) 的值為[1, 3]
	Dataset.range(1, 5, -2) 的值為[]
	Dataset.range(5, 1) 的值為[]
	Dataset.range(5, 1, -2) 的值為[5, 3]
zip(datasets)	將輸入的多個資料集按內部元素順序重新封包成新的元組序列。它與 Python 中的 zip 函數意義一樣。 例：import tensorflow as tf 　　Dataset =tf.data.Dataset 　　a = Dataset.from_tensor_slices([1, 2, 3]) 　　b = Dataset.from_tensor_slices([4, 5, 6]) 　　c = Dataset.from_tensor_slices((7, 8), (9, 10), (11, 12)) 　　d = Dataset.from_tensor_slices([13, 14]) 　　Dataset.zip((a, b)) 的值為{ (1, 4), (2, 5), (3, 6) } 　　Dataset.zip((a, b, c)) 的值為{ (1, 4, (7, 8)), 　　　　　　　　　　　　　　　(2, 5, (9, 10)), 　　　　　　　　　　　　　　　(3, 6, (11, 12)) } Dataset.zip((a, d)) 的值為{ (1, 13), (2, 14) }
concatenate(dataset)	將輸入的序列（或資料集）資料連接起來。 例：import tensorflow as tf 　　Dataset =tf.data.Dataset 　　a = Dataset.from_tensor_slices([1, 2, 3]) 　　b = Dataset.from_tensor_slices([4, 5, 6, 7]) 　　a.concatenate(b) 的值為{ 1, 2, 3, 4, 5, 6, 7 }
list_files(file_pattern, shuffle=None)	取得本機檔案，將檔案名稱做成資料集。提示：檔案名稱是二進位形式。 例：在本機路徑下有以下 3 個檔案： ● facelib\one.jpg ● facelib\two.jpg ● facelib\鐘斯.jpg 製作資料集程式： import tensorflow as tf Dataset =tf.data.Dataset dataset = Dataset.list_files('facelib*.jpg')

函　數	描　述
	獲得的資料集： { b'facelib\\two.jpg' b'facelib\\one.jpg' b'facelib\\\xe7\x90\xbc\xe6\x96\xaf.jpg'} 產生的二進位可以轉成字串來顯示。例： str1 = b'facelib\\\xe7\x90\xbc\xe6\x96\xaf.jpg' print(str1.decode()) 輸出：facelib\鐘斯.jpg
repeat(count=None)	產生重複的資料集。輸入參數 count 代表重複讀取的次數。 例：import tensorflow as tf 　　Dataset =tf.data.Dataset 　　a = Dataset.from_tensor_slices([1, 2, 3]) 　　a.repeat(1) 的值為{ 1, 2, 3 ,1 , 2, 3 } 也可以無限次重複讀取，例如：a.repeat()
shuffle(　buffer_size, 　seed=None, 　reshuffle_each_iteration=None)	將資料集的內部元素順序隨機打亂。參數說明如下。 ● buffer_size：隨機打亂元素排序的大小（越大越混亂）。 ● seed：隨機種子。 ● reshuffle_each_iteration：是否每次疊代都隨機亂數。 例：import tensorflow as tf 　　Dataset =tf.data.Dataset 　　a = Dataset.from_tensor_slices([1, 2, 3, 4 ,5]) 　　a.shuffle(1) 的值為{ 1, 2, 3 ,4 ,5 } 　　a.shuffle(10) 的值為{ 4, 1, 3 ,2 ,5 }
batch(batch_size, drop_remainder)	將資料集的元素按照批次組合。參數說明如下。 ● batch_size：批次大小。 ● drop_remainder：是否忽略批次組合後剩餘的資料。 例：import tensorflow as tf 　　Dataset =tf.data.Dataset 　　a = Dataset.from_tensor_slices([1, 2, 3, 4 ,5]) 　　a.batch(1) 的值為{ [1], [2], [3] ,[4] ,[5] } 　　a.batch(2) 的值為{ [1 2], [3 4], [5] }

函　數	描　述

padded_batch(
　batch_size,
　padded_shapes,
　padding_values=None
)
	為資料集的每個元素補充 padding_values 值。參數說明如下。
	●·batch_size：產生的批次。
	●·padded_shapes：補充後的樣本形狀。
	●·padding_values：所需要補充的值（預設為 0）。
	例：data1 = tf.data.Dataset.from_tensor_slices([[1, 2],[1,3]])
	　　#在每筆資料後面補充兩個 0，使其形狀變為 [4]
	　　data1 = data1.padded_batch(2,padded_shapes=[4])
	　　data1 的值為{ [[1,2,0,0], [1,3,0,0]] }

map(　map_func, 　num_parallel_calls=None)	透過 map_func 函數將資料集中的每個元素進行處理轉換，傳回一個新的資料集。參數說明如下。 ● map_func：處理函數。 ●·num_parallel_calls：平行的處理的執行緒個數。 例：import tensorflow as tf 　　Dataset =tf.data.Dataset 　　a = Dataset.from_tensor_slices([1, 2, 3, 4 ,5]) 　　a.map(lambda x: x + 1) 的值為 { 2, 3 ,4 ,5 ,6 }
flat_map(map_func)	將整個資料集放到 map_func 函數中去處理，並將處理完的結果展平。 例：import tensorflow as tf 　　Dataset =tf.data.Dataset 　　a = Dataset.from_tensor_slices([[1,2,3],[4,5,6]]) 　　#將資料集展平後傳回 　　a.flat_map(lambda x:Dataset.from_tensors(x)) 的值為 　　{ [1,2,3] , [4, 5,6] }
interleave(　map_func, 　cycle_length, 　block_length=1)	控制元素的產生順序函數。參數說明如下。 ● map_func：每個元素的處理函數。 ● cycle_length：循環處理元素個數。 ● block_length：從每個元素所對應的組合物件中，取出的個數。 例： 　　在本機路徑下有以下 4 個檔案： 　　● testset\1mem.txt: 　　● testset\1sys.txt 　　● testset\2mem.txt

函　數	描　述

	• testset\2sys.txt
	mem 的檔案為每天的記憶體資訊，內容為：
	    1day 9:00 CPU mem 110
	    1day 9:00 GPU mem 11
	sys 的檔案為每天的系統資訊，內容為：
	    1day 9:00 CPU　11.1
	    1day 9:00 GPU　91.1
	現要將每天的記憶體資訊和系統資訊按照時間的順序放到資料集中：
	def parse_fn(x):
	    print(x)
	    return x
	dataset = (Dataset.list_files('testset*.txt', shuffle=False)
	        .interleave(lambda x:
	            tf.data.TextLineDataset(x).map(parse_fn,
	num_parallel_calls=1), cycle_length=2, block_length=2))
	    產生的資料集為：
	b'1day 9:00 CPU mem 110'
	b'1day 9:00 GPU mem 11'
	b'1day 9:00 CPU　11.1'
	b'1day 9:00 GPU　91.1'
	b'1day 10:00 CPU mem 210'
	b'1day 10:00 GPU mem 21'
	b'1day 10:00 CPU　11.2
	'b'1day 10:00 GPU　91.2'
	b'1day 11:00 CPU mem 310'
	b'1day 11:00 GPU mem 31'
	
	本實例的完整程式在本書書附程式的「4-6　interleave 實例.py」中

filter(predicate)	將整個資料集中的元素按照函數 predicate 進行過濾，留下使函數 predicate 傳回為 True 的資料。
	例：import tensorflow as tf
	    dataset = tf.data.Dataset.from_tensor_slices([1.0, 2.0, 3.0, 4.0, 5.0])
	    #過濾掉大於 3 的數字

函　　數	描　　述
	dataset = dataset.filter(lambda x: tf.less(x, 3))的值為{ [1.0 2.0] }
apply(transformation_func)	將一個資料集轉為另一個資料集。 例：data1 = np.arange(50).astype(np.int64) 　　dataset = tf.data.Dataset.from_tensor_slices(data1) 　　dataset = dataset.apply((tf.contrib.data.group_by_window (key_func=lambda x: x%2, reduce_func=lambda _, els: els.batch(10), window_size=20))) 　　dataset 的值為{ [0　2　4　6　8 10 12 14 16 18] [20 22 24 26 28 30 32 34 36 38] [1　3　5　7　9 11 13 15 17 19] [21 23 25 27 29 31 33 35 37 39] [40 42 44 46 48] [41 43 45 47 49] } 該程式內部執行邏輯如下： （1）將資料集中偶數行與奇數行分開。 （2）以 window_size 為視窗大小，一次取 window_size 個偶數行和 window_size 個奇數行。 （3）在 window_size 中，按照指定的批次 batch 進行組合，並將處理後的資料集傳回
shard(num_shards, index)	用在分散式訓練場景中，代表將資料集分為 num_shards 份，並取第 index 份資料
prefetch(buffer_size)	設定從資料集中取資料時的最大緩衝區。buffer_size 是緩衝區大小。推薦將 buffer_size 設定成 tf.data.experimental. AUTOTUNE，代表由系統自動調節快取大小

表 4-1 中除 interleava()函數實例外的實例的程式在本書書附程式碼檔案「4-7 Dataset 物件的操作方法.py」中。

一般來講，處理資料集比較合理的步驟是：

（1）建立資料集。

（2）亂數（shuffle）資料集。

（3）設定資料集為可重複讀取（repeat）。

（4）轉換資料集中的元素（map）。

（5）設定批次（batch）。

（6）設定快取（prefetch）。

🔊 提示：

在處理資料集的步驟中，步驟（5）必須放在步驟（3）後面，否則在訓練時會產生某批次資料不足的情況。在模型與批次資料強耦合的情況下，如果輸入模型的批次資料不足，則訓練過程會出錯。

造成這種情況的原因是：如果資料總數不能被批次整除，則在批次組合時會剩下一些不足一批次的資料；而在訓練過程中，這些剩下的資料也會進入模型。

如果設定資料集為可重複讀取（repeat），則不會在設定批次（batch）操作過程中出現剩餘資料的情況。

另外，還可以在 batch 函數中將參數 drop_remainder 設為 True。這樣在設定批次（batch）操作過程中，系統將把剩餘資料捨棄，避免出現批次資料不足的問題。

4.6.4 程式實現：以元組和字典的方式產生 Dataset 物件

用 tf.data.Dataset.from_tensor_slices 介面分別以元組和字典的方式，將 $y \approx 2x$ 模擬資料集轉為 Dataset 物件——dataset（元組方式資料集）、dataset2（字典方式資料集）。

■ 程式 4-8 將記憶體資料轉成 DataSet 資料集

```
01 import tensorflow as tf
02 import numpy as np
03 tf.compat.v1.disable_v2_behavior()
04 #在記憶體中產生模擬資料
05 def GenerateData(datasize = 100 ):
06     train_X = np.linspace(-1, 1, datasize) #定義在-1～1 之間連續的 100 個浮點數
07     train_Y = 2 * train_X + np.random.randn(*train_X.shape) * 0.3    #y=2x，
    但是加入了雜訊
08     return train_X, train_Y                  #以生成器的方式傳回
09
10 train_data = GenerateData()
11
12 #將記憶體資料轉化成資料集
13 dataset = tf.data.Dataset.from_tensor_slices( train_data ) #以元組的方式產
    生資料集
14 dataset2 = tf.data.Dataset.from_tensor_slices( { #以字典的方式產生資料集
```

```
15          "x":train_data[0],
16          "y":train_data[1]
17          } )
```

程式第 10 行，定義的變數 train_data 是記憶體中的模擬資料集。

程式第 14 行，以字典方式產生的 Dataset 物件 dataset2。在 dataset2 物件中，用字串 "x"、"y" 作為資料的索引名稱。索引名稱相當於字典類類型資料中的 key，用於讀取資料。

4.6.5 程式實現：對 Dataset 物件中的樣本進行轉換操作

依照實例的要求，對 Dataset 物件中的樣本依次進行批次組合、類型轉換和亂數操作。實際程式如下。

■ 程式 4-8 將記憶體資料轉成 DataSet 資料集（續）

```
18 batchsize = 10                          #定義批次樣本個數
19 dataset3 = dataset.repeat().batch(batchsize)    #按批次組合資料集
20
21 dataset4 = dataset2.map(lambda data:
   (data['x'],tf.cast(data['y'],tf.int32)) )        #轉化資料集中的元素
22 dataset5 = dataset.shuffle(100)               #亂數資料集
```

在本節程式中，一共產生了 3 個新的資料集——dataset3、dataset4、dataset5。實際解讀如下：

- 程式第 18、19 行，對資料集進行批次組合操作，產生了資料集 dataset3。首先呼叫資料集物件 dataset 的 repeat()方法，將資料集物件 dataset 變為可無限次重複讀取的資料集；接著呼叫 batch()方法，將資料集物件 dataset 中的樣本按照 batchsize 大小進行劃分（batchsize 大小為 10，即按照 10 筆為一批次來劃分），這樣每次從資料集 dataset3 中取出的資料都是以 10 筆為單位的。

- 程式第 21 行，對資料集中的元素進行自訂轉化操作，產生了資料集 dataset4。這裡用匿名函數將字典類型中 key 值為 y 的資料轉化成整形。

- 程式第 22 行，對資料集做亂數操作，產生了資料集 dataset5。這裡呼叫了 shuffle 函數，並傳入參數 100。這樣可以讓資料亂數得更充分。

4.6.6 程式實現：建立 Dataset 疊代器

在本實例中，透過疊代器的方式從資料集中取資料。實際步驟如下：

（1） 呼叫資料集 Dataset 物件的 make_one_shot_iterator() 方法，產生一個疊代器 iterator。

（2） 呼叫疊代器的 get_next() 方法，獲得一個元素。

實際程式如下。

■ 程式 4-8 將記憶體資料轉成 DataSet 資料集（續）

```
23 def getone(dataset):
24    iterator = tf.compat.v1.data.make_one_shot_iterator(dataset)
   #產生一個疊代器
25    one_element = iterator.get_next()     #從 iterator 裡取出一個元素
26    return one_element
27
28 one_element1 = getone(dataset)       #從 dataset 裡取出一個元素
29 one_element2 = getone(dataset2)      #從 dataset2 裡取出一個元素
30 one_element3 = getone(dataset3)      #從 dataset3 裡取出一個批次的元素
31 one_element4 = getone(dataset4)      #從 dataset4 裡取出一個元素
32 one_element5 = getone(dataset5)      #從 dataset5 裡取出一個元素
```

程式第 23 行的函數 getone 用於傳回資料集中實際元素的張量。

程式第 28~32 行，分別將製作好的資料集 dataset、dataset2、dataset3、dataset4、dataset5 傳入函數 getone，依次獲得對應資料集中的第 1 個元素。

🔊 提示：

程式第 24 行，用 make_one_shot_iterator() 方法建立資料集疊代器。該方法內部會自動實現疊代器的初始化。如果不使用 make_one_shot_iterator() 方法，則需要在階段（session）中手動對疊代器進行初始化。如：

iterator = dataset.make_initializable_iterator() #直接產生疊代器

one_element1 = iterator.get_next()   #產生元素張量

with tf.compat.v1.Session() as sess:

sess.run(iterator.initializer)   #在階段（session）中對疊代器進行初始化

…

4.6.7 程式實現:在階段中取出資料

由於執行架構是靜態圖,所以整個過程中的資料都是以張量類型存在的。必須將資料放入階段(session)中的 run()方法進行計算,才能獲得真實的值。

定義函數 showone 與 showbatch,分別用於取得資料集中的單一資料與多個資料。

實際程式如下。

■ 程式 4-8 將記憶體資料轉成 DataSet 資料集(續)

```
33 def showone(one_element,datasetname):        #定義函數,用於顯示單一資料
34     print('{0:-^50}'.format(datasetname))      #分隔符號
35     for ii in range(5):
36         datav = sess.run(one_element)          #透過靜態圖植入的方式傳入資料
37         print(datasetname,"-",ii,"| x,y:",datav)    #分隔符號
38
39 def showbatch(onebatch_element,datasetname):  #定義函數,用於顯示批次資料
40     print('{0:-^50}'.format(datasetname))
41     for ii in range(5):
42         datav = sess.run(onebatch_element)     #透過靜態圖植入的方式傳入資料
43         print(datasetname,"-",ii,"| x.shape:",np.shape(datav[0]),"|
   x[:3]:",datav[0][:3])
44         print(datasetname,"-",ii,"| y.shape:",np.shape(datav[1]),"|
   y[:3]:",datav[1][:3])
45
46 with tf.compat.v1.Session() as sess:          #建立階段(session)
47     showone(one_element1,"dataset1")          #呼叫 showone 函數,顯示一筆資料
48     showone(one_element2,"dataset2")
49     showbatch(one_element3,"dataset3")        #呼叫 showbatch 函數,顯示一批次資料
50     showone(one_element4,"dataset4")
51     showone(one_element5,"dataset5")
```

程式第 34、40 行,是輸出一個格式化字串的功能程式。該程式會輸出一個分割符號,使結果看起來更工整。

4.6.8 執行程式

整個程式執行後,輸出以下結果:

```
--------------------dataset1--------------------
dataset1 - 0 | x,y: (-1.0, -2.1244706266287157)
dataset1 - 1 | x,y: (-0.9797979797979798, -1.9726405683713444)
dataset1 - 2 | x,y: (-0.9595959595959596, -1.6247158752571687)
dataset1 - 3 | x,y: (-0.9393939393939394, -1.9846861456039562)
dataset1 - 4 | x,y: (-0.9191919191919192, -1.9161218907604878)
--------------------dataset2--------------------
dataset2 - 0 | x,y: {'x': -1.0, 'y': -2.1244706266287157}
dataset2 - 1 | x,y: {'x': -0.9797979797979798, 'y': -1.9726405683713444}
dataset2 - 2 | x,y: {'x': -0.9595959595959596, 'y': -1.6247158752571687}
dataset2 - 3 | x,y: {'x': -0.9393939393939394, 'y': -1.9846861456039562}
dataset2 - 4 | x,y: {'x': -0.9191919191919192, 'y': -1.9161218907604878}
--------------------dataset3--------------------
dataset3 - 0 | x.shape: (10,) | x[:3]: [-1.        -0.97979798 -0.95959596]
dataset3 - 0 | y.shape: (10,) | y[:3]: [-2.12447063 -1.97264057 -1.62471588]
dataset3 - 1 | x.shape: (10,) | x[:3]: [-0.7979798  -0.77777778 -0.75757576]
dataset3 - 1 | y.shape: (10,) | y[:3]: [-1.77361254 -1.71638089 -1.6188056 ]
dataset3 - 2 | x.shape: (10,) | x[:3]: [-0.5959596  -0.57575758 -0.55555556]
dataset3 - 2 | y.shape: (10,) | y[:3]: [-0.80146675 -1.1920661  -0.99146132]
dataset3 - 3 | x.shape: (10,) | x[:3]: [-0.39393939 -0.37373737 -0.35353535]
dataset3 - 3 | y.shape: (10,) | y[:3]: [-1.41878264 -0.97009554 -0.81892304]
dataset3 - 4 | x.shape: (10,) | x[:3]: [-0.19191919 -0.17171717 -0.15151515]
dataset3 - 4 | y.shape: (10,) | y[:3]: [-0.11564091 -0.6592607   0.16367008]
--------------------dataset4--------------------
dataset4 - 0 | x,y: (-1.0, -2)
dataset4 - 1 | x,y: (-0.9797979797979798, -1)
dataset4 - 2 | x,y: (-0.9595959595959596, -1)
dataset4 - 3 | x,y: (-0.9393939393939394, -1)
dataset4 - 4 | x,y: (-0.9191919191919192, -1)
--------------------dataset5--------------------
dataset5 - 0 | x,y: (-0.5353535353535352, -1.0249665887548258)
dataset5 - 1 | x,y: (0.39393939393939403, 0.6453621496727984)
dataset5 - 2 | x,y: (0.2323232323232325, 0.641307921857285)
dataset5 - 3 | x,y: (0.6161616161616164, 0.8879358507776747)
dataset5 - 4 | x,y: (0.7373737373737375, 1.60192581924349)
```

在結果中，每個分隔符號都代表一個資料集，在分割符號下面顯示了該資料集中的資料。

- dataset1：元組資料的內容。

- dataset2：字典資料的內容。
- dataset3：批次資料的內容。可以看到，每個 x、y 的值都有 10 筆資料。
- dataset4：將 dataset2 轉化後的結果。可以看到，y 的值被轉成了一個整數。
- dataset5：將 dataset1 亂數後的結果。可以看到，前 5 筆的 x 資料與 dataset1 中的完全不同，並且沒有規律。

4.6.9　使用 tf.data.Dataset.from_tensor_slices 介面的注意事項

在 tf.data.Dataset.from_tensor_slices 介面中，如果傳入的是清單類型物件，則系統將其中的元素當作資料來處理；而如果傳入的是元組類型物件，則將其中的元素當作列來拆開。這是值得注意的地方。

下面舉例示範。

■ 程式 4-9　from_tensor_slices 的注意事項

```
01 import tensorflow as tf
02 tf.compat.v1.disable_v2_behavior()
03 #傳入列表物件
04 dataset1 = tf.data.Dataset.from_tensor_slices( [1,2,3,4,5] )
05 def getone(dataset):
06     iterator = tf.compat.v1.data.make_one_shot_iterator(dataset)
   #產生一個疊代器
07     one_element = iterator.get_next()    #從 iterator 裡取出 1 個元素
08     return one_element
09
10 one_element1 = getone(dataset1)
11
12 with tf.compat.v1.Session() as sess:    #建立階段 (session)
13     for i in range(5):                  #透過 for 循環列印所有的資料
14         print(sess.run(one_element1)) #用 sess.run 讀出 Tensor 值
```

執行程式，輸出以下結果：

```
1
2
3
```

```
4
5
```

結果中顯示了清單中的所有資料，這是正常的結果。

1. 錯誤範例

如果將程式第 4 行傳入的列表物件改成元組物件，則程式如下：

```
dataset1 = tf.data.Dataset.from_tensor_slices((1,2,3,4,5) )  #傳入元組物件
```

程式執行後將顯示出錯，輸出以下結果：

```
...
IndexError: list index out of range
```

顯示出錯的原因是：函數 from_tensor_slices 自動將外層的元組拆開，將裡面
的每個元素當作一個列的資料。由於每個元素只是一個實際的數字，並不是
陣列，所以顯示出錯。

2. 修改辦法

將資料中的每個數字改成陣列，即可避免錯誤發生，實際程式如下：

```
dataset1 = tf.data.Dataset.from_tensor_slices( ([1],[2],[3],[4],[5]) )
one_element1 = getone(dataset1)
with tf.compat.v1.Session() as sess:        #建立階段（session）
    print(sess.run(one_element1))           #用 sess.run 讀出 Tensor 值
```

則程式執行後，輸出以下結果：

```
(1, 2, 3, 4, 5)
```

⊞ **4.7 實例 16：將圖片檔案製作成 Dataset 資料集**

本實例將前面 4.5 節與 4.6 節的內容綜合起來，將圖片轉為 Dataset 資料集，
並進行更多的轉換操作。

有兩個資料夾，分別放置男人與女人的照片。

本實例要實現的是：

（1） 將兩個資料夾中的圖片製作成 Dataset 的資料集。

（2） 對圖片進行尺寸大小調整、隨機水平翻轉、隨機垂直翻轉、按指定角度翻轉、歸一化、隨機明暗度變化、隨機對比度變化操作，並將其顯示出來。

在圖片訓練過程中，一個變形豐富的資料集會使模型的精度與泛化性成倍地提升。一套成熟的程式，可以使開發資料集的工作簡化很多。

本實例中使用的樣本與 4.5 節實例中使用的樣本完全一致，實際的樣本內容可參考 4.5.1 節。

4.7.1 程式實現：讀取樣本檔案的目錄及標籤

定義函數 load_sample，用來將樣本圖片的目錄名稱及對應的標籤讀入記憶體。該函數與 4.5.2 節中介紹的 load_sample 函數完全一樣。實際程式可參考 4.5.2 節。

4.7.2 程式實現：定義函數，實現圖片轉換操作

定義函數_distorted_image，用 TensorFlow 附帶的 API 實現單一圖片的轉換處理。函數 distorted_image 的結果不能直接輸出，需要透過階段形式進行顯示。

實際程式如下。

■ 程式 4-10 將圖片檔案製作成 Dataset 資料集

```
01 def distorted_image(image,size,ch=1,shuffleflag = False,cropflag  = False,
   brightnessflag=False,contrastflag=False):          #定義函數
02
03    distorted_image =tf.image.random_flip_left_right(image)
04
05    if cropflag == True:                          #隨機修改
06        s = tf.random.uniform((1,2),int(size[0]*0.8),size[0],tf.int32)
07        distorted_image = tf.image.random_crop(distorted_image,
   [s[0][0],s[0][0],ch])
08    #上下隨機翻轉
```

```
09      distorted_image = tf.image.random_flip_up_down(distorted_image)
10      if brightnessflag == True:                    #隨機變化亮度
11          distorted_image =
     tf.image.random_brightness(distorted_image,max_delta=10)
12      if contrastflag == True:                       #隨機變化比較度
13          distorted_image =
     tf.image.random_contrast(distorted_image,lower=0.2, upper=1.8)
14      if shuffleflag==True:
15          distorted_image = tf.random.shuffle(distorted_image)
     #沿著第 0 維打亂順序
16      return distorted_image
```

在函數_distorted_image 中使用的圖片處理方法在實際應用中很常見。這些方法是資料增強操作的關鍵部分，主要用在模型的訓練過程中。

4.7.3 程式實現：用自訂函數實現圖片歸一化

定義函數 norm_image，用來實現對圖片的歸一化。由於圖片的像素值是 0~255 之間的整數，所以直接除以 255 便可以獲得歸一化的結果。實際程式如下。

■ 程式 4-10 將圖片檔案製作成 Dataset 資料集（續）

```
17 def _norm_image(image,size,ch=1,flattenflag = False):  #定義函數，實現歸一化，
     並且拍平
18     image_decoded = image/255.0
19     if flattenflag==True:
20         image_decoded = tf.reshape(image_decoded, [size[0]*size[1]*ch])
21     return image_decoded
```

本實例只用最簡單的歸一化處理，將圖片的值域變化為 0~1 之間的小數。在實際開發中，還可以將圖片的值域變化為–1~1 之間的小數，讓其具有更大的值域。

4.7.4 程式實現：用第三方函數將圖片旋轉 30°

定義函數 random_rotated30 實現圖片旋轉功能。在函數 random_rotated30 中，用 skimage 函數庫函數將圖片旋轉 30°。skimage 函數庫需要額外安裝，實際的安裝指令如下：

```
pip install scikit-image
```

在整個資料集的處理流程中，對圖片的操作都是以張量進行變化為基礎的。因為第三方函數無法操作 TensorFlow 中的張量，所以需要對第三方函數進行額外的封裝。

用 tf.py_function 函數可以將第三方函數庫函數封裝為一個 TensorFlow 中的運算符號（OP）。

實際程式如下。

■ **程式 4-10 將圖片檔案製作成 Dataset 資料集（續）**

```
22 from skimage import transform
23 def _random_rotated30(image, label):#定義函數，實現圖片隨機旋轉操作
24
25    def _rotated(image):            #封裝好的 skimage 模組，用於將圖片旋轉30°
26        shift_y, shift_x = np.array(image.shape.as_list()[:2], np.float32)
   / 2.
27        tf_rotate = transform.SimilarityTransform(rotation=
   np.deg2rad(30))
28        tf_shift = transform.SimilarityTransform(translation=
   [-shift_x, -shift_y])
29        tf_shift_inv = transform.SimilarityTransform(translation=[shift_x,
   shift_y])
30        image_rotated = transform.warp(image, (tf_shift + (tf_rotate +
   tf_shift_inv)).inverse)
31        return image_rotated
32
33    def _rotatedwrap():
34        image_rotated = tf.py_function( _rotated,[image],[tf.float64])
   #呼叫第三方函數
35        return tf.cast(image_rotated,tf.float32)[0]
36
37    a = tf.random.uniform([1],0,2,tf.int32)        #實現隨機功能
38    image_decoded = tf.cond(tf.equal(tf.constant(0),a[0]),lambda:
   image,_rotatedwrap)
39
40    return image_decoded, label
```

為了實現隨機轉化的功能，使用了 TensorFlow 中的 tf.cond()方法，用來根據隨機條件判斷是否需要對本次圖片進行旋轉（見程式第 38 行）。

4.7.5 程式實現：定義函數，產生 Dataset 物件

在函數 dataset 中，用內建函數_parseone 將所有的檔案名稱轉化為實際的圖片內容，並傳回 Dataset 物件。實際程式如下。

■ 程式 4-10 將圖片檔案製作成 Dataset 資料集（續）

```
41 def dataset(directory,size,batchsize,random_rotated=False):
   #定義函數，建立資料集
42    """ parse  dataset."""
43    (filenames,labels),_ =load_sample(directory,shuffleflag=False)
   #載入檔案名稱與標籤
44    def _parseone(filename, label):                #解析一個圖片檔案
45        """讀取並處理每張圖片"""
46        image_string = tf.io.read_file(filename)      #讀取整數個檔案
47        image_decoded = tf.image.decode_image(image_string)
48        image_decoded.set_shape([None, None, None]) #對圖片做扭曲變化
49        image_decoded = _distorted_image(image_decoded,size)
50        image_decoded = tf.image.resize (image_decoded, size)#變化尺寸
51        image_decoded = _norm_image(image_decoded,size)      #歸一化
52        image_decoded = tf.cast(image_decoded, dtype=tf.float32)
53        label = tf.cast(  tf.reshape(label, []),dtype=tf.int32  )
   #將 label 轉為張量
54        return image_decoded, label
55    #產生 Dataset 物件
56    dataset = tf.data.Dataset.from_tensor_slices((filenames, labels))
57    dataset = dataset.map(_parseone)        #轉化為圖片資料集
58
59    if random_rotated == True:
60        dataset = dataset.map(_random_rotated30)
61
62    dataset = dataset.batch(batchsize)        #批次組合資料集
63
64    return dataset
```

4.7.6 程式實現：建立階段，輸出資料

首先，定義兩個函數——showresult 和 showimg，用於將圖片資料進行視覺化輸出。

接著，建立兩個資料集——dataset 和 dataset2：

- dataset 是一個批次為 10 的資料集,支援隨機反轉、尺寸轉換、歸一化操作。

- dataset2 在 dataset 的基礎上,又支援將圖片旋轉 30°。

在定義好資料集後建立階段(session),然後透過階段(session)的 run()方法獲得資料並將其顯示出來。

實際程式如下。

■ 程式 4-10 將圖片檔案製作成 Dataset 資料集(續)

```
65 def showresult(subplot,title,thisimg): #顯示單一圖片
66     p =plt.subplot(subplot)
67     p.axis('off')
68     p.imshow(thisimg)
69     p.set_title(title)
70
71 def showimg(index,label,img,ntop):        #顯示結果
72     plt.figure(figsize=(20,10))            #定義顯示圖片的寬、高
73     plt.axis('off')
74     ntop = min(ntop,9)
75     print(index)
76     for i in range (ntop):
77         showresult(100+10*ntop+1+i,label[i],img[i])
78     plt.show()
79
80 def getone(dataset):
81     iterator = tf.compat.v1.data.make_one_shot_iterator(dataset)
   #產生一個疊代器
82     one_element = iterator.get_next()      #從 iterator 裡取出 1 個元素
83     return one_element
84
85 sample_dir=r"man_woman"
86 size = [96,96]
87 batchsize = 10
88 tdataset = dataset(sample_dir,size,batchsize)
89 tdataset2 = dataset(sample_dir,size,batchsize,True)
90 print(tdataset.output_types)              #列印資料集的輸出資訊
91 print(tdataset.output_shapes)
92
93 one_element1 = getone(tdataset)            #從 tdataset 裡取出 1 個元素
94 one_element2 = getone(tdataset2)           #從 tdataset2 裡取出 1 個元素
```

```
95
96 with tf.compat.v1.Session() as sess:      #建立階段（session）
97     sess.run(tf.compat.v1.global_variables_initializer()) #初始化
98
99     try:
100        for step in np.arange(1):
101            value = sess.run(one_element1)
102            value2 = sess.run(one_element2)
103            #顯示圖片
104            showimg(step,value2[1],np.asarray( value2[0]*255,
    np.uint8),10)
105            showimg(step,value2[1],np.asarray( value2[0]*255,
    np.uint8),10)
106
107     except tf.errors.OutOfRangeError:                #捕捉異常
108         print("Done!!!")
```

這部分程式與 4.5.5 節、4.6.7 節中的程式比較類似，不再詳述。

4.7.7 執行程式

由於 TensorFlow 2.X 尚不成熟，目前該程式執行時會回報錯誤。實際如下：

```
   WARNING:tensorflow:AutoGraph could not transform <method-wrapper
'__call__' of fused_cython_function object at 0x0000021513A711E8> and will
run it as-is.
   Please report this to the TensorFlow team. When filing the bug, set the
verbosity to 10 (on Linux, `export AUTOGRAPH_VERBOSITY=10`) and attach the
full output.
```

該錯誤的原因是由於 TensorFlow 2.1 架構的 Bug 導致的。如果想使用該功能有 3 個替代方案：①將程式和架構降回到 1.X 版本；②使用 TensorFlow 2.1 以上的更新版本；③在 Linux 下使用 Addons 模組（見 4.7.8 節）。

整個程式執行後，輸出以下結果：

圖 4-9　實例 7 程式執行結果（a）

圖 4-9　實例 7 程式執行結果（b）

在輸出結果中有兩張圖：

- 圖 4-9（a）是資料集 tdataset 中的內容。該資料集對原始圖片進行了隨機修改，並將尺寸變成了邊長為 96 pixel 的正方形。
- 圖 4-9（b）是資料集 tdataset2 中的內容。該資料集在 tdataset 的轉換基礎上，進行了隨機 30°的旋轉。

🔊 提示：

skimage 函數庫是一個很強大的圖片轉換函數庫，讀者還可以在其中找到更多有關圖片變化的功能。

本實例中介紹了第三方函數庫與 tf.data.Dataset 介面結合使用的方法，需要讀者掌握。透過這個方法可以將所有的第三方函數庫與 tf.data.Dataset 介面結合起來使用，以實現更強大的資料前置處理功能。

4.7.8　擴充：使用 Addons 模組增強程式

TensorFlow 2.X 版本將 TensorFlow 1.X 版本中 contrib 模組下的部分常用 API 移到了 Addons 模組下。Addons 模組需要單獨安裝。指令如下：

```
pip install tensorflow-addons
```

在該模組中，包含注意力機制模型、Seq2Seq 模型等常用 API 的封裝。

在使用時，需要在程式最前端引用模組。實際如下：

```
import tensorflow as tf
import tensorflow_addons as tfa
```

在本書書附程式的程式檔案「4-11　將圖片檔案製作成 Dataset 資料集 TFa.py」中，實現了以 Addons 模組開發為基礎的本實例程式。該程式可以在 Linux 或 Windows 的主環境下正常執行（主環境是指使用 Anaconda 軟體在本機架設的預設 Python 環境。除預設環境外的其他 Python 環境被叫作虛擬環

境。由於 TensorFlow 2.1 版本並不是非常穩定,所以在 Windows 系統的虛擬
環境中會有顯示出錯)。

⊕ 4.8 實例 17:在動態圖中讀取 Dataset 資料集

TensorFlow 1.8 從版本開始,對 tf.data.Dataset 介面的支援變得更加人性化。
使用動態圖操作 Dataset 資料集,就如同從普通序列物件中取資料一樣簡單。

到了 TensorFlow 2.0 版本之後,動態圖已經取代靜態圖成為系統預設的開發
架構。本節就來使用動態圖的方式將 4.7 節中的資料顯示出來。

該實例在實現時,先重用 4.7 節的部分程式製作資料集,然後用動態圖架構讀
取資料集的內容。

4.8.1 程式實現:增加動態圖呼叫

在程式的最開始位置,將靜態圖關閉,使用預設的動態圖。程式如下。

■ 程式 4-12 在動態圖裡讀取 Dataset 資料集

```
01 import os
02 import tensorflow as tf
03
04 from sklearn.utils import shuffle
05 import numpy as np
06 import matplotlib.pyplot as plt
07
08
09 print("TensorFlow 版本: {}".format(tf.__version__))   #列印版本,確保是 1.8 以
   後的版本
10 print("Eager execution: {}".format(tf.executing_eagerly())) #驗證動態圖是否
   啟動
```

4.8.2 製作資料集

製作資料集的內容與 4.7 節完全一致。可以將 4.7.6 節中第 95 行及之前的程式
完全移到本實例中,接在上面程式 4-12 的第 10 行之後。

4.8.3 程式實現：在動態圖中顯示資料

在複製程式之後，接著增加以下程式即可將資料內容顯示出來。

■ 程式 4-12 在動態圖裡讀取 Dataset 資料集（續）

```
11 for step,value in enumerate(tdataset):
12     showimg(step, value[1].numpy(),np.asarray( value[0]*255,np.uint8),10)
   #顯示圖片
```

可以看到，這次的程式中沒有再建立階段，而是直接將資料集用 for 循環的方式進行疊代讀取。這就是動態圖的便捷之處。

在程式第 12 行中，物件 value 是一個帶有實際值的張量。這裡用該張量的 numpy()方法將張量 value[1]中的值取出來。同樣，還可以用 np.asarray 的方式直接將張量 value[0]轉為 numpy 類型的陣列。

程式執行後顯示以下結果：

```
TensorFlow 版本: 2.1.0
Eager execution: True
loading sample  dataset..
loading sample  dataset..
loading sample  dataset..
(tf.float32, tf.int32)
(TensorShape([Dimension(None), Dimension(96), Dimension(96), Dimension
(None)]), TensorShape([Dimension(None)]))
0
```

圖 4-10　實例 17 程式執行結果（a）

1

圖 4-10　實例 17 程式執行結果（b）

本實例用 tf.data.Dataset 介面的可疊代特性實現對資料的讀取。

更多資料集疊代器的用法見 4.9 節。

⊞ 4.9 實例 18：在不同場景中使用資料集

本節將示範資料集的其他幾種疊代方式，分別對應不同的場景。

本實例在記憶體中定義一個陣列，然後將其轉換成 Dataset 資料集，接著在訓練模型、測試模型、使用模型的場景中使用資料集，將陣列中的內容輸出來。

4.6、4.7、4.8 節中關於資料集的使用，更符合於訓練模型場景的用法。可以透過用 tf.data.Dataset 介面的 repeat()方法來實現資料集的循環使用。在實際訓練中，只能控制訓練模型的疊代次數，無法直觀地控制資料集的檢查次數。

4.9.1 程式實現：在訓練場景中使用資料集

為了指定資料集的檢查次數，在建立疊代器時使用了 from_structure()方法，該方法沒有自動初始化功能，所以需要在階段（session）中初始化。當整個資料集檢查結束後，會產生 tf.errors.OutOfRangeError 異常。透過在捕捉 tf.errors.OutOfRangeError 異常的處理函數中對疊代器再次進行初始化的方式，將資料集內部的指標歸零，讓資料集再次從頭開始檢查。

🔊 提示：

雖然在多次疊代過程中會頻繁呼叫疊代器初始化函數，但這並不會影響整體效能。系統只是對疊代器做了初始化，並不是將整個資料集進行重新設定，所以這種方案是可行的。

實際程式如下。

■ 程式 4-13 在不同場景中使用資料集

```
01 mport tensorflow as tf
02
03 dataset1 = tf.data.Dataset.from_tensor_slices([1,2,3,4,5]) #定義訓練資料集
04
05 #建立疊代器
06 iterator1 =
   tf.data.Iterator.from_structure(tf.compat.v1.data.get_output_types
   (dataset1), tf.compat.v1.data.get_output_shapes(dataset1))
07
08 one_element1 = iterator1.get_next()          #取得一個元素
09
10 with tf.compat.v1.Session()  as sess2:
11     sess2.run( iterator1.make_initializer(dataset1) ) #初始化疊代器
12     for ii in range(2):                      #將資料集疊代兩次
13         while True:                          #透過 for 循環列印所有的資料
14             try:
15                 print(sess2.run(one_element1)) #呼叫 sess.run 讀出 Tensor 值
16             except tf.errors.OutOfRangeError:
17                 print("檢查結束")
18                 sess2.run( iterator1.make_initializer(dataset1) )
19                 break
```

整體程式執行後，輸出以下結果：

```
1
2
3
4
5
檢查結束
1
2
3
4
5
檢查結束
```

從結果中可以看出，整個資料集疊代執行了兩遍。

■)) 提示：

程式中第 6 行的 tf.data.Iterator.from_structure() 方法還可以換成 dataset1.make_
initializable_iterator，一樣可以實現透過初始化的方法實現從頭檢查資料集的效果。

舉例來說，程式中的第 6～11 行可以寫成如下：

```
iterator = dataset1.make_initializable_iterator()      #直接產生疊代器
one_element1 = iterator.get_next()                     #產生元素張量
with tf.compat.v1.Session() as sess2:
sess.run(iterator.initializer)        #在階段（session）中需要對疊代器進行初始化
```

4.9.2 程式實現：在應用模型場景中使用資料集

在應用模型場景中，可以將實際資料植入 Dataset 資料集中的元素張量，以實
現輸入操作。實際程式如下。

■ 程式 4-13 在不同場景中使用資料集（續）

```
20     print(sess2.run(one_element1,{one_element1:356}))  #往資料集中植入資料
```

程式第 20 行，將數字 "356" 植入張量 one_element1 中。此時的張量
one_element1 造成預留位置的作用，這也是在使用模型場景中常用的做法。

整個程式執行後，輸出以下結果：

```
356
```

從輸出結果可以看出，"356" 這個數字已經進入張量圖並成功輸出到螢幕上。

■)) 提示：

這種方式與疊代器的產生方式無關，所以它不僅適用於透過 from_structure 產生
的疊代器，也適用於透過 make_one_shot_iterator() 方法產生的疊代器。

4.9.3 程式實現：在訓練與測試混合場景中使用資料集

在訓練 AI 模型時一般會有兩個資料集：一個用於訓練，另一個用於測試。在
TensorFlow 中提供了一個便捷的方式，可以在訓練過程中對訓練與測試的資
料集進行靈活切換。

實際的方式為：

（1） 建立兩個 Dataset 物件，一個用於訓練，另一個用於測試。

（2） 分別建立兩個資料集對應的疊代器——iterator（訓練疊代器）、
iterator_test（測試疊代器）。

（3） 在階段中，分別建立兩個與疊代器對應的控制碼——iterator_handle（訓
練疊代器控制碼）、iterator_handle_test（測試疊代器控制碼）。

（4） 產生預留位置，用於接收疊代器控制碼。

（5） 產生關於預留位置的疊代器，並定義其 get_next()方法取出的張量。

在執行時期，直接將用於訓練或測試的疊代器控制碼輸入預留位置，即可實
現資料來源的使用。實際程式如下。

■ 程式 4-13 在不同場景中使用資料集（續）

```
21 dataset1 = tf.data.Dataset.from_tensor_slices( [1,2,3,4,5] )
   #建立訓練 Dataset 物件
22 iterator = tf.compat.v1.data.make_one_shot_iterator(dataset1)
   #產生一個疊代器

23
24 dataset_test = tf.data.Dataset.from_tensor_slices( [10,20,30,40,50] )
   #建立測試 Dataset 物件
25 iterator_test = tf.compat.v1.data.make_one_shot_iterator(dataset1)
   #產生 1 個疊代器
26 #適用於測試與訓練場景中的資料集方式
27 with tf.compat.v1.Session()  as sess:
28     iterator_handle = sess.run(iterator.string_handle())#建立疊代器控制碼
29     iterator_handle_test = sess.run(iterator_test.string_handle())
   #建立疊代器控制碼
30
31     handle = tf.compat.v1.placeholder(tf.string, shape=[]) #定義預留位置
32     iterator3 = tf.data.Iterator.from_string_handle(handle,
   iterator.output_types)
33
34     one_element3 = iterator3.get_next()                     #取得元素
35     print(sess.run(one_element3,{handle: iterator_handle})) #取出元素
36     print(sess.run(one_element3,{handle: iterator_handle_test}))
```

執行程式後，顯示以下結果：

```
1
10
```

其中，"1" 是訓練集的第 1 個資料，"10" 是測試集的第 1 個資料。

由於篇幅有限，製作資料集的介紹就到這裡。

🌐 4.10 tf.data.Dataset 介面的更多應用

目前，tf.data.Dataset 介面是 TensorFlow 中主流的資料集介面。建議讀者在撰寫自己的模型程式時優先使用 tf.data.Dataset 介面。

🔊 提示：

本章除介紹了主流的 Dataset 資料集外，還介紹了一些其他形式的資料集（例如：記憶體物件資料集、TFRecord 格式的資料集）。這些內容是為了讓讀者對資料集這部分知識有一個全面的掌握，這樣在閱讀別人程式，或在別人的程式上做延伸開發時，就不會出現技術盲區。

用 tf.data.Dataset 介面還可以將更多其他類型的樣本製作成資料集。另外，也可以對 tf.data.Dataset 介面進行二次封裝，使 tf.data.Dataset 介面用起來更為簡單。

Chapter

05

數值分析與特徵工程

在數值分析任務中，不同的樣本具有不同的欄位屬性，如名字、年齡、地址、電話等，這些資訊是以不同形式存在的。 如果要使用演算法或模型進行分析，則需要將樣本中的資訊轉換成模型能夠處理的資料——浮點數資料。這便是特徵工程主要做的事情。

本章重點介紹在數值分析任務中，從樣本裡分析特徵，並進行轉換的各種方法。讀者掌握了這些方法，便可以根據已有任務選擇合適的處理方法，對樣本資料進行有效特徵的分析，完成數值的分析。

5.1 什麼是特徵工程

特徵工程本質上是一種工程方法，即從原始資料中分析最佳特徵，以供演算法或模型使用。

在機器學習任務中，應用領域不同則特徵工程的重要程度也不同。

- 在數值分析任務中，特徵工程的重要性尤為突出。是否可分析出好的特徵，對模型的訓練結果有很大影響。一旦分析不到有用的樣本特徵，或是太多無用的樣本特徵進入模型，都會讓模型的精度大打折扣。
- 在影像處理任務中，特徵工程的作用不大，因為在影像處理任務中，圖片樣本是像素值 0~255 之間的數字，是固定值域。

- 在文字處理任務中，將樣本進行分詞、向量化後，也會將值域統一起來，不再需要使用特徵工程的方法對樣本數值進行重組。

5.1.1 特徵工程的作用

在特徵工程中，為了降低模型的擬合難度，除需要對欄位屬性做數值轉換外，還需要根據任務做屬性的增減。這相當於用人的瞭解力對資料做一次加工，幫助神經網路更進一步地了解資料。特徵工程做得越好，則資料的代表能力就越強。

在訓練模型環節，代表能力強的樣本會給神經網路一個明顯的指導訊號，使模型更容易學到樣本中的潛在規則，表現出更好的預測效果。

5.1.2 特徵工程的方法

可以將特徵工程了解為資料科學中的一種，它包含許多資料分析的知識和技巧，這使得初學者很難入門。不過隨著深度學習的發展，越來越多的解決方案偏好透過擬合能力更強的機器學習演算法來降低人工操作度，減小對特徵工程的依賴。這使得特徵工程的作用越來越接近於單純的數值轉換。所以，讀者只需要掌握一些特徵工程的基本方法即可，不再需要將更多的精力放在特徵工程演算法上。

在特徵工程中，常用的特徵分析方法有以下 3 種。

- 單純對特徵的選擇操作。
- 透過特徵之間的運算，建置出新的特徵（例如有兩個特徵 x_1、x_2，透過計算 x_1+x_2 來產生一個新的特徵）。
- 透過某些演算法來產生新的特徵（例如主成分分析演算法，或先經過深度神經網路算出一部分特徵值）。

這 3 種方法在使用時，只有相關的指導思維，沒有固定的使用模式。除依靠個人經驗外，還可以用機器學習演算法進行篩選，但用機器學習演算法進行篩選的過程需要大量的算力作為支撐。

5.1.3 離散資料特徵與連續資料特徵

樣本的資料特徵主要可以分為兩種：離散資料特徵和連續資料特徵。

1. 離散資料特徵

離散資料特徵類似分類任務中的標籤資料（舉例來說，男人、女人）所表現出來的特徵，即資料之間沒有連續性。具有該特徵的資料被叫作離散資料。

在對離散資料做特徵轉換時，常常將其轉為 one-hot 編碼或詞向量，實際分為兩種。

- 具有固定類別的樣本（舉例來說，性別）：處理起來比較容易，可以直接按照整體類別數進行轉換。
- 沒有固定類別的樣本（舉例來說，名字）：可以透過 hash 演算法或類似的雜湊演算法將其分散，然後再透過詞向量技術進行轉換。

2. 連續資料特徵

連續資料特徵類似回歸任務中的標籤資料（舉例來說，年紀）所表現出來的特徵，即資料之間具有連續性。具有該特徵的資料被叫作連續資料。

在對連續資料做特徵轉換時，常對其做對數運算或歸一化處理，使其具有統一的值域。

5.1.4 連續資料與離散資料的相互轉換

在實際應用中，需要根據資料的特性選擇合適的轉換方式，有時還需要實現連續資料與離散資料間的互相轉換。

舉例來說，對一個值域跨度很大（舉例來說，0.1～10000）的特徵屬性進行資料前置處理有以下 3 種方法。

（1）將其按照最大值、最小值進行歸一化處理。
（2）對其使用對數運算。
（3）按照分佈情況將其分為幾種，做離散化處理。

實際選擇哪種方法要看資料的分佈情況。假設資料中有 90%的樣本在 0.1~1，只有 10%的樣本在 1000~10000。那麼使用第（1）種和第（2）種方法顯然不合理。因為這兩種方法只會將 90%的樣本與 10%的樣本分開，並不能很好地表現出這 90%的樣本的內部分佈情況。而使用第（3）種方法，則可以按照樣本在不同區間的分佈數量對樣本進行分類，讓樣本內部的分佈特徵更進一步地表達出來。

⊕ 5.2 什麼是特徵列介面

特徵列（tf.feature_column）介面是 TensorFlow 中專門用於處理特徵工程的進階 API。用 tf.feature_column 介面可以很方便地對輸入資料進行特徵轉換。

特徵列就像是原始資料與估算器架構之間的仲介，它可以將輸入資料轉換成需要的特徵樣式，以便傳入模型進行訓練。下面就來介紹特徵列介面的各種應用。

5.2.1 實例 19：用 feature_column 模組處理連續值特徵列

連續數值型態是 TensorFlow 中最簡單、最常見的特徵列資料類型。本實例透過 4 個小實例示範連續值特徵列常見的使用方法。

1. 顯示一個連續值特徵列

撰寫程式定義函數 test_one_column。在 test_one_column 函數中實際完成了以下步驟：

（1）定義一個特徵列。

（2）將帶輸入的樣本資料封裝成字典類型的物件。

（3）將特徵列與樣本資料一起傳入 tf.compat.v1.feature_column.input_layer 函數，產生張量。

（4）建立階段，輸出張量結果。

在步驟（3）中用 feature_column 介面的 input_layer 函數產生張量。input_layer 函數產生的張量相當於一個輸入層，用於往模型中傳入實際資料。input_layer 函數的作用與預留位置定義函數 tf.compat.v1.placeholder 的作用類似，都用來建立資料與模型之間的連接。

透過這幾個步驟便可以將特徵列的內容完全顯示出來。該部分內容有助讀者了解估算器架構的內部流程。實際程式如下。

■ 程式 5-1 用 feature_column 模組處理連續值特徵列

```
01 #匯入 TensorFlow 模組
02 import tensorflow as tf
03 tf.compat.v1.disable_v2_behavior()
04 #示範只有一個連續值特徵列的操作
05 def test_one_column():
06     price = tf.feature_column.numeric_column('price')   #定義一個特徵列
07
08     features = {'price': [[1.], [5.]]}         #將樣本資料定義為字典的類型
09     net = tf.compat.v1.feature_column.input_layer(features, [price])
    #傳入 input_layer 函數，產生張量
10
11     with tf.compat.v1.Session() as sess:      #建立階段輸出特徵
12         tt = sess.run(net)
13         print( tt)
14
15 test_one_column()
```

因為在建立特徵列 price 時只提供了名稱 "price"（見程式第 6 行），所以在建立字典 features 時，其內部的 key 必須也是 "price"（見程式第 8 行）。

在定義好函數 test_one_column 後，便可以直接呼叫它（見程式第 15 行）。整個程式執行後顯示以下結果：

```
[[1.]
 [5.]]
```

結果中的陣列來自程式第 8 行字典物件 features 的 value 值。在第 8 行程式中，將值為 [[1.],[5.]] 的資料傳入字典 features 中。

在字典物件 features 中，關鍵字 key 的值是 "price"，它所對應的值 value 可以是任意的數值。在模型訓練時，這些值就是 "price" 屬性所對應的實際資料。

2. 透過預留位置輸入特徵列

下面將預留位置傳入字典物件的值 value 中，實現特徵列的輸入過程。實際程式如下。

■ 程式 5-1 用 feature_column 模組處理連續值特徵列（續）

```
16 def test_placeholder_column():
17     price = tf.feature_column.numeric_column('price')   #定義一個特徵列
18     #產生一個 value 為預留位置的字典
19     features = {'price':tf.compat.v1.placeholder(dtype=tf.float64)}
20     net = tf.compat.v1.feature_column.input_layer(features, [price])
   #傳入 input_layer 函數，產生張量
21
22     with tf.compat.v1.Session() as sess:            #建立階段輸出特徵
23         tt  = sess.run(net, feed_dict={
24                 features['price']: [[1.], [5.]]
25             })
26         print( tt)
27
28 test_placeholder_column()
```

在程式第 19 行，產生了帶有預留位置的字典物件 features。

程式第 23~25 行，在階段中以植入機制傳入數值 [[1.], [5.]]，產生轉換後的實際列值。

整個程式執行後輸出以下結果：

```
[[1.]
 [5.]]
```

3. 支援多維資料的特徵列

在建立特徵列時，還可以讓一個特徵列對應的資料有多維，即在定義特徵列時為其指定形狀。

🔊 提示：
特徵列中的形狀是指單筆資料的形狀，並非整個資料的形狀。

實際程式如下：

■ 程式 5-1 用 feature_column 模組處理連續值特徵列（續）

```
29 def test_reshaping():
30     tf.compat.v1.reset_default_graph()
31     price = tf.feature_column.numeric_column('price', shape=[1, 2])
   #定義特徵列，並指定形狀
32     features = {'price': [[[1., 2.]], [[5., 6.]]]}        #傳入一個 3D 陣列
33     features1 = {'price': [[3., 4.], [7., 8.]]}           #傳入一個二維陣列
34     net = tf.compat.v1.feature_column.input_layer(features, price)
   #產生特徵列張量
35     net1 = tf.compat.v1.feature_column.input_layer(features1, price)
   #產生特徵列張量
36     with tf.compat.v1.Session() as sess:                 #建立階段輸出特徵
37         print(net.eval())
38         print(net1.eval())
39 test_reshaping()
```

在程式第 31 行，在建立 price 特徵列時，指定了形狀為[1,2]，即 1 行 2 列。

接著用兩種方法向 price 特徵列植入資料（見程式第 32、33 行）。

- 在程式第 32 行，建立字典 features，傳入了一個形狀為[2,1,2]的 3D 陣列。這個 3D 陣列中的第一維是資料的筆數（2 筆）；第 2 維與第 3 維要與 price 指定的形狀[1,2]一致。

- 在程式第 33 行，建立字典 features1，傳入了一個形狀為[2,2]的二維陣列。該二維陣列中的第 1 維是資料的筆數（2 筆）；第 2 維代表每筆資料的列數（每筆資料有 2 列）。

在程式第 34、35 行中，都用 tf.feature_column 模組的 input_layer()方法將字典 features 與 features1 植入特徵列 price 中，並獲得了張量 net 與 net1。

程式執行後，張量 net 與 net1 的輸出結果如下：

```
[[1. 2.] [5. 6.]]
[[3. 4.] [7. 8.]]
```

結果輸出了兩行資料，每一行都是一個形狀為[2,2]的陣列。這兩個陣列分別是字典 features、features1 經過特徵列輸出的結果。

🔊 提示：

程式第 30 行的作用是將圖重置。該操作可以將目前圖中的所有變數刪除。這種
做法可以避免在 Spyder 編譯器下多次執行圖時產生資料殘留問題。

---

4. 帶有預設順序的多個特徵列

如果要建立的特徵列有多個，則系統預設會按照每個列的名稱由小到大進行
排序，然後將資料按照約束的順序輸入模型。實際程式如下。

■ 程式 5-1 用 feature_column 模組處理連續值特徵列（續）

```
40 def test_column_order():
41     tf.compat.v1.reset_default_graph()
42     price_a = tf.feature_column.numeric_column('price_a')  #定義了 3 個特徵列
43     price_b = tf.feature_column.numeric_column('price_b')
44     price_c = tf.feature_column.numeric_column('price_c')
45
46     features = {                                      #建立字典用於輸入資料
47         'price_a': [[1.]],
48         'price_c': [[4.]],
49         'price_b': [[3.]],
50      }
51
52     #建立輸入層張量
53     net = tf.compat.v1.feature_column.input_layer(features, [price_c,
   price_a, price_b])
54
55     with tf.compat.v1.Session() as sess:
56         print(net.eval())
57
58 test_column_order()
```

在上面程式中，實現了以下操作。

（1）定義了 3 個特徵列（見程式第 42、43、44 行）。

（2）定義了一個字典 features，用於實際輸入資料（見程式第 46 行）。

（3）用 input_layer()方法建立輸入層張量（見程式第 53 行）。

（4）建立階段（session），輸出輸入層結果（見程式第 55 行）。

將程式執行後輸出以下結果：

```
[[1. 3. 4.]]
```

輸出的結果為[[1. 3. 4.]]所對應的列，順序為 price_a、price_b、price_c。而 input_layer 中的列順序為 price_c、price_a、price_b（見程式第 53 行），二者並不一樣。這表示，輸入層的順序是按照列的名稱排序的，與 input_layer 中傳入的順序無關。

🔊 提示：

將 input_layer 中傳入的順序當作輸入層的列順序，這是一個非常容易犯的錯誤。

輸入層的列順序只與列的名稱和類型有關（5.2.3 節「5. 多特徵列的順序」中還會講到列順序與列類型的關係），與傳入 input_layer 中的順序無關。

5.2.2 實例 20：將連續值特徵列轉換成離散值特徵列

下面將連續值特徵列轉換成離散值特徵列。

1. 將連續值特徵按照數值大小分類

用 tf.feature_column.bucketized_column 函數將連續值按照指定的設定值進行分段，進一步將連續值對映到離散值上。實際程式如下。

■ 程式 5-2 將連續值特徵列轉換成離散值特徵列

```
01 import tensorflow as tf
02 tf.compat.v1.disable_v2_behavior()
03 def test_numeric_cols_to_bucketized():
04     price = tf.feature_column.numeric_column('price') #定義連續值特徵列
05
06     #將連續值特徵列轉換成離散值特徵列，離散值共分為 3 段：小於 3、3~5、大於 5
07     price_bucketized = tf.feature_column.bucketized_column( price,
   boundaries=[3.])
08
09     features = {                              #定義字典類型物件
10         'price': [[2.], [6.]],
11      }
12     #產生輸入張量
13     net = tf.compat.v1.feature_column.input_layer(features,
```

```
                [ price,price_bucketized])
14       with tf.compat.v1.Session() as sess:        #建立階段輸出特徵
15           sess.run(tf.compat.v1.global_variables_initializer())
16           print(net.eval())
17
18 test_numeric_cols_to_bucketized()
```

程式執行後輸出以下結果：

```
[[2. 1. 0. 0.]
 [6. 0. 0. 1.]]
```

輸出的結果中有兩筆資料，每筆資料有 4 個元素：

- 第 1 個元素為 price 列的實際數值。
- 後面 3 個元素為 price_bucketized 列的實際數值。

從結果中可以看到，tf.feature_column.bucketized_column 函數將連續值 price 按照 3 段來劃分（小於 3、3~5、大於 5），並將它們產生 one-hot 編碼。

2. 將整數值直接對映成 one-hot 編碼

如果連續值特徵列的資料是整數，則還可以直接用 tf.feature_column. categorical_column_with_identity 函數將其對映成 one-hot 編碼。

函數 tf.feature_column.categorical_column_with_identity 的參數和傳回值解讀如下。

- 需要傳入兩個必填的參數：列名稱（key）、類別的總數（num_buckets）。其中，num_buckets 的值一定要大於 key 列中的最大值。
- 傳回值：為_IdentityCategoricalColumn 物件。該物件是使用稀疏矩陣儲存的轉換後的資料。如果要將該傳回值作為輸入層傳入後續的網路，則需要用 indicator_column 函數將其轉為稠密矩陣。

實際程式如下。

■ 程式 5-2 將連續值特徵列轉換成離散值特徵列（續）

```
19 def test_numeric_cols_to_identity():
20     tf.compat.v1.reset_default_graph()
21     price = tf.feature_column.numeric_column('price')    #定義連續值特徵列
22
```

```
23    categorical_column =
tf.feature_column.categorical_column_with_identity('price', 6)
24    one_hot_style = tf.feature_column.indicator_column(categorical_column)
25    features = {                                      #將值傳入定義的字典
26        'price': [[2], [4]],
27    }
28    #產生輸入層張量
29    net = tf.compat.v1.feature_column.input_layer
(features,[ price,one_hot_style])
30    with tf.compat.v1.Session() as sess:
31        sess.run(tf.compat.v1.global_variables_initializer())
32        print(net.eval())
33
34 test_numeric_cols_to_identity()
35    price = tf.feature_column.numeric_column('price')
```

程式執行後輸出以下結果：

```
[[2. 0. 0. 1. 0. 0. 0.]
 [4. 0. 0. 0. 0. 1. 0.]]
```

結果輸出了兩行資訊。每行的第 1 列為連續值 price 列內容，後面 6 列為 one-hot 編碼。

因為在程式第 23 行，將 price 列轉為 one-hot 編碼時傳入的參數是 6，代表分成 6 大類。所以在輸出結果中 one-hot 編碼為 6 列。

5.2.3 實例 21：將離散文字特徵列轉為 one-hot 編碼 與詞向量

離散型文字資料存在多種組合形式，所以無法直接將其轉換成離散向量（舉例來說，名字屬性可以是任意字串，但無法統計總類別個數）。

處理離散型文字資料需要額外的一套方法。下面實際介紹。

1. 將離散文字按照指定範圍雜湊的方法

將離散文字特徵列轉為離散特徵列，與將連續值特徵列轉為離散特徵列的方法相似，可以將離散文字分段。只不過分段的方式不是比較數值的大小，而是用 hash 演算法進行雜湊。

用 tf.feature_column.categorical_column_with_hash_bucket()方法可以將離散文字特徵按照 hash 演算法進行雜湊,並將其雜湊結果轉換成為離散值。

該方法會傳回一個_HashedCategoricalColumn 類型的張量。該張量屬於稀疏矩陣類型,不能直接輸入 tf.compat.v1.feature_column.input_layer 函數中進行輸出,只能用稀疏矩陣的輸入方法來執行結果。

實際程式如下。

■ 程式 5-3 將離散文字特徵列轉為 one-hot 編碼與詞向量

```
01 import tensorflow as tf
02 from tensorflow.python.feature_column.feature_column import _LazyBuilder
03
04 #將離散文字按照指定範圍雜湊
05 def test_categorical_cols_to_hash_bucket():
06     tf.compat.v1.reset_default_graph()
07     some_sparse_column =
   tf.feature_column.categorical_column_with_hash_bucket(
08         'sparse_feature', hash_bucket_size=5) #獲得格式為稀疏矩陣的雜湊特徵
09
10     builder = _LazyBuilder({                    #封裝為 builder
11         'sparse_feature': [['a'], ['x']],   #定義字典類型物件
12     })
13     id_weight_pair = some_sparse_column._get_sparse_tensors(builder)
   #獲得矩陣的張量
14
15     with tf.compat.v1.Session() as sess:
16         #該張量的結果是一個稀疏矩陣
17         id_tensor_eval = id_weight_pair.id_tensor.eval()
18         print("稀疏矩陣:\n",id_tensor_eval)
19
20         dense_decoded = tf.sparse.to_dense( id_tensor_eval,
   default_value=-1).eval(session=sess)          #將稀疏矩陣轉為稠密矩陣
21         print("稠密矩陣:\n",dense_decoded)
22
23 test_categorical_cols_to_hash_bucket()
```

本段程式執行後,會按以下步驟執行:

(1)將輸入的['a']、['x']使用 hash 演算法進行雜湊。

（2）設定雜湊參數 hash_bucket_size 的值為 5。

（3）將第（1）步產生的結果按照參數 hash_bucket_size 進行雜湊。

（4）輸出最後獲得的離散值（0～4 的整數）。

上面的程式執行後，輸出以下結果。

```
稀疏矩陣：
SparseTensorValue(indices=array([[0, 0],
        [1, 0]], dtype=int64), values=array([4, 0], dtype=int64),
dense_shape=array([2, 1], dtype=int64))
稠密矩陣：
[[4]
 [0]]
```

從最後的輸出結果可以看出，程式將字元 a 轉為數值 4；將字元 b 轉為數值 0。

離散文字被轉換成特徵值後，就可以傳入模型並參與訓練了。

2. 將離散文字按照指定詞表與指定範圍混合雜湊

除用 hash 演算法對離散文字資料進行雜湊外，還可以用詞表的方法對離散文字資料進行雜湊。

用 tf.feature_column.categorical_column_with_vocabulary_list()方法可以將離散文字資料按照指定的詞表進行雜湊。該方法不僅可以將離散文字資料用詞表來雜湊，還可以與 hash 演算法混合雜湊。其傳回的值也是稀疏矩陣類型。同樣不能將傳回的值直接傳入 tf.compat.v1.feature_column.input_layer 函數中，只能用小標題「1. 將離散文字按照指定範圍雜湊」中的方法將其顯示結果。

實際程式如下。

■ **程式 5-3 將離散文字特徵列轉為 one-hot 編碼與詞向量（續）**

```
24 from tensorflow.python.ops import lookup_ops
25 #將離散文字按照指定詞表與指定範圍混合雜湊
26 def test_with_1d_sparse_tensor():
27     tf.compat.v1.reset_default_graph()
28     #混合雜湊
29     body_style = tf.feature_column.categorical_column_with_
   vocabulary_list(
```

```
30        'name', vocabulary_list=['anna', 'gary', 'bob'],num_oov_buckets=2)
   #稀疏矩陣
31
32    #稠密矩陣
33    builder = _LazyBuilder({
34        'name': ['anna', 'gary','alsa'], #定義字典類型物件，value 為稠密矩陣
35        })
36
37    #稀疏矩陣
38    builder2 = _LazyBuilder({
39        'name': tf.SparseTensor(          #定義字典類型物件，value 為稀疏矩陣
40        indices=((0,), (1,), (2,)),
41        values=('anna', 'gary', 'alsa'),
42        dense_shape=(3,)),
43        })
44
45    id_weight_pair = body_style._get_sparse_tensors(builder)
   #獲得矩陣的張量
46    id_weight_pair2 = body_style._get_sparse_tensors(builder2)
   #獲得矩陣的張量
47
48    with tf.compat.v1.Session() as sess:        #透過階段輸出資料
49        sess.run(lookup_ops.tables_initializer())
50
51        id_tensor_eval = id_weight_pair.id_tensor.eval()
52        print("稀疏矩陣1：\n",id_tensor_eval)
53        id_tensor_eval2 = id_weight_pair2.id_tensor.eval()
54        print("稀疏矩陣2：\n",id_tensor_eval2)
55
56        dense_decoded = tf.sparse.to_dense( id_tensor_eval,
   default_value=-1).eval(session=sess)
57        print("稠密矩陣：\n",dense_decoded)
58
59 test_with_1d_sparse_tensor()
```

程式第 29、30 行向 tf.feature_column.categorical_column_with_vocabulary_
list()方法傳入了 3 個參數，實際意義如下。

▪ name：代表列的名稱，這裡的列名稱就是 name。

- vocabulary_list：代表詞表，其中詞表裡的個數就是整體類別數。這裡分為
  3 大類（'anna','gary','bob'），對應的類別為（0,1,2）。
- num_oov_buckets：代表額外的值的雜湊。如果 name 列中的數值不在詞表
  的分類中，則會用 hash 演算法雜湊分類。這裡的值為 2，表示在詞表現有
  的 3 大類基礎上再增加兩個雜湊類別。不在詞表中的 name 有可能被雜湊
  成 3 或 4。

◀》提示：

tf.feature_column.categorical_column_with_vocabulary_list()方法還有第 4 個參數：
default_value，該參數的預設值為–1。

如果在呼叫 tf.feature_column.categorical_column_with_vocabulary_list()方法時沒有
傳入 num_oov_buckets 參數，則程式將只按照詞表進行分類。

在按照詞表進行分類的過程中，如果 name 中的值在詞表中找不到比對項，則會
用參數 default_value 來代替。

第 33、38 行程式，用_LazyBuilder 函數建置程式的輸入部分。該函數可以同
時支援值為稠密矩陣和稀疏矩陣的字典物件。

執行程式後輸出以下結果。

```
稀疏矩陣1：
 SparseTensorValue(indices=array([[0, 0],
      [1, 0],
      [2, 0]], dtype=int64), values=array([0, 1, 4], dtype=int64),
 dense_shape=array([3, 1], dtype=int64))
稀疏矩陣2：
 SparseTensorValue(indices=array([[0, 0],
      [1, 0],
      [2, 0]], dtype=int64), values=array([0, 1, 4], dtype=int64),
 dense_shape=array([3, 1], dtype=int64))
稠密矩陣：
 [[0]
 [1]
 [4]]
```

結果顯示了 3 個矩陣：前兩個是稀疏矩陣，最後一個為稠密矩陣。這 3 個矩陣的值是一樣的。實際解讀如下。

- 從前兩個稀疏矩陣可以看出：在傳入原始資料的環節中，字典中的 value 值可以是稠密矩陣或稀疏矩陣。
- 從第 3 個稠密矩陣中可以看出：輸入資料 name 列中的 3 個名字（'anna','gary', 'alsa'）被轉換成了 3 個值（0,1,4）。其中，0 與 1 是來自詞表的分類，4 是來自 hash 演算法的雜湊結果。

🔊 提示：

在使用詞表時要引用 lookup_ops 模組，並且在階段中要用 lookup_ops.tables_initializer()初始化，否則程式會顯示出錯。

---

3. 將離散文字特徵列轉為 one-hot 編碼

在實際應用中，將離散文字進行雜湊後，有時還需要對雜湊後的結果進行二次轉換。下面就來看一個將雜湊值轉換成 one-hot 編碼的實例。

■ 程式 5-3 將離散文字特徵列轉為 one-hot 編碼與詞向量（續）

```
60 #將離散文字轉為one-hot 編碼特徵列
61 def test_categorical_cols_to_onehot():
62     tf.compat.v1.reset_default_graph()
63     some_sparse_column =
   tf.feature_column.categorical_column_with_hash_bucket(
64         'sparse_feature', hash_bucket_size=5)          #定義雜湊的特徵列
65     #轉換成 one-hot 編碼
66     one_hot_style = tf.feature_column.indicator_column(some_sparse_column)
67
68     features = {
69       'sparse_feature': [['a'], ['x']],
70       }
71     #產生輸入層張量
72     net = tf.compat.v1.feature_column.input_layer(features, one_hot_style)
73     with tf.compat.v1.Session() as sess:              #透過階段輸出資料
74         print(net.eval())
75
76 test_categorical_cols_to_onehot()
```

程式執行後輸出以下結果:

```
[[0. 0. 0. 0. 1.]
 [1. 0. 0. 0. 0.]]
```

結果中輸出了兩筆資料,分別代表字元 "a"、"x" 雜湊後的 one-hot 編碼。

4. 將離散文字特徵列轉為詞嵌入向量

詞嵌入可以視為 one-hot 編碼的升級版。它使用多維向量來更進一步地描述詞與詞之間的關係。下面來使用程式實現詞嵌入的轉換。

■ 程式 5-3 將離散文字特徵列轉為 one-hot 編碼與詞向量(續)

```python
77  #將離散文字轉為 one-hot 編碼詞嵌入特徵列
78  def test_categorical_cols_to_embedding():
79      tf.compat.v1.reset_default_graph()
80      some_sparse_column =
    tf.feature_column.categorical_column_with_hash_bucket(
81          'sparse_feature', hash_bucket_size=5)        #定義雜湊的特徵列
82      #詞嵌入列
83      embedding_col =
    tf.feature_column.embedding_column( some_sparse_column, dimension=3)
84
85      features = {             #產生字典物件
86          'sparse_feature': [['a'], ['x']],
87      }
88
89      #產生輸入層張量
90      cols_to_vars = {}
91      net = tf.compat.v1.feature_column.input_layer(features, embedding_col,
    cols_to_vars)
92
93      with tf.compat.v1.Session() as sess:             #透過階段輸出資料
94          sess.run(tf.compat.v1.global_variables_initializer())
95          print(net.eval())
96
97  test_categorical_cols_to_embedding()
```

在詞嵌入轉換過程中,實際步驟如下:

(1)將傳入的字元 "a" 與 "x" 轉為 0～4 的整數。

(2)將該整數轉為詞嵌入列。

程式第 91 行,將資料字典 features、詞嵌入列 embedding_col、列變數物件
cols_to_vars 一起傳入輸入層 input_layer 函數中,獲得最後的轉換結果 net。

程式執行後輸出以下結果:

```
[[ 0.08975066  0.34540504  0.85922384]
 [-0.22819372 -0.34707746 -0.76360196]]
```

從結果中可以看到,每個整數都被轉為 3 個詞嵌入向量。這是因為,在呼叫
tf.feature_column.embedding_column 函數時傳入的維度 dimension 是 3(見程
式第 83 行)。

🔊 提示:

在使用詞嵌入時,系統內部會自動定義指定個數的張量作為學習參數,所以在執
行前一定要對全域張量進行初始化(見程式第 94 行)。本實例顯示的值是系統
內部定義的張量被初始化後的結果。

另外,還可以參照本書 5.2.6 節的方式為詞向量設定一個初值。透過實際的數值
可以更直觀地檢視詞嵌入的輸出內容。

---

5. 多特徵列的順序

在大多數情況下,會將轉換好的特徵列統一放到 input_layer 函數中製作成一
個輸入樣本。

input_layer 函數支援的特徵列有以下 4 種類型:

- numeric_column。
- bucketized_column。
- indicator_column。
- embedding_column。

如果要將 hash 值或詞表雜湊的值傳入 input_layer 函數中,則需要先將其轉換
成 indicator_column 類型或 embedding_column 類型。

當多個類型的特徵列放在一起時,系統會按照特徵列的名字進行排序。

實際程式如下。

■ 程式 5-3 將離散文字特徵列轉為 one-hot 編碼與詞向量（續）

```
98 def test_order():
99     tf.compat.v1.reset_default_graph()
100     numeric_col = tf.feature_column.numeric_column('numeric_col')
101     some_sparse_column = tf.feature_column.categorical_column_with_
    hash_bucket(
102             'asparse_feature', hash_bucket_size=5)#稀疏矩陣，單獨放進去會出錯
103
104     embedding_col = tf.feature_column.embedding_column( some_sparse_
    column, dimension=3)
105     #轉為 one-hot 編碼特徵列
106     one_hot_col = tf.feature_column.indicator_column(some_sparse_column)
107     print(one_hot_col.name)          #輸出 one_hot_col 列的名稱
108     print(embedding_col.name)        #輸出 embedding_col 列的名稱
109     print(numeric_col.name)          #輸出 numeric_col 列的名稱
110     features = {                     #定義字典資料
111             'numeric_col': [[3], [6]],
112             'asparse_feature': [['a'], ['x']],
113         }
114
115     #產生輸入層張量
116     cols_to_vars = {}
117     net = tf.compat.v1.feature_column.input_layer(features,
    [numeric_col,embedding_col,one_hot_col],cols_to_vars)
118
119     with tf.compat.v1.Session() as sess:  #透過階段輸出資料
120         sess.run(tf.compat.v1.global_variables_initializer())
121         print(net.eval())
122
123 test_order()
```

上面程式中建置了 3 個輸入的特徵列：

- numeric_column。
- embedding_column。
- indicator_column。

其中，特徵列 embedding_column 與 indicator_column 由 categorical_column_with_hash_bucket()方法列轉換而來（見程式第 104、106 行）。

程式執行後輸出以下結果：

```
asparse_feature_indicator
asparse_feature_embedding
numeric_col
[[-1.0505784  -0.4121129  -0.85744965  0. 0. 0. 0. 1. 3.]
 [-0.2486877   0.5705532   0.32346958  1. 0. 0. 0. 0. 6.]]
```

輸出結果的前 3 行分別是特徵列 one_hot_col、embedding_col 與 numeric_col 的名稱。

輸出結果的最後兩行是輸入層 input_layer 所輸出的多列資料。從結果中可以看出，一共有兩筆資料，每筆資料有 9 列。這 9 列資料可以分為以下 3 個部分。

- 第 1 部分是特徵列 embedding_col 的資料內容（見輸出結果的前 3 列）。
- 第 2 部分是特徵列 one_hot_col 的資料內容（見輸出結果的第 4～8 列）。
- 第 3 部分是特徵列 numeric_col 的資料內容（見輸出結果的最後一列）。

這 3 部分的排列順序與其名字的字串排列順序是完全一致的（名字的字串排列順序為 asparse_feature_embedding、asparse_feature_indicator、numeric_col）。

5.2.4 實例 22：根據特徵列產生交換列

交換列是指用 tf.feature_column.crossed_column 函數將多個單列特徵混合起來產生新的特徵列。它可以與原始的樣本資料一起輸入模型進行計算。

本節將詳細介紹交換列的計算方式，以及函數 tf.feature_column.crossed_column 的使用方法。

實際程式如下。

■ 程式 5-4 根據特徵列產生交換列

```
01 from tensorflow.python.feature_column.feature_column import _LazyBuilder
02 tf.compat.v1.disable_v2_behavior()
03 def test_crossed():                              #定義交換列的測試函數
04     a = tf.feature_column.numeric_column('a', dtype=tf.int32, shape=(2,))
05     b = tf.feature_column.bucketized_column(a, boundaries=(0, 1))
   #離散值轉換
06     crossed = tf.feature_column.crossed_column([b, 'c'],
   hash_bucket_size=5)                            #產生交換列
```

```
07    builder = _LazyBuilder({              #產生類比輸入的資料
08        'a':
09            tf.constant(((-1.,-1.5), (.5, 1.))),
10        'c':
11            tf.SparseTensor(
12                indices=((0, 0), (1, 0), (1, 1)),
13                values=['cA', 'cB', 'cC'],
14                dense_shape=(2, 2)),
15    })
16    id_weight_pair = crossed._get_sparse_tensors(builder) #產生輸入層張量
17    with tf.compat.v1.Session() as sess2:        #建立階段 session，設定值
18        id_tensor_eval = id_weight_pair.id_tensor.eval()
19        print(id_tensor_eval)                    #輸出稀疏矩陣
20
21        dense_decoded = tf.sparse.to_dense( id_tensor_eval,
    default_value =-1).eval(session=sess2)
22        print(dense_decoded)                     #輸出稠密矩陣
23
24 test_crossed()
```

程式第 5 行用 tf.feature_column.crossed_column 函數將特徵列 b 和 c 混合在一起，產生交換列。該函數有以下兩個必填參數。

- key：要進行交換計算的列。以列表形式傳入（程式中是[b,'c']，見程式第 6 行）。
- hash_bucket_size：要雜湊的數值範圍（程式中是 5，見程式第 6 行）。表示將特徵列交換合併後，經過 hash 演算法計算並雜湊成 0~4 的整數。

🔊 提示：

tf.feature_column.crossed_column 函數的輸入參數 key 是一個列表類型。該清單的元素可以是指定的列名稱（字串形式），也可以是實際的特徵列物件（張量形式）。

如果傳入的是特徵列物件，則還要考慮特徵列類型的問題。因為 tf.feature_column.crossed_column 函數不支援對 numeric_column 類型的特徵列做交換運算，所以，如果要對 numeric_column 類型的列做交換運算，則需要用 bucketized_column 函數或 categorical_column_with_identity 函數將 numeric_column 類型轉換後才能使用。

程式執行後輸出以下結果：

```
SparseTensorValue(indices=array([[0, 0],
       [0, 1],
       [1, 0],
       [1, 1],
       [1, 2],
       [1, 3]], dtype=int64), values=array([3, 1, 3, 1, 0, 4],
dtype=int64), dense_shape=array([2, 4], dtype=int64))
 [[ 3  1 -1 -1] [ 3  1  0  4]]
```

程式執行後，交換矩陣會將以下兩矩陣進行交換合併。實際計算方法見以下
公式：

$$\text{cross}\left(\begin{bmatrix} -1. & -1.5 \\ 0.5 & 1. \end{bmatrix}, \begin{bmatrix} 'cA' \\ 'cB' & 'cC' \end{bmatrix}\right) =$$

$$\begin{bmatrix} \text{hash}('cA', \text{hash}(-1))\%\text{size} & \text{hash}('cA', \text{hash}(-1.5))\%\text{size} \\ \text{hash}('cB', \text{hash}(0.5))\%\text{size} & \text{hash}('cB', \text{hash}(1.))\%\text{size} \end{bmatrix} \begin{matrix} \text{hash}('cC', \text{hash}(0.5))\%\text{size} & \text{hash}('cC', \text{hash}(1.))\%\text{size} \end{matrix}$$

在上述公式中，size 就是傳入 crossed_column 函數的參數 hash_bucket_size，
其值為 5，表示輸出的結果為 0~4。

在產生的稀疏矩陣中，[0,2]與[0,3]這兩個位置沒有值，所以在將其轉成稠密
矩陣時需要為其加兩個預設值 "−1"。於是在輸出結果的最後 1 行，顯示了稠
密矩陣的內容[[3, 1, −1, −1] [3, 1, 0, 4]]。在該內容中用兩個 "−1" 進行補位。

5.2.5 了解序列特徵列介面

序列特徵列介面（tf.feature_column.sequence_feature_column）是 TensorFlow
中專門用於處理序列特徵工程的進階 API。它是在 tf.feature_column 介面之上
的又一次封裝。該 API 目前還在 contrib 模組中，未來有可能被移植到主版本
中。

在序列任務中，使用序列特徵列介面（sequence_feature_column）會大幅減少
程式的開發量。

在序列特徵列介面中一共包含以下幾個函數。

▪ sequence_input_layer：建置序列資料的輸入層。

- sequence_categorical_column_with_hash_bucket：將序列資料轉換成離散分類特徵列。
- sequence_categorical_column_with_identity：將序列資料轉換成 ID 特徵列。
- sequence_categorical_column_with_vocabulary_file：將序列資料根據詞彙表檔案轉換成特徵列。
- sequence_categorical_column_with_vocabulary_list：將序列資料根據詞彙表清單轉換成特徵列。
- sequence_numeric_column：將序列資料轉換成連續值特徵列。

5.2.6　實例 23：使用序列特徵列介面對文字資料前置處理

假設有一個字典，裡面只有 3 個詞，其向量分別為 0、1、2。

下面用稀疏矩陣模擬兩個具有序列特徵的資料 a 和 b。每個資料有兩個樣本：模擬資料 a 的內容是[2][0, 1]。模擬資料 b 的內容是[1][2, 0]。將模擬資料作為輸入，用 sequence_feature_column 介面的特徵列轉換功能，產生具有序列關係的特徵資料。實際做法如下。

1. 建置模擬資料及詞嵌入

用 tf.SparseTensor 函數建立兩個稀疏矩陣類型的模擬資料。定義兩套用於對映詞向量的多維陣列（embedding_values_a 與 embedding_values_b），並進行初始化。

◀)) 提示：

在實際使用中，對多維陣列初始化的值，會被定義成−1～1 之間的浮點數。這裡都將其初始化成較大的值，是為了在測試時讓顯示效果更加明顯。

實際程式如下。

■ 程式 5-5 序列特徵工程

```
01 import tensorflow as tf
02 tf.compat.v1.disable_v2_behavior()
03 tf.compat.v1.reset_default_graph()
04 vocabulary_size = 3                              #假設有3個詞，向量為0、1、2
05 sparse_input_a = tf.SparseTensor(               #定義一個稀疏矩陣，值為：
06     indices=((0, 0), (1, 0), (1, 1)),           #[2]      只有1個序列
07     values=(2, 0, 1),                           #[0, 1]  有兩個序列
08     dense_shape=(2, 2))
09
10 sparse_input_b = tf.SparseTensor(               #定義一個稀疏矩陣，值為：
11     indices=((0, 0), (1, 0), (1, 1)),           #[1]
12     values=(1, 2, 0),                           #[2, 0]
13     dense_shape=(2, 2))
14 embedding_dimension_a = 2
15 embedding_values_a = (   #為稀疏矩陣的3個值（0、1、2）比對詞嵌入初值
16     (1., 2.),          #id 0
17     (3., 4.),          #id 1
18     (5., 6.)           #id 2
19 )
20 embedding_dimension_b = 3
21 embedding_values_b = (   #為稀疏矩陣的3個值（0、1、2）比對詞嵌入初值
22     (11., 12., 13.),       #id 0
23     (14., 15., 16.),       #id 1
24     (17., 18., 19.)        #id 2
25 )
26 #自訂初始化詞嵌入
27 def _get_initializer(embedding_dimension, embedding_values):
28   def _initializer(shape, dtype, partition_info):
29     return embedding_values
30   return _initializer
```

2. 建置詞嵌入特徵列與共用特徵列

使用函數 sequence_categorical_column_with_identity 可以建立帶有序列特徵的
離雜湊。該離雜湊會對詞向量進行詞嵌入轉換，並將轉換後的結果進行離散
處理。

使用函數 shared_embedding_columns 可以建立共用列。共用列可以使多個詞
向量共用一個多維陣列進行詞嵌入轉換。實際程式如下。

■ 程式 5-5 序列特徵工程（續）

```
31 categorical_column_a =
   tffeature_column.sequence_categorical_column_with_identity( #帶序列的離雜湊
32    key='a', num_buckets=vocabulary_size)
33 embedding_column_a = tf.feature_column.embedding_column( #將離雜湊轉為詞向量
34    categorical_column_a, dimension=embedding_dimension_a,
35    initializer=_get_initializer(embedding_dimension_a,
   embedding_values_a))
36
37 categorical_column_b =
   tffeature_column.sequence_categorical_column_with_identity(
38    key='b', num_buckets=vocabulary_size)
39 embedding_column_b = tf.feature_column.embedding_column(
40    categorical_column_b, dimension=embedding_dimension_b,
41    initializer=_get_initializer(embedding_dimension_b,
   embedding_values_b))
42 #共用列
43 shared_embedding_columns = tf.feature_column.shared_embeddings(
44       [categorical_column_b, categorical_column_a],
45       dimension=embedding_dimension_a,
46       initializer=_get_initializer(embedding_dimension_a,
   embedding_values_a))
```

3. 建置序列特徵列的輸入層

用函數 tf.keras.experimental.SequenceFeatures 建置序列特徵列的輸入層。該函數傳回兩個張量：

■ 輸入的實際資料。

■ 序列的長度。

實際程式如下。

■ 程式 5-5 序列特徵工程（續）

```
47 features={                                    #將 a、b 合起來
48       'a': sparse_input_a,
49       'b': sparse_input_b,
50    }
51 sequence_feature_layer = tf.keras.experimental.SequenceFeatures(
52                   feature_columns=[embedding_column_b,
53                   embedding_column_a])#定義序列特徵列的輸入層
54 input_layer, sequence_length = sequence_feature_layer(features)
```

```
55 sequence_feature_layer2=tf.keras.experimental.SequenceFeatures(
56                         feature_columns=shared_embedding_columns)
57 input_layer2, sequence_length2 =  sequence_feature_layer2(features)
58 #傳回圖中的張量（兩個嵌入詞權重）
59 global_vars = tf.compat.v1.get_collection(
60                         tf.compat.v1.GraphKeys.GLOBAL_VARIABLES)
61 print([v.name for v in global_vars])
```

程式第 54 行，用 sequence_ feature_layer 函數產生了輸入層 input_layer 張量。該張量中的內容是按以下步驟產生的。

（1）定義原始詞向量。

- 模擬資料 a 的內容是 [2][0,1]。
- 模擬資料 b 的內容是 [1][2,0]。

（2）定義詞嵌入的初值。

- embedding_values_a 的內容是：[(1., 2.),(3., 4.),(5., 6.)]。
- embedding_values_b 的內容是：[(11., 12., 13.), (14., 15., 16.), (17., 18., 19.)]。

（3）將詞向量中的值作為索引去第（2）步的陣列中設定值，完成詞嵌入的轉換。

- 特徵列 embedding_column_a：將模擬資料 a 經過 embedding_values_a 轉換後獲得 [[5.,6.],[0,0]][[1.,2.],[3.,4.]]。
- 特徵列 embedding_column_b：將模擬資料 b 經過 embedding_values_b 轉換後獲得 [[14., 15., 16.],[0,0,0]][[17., 18., 19.],[11., 12., 13.]]。

🔊 提示：

sequence_feature_column 介面在轉換詞嵌入時，可以對資料進行自動對齊和補 0 操作。在使用時，可以直接將其輸出結果輸入 RNN 模型裡進行計算。

由於模擬資料 a、b 中第 1 個元素的長度都是 1，而其他元素的最大長度為 2，所以系統會自動以 2 對齊並將不足的資料補 0。

（4）將 embedding_column_b 和 embedding_column_a 兩個特徵列傳入函數 tf.keras. experimental.SequenceFeatures 中，獲得 sequence_feature_layer，再由 sequence_feature_layer 函數產生 input_layer。根據 5.2.3 節介紹的規則，該輸

入層中資料的真實順序為：特徵列 embedding_column_a 在前，特徵列 embedding_column_b 在後。最後 input_layer 的值為：[[5.,6.,14., 15., 16.],[0,0, 0,0,0]][[1.,2., 17., 18., 19.],[3.,4. 11., 12., 13.]]。

程式第 61 行，將執行圖中的所有張量列印出來。可以透過觀察 TensorFlow 內部建立詞嵌入張量的情況，來驗證共用特徵列的功能。

4. 建立階段輸出結果

建立階段輸出結果。實際程式如下。

■ 程式 5-5 序列特徵工程（續）

```
62 with tf.compat.v1.train.MonitoredSession() as sess:
63     print(global_vars[0].eval(session=sess))       #輸出詞向量的初值
64     print(global_vars[1].eval(session=sess))
65     print(global_vars[2].eval(session=sess))
66     print(sequence_length.eval(session=sess))
67     print(input_layer.eval(session=sess))          #輸出序列輸入層的內容
68     print(sequence_length2.eval(session=sess))
69     print(input_layer2.eval(session=sess))         #輸出序列輸入層的內容
70     }
```

程式執行後輸出以下內容：

（1）輸出 3 個詞嵌入張量。第 3 個為共用列張量。

```
   ['sequence_input_layer/a_embedding/embedding_weights:0',
'sequence_input_layer/b_embedding/embedding_weights:0',
'sequence_input_layer_1/a_b_shared_embedding/embedding_weights:0']
```

（2）輸出詞嵌入的初始化值。

```
 [[1. 2.]
  [3. 4.]
  [5. 6.]]
 [[11. 12. 13.]
  [14. 15. 16.]
  [17. 18. 19.]]
 [[1. 2.]
  [3. 4.]
  [5. 6.]]
```

輸出的結果共有 9 行，每 3 行為一個陣列：

- 前 3 行是 embedding_column_a。
- 中間 3 行是 embedding_column_b。
- 最後 3 行是 shared_embedding_columns。

（3）輸出張量 input_layer 的內容。

```
[1 2]
[[[ 5.   6. 14. 15. 16.]  [ 0.  0.  0.  0.  0.]]
 [[ 1.   2. 17. 18. 19.]  [ 3.  4. 11. 12. 13.]]]
```

輸出的結果第 1 行是原始詞向量的大小，後面兩行是 input_layer 的實際內容。

（4）輸出張量 input_layer2 的內容。

```
[1 2]
[[[5. 6. 3. 4.]  [0. 0. 0. 0.]]
 [[1. 2. 5. 6.]  [3. 4. 1. 2.]]]
```

模擬資料 sparse_input_a 與 sparse_input_b 同時使用了共用詞嵌入 embedding_values_a。每個序列的資料被轉換成兩個維度的詞嵌入資料。

5.3 實例 24：用 wide_deep 模型預測人口收入

本實例將使用特徵列介面對資料前置處理，並使用 wide_deep 模型預測人口收入。

5.3.1 認識 wide_deep 模型

wide_deep 模型來自 Google 公司，在 Google Play 的 App 推薦演算法中就使用了該模型。wide_deep 模型的核心思維是：結合線性模型的記憶能力（memorization）和 DNN 模型的泛化能力（generalization），在訓練過程中同時最佳化兩個模型的參數，進一步實現最佳的預測能力。

1. wide_deep 模型的組成

wide_deep 模型可以了解成是由以下兩個模型的輸出結果疊加而成的。

- wide 模型是一個線性模型（淺層全連接網路模型）。
- deep 模型是 DNN 模型（深層全連接網路模型）。

2. wide_deep 模型的訓練方式

wide_deep 模型採用的是聯合訓練方法。模型的訓練誤差會同時回饋到線性模型和 DNN 模型中進行參數更新。

3. wide_deep 模型的設計思維

在 wide_deep 模型中，wide 模型和 deep 模型具有各自不同的分工。

- wide 模型：一種淺層模型。它透過大量的單層網路節點，實現對訓練樣本的高度擬合性。其缺點是泛化能力很差。
- deep 模型：一種深層模型。它透過多層的非線性變化，使模型具有很好的泛化性。其缺點是擬合度欠缺。

將二者結合起來——用聯合訓練方法共用反向傳播的損失值來進行訓練——可以使兩個模型綜合優點，獲得最好的結果。

5.3.2 模型任務與資料集介紹

本實例中的模型任務是透過訓練一個機器學習模型，使得該模型能夠找到個人的詳細資訊與收入之間的關係。最後實現：在指定一個人的實際詳細資訊之後，該模型能估算出他的收入水平。

在模型的訓練過程中，需要用到一個人口收入的資料集，該資料集的實際資訊見表 5-1。

表 5-1 人口收入資料集

資料集專案	實際值
資料集的特徵	多元
實例的數目	48,842
區域	社會
屬性特徵	分類，整數
屬性的數目	14 個

資料集中收集了 20 多個地區的人口資料，每個人的詳細資料封包含年齡、職業、教育等 14 個維度，一共有 48,842 筆資料。本實例從其中取出 32,561 筆資料用作訓練模型的資料集，剩餘的資料將作為測試模型的資料集。

1. 部署資料集

在本書的書附程式裡提供了兩個資料集檔案—— adult.data.csv 與 adult.test.csv，將這兩個檔案複製到本機程式的 income_data 資料夾下，如圖 5-1 所示。

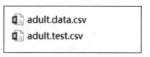

圖 5-1 人口收入資料集

在圖 5-1 中，adult.data.csv 是訓練資料集，adult.test.csv 是測試資料集。

2. 資料集內容介紹

用 Excel 開啟資料集檔案，便可以看到實際內容，如圖 5-2 所示。

	A	B	C	D	E	F	G	H	I	J	K	L	M	N	O
1	25	Private	226802	11th	7	Never-married	Machine-op-inspct	Own-child	Black		Male	0	0	40	area_A	<=50K
2	38	Private	89814	HS-grad	9	Married-civ-spouse	Farming-fishing	Husband	White		Male	0	0	50	area_A	<=50K
3	28	Local-gov	336951	Assoc-acdm	12	Married-civ-spouse	Protective-serv	Husband	White		Male	0	0	40	area_A	>50K
4	44	Private	160323	Some-college	10	Married-civ-spouse	Machine-op-inspct	Husband	Black		Male	7688	0	40	area_A	>50K
5	18	?	103497	Some-college	10	Never-married	?	Own-child	White		Female	0	0	30	area_A	<=50K
6	34	Private	198693	10th	6	Never-married	Other-service	Not-in-family	White		Male	0	0	30	area_A	<=50K
7	29	?	227026	HS-grad	9	Never-married	?	Unmarried	Black		Male	0	0	40	area_A	<=50K
8	63	Self-emp-not-inc	104626	Prof-school	15	Married-civ-spouse	Prof-specialty	Husband	White		Male	3103	0	32	area_A	>50K
9	24	Private	369667	Some-college	10	Never-married	Other-service	Unmarried	White		Female	0	0	40	area_A	<=50K
10	55	Private	104996	7th-8th	4	Married-civ-spouse	Craft-repair	Husband	White		Male	0	0	10	area_A	<=50K
11	65	Private	184454	HS-grad	9	Married-civ-spouse	Machine-op-inspct	Husband	White		Male	6418	0	40	area_A	>50K
12	36	Federal-gov	212465	Bachelors	13	Married-civ-spouse	Adm-clerical	Husband	White		Male	0	0	40	area_A	<=50K
13	26	Private	82091	HS-grad	9	Never-married	Adm-clerical	Not-in-family	White		Female	0	0	39	area_A	<=50K
14	58	?	299831	HS-grad	9	Married-civ-spouse	?	Husband	White		Male	0	0	35	area_A	<=50K
15	48	Private	279724	HS-grad	9	Married-civ-spouse	Machine-op-inspct	Husband	White		Male	3103	0	48	area_A	>50K
16	43	Private	346189	Masters	14	Married-civ-spouse	Exec-managerial	Husband	White		Male	0	0	50	area_A	>50K
17	20	State-gov	444554	Some-college	10	Never-married	Other-service	Own-child	White		Male	0	0	25	area_A	<=50K
18	43	Private	128354	HS-grad	9	Married-civ-spouse	Adm-clerical	Wife	White		Female	0	0	30	area_A	<=50K
19	37	Private	60548	HS-grad	9	Widowed	Machine-op-inspct	Unmarried	White		Female	0	0	20	area_A	<=50K
20	40	Private	85019	Doctorate	16	Married-civ-spouse	Prof-specialty	Husband	Asian-Pac-Islander		Male	0	0	45	?	>50K
21	34	Private	107914	Bachelors	13	Married-civ-spouse	Tech-support	Husband	White		Male	0	0	47	area_A	>50K
22	34	Private	238588	Some-college	10	Never-married	Other-service	Own-child	Black		Female	0	0	35	area_A	<=50K
23	72	?	132015	7th-8th	4	Divorced	?	Not-in-family	White		Female	0	0	6	area_A	<=50K

adult.test

圖 5-2 資料集的內容

圖 5-2 中，每一行都有 15 列，代表一個人的 15 個資料屬性。每個屬性的意義及設定值見表 5-2。

表 5-2 資料集欄位的含義

列	欄　位	取　值
A	年齡（age）	連續值
B	工作類別（workclass）	Private（民營企業）、Self-emp-not-inc（自由職業）、Self-emp-inc（雇主）、Federal-gov（聯邦政府）、Local-gov（地方政府）、State-gov（州政府）、Without-pay（沒有薪水）、Never-worked（無業）
C	權重值（fnlwgt）	連續值
D	教育（education）	Bachelors（學士）、Some-college、11th、HS-grad（高中）、Prof-school（教授）、Assoc-acdm、Assoc-voc、9th、7th-8th、12th、Masters（碩士）、1st-4th、10th、Doctorate（博士）、5th-6th、Preschool（學前班）
E	受教育年限（education_num）	連續值
F	婚姻狀況（marital_status）	Married-civ-spouse（已婚）、Divorced（離婚）、Never-married（未婚）、Separated（分居）、Widowed（喪偶）、Married-spouse-absent（已婚配偶缺席）、Married-AF-spouse（再婚）
G	職業（occupation）	Tech-support（技術支援）、Craft-repair（製程修理）、Other-service（其他服務）、Sales（銷售）、Exec-managerial（行政管理）、Prof-specialty（專業教授）、Handlers-cleaners（操作工人清潔工）、Machine-op-inspct（機器操作）、Adm-clerical（ADM職員）、Farming-fishing（農業捕魚）、Transport-moving（運輸搬家）、Priv-house-serv（家庭服務）、Protective-serv（保安服務）、Armed-Forces（武裝部隊）
H	關係（relationship）	Wife（妻子）、Own-child（自己的孩子）、Husband（丈夫）、Not-in-family（不是家庭成員）、Other-relative（其他親戚）、Unmarried（未婚）
I	種族（race）	White（白種人）、Asian-Pac-Islander（亞洲太平洋島民）、Amer-Indian-Eskimo（印度人）、Other（其他）、Black（黑種人）
J	性別（gender）	Female（女性）、Male（男性）
K	收益（capital_gain）	連續值

列	欄　位	取　值
L	損失（capital_loss）	連續值
M	每週工作時間 （hours_per_week）	連續值
N	地區（native_area）	area_A、area_B、area_C、area_D、area_E、area_F、area_G、area_H、area_I、Greece、area_K、area_L、area_M、area_N、area_O、area_P、Italy、area_R、Jamaica、area_T、Mexico、area_S、area_U、France、area_W、area_V、Ecuador、area_X、Columbia、area_Y、Guatemala、Nicaragua、area_Z、area_1A、area_1B、area_1C、area_1D、Peru、area_#、area_1G
O	收入等級 （income_bracket）	>5 萬美金、≤5 萬美金

5.3.3 程式實現：探索性資料分析

探索性資料分析（exploratory data analysis，EDA）是指，對原始樣本進行特徵分析，找到有價值的特徵。常用的方法之一是：用散點圖矩陣（scatterplot matrix 或 pairs plot）將樣本特徵視覺化。視覺化的結果可用於分析樣本分佈、尋找單獨變數間的關係或發現資料異常情況，有助指導後續的模型開發。

這裡介紹一個工具——seaborn，它能夠在 Python 環境中快速建立散點圖矩陣，並支援訂製化。

下面舉一個對資料進行視覺化的實例：

```python
import seaborn as sns
import pandas as pd
import warnings
warnings.simplefilter(action = "ignore", category = RuntimeWarning)
#忽略警告（遇到空值的情況時會有警告）

_CSV_COLUMNS = [                                    #CSV 檔案的列名稱
    'age', 'workclass', 'fnlwgt', 'education', 'education_num',
    'marital_status', 'occupation', 'relationship', 'race', 'gender',
    'capital_gain', 'capital_loss', 'hours_per_week', 'native_area',
```

```
        'income_bracket'
    ]
    evaldata = r"income_data\adult.data.csv"              #載入 CSV 檔案
    df = pd.read_csv(evaldata,names=_CSV_COLUMNS,skiprows=0,encoding = "ISO-
8859-1") #,encoding = "gbk") #,skiprows=1,columns=list('ABCD')

    df.loc[df['income_bracket']=='<=50K','income_bracket']=0   #欄位轉換
    df.loc[df['income_bracket']=='>50K','income_bracket']=1    #欄位轉換
    df1 = df.dropna(how='all',axis = 1)                   #資料清洗：將空值資料去掉
    sns.pairplot(df1)                                     #產生交換表
```

在執行程式之前，需要先透過 pip install seaborn 指令安裝 seaborn 工具。執行後便會看到其產生的欄位交換圖表，如圖 5-3 所示。

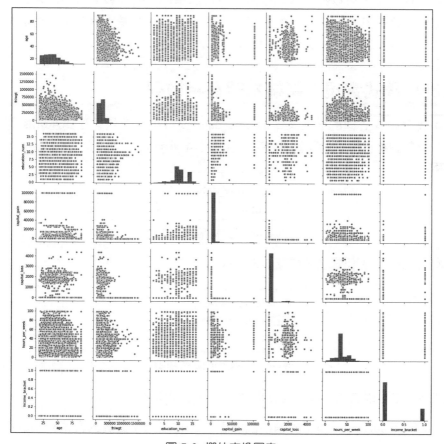

圖 5-3 欄位交換圖表

從圖 5-3 中可以看出，seaborn 工具將數值型態的欄位以交換表的方式統一羅列了出來。可以獲得以下結果。

- 最後的 income_bracket（收入等級）與前面的任何單一欄位都沒有明顯的直接聯繫。
- 從 capital_gain（收益）欄位來看，高收入與低收入人群之間存在很大的差距。
- 從 hours_per_week（每週工作時間）欄位來看，特別高與特別低的人群都沒有很好的年收益。
- 學歷低的人群獲得高收益的機率非常低。

在實際操作中，可以將其他非數值的欄位數值化。對於較大數值的欄位，也可以取對數將其控制在統一的設定值區間。還可以在圖上將某個欄位的類別用不同顏色顯示，進一步方便分析。

5.3.4 程式實現：將樣本轉為特徵列

將本書書附程式裡的資料集（income_data 資料夾）與依賴程式（utils 資料夾）複製到本機程式的同級目錄下，如圖 5-4 所示。

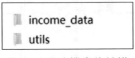

圖 5-4 程式檔案的結構

資料夾 utils 中的程式檔案如圖 5-5 所示。

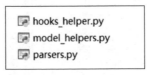

圖 5-5 utils 中的程式檔案

從圖 5-5 中可以看到，utils 資料夾裡有 3 個程式檔案。

- hooks_helper.py：模型的輔助訓練工具。它以鉤子函數的方式輸出訓練過程中的內容。

- model_helpers.py：模型的輔助訓練工具。實現早停功能。即在訓練過程中，當損失值小於設定值時，自動停止訓練。
- parsers.py：程式的輔助啟動工具。利用它可以方便地設定和解析啟動參數。

1. 初始化樣本常數

撰寫程式引用函數庫模組，並對以下常數進行初始化：

- 樣本檔案的列名稱常數。
- 每列樣本的預設值。
- 樣本集數量。
- 模型字首。

實際程式如下。

■ 程式 5-6 用 wide_deep 模型預測人口收入

```
01 import argparse                          #引用系統模組
02 import os
03 import shutil
04 import sys
05
06 import tensorflow as tf                  #引用 TensorFlow 模組
07
08 from utils import parsers                #引用 office.utils 模組
09 from utils import hooks_helper
10 from utils import model_helpers
11
12 _CSV_COLUMNS = [                          #定義 CVS 檔案的列名稱
13     'age', 'workclass', 'fnlwgt', 'education', 'education_num',
14     'marital_status', 'occupation', 'relationship', 'race', 'gender',
15     'capital_gain', 'capital_loss', 'hours_per_week', 'native_area',
16     'income_bracket'
17 ]
18
19 _CSV_COLUMN_DEFAULTS = [                  #定義每一列的預設值
20         [0], [''], [0], [''], [0], [''], [''], [''], [''], [''],
21                     [0], [0], [0], [''], ['']]
22
23 _NUM_EXAMPLES = {                         #定義樣本集的數量
```

```
24      'train': 32561,
25      'validation': 16281,
26 }
27
28 LOSS_PREFIX = {'wide': 'linear/', 'deep': 'dnn/'} #定義模型的字首
```

程式第 28 行是模型的字首，該字首輸出結果會在格式化字串時用到，在程式
功能方面沒有任何意義。

2. 產生特徵列

定義函數 build_model_columns，該函數以清單的形式傳回兩個特徵列，分別
對應於 wide 模型與 deep 模型的特徵列輸入。

實際程式如下。

■ **程式 5-6 用 wide_deep 模型預測人口收入（續）**

```
29 def build_model_columns():
30     """產生 wide 和 deep 模型的特徵列集合."""
31     #定義連續值列
32     age = tf.feature_column.numeric_column('age')
33     education_num = tf.feature_column.numeric_column('education_num')
34     capital_gain = tf.feature_column.numeric_column('capital_gain')
35     capital_loss = tf.feature_column.numeric_column('capital_loss')
36     hours_per_week = tf.feature_column.numeric_column('hours_per_week')
37
38     #定義離散值列，傳回的是稀疏矩陣
39     education = tf.feature_column.categorical_column_with_vocabulary_ list(
40         'education', [
41             'Bachelors', 'HS-grad', '11th', 'Masters', '9th', 'Some-college',
42             'Assoc-acdm', 'Assoc-voc', '7th-8th', 'Doctorate', 'Prof-school',
43             '5th-6th', '10th', '1st-4th', 'Preschool', '12th'])
44
45     marital_status = tf.feature_column.categorical_column_with_
   vocabulary_list(
46         'marital_status', [
47             'Married-civ-spouse', 'Divorced', 'Married-spouse-absent',
48             'Never-married', 'Separated', 'Married-AF-spouse', 'Widowed'])
49
50     relationship = tf.feature_column.categorical_column_with_vocabulary
   _list(
51         'relationship', [
```

```
52              'Husband', 'Not-in-family', 'Wife', 'Own-child', 'Unmarried',
53              'Other-relative'])
54
55    workclass = tf.feature_column.categorical_column_with_vocabulary_list(
56          'workclass', [
57                'Self-emp-not-inc', 'Private', 'State-gov', 'Federal-gov',
58                'Local-gov', '?', 'Self-emp-inc', 'Without-pay', 'Never-worked'])
59
60    #將所有職業名稱用 hash 演算法雜湊成 1000 個類別
61    occupation = tf.feature_column.categorical_column_with_hash_bucket(
62          'occupation', hash_bucket_size=1000)
63
64    #將連續值特徵列轉為離散值特徵列
65    age_buckets = tf.feature_column.bucketized_column(
66          age, boundaries=[18, 25, 30, 35, 40, 45, 50, 55, 60, 65])
67
68    #定義基礎特徵列
69    base_columns = [
70          education, marital_status, relationship, workclass, occupation,
71          age_buckets,
72    ]
73    #定義交換特徵列
74    crossed_columns = [
75          tf.feature_column.crossed_column(
76                ['education', 'occupation'], hash_bucket_size=1000),
77          tf.feature_column.crossed_column(
78                [age_buckets, 'education', 'occupation'], hash_bucket_size=1000),
79    ]
80
81    #定義 wide 模型的特徵列
82    wide_columns = base_columns + crossed_columns
83
84    #定義 deep 模型的特徵列
85    deep_columns = [
86          age,
87          education_num,
88          capital_gain,
89          capital_loss,
90          hours_per_week,
91          tf.feature_column.indicator_column(workclass), #將 workclass 列的稀疏
      矩陣轉成 one-hot 編碼
92          tf.feature_column.indicator_column(education),
```

```
93      tf.feature_column.indicator_column(marital_status),
94      tf.feature_column.indicator_column(relationship),
95      tf.feature_column.embedding_column(occupation, dimension=8),
   #用嵌入詞 embedding 將雜湊後的每個類別進行轉換
96   ]
97
98   return wide_columns, deep_columns
```

在產生特徵列的過程中,多處使用了 tf.feature_column 介面。

5.3.5 程式實現:產生估算器模型

將 wide 模型與 deep 模型一起傳入 DNNLinearCombinedClassifier 模型進行混合訓練。

🔊 提示:

DNNLinearCombinedClassifier 模型是一個混合模型架構,它可以將任意兩個模型放在一起混合訓練。

實際程式如下。

■ 程式 5-6 用 wide_deep 模型預測人口收入(續)

```
99 def build_estimator(model_dir, model_type):
100    """按照指定的模型產生估算器模型物件."""
101    wide_columns, deep_columns = build_model_columns()
102    hidden_units = [100, 75, 50, 25]
103    #將 GPU 個數設為 0,關閉 GPU 運算,因為該模型在 CPU 上的執行速度更快
104    run_config = tf.estimator.RunConfig().replace(
105        session_config=tf.compat.v1.ConfigProto(device_count={'GPU': 0}),
106        save_checkpoints_steps=1000)
107
108    if model_type == 'wide':              #產生帶有 wide 模型的估算器模型物件
109       return tf.estimator.LinearClassifier(
110          model_dir=model_dir,
111          feature_columns=wide_columns,
112          config=run_config, loss_reduction=tf.keras.losses.Reduction.SUM)
113    elif model_type == 'deep':            #產生帶有 deep 模型的估算器模型物件
114       return tf.estimator.DNNClassifier(
```

```
115           model_dir=model_dir,
116           feature_columns=deep_columns,
117           hidden_units=hidden_units,
118           config=run_config, loss_reduction=tf.keras.losses.Reduction.SUM)
119   else:
120     return tf.estimator.DNNLinearCombinedClassifier(  #產生帶有 wide 和
    deep 模型的估算器模型物件
121           model_dir=model_dir,
122           linear_feature_columns=wide_columns,
123           dnn_feature_columns=deep_columns,
124           dnn_hidden_units=hidden_units,
125           config=run_config, loss_reduction=tf.keras.losses.Reduction.SUM)
```

5.3.6 程式實現：定義輸入函數

定義估算器架構輸入函數 input_fn，實際步驟如下：

（1）用 tf.data.TextLineDataset 對 CSV 檔案進行處理，並將其轉成資料集。

（2）對資料集進行特徵取出、亂數等操作。

（3）傳回一個由樣本及標籤組成的元組（features, labels）。

第（3）步傳回的元組的實際內容如下：

- features 是字典類型，內部的每個鍵值對代表一個特徵列的資料。
- labels 是陣列類型。

實際程式如下：

■ **程式 5-6 用 wide_deep 模型預測人口收入（續）**

```
126 def input_fn(data_file, num_epochs, shuffle, batch_size): #定義輸入函數
127   """估算器架構的輸入函數."""
128   assert tf.io.gfile.Exists(data_file),(  #用斷言敘述判斷樣本檔案是否存在
129       '%s not found. Please make sure you have run data_download.py and '
130       'set the --data_dir argument to the correct path.' % data_file)
131
132   def parse_csv(value):                    #對文字資料進行特徵取出
133     print('Parsing', data_file)
134     columns = tf.io.decode_csv(records= value, record_defaults=
    _CSV_COLUMN_DEFAULTS)
135     features = dict(zip(_CSV_COLUMNS, columns))
```

```
136        labels = features.pop('income_bracket')
137        return features, tf.equal(labels, '>50K')
138
139    dataset = tf.data.TextLineDataset(data_file)  #建立 dataset 資料集
140
141    if shuffle:                                    #對資料進行亂數操作
142      dataset = dataset.shuffle(buffer_size=_NUM_EXAMPLES['train'])
143    #加工樣本檔案中的每行資料
144    dataset = dataset.map(parse_csv, num_parallel_calls=5)
145    dataset = dataset.repeat(num_epochs)     #設定資料集可重複讀取 num_epochs 次
146    dataset = dataset.batch(batch_size)      #將資料集按照 batch_size 劃分
147    dataset = dataset.prefetch(1)
148    return dataset
```

程式第 128 行,用斷言(assert)敘述判斷樣本檔案是否存在。

程式第 132 行定義了內嵌函數 parse_csv,用於將每一行的資料轉換成特徵列。

5.3.7 程式實現:定義用於匯出凍結圖檔案的函數

定義函數 export_model,用於匯出估算器模型的凍結圖檔案。實際步驟如下:

(1) 定義一個 feature_spec 物件,對輸入格式進行轉換。

(2) 用函數 tf.estimator.export.build_parsing_serving_input_receiver_fn 產生函數 example_input_fn 用於輸入資料。

(3) 將樣本輸入函數 example_input_fn 與模型路徑一起傳入估算器架構的 export_saved_model ()方法中,產生凍結圖(見程式第 167 行)。

🔊 提示:

用 export_saved_model()方法產生的凍結圖可以與 tf.seving 模組配合使用。
export_saved_model()方法是透過呼叫 saved_model()方法實現實際功能的。
saved_model()方法是 TensorFlow 中非常有用的產生模型方法,該方法匯出的凍結圖可以非常方便地部署到生產環境中。

實際程式如下。

■ 程式 5-6 用 wide_deep 模型預測人口收入（續）

```
149 def export_model(model, model_type, export_dir):      #定義函數
    export_model，用於匯出模型
150    """匯出模型
151
152    參數:
153      model: 估算器模型物件
154      model_type:要匯出的模型類型，可選值有"wide""deep"或"wide_deep"
155      export_dir: 匯出模型的路徑
156    """
157    wide_columns, deep_columns = build_model_columns()   #獲得列張量
158    if model_type == 'wide':
159      columns = wide_columns
160    elif model_type == 'deep':
161      columns = deep_columns
162    else:
163      columns = wide_columns + deep_columns
164    feature_spec = tf.feature_column.make_parse_example_spec(columns)
165    example_input_fn = (
166        tf.estimator.export.build_parsing_serving_input_receiver_fn
    (feature_spec))
167    model.export_saved_model(export_dir, example_input_fn)
```

5.3.8 程式實現：定義類別，解析啟動參數

定義解析啟動參數的類別 WideDeepArgParser，實際過程如下：

（1）將類別 WideDeepArgParser 繼承於類別 argparse.ArgumentParser。

（2）在類別 WideDeepArgParser 中增加啟動參數 "--model_type"，用於指定程式執行時期所支援的模型。

（3）在類別 WideDeepArgParser 中初始化環境參數。其中包含樣本檔案路徑、模型儲存路徑、疊代次數等。

實際程式如下。

■ 程式 5-6 用 wide_deep 模型預測人口收入（續）

```
168 class WideDeepArgParser(argparse.ArgumentParser):
    #定義 WideDeepArgParser 類別，用於解析參數
169    """"該類別用於在程式啟動時的參數解析"""
```

```
170
171    def __init__(self):                                    #初始化函數
172      super(WideDeepArgParser, self).__init__(parents=
   [parsers.BaseParser()])    #呼叫父類別的初始化函數
173      self.add_argument(
174          '--model_type', '-mt', type=str, default='wide_deep',
      #增加一個啟動參數——model_type，預設值為 wide_deep
175          choices=['wide', 'deep', 'wide_deep'],    #定義該參數的可選值
176          help='[default %(default)s] Valid model types: wide, deep,
   wide_deep.',   #定義啟動參數的幫助指令
177          metavar='<MT>')
178      self.set_defaults(                                #為其他參數設定預設值
179          data_dir='income_data',                       #設定資料樣本路徑
180          model_dir='income_model',                     #設定模型儲存路徑
181          export_dir='income_model_exp',                #設定匯出模型儲存路徑
182          train_epochs=5,                               #設定疊代次數
183          batch_size=40)                                #設定批次大小
```

5.3.9 程式實現：訓練和測試模型

這部分程式實現了一個 trainmain 函數，並在函數本體內實現模型的訓練及評估操作。在 trainmain 函數本體內，實際的程式邏輯如下：

（1）對 WideDeepArgParser 類別進行產生實體，獲得物件 parser。
（2）用 parser 物件解析程式的啟動參數，獲得程式中的設定參數。
（3）定義樣本輸入函數，用於訓練和評估模型。
（4）定義鉤子回呼函數，並將其註冊到估算器架構中，用於輸出訓練過程中的詳細資訊。
（5）建立 for 循環，並在循環內部進行模型的訓練與評估操作，同時輸出相關資訊。
（6）在訓練結束後，匯出模型的凍結圖檔案。

實際程式如下。

■ 程式 5-6 用 wide_deep 模型預測人口收入（續）

```
184 def trainmain(argv):
185   parser = WideDeepArgParser()   #產生實體 WideDeepArgParser 類別，用於解析啟
   動參數
```

```
186    flags = parser.parse_args(args=argv[1:])       #獲得解析後的參數 flags
187    print("解析的參數為：",flags)
188
189    shutil.rmtree(flags.model_dir, ignore_errors=True)
       #如果模型存在，則刪除目錄
190    model = build_estimator(flags.model_dir, flags.model_type)
       #產生估算器模型物件
191    #獲得訓練集樣本檔案的路徑
192    train_file = os.path.join(flags.data_dir, 'adult.data.csv')
193    test_file = os.path.join(flags.data_dir, 'adult.test.csv')
       #獲得測試集樣本檔案的路徑
194
195    def train_input_fn():       #定義訓練集樣本輸入函數
196      return input_fn(   #傳回輸入函數，疊代輸入 epochs_between_evals 次，並使用
    亂數後的資料集
197          train_file, flags.epochs_between_evals, True, flags.batch_size)
198
199    def eval_input_fn():                      #定義測試集樣本輸入函數
200      return input_fn(test_file, 1, False, flags.batch_size)
       #傳回函數指標，用於在測試場景下輸入樣本
201
202    loss_prefix = LOSS_PREFIX.get(flags.model_type, '')
       #產生帶有 loss 字首的字串
203
204    #按照資料集疊代訓練的總次數進行訓練
205    for n in range(flags.train_epochs):
206
207      #呼叫估算器架構的 train() 方法進行訓練
208      model.train(input_fn=train_input_fn)
209
210      #呼叫 evaluate 進行評估
211      results = model.evaluate(input_fn=eval_input_fn)
212      #定義分隔符號
213      print('{0:-^60}'.format('evaluate at epoch %d'%( (n + 1))))
214
215      for key in sorted(results):                   #顯示評估結果
216          print('%s: %s' % (key, results[key]))
217    #根據 accuracy 的設定值判斷是否需要結束訓練
218      if model_helpers.past_stop_threshold(
219                              flags.stop_threshold, results['accuracy']):
```

```
220        break
221
222    if flags.export_dir is not None:        #根據設定匯出凍結圖檔案
223      export_model(model, flags.model_type, flags.export_dir)
```

5.3.10 程式實現：使用模型

定義 premain 函數，並在該函數內部實現以下步驟。

（1）呼叫模型的 predict()方法，對指定的 CSV 檔案資料進行預測。

（2）將前 5 筆資料的結果顯示出來。

實際程式如下。

■ 程式 5-6 用 wide_deep 模型預測人口收入（續）

```
224 def premain(argv):
225    parser = WideDeepArgParser()    #產生實體WideDeepArgParser類別，用於解析啟
    動參數
226    flags = parser.parse_args(args=argv[1:])    #獲得解析後的參數flags
227    print("解析的參數為：",flags)
228    #獲得測試集樣本檔案的路徑
229    test_file = os.path.join(flags.data_dir, 'adult.test.csv')
230
231    def eval_input_fn():                      #定義測試集的樣本輸入函數
232      return input_fn(test_file, 1, False, flags.batch_size)
        #該輸入函數按照batch_size批次，疊代輸入1次，不進行亂數處理
233
234    model2 = build_estimator(flags.model_dir, flags.model_type)
235
236    predictions = model2.predict(input_fn=eval_input_fn)
237    for i, per in enumerate(predictions):
238      print("csv中第",i,"條結果為：",per['class_ids'])
239      if i==5:
240          break
```

程式第 234 行重新定義了模型 model2，並將模型 model2 的輸出路徑設為
flags.model_dir 的值。

🔊 提示：

程式第 234 行重新定義了模型部分，也可以改成使用暖啟動的方式。舉例來說，可以用下列程式取代第 234 行程式：

model2 = build_estimator('./temp', flags.model_type,flags.model_dir)

5.3.11 程式實現：呼叫模型進行預測

增加程式，實現以下步驟。

（1）呼叫 trainmain 函數訓練模型。
（2）呼叫 premain 函數，用模型來預測資料。

實際程式如下。

■ 程式 5-6 用 wide_deep 模型預測人口收入（續）

```
241 if __name__ == '__main__': #如果執行目前檔案，則模組的名字__name__就會變為
    __main__
242   tf.compat.v1.logging.set_verbosity(tf.compat.v1.logging.INFO)
      #設定 log 等級為 INFO。如果要顯示的資訊少一些，則可以設定成 ERROR
243   trainmain(argv=sys.argv)        #呼叫 trainmain 函數，訓練模型
244   premain(argv=sys.argv)          #呼叫 premain 函數，使用模型
```

程式執行後輸出以下結果：

```
解析的參數為： Namespace(batch_size=40, data_dir='income_data',
epochs_between_ evals=1,
...
---------------------evaluate at epoch 1---------------------
accuracy: 0.8220011
accuracy_baseline: 0.76377374
auc: 0.87216777
auc_precision_recall: 0.6999677
average_loss: 0.3862863
global_step: 815
label/mean: 0.23622628
loss: 15.414527
precision: 0.8126649
prediction/mean: 0.23457089
```

```
recall: 0.32033283
Parsing income_data\adult.data.csv
Parsing income_data\adult.test.csv
--------------------evaluate at epoch 2---------------------
...
csv 中第 0 條結果為： [0]
csv 中第 1 條結果為： [0]
csv 中第 2 條結果為： [0]
csv 中第 3 條結果為： [1]
...
```

輸出結果中有 3 部分內容，分別用省略符號隔開。

- 第 1 部分為程式起始的輸出資訊。
- 第 2 部分為訓練中的輸出結果。
- 第 3 部分為最後的預測結果。

⊞ 5.4 實例 25：梯度提升樹（TFBT）介面的應用

本實例還是預測人口收入，不同的是，用弱學習器中的梯度提升樹演算法來實現。

5.4.1 梯度提升樹介面介紹

TFBT 介面實現了梯度提升樹（gradient boosted trees）演算法。梯度提升樹演算法適用於多種機器學習任務。

TFBT 是一個弱學習器介面，可以處理「分類任務」和「回歸任務」。

- 分類任務：使用 tf.estimator.BoostedTreesClassifier 介面。
- 回歸任務：使用 tf.estimator.BoostedTreesRegressor 介面。

該介面屬於估算器架構中的實際演算法的封裝，實際用法與 5.2 節十分類似。

5.4.2 程式實現：為梯度提升樹模型準備特徵列

本實例將使用 tf.estimator.BoostedTreesClassifier（TFBT）介面來實現梯度提升樹的分類演算法。因為介面目前只支援兩種特徵列類型：bucketized_column 與 indicator_column，所以在資料前置處理階段，需要對 tf.estimator.BoostedTreesClassifier 介面不支援的特徵列進行轉換。

複製程式檔案「5-6 用 wide_deep 模型預測人口收入.py」到本機，並直接修改 build_model_columns 函數。

實際程式如下。

■ 程式 5-7 用梯度提升樹模型預測人口收入（片段）

```
01 def build_model_columns():
02    """產生 wide 和 deep 模型的特徵列集合"""
03    #定義連續值列
04    age = tf.feature_column.numeric_column('age')
05    education_num = tf.feature_column.numeric_column('education_num')
06    ......
07       tf.feature_column.embedding_column(occupation, dimension=8),
08    ]
09    #定義 boostedtrees 的特徵列
10    boostedtrees_columns = [age_buckets,
11      tf.feature_column.bucketized_column(education_num, boundaries=[4, 5,
    7, 9, 10, 11, 12, 13, 14, 15]),
12      tf.feature_column.bucketized_column(capital_gain, boundaries=[1000,
    5000, 10000, 20000, 40000,50000]),
13      tf.feature_column.bucketized_column(capital_loss, boundaries=[100,
    1000, 2000, 3000, 4000]),
14      tf.feature_column.bucketized_column(hours_per_week, boundaries=[7, 14,
    21, 28, 35, 42, 47, 56, 63, 70,77,90]),
15      tf.feature_column.indicator_column(workclass), #將 workclass 列的稀疏矩
    陣轉成 one-hot 編碼
16      tf.feature_column.indicator_column(education),
17      tf.feature_column.indicator_column(marital_status),
18      tf.feature_column.indicator_column(relationship),
19      tf.feature_column.indicator_column(occupation)
20    ]
21    return wide_columns, deep_columns,boostedtrees_columns
```

在轉換特徵列的過程中，需要將 education_num、capital_gain、capital_loss、hours_per_week 這 4 個連續數值的特徵列轉換成 bucketized_column 類型，見程式第 11、12、13、14 行。

5.4.3 程式實現：建置梯度提升樹模型

下面在 build_estimator 函數裡，用 tf.estimator.BoostedTreesClassifier 介面建置梯度提升樹模型。

■ 程式 5-7 用梯度提升樹模型預測人口收入（續）

```
22 def build_estimator(model_dir, model_type,warm_start_from=None):
23    """按照指定的模型產生估算器模型物件."""
24    wide_columns, deep_columns ,boostedtrees_columns= build_model_columns()
25    hidden_units = [100, 75, 50, 25]
26 …
27    elif model_type == 'deep':           #產生帶有 deep 模型的估算器模型物件
28      return tf.estimator.DNNClassifier(
29          model_dir=model_dir,
30          feature_columns=deep_columns,
31          hidden_units=hidden_units,
32          config=run_config)
33    elif model_type=='BoostedTrees':      #建置梯度提升樹模型
34      return tf.estimator.BoostedTreesClassifier(
35          model_dir=model_dir,
36          feature_columns=boostedtrees_columns,
37          n_batches_per_layer = 100,
38          config=run_config)
39    else:
40      …
```

在 build_estimator 函數中，建置模型的過程是透過參數 model_type 來實現的。如果 model_type 的值是 BoostedTrees，則建立梯度提升樹模型。

🔊 提示：

如果想了解 tf.estimator.BoostedTreesClassifier 介面的參數，則可以透過輸入指令 help(tf.estimator.BoostedTreesClassifier)或參考官網文件來實現。

5.4.4 訓練並使用模型

訓練並使用模型的程式，可以參考本書的書附程式，這裡不再詳述。

程式執行後輸出結果。以下是疊代 5 次後的訓練結果。

```
...
--------------------evaluate at epoch 5--------------------
accuracy: 0.8509305
accuracy_baseline: 0.76377374
auc: 0.90430105
auc_precision_recall: 0.7602789
average_loss: 0.3266305
global_step: 4075
label/mean: 0.23622628
loss: 0.3265387
precision: 0.762292
prediction/mean: 0.24224414
recall: 0.53614146
```

以下是模型的預測結果。

```
解析的參數為：Namespace(batch_size=40, data_dir='income_data', epochs_
between_evals= 1, export_dir='income_model_exp', model_dir='income_ model',
model_type='BoostedTrees', multi_gpu=False, stop_threshold=None, train_
epochs =5)
Parsing income_data\adult.test.csv
csv 中第 0 條結果為： [0]
csv 中第 1 條結果為： [0]
csv 中第 2 條結果為： [0]
csv 中第 3 條結果為： [1]
csv 中第 4 條結果為： [0]
csv 中第 5 條結果為： [0]
```

◉ 5.5 實例 26：以知識圖譜為基礎的電影推薦系統

知識圖譜（knowledge graph，KG）可以了解成一個 知識庫，用來儲存實體與實體之間的關係。知識圖譜可以為機器學習演算法提供更多的資訊，幫助模型更進一步地完成任務。

在推薦演算法中融入電影的知識圖譜，能夠將沒有任何歷史資料的新電影精準地推薦給目標使用者。

5.5.1 模型任務與資料集介紹

本實例所要完成的任務是對一個電影評分資料集和一個電影相關的知識圖譜進行學習，從知識圖譜找出電影間的潛在特徵，並借助該特徵及電影評分資料集，實現以電影為基礎的推薦系統。

實例中使用了一個多工學習的點對點架構 MKR。該架構能夠將兩個不同任務的低層特徵取出出來，並融合在一起實現聯合訓練，進一步達到最佳的結果。（有關 MKR 的更多介紹，請參見 arXiv 網站上編號為 "1901.08907" 的論文。）

在上一行介紹的論文的相關程式連結中有 3 個資料集：圖書資料集、電影評分資料集和音樂資料集。本例使用電影評分資料集。

電影評分資料集中一共有 3 個檔案。

- item_index2entity_id.txt：電影的 ID 與序號。實際內容如圖 5-6 所示，第 1 列是電影 ID，第 2 列是序號。
- kg.txt：電影的知識圖譜。圖 5-7 中顯示了知識圖譜的 SPO 三元組（subject-predicate-object），第 1 列是電影 ID，第 2 列是關係，第 3 列是目標實體。
- ratings.dat：使用者對電影的評分。實際內容如圖 5-8 所示，列與列之間用 "::" 符號進行分割，第 1 列是使用者 ID，第 2 列是電影的 ID，第 3 列是電影的評分，第 4 列是評分時間（可以忽略）。

圖 5-6 item_index2entity_id.txt　　　圖 5-7 kg.txt　　　圖 5-8 kg.txt ratings.dat

5.5.2 前置處理資料

資料前置處理主要是對原始電影評分資料集中的有用資料進行分析、轉換。該過程會產生兩個檔案。

- kg_final.txt：轉換後的電影知識圖譜檔案。將檔案 kg.txt 中的字串類類型資料轉成序列索引類類型資料，如圖 5-9 所示。

- ratings_final.txt：轉換後的使用者對電影的評分檔案。第 1 列將 ratings.dat 中的使用者 ID 變成序列索引。第 2 列沒有變化。第 3 列將 ratings.dat 中的評分按照設定值 5 進行轉換：如果評分大於等於 5，則標記為 1，表明使用者對該電影有興趣；否則標記為 0，表明使用者對該電影不有興趣。實際內容如圖 5-10 所示。

圖 5-9 kg_final.txt　　　圖 5-10 ratings_final.txt

該部分程式在程式檔案 "5-8 preprocess.py" 中實現。這裡不再詳述。

5.5.3 程式實現：架設 MKR 模型

MKR 模型由 3 個子模型組成，完整結構如圖 5-11 所示。實際描述如下。

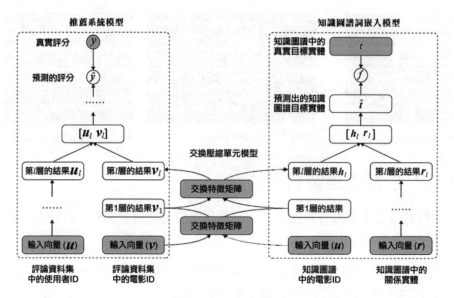

圖 5-11 MKR 架構

- 推薦系統模型：如圖 5-11 的左側部分所示，將使用者和電影作為輸入，模型的預測結果為使用者對該電影的喜好分數，數值為 0～1。

- 交換壓縮單元模型：如圖 5-11 的中間部分，在低層將左右兩個模型橋接起來，將使用者對電影的評分檔案中的電影資訊向量化後與電影知識圖譜中的電影向量特徵融合起來，再分別放回各自的模型中。在高層輸出預測結果。整個模型使用監督訓練方式進行訓練。

- 知識圖譜詞嵌入（knowledge graph embedding，KGE）模型：如圖 5-11 的右側部分，將電影知識圖譜三元組中的前 2 個（電影 ID 和關係實體）作為輸入，預測第 3 個（目標實體）。

在 3 個子模型中，最關鍵的是交換壓縮單元模型。下面就先從該模型開始一步一步地實現 MKR 架構。

1. 交換壓縮單元模型

交換壓縮單元模型可以被當作一個網路層疊加使用。如圖 5-12 所示的是交換壓縮單元在第 l 層到第 $l+1$ 層的結構。圖 5-12 中，最下面一行為該單元的輸入，左側的 v_l 是使用者評論資料集中的電影向量，右側的 e_l 是電影知識圖譜中的電影向量。

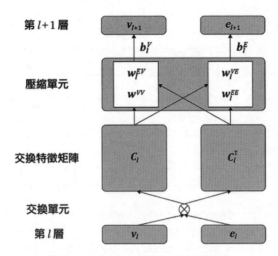

圖 5-12 交換壓縮單元模型的結構

交換壓縮單元模型的實際處理過程如下:

（1）將v_l與e_l進行矩陣相乘獲得c_l。

（2）將c_l複製一份，並進行轉置獲得c_l^T。實現特徵交換融合。

（3）將c_l經過權重矩陣w_l^{VV}進行線性變化（c_l與w_l^{VV}矩陣相乘）。

（4）將c_l^T經過權重矩陣w_l^{ev}進行線性變化。

（5）將（3）與（4）的結果相加，再與偏置參數b_l^v相加，獲得v_{l+1}。v_{l+1}將用於推薦系統模型的後續計算。

（6）按照第步驟（3）、（4）、（5）的做法，同理可以獲得e_{l+1}。e_{l+1}將用於知識圖譜詞嵌入模型的後續計算。

用 tf.layer 介面實現交換壓縮單元模型，實際程式如下。

■ **程式 5-9 MKR**

```
01 import numpy as np
02 import tensorflow as tf
03 from sklearn.metrics import roc_auc_score
04 from tensorflow.python.layers import base
05 tf.compat.v1.disable_v2_behavior()
06 class CrossCompressUnit(base.Layer):                    #定義交換壓縮單元模型類別
07     def __init__(self, dim, name=None):
08         super(CrossCompressUnit, self).__init__(name)
09         self.dim = dim
```

```
10          self.f_vv = tf.compat.v1.layers.Dense(1, use_bias = False)
    #建置權重矩陣
11          self.f_ev = tf.compat.v1.layers.Dense(1, use_bias = False)
12          self.f_ve = tf.compat.v1.layers.Dense(1, use_bias = False)
13          self.f_ee = tf.compat.v1.layers.Dense(1, use_bias = False)
14          self.bias_v = self.add_weight(name='bias_v',    #建置偏置權重
15                      shape=dim,
16                      initializer=tf.zeros_initializer()) self.bias_e =
    self.add_weight(name='bias_e',
17                      shape=dim,
18                      initializer=tf.zeros_initializer())
19
20      def _call(self, inputs):
21          v, e = inputs        #v 和 e 的形狀為[batch_size, dim]
22          v = tf.expand_dims(v, axis=2) #v 的形狀為 [batch_size, dim, 1]
23          e = tf.expand_dims(e, axis=1) #e 的形狀為 [batch_size, 1, dim]
24
25          c_matrix = tf.matmul(v, e)#c_matrix 的形狀為[batch_size, dim, dim]
26          c_matrix_transpose = tf.transpose(a=c_matrix, perm=[0, 2, 1])
27          #c_matrix 的形狀為[batch_size * dim, dim]
28          c_matrix = tf.reshape(c_matrix, [-1, self.dim])
29          c_matrix_transpose = tf.reshape(c_matrix_transpose, [-1, self.dim])
30
31          #v_output 的形狀為[batch_size, dim]
32          v_output = tf.reshape(
33                      self.f_vv(c_matrix) + self.f_ev(c_matrix_transpose),
34                      [-1, self.dim]
35                      ) + self.bias_v
36
37          e_output = tf.reshape(
38                      self.f_ve(c_matrix) + self.f_ee(c_matrix_transpose),
39                      [-1, self.dim]
40                      ) + self.bias_e
41      #傳回結果
42      return v_output, e_output
```

程式第 10 行，用 tf.layers.Dense()方法定義了不帶偏置的全連接層，並在程式
第 34 行將該全連接層作用於交換後的特徵向量，實現壓縮的過程。

2. 將交換壓縮單元模型整合到 MKR 架構中

在 MKR 架構中，推薦系統模型和知識圖譜詞嵌入模型的處理流程幾乎一樣。

可以進行同步處理。在實現時,將整個處理過程水平拆開,分為低層和高層
兩部分。

- 低層:將所有的輸入對映成詞嵌入向量,將需要融合的向量(圖 5-11 中的
  v 和 h)輸入交換壓縮單元,不需要融合的向量(圖 5-11 中的 u 和 r)進行
  同步的全連接層處理。
- 高層:推薦系統模型和知識圖譜詞嵌入模型分別將低層傳上來的特徵連接
  在一起,透過全連接層回歸到各自的目標結果。

實作方式的程式如下。

- **程式 5-9 MKR(續)**

```
43 class MKR(object):
44    def __init__(self, args, n_users, n_items, n_entities, n_relations):
45        self._parse_args(n_users, n_items, n_entities, n_relations)
46        self._build_inputs()
47        self._build_low_layers(args)       #建置低層模型
48        self._build_high_layers(args)      #建置高層模型
49        self._build_loss(args)
50        self._build_train(args)
51
52    def _parse_args(self, n_users, n_items, n_entities, n_relations):
53        self.n_user = n_users
54        self.n_item = n_items
55        self.n_entity = n_entities
56        self.n_relation = n_relations
57
58        #收集訓練參數,用於計算 l2 損失
59        self.vars_rs = []
60        self.vars_kge = []
61
62    def _build_inputs(self):
63        self.user_indices=tf.compat.v1.placeholder(tf.int32, [None],
   'userInd')
64        self.item_indices=tf.compat.v1.placeholder(tf.int32, [None],
   'itemInd')
65        self.labels = tf.compat.v1.placeholder(tf.float32, [None],
   'labels')
66        self.head_indices =tf.compat.v1.placeholder(tf.int32, [None],
   'headInd')
```

```
67          self.tail_indices =tf.compat.v1.placeholder(tf.int32, [None],
    'tail_indices')
68          self.relation_indices=tf.compat.v1.placeholder(tf.int32, [None],
    'relInd')
69      def _build_model(self, args):
70          self._build_low_layers(args)
71          self._build_high_layers(args)
72
73      def _build_low_layers(self, args):
74          #產生詞嵌入向量
75          self.user_emb_matrix = tf.compat.v1.get_variable('user_emb_matrix',
76                                              [self.n_user, args.dim])
77          self.item_emb_matrix = tf.compat.v1.get_variable('item_emb_matrix',
78                                              [self.n_item, args.dim])
79          self.entity_emb_matrix = tf.compat.v1.get_variable('entity_
    emb_matrix',
80                                              [self.n_entity, args.dim])
81          self.relation_emb_matrix = tf.compat.v1.get_variable(
82                  'relation_emb_matrix',  [self.n_relation, args.dim])
83
84          #取得指定輸入對應的詞嵌入向量，形狀為[batch_size, dim]
85          self.user_embeddings = tf.nn.embedding_lookup(
86                  params=self.user_emb_matrix, self.user_indices)
87          self.item_embeddings = tf.nn.embedding_lookup(
88                  params=self.item_emb_matrix, self.item_indices)
89          self.head_embeddings = tf.nn.embedding_lookup(
90                  params=self.entity_emb_matrix, self.head_indices)
91          self.relation_embeddings = tf.nn.embedding_lookup(
92                  params=self.relation_emb_matrix, self.relation_indices)
93          self.tail_embeddings = tf.nn.embedding_lookup(
94                  params=self.entity_emb_matrix, self.tail_indices)
95
96          for _ in range(args.L):#按指定參數建置多層MKR結構
97              #定義全連接層
98              user_mlp = tf.compat.v1.layers.Dense(args.dim, activation=
    tf.nn.relu)
99              tail_mlp = tf.compat.v1.layers.Dense(args.dim, activation=
    tf.nn.relu)
100             cc_unit = CrossCompressUnit(args.dim)#定義CrossCompress單元
101              #實現MKR結構的正向處理
102             self.user_embeddings = user_mlp(self.user_embeddings)
103             self.tail_embeddings = tail_mlp(self.tail_embeddings)
```

```
104            self.item_embeddings, self.head_embeddings = cc_unit(
105                       [self.item_embeddings, self.head_embeddings])
106            #收集訓練參數
107            self.vars_rs.extend(user_mlp.variables)
108            self.vars_kge.extend(tail_mlp.variables)
109            self.vars_rs.extend(cc_unit.variables)
110            self.vars_kge.extend(cc_unit.variables)
111
112     def _build_high_layers(self, args):
113            #推薦系統模型
114            use_inner_product = True      #指定相似度分數計算的方式
115            if use_inner_product:          #內積方式
116                #self.scores 的形狀為[batch_size]
117                self.scores = tf.reduce_sum(input_tensor=
   self.user_embeddings * self.item_embeddings, axis=1)
118            else:
119                #self.user_item_concat 的形狀為[batch_size, dim * 2]
120                self.user_item_concat = tf.concat(
121                    [self.user_embeddings, self.item_embeddings], axis=1)
122                for _ in range(args.H - 1):
123                    rs_mlp = tf.compat.v1.layers.Dense(
124                                args.dim * 2, activation=tf.nn.relu)
125                    self.user_item_concat = rs_mlp(self.user_item_concat)
126                    self.vars_rs.extend(rs_mlp.variables)
127                #定義全連接層
128                rs_pred_mlp = tf.compat.v1.layers.Dense(1, activation=
   tf.nn.relu)
129                #self.scores 的形狀為[batch_size]
130                self.scores = tf.squeeze(rs_pred_mlp(self.user_item_concat))
131                self.vars_rs.extend(rs_pred_mlp.variables)   #收集參數
132            self.scores_normalized = tf.nn.sigmoid(self.scores)
133
134            #知識圖譜詞嵌入模型
135            self.head_relation_concat = tf.concat(#形狀為[batch_size, dim * 2]
136                [self.head_embeddings, self.relation_embeddings], axis=1)
137            for _ in range(args.H - 1):
138                kge_mlp = tf.compat.v1.layers.Dense(args.dim * 2, activation
   =tf.nn.relu)
139                #self.head_relation_concat 的形狀為[batch_size, dim * 2]
140                 self.head_relation_concat = kge_mlp (self.head_relation_concat)
141                self.vars_kge.extend(kge_mlp.variables)
142
```

```
143          kge_pred_mlp = tf.compat.v1.layers.Dense(args.dim, activation
    =tf.nn.relu)
144          #self.tail_pred 的形狀為[batch_size, args.dim]
145          self.tail_pred = kge_pred_mlp(self.head_relation_concat)
146          self.vars_kge.extend(kge_pred_mlp.variables)
147          self.tail_pred = tf.nn.sigmoid(self.tail_pred)
148
149          self.scores_kge = tf.nn.sigmoid(tf.reduce_sum(input_tensor=
    self.tail_embeddings * self.tail_pred, axis=1))
150          self.rmse = tf.reduce_mean(input_tensor= tf.sqrt(tf.reduce_sum(
151              input_tensor=tf.square(self.tail_embeddings -
    self.tail_pred), axis=1) / args.dim))
```

程式第 115～132 行是推薦系統模型的高層處理部分，該部分有兩種處理方式：

▪ 使用內積的方式，計算使用者向量和電影向量的相似度。有關相似度的更多知識，可以參考 6.3.1 節的注意力機制。

▪ 將使用者向量和電影向量連接起來，再透過全連接層處理計算出使用者對電影的喜好分值。

程式第 132 行，透過啟動函數 Sigmoid 對分值結果 scores 進行非線性變化，將模型的最後結果對映到標籤的值域中。

程式第 136~152 行是知識圖譜詞嵌入模型的高層處理部分。實際步驟如下：

（1）將電影向量和電影知識圖譜中的關係向量連接起來。

（2）將第（1）步的結果透過全連接層處理，獲得電影知識圖譜三元組中的目標實體向量。

（3）將產生的目標實體向量與真實的目標實體向量矩陣相乘，獲得相似度分值。

（4）對第（3）步的結果進行啟動函數 Sigmoid 計算，將值域對映到 0～1 中。

3. 實現 MKR 架構的反向結構

MKR 架構的反向結構主要是 loss 值的計算，其 loss 值一共分為 3 部分：推薦系統模型的 loss 值、知識圖譜詞嵌入模型的 loss 值和參數權重的正規項。實作方式的程式如下。

■ 程式 5-9 MKR（續）

```
152    def _build_loss(self, args):
153        #計算推薦系統模型的 loss 值
154        self.base_loss_rs = tf.reduce_mean(
155            input_tensor=tf.nn.sigmoid_cross_entropy_with_logits
    (labels=self.labels, logits=self.scores))
156        self.l2_loss_rs = tf.nn.l2_loss(self.user_embeddings) +
    tf.nn.l2_loss (self.item_embeddings)
157        for var in self.vars_rs:
158            self.l2_loss_rs += tf.nn.l2_loss(var)
159        self.loss_rs = self.base_loss_rs + self.l2_loss_rs *
    args.l2_weight
160
161        #計算知識圖譜詞嵌入模型的 loss 值
162        self.base_loss_kge = -self.scores_kge
163        self.l2_loss_kge = tf.nn.l2_loss(self.head_embeddings) +
    tf.nn.l2_loss (self.tail_embeddings)
164        for var in self.vars_kge:    #計算 L2 正規
165            self.l2_loss_kge += tf.nn.l2_loss(var)
166        self.loss_kge = self.base_loss_kge + self.l2_loss_kge *
    args.l2_weight
167
168    def _build_train(self, args):            #定義最佳化器
169        self.optimizer_rs = tf.compat.v1.train.AdamOptimizer
    (args.lr_rs).minimize(self.loss_rs)
170        self.optimizer_kge = tf.compat.v1.train.AdamOptimizer
    (args.lr_kge). minimize(self. loss_kge)
171
172    def train_rs(self, sess, feed_dict):    #訓練推薦系統模型
173        return sess.run([self.optimizer_rs, self.loss_rs], feed_dict)
174
175    def train_kge(self, sess, feed_dict):    #訓練知識圖譜詞嵌入模型
176        return sess.run([self.optimizer_kge, self.rmse], feed_dict)
177
178    def eval(self, sess, feed_dict):            #評估模型
179        labels, scores = sess.run([self.labels, self.scores_normalized],
    feed_dict)
180        auc = roc_auc_score(y_true=labels, y_score=scores)
181        predictions = [1 if i >= 0.5 else 0 for i in scores]
182        acc = np.mean(np.equal(predictions, labels))
```

```
183          return auc, acc
184
185     def get_scores(self, sess, feed_dict):
186          return sess.run([self.item_indices, self.scores_normalized],
    feed_dict)
```

程式第 173、176 行，分別是訓練推薦系統模型和訓練知識圖譜詞嵌入模型的方法。因為在訓練的過程中，兩個子模型需要交替的進行獨立訓練，所以將它們分開定義。

5.5.4 訓練模型並輸出結果

訓練模型的程式在 "5-10　train.py" 檔案中，讀者可以自行參考。程式執行後輸出以下結果：

```
 ...
  epoch 9    train auc: 0.9540  acc: 0.8817    eval auc: 0.9158  acc:
0.8407    test auc: 0.9155  acc: 0.8399
```

在輸出的結果中，分別顯示了模型在訓練、評估、測試環境下的分值。

🌐 5.6 實例 27：預測飛機引擎的剩餘使用壽命

傳統的預測性維護任務，是在特徵工程基礎上使用機器學習模型實現的。它需要使用該領域的專業知識手動建置正確的特徵。這種方式對專業人才的依賴性很大，而且做出來的模型與業務耦合性極強，缺少模型的通用性。

深度學習在解決這種問題時，可以自動從資料中分析正確的特徵，大幅降低了對特徵工程的依賴。

5.6.1 模型任務與資料集介紹

本實例屬於一個深度學習在評估及監控資產狀態領域中的應用實例，其中將日常維護裝置的記錄檔與真實的飛機引擎壽命記錄組合起來，形成樣本。用該樣本訓練模型，使得模型能夠預測現有飛機引擎的剩餘使用壽命。

該實例所使用樣本的實際下載網址見本書書附程式中的「實例 27 資料集下載網址.txt」。

該資料集共包含 3 個檔案，裡面記錄著每個引擎的設定資料與該引擎上 21 個感測器的資料，這些資料可以反映出飛機引擎生命週期中各個時間點的詳細情況，實際介紹如下。

▪ PM_train.txt 檔案：記錄每個飛機引擎完整的生命週期資料。一共含有 100 台飛機引擎的週期性歷史資料。實際內容見圖 5-13 中的 "Sample training data" 部分。

▪ PM_test.txt 檔案：記錄每個引擎的部分週期資料。一共含有 100 台飛機引擎的週期性歷史資料。實際內容見圖 5-13 中的"Sample testing data"部分。

▪ PM_truth.txt 檔案：記錄 PM_test.txt 檔案中每台飛機引擎距離發生故障所剩的週期數。實際內容見圖 5-13 中的 "Sample ground truth data" 部分。

	id	cycle	setting1	setting2	setting3	s1	s2	s3	...	s19	s20	s21
Sample training data	1	1	-0.0007	-0.0004	100	518.67	641.82	1589.7		100	39.06	23.419
~20k rows,	1	2	0.0019	-0.0003	100	518.67	642.15	1591.82		100	39	23.4236
100 unique engine id	1	3	-0.0043	0.0003	100	518.67	642.35	1587.99		100	38.95	23.3442
	...											
	1	191	0	-0.0004	100	518.67	643.34	1602.36		100	38.45	23.1295
	1	192	0.0009	0	100	518.67	643.54	1601.41		100	38.48	22.9649
	2	1	-0.0018	0.0006	100	518.67	641.89	1583.84		100	38.94	23.4585
	2	2	0.0043	-0.0003	100	518.67	641.82	1587.05		100	39.06	23.4085
	2	3	0.0018	0.0003	100	518.67	641.55	1588.32		100	39.11	23.425
	...											
	2	286	-0.001	-0.0003	100	518.67	643.44	1603.63		100	38.33	23.0169
	2	287	-0.0005	0.0006	100	518.67	643.85	1608.5		100	38.43	23.0848

	id	cycle	setting1	setting2	setting3	s1	s2	s3	...	s19	s20	s21
Sample testing data	1	1	0.0023	0.0003	100	518.67	643.02	1585.29		100	38.86	23.3735
~13k rows,	1	2	-0.0027	-0.0003	100	518.67	641.71	1588.45		100	39.02	23.3916
100 unique engine id	1	3	0.0003	0.0001	100	518.67	642.46	1586.94		100	39.08	23.4166
	...											
	1	30	-0.0025	0.0004	100	518.67	642.79	1585.72		100	39.09	23.4069
	1	31	-0.0006	0.0004	100	518.67	642.58	1581.22		100	38.81	23.3552
	2	1	-0.0009	0.0004	100	518.67	642.66	1589.3		100	39	23.3923
	2	2	-0.0011	0.0002	100	518.67	642.51	1588.43		100	38.84	23.2902
	2	3	0.0002	0.0003	100	518.67	642.58	1595.6		100	39.02	23.4064
	...											
	2	48	0.0011	-0.0001	100	518.67	642.64	1587.71		100	38.99	23.2918
	2	49	0.0018	-0.0001	100	518.67	642.55	1586.59		100	38.81	23.2618
	3	1	-0.0001	0.0001	100	518.67	642.03	1589.92		100	38.99	23.296
	3	2	0.0039	-0.0003	100	518.67	642.23	1597.31		100	38.84	23.3191
	3	3	0.0006	0.0003	100	518.67	642.98	1586.77		100	38.69	23.3774
	...											
	3	125	0.0014	0.0002	100	518.67	643.24	1588.64		100	38.56	23.227
	3	126	-0.0016	0.0004	100	518.67	642.88	1589.75		100	38.93	23.274

	RUL
Sample ground truth data	112
100 rows	98
	69
	82
	91

圖 5-13　引擎記錄樣本

在實現時,用已有的飛機引擎感測器數值訓練模型,並用模擬的飛機引擎感測器數值來預測飛機引擎在未來 15 個週期內是否可能發生故障和飛機引擎的 RUL(remaining useful life,剩餘使用壽命)。

🔊 提示:

本實例只使用一個資料來源(感測器值)進行預測。在實際的預測性維護任務中,還有許多其他資料來源(例如歷史維護記錄、錯誤記錄檔、機器和操作員功能等)。這些資料來源都需要被處理成對應的特徵資料,然後輸入模型裡進行計算,以便獲得更準確的預測結果。

5.6.2 循環神經網路介紹

循環神經網路(recurrent neural networks,RNN)具有記憶功能,它可以發現樣本之間的序列關係,是處理序列樣本的首選模型。循環神經網路大量應用在數值、文字、聲音、視訊處理等領域。它是處理本實例問題的首選模型。

RNN 模型有很多種結構,其最基本的結構是將全連接網路的輸出節點複製一份並傳回到輸入節點中,與輸入資料一起進行下一次運算。這種神經網路將資料從輸出層又傳回輸入層,形成了循環結構,所以被叫作循環神經網路。

透過 RNN 模型,可以將上一個序列的樣本輸出結果與下一個序列樣本一起輸入模型中進行運算,使模型所處理的特徵資訊中,既含有該樣本之前序列的資訊,又含有該樣本身的資料資訊,進一步使網路具有記憶功能。

在實際開發中,使用的 RNN 模型還會以上述為基礎的原理做更多的結構改進,使網路的記憶功能更強。

在深層網路結構中,還會在 RNN 模型基礎上結合全連接網路、卷積網路等組成擬合能力更強的模型。

5.6.3 了解 RNN 模型的基礎單元 LSTM

RNN 模型的基礎結構是單元,其中比較常見的有 LSTM 單元、GRU 單元等,它們充當了 RNN 模型中的基礎結構部分。

LSTM 單元與 GRU 單元是 RNN 模型中最常見的單元，其內部由輸入門、忘
記門和輸出門 3 種結構組合而成。

LSTM 單元與 GRU 單元的作用幾乎相同，唯一不同的是：

- LSTM 單元傳回 cell 狀態和計算結果。
- GRU 單元只傳回計算結果，沒有 cell 狀態。

LSTM 單元可以算是 RNN 模型的代表，其結構也非常複雜。下面一起來研究
一下。

1. 整體介紹

長短記憶的時間遞迴神經網路（long short term memory，LSTM）透過刻意的
設計來避免模型被序列資料中的無用資訊影響，進一步學習到序列資料中的
有用資訊。其結構示意如圖 5-14 所示。

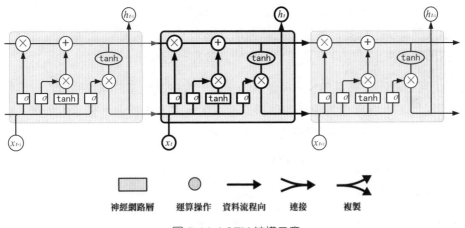

圖 5-14 LSTM 結構示意

如果將圖 5-14 簡化成圖 5-15，就跟原始的 RNN 模型結構一樣了（這裡的啟
動函數使用的是 Tanh）。

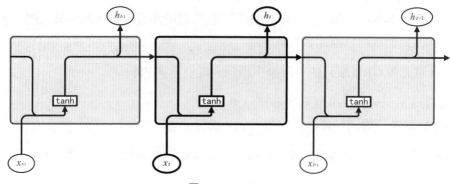

圖 5-15 LSTM2

這種結構的核心思維是引用了一個被叫作細胞狀態的連接。這個細胞狀態的連接用來儲存想要記憶的東西（對應於簡單 RNN 模型中的 h，只不過這裡面不再是只存上一次的狀態了，而是透過網路學習來儲存那些有用的狀態）。同時在其中加入了以下 3 個門。

- 忘記門：決定什麼時需要把以前的狀態忘記。
- 輸入門：決定什麼時要把新的狀態加入進來。
- 輸出門：決定什麼時需要把狀態和輸入放在一起輸出。

從字面可以看出，簡單 RNN 模型只是把上一次的狀態當成本次的輸入一起輸出。而 LSTM 在狀態的更新和狀態是否參與輸入方面都做了靈活的選擇，實際選什麼，一起交給神經網路的訓練機制來訓練。

下面分別介紹這 3 個門的結構和作用。

2. 忘記門

圖 5-16 所示為忘記門。該門決定模型會從細胞狀態中捨棄什麼資訊。

該門會讀取 h_{t-1} 和 x_t，輸出一個 0~1 的數值給每個在細胞狀態 C_{t-1} 中的數字。1 表示「完全保留」，0 表示「完全捨棄」。

例如一個語言模型的實例，假設細胞狀態包含目前主語的性別，則根據這個狀態可以選擇出正確的代詞。當我們看到新的主語時，應該把新的主語在記憶中更新。該門的功能就是先去記憶中找到那個舊的主語（並沒有真正忘掉操作，只是找到而已）。

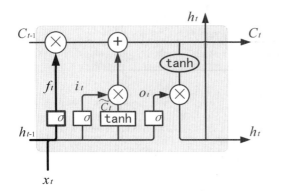

$$f_t = \sigma\left(W_f \cdot [h_{t-1}, x_t] + b_f\right)$$

圖 5-16　忘記門

3. 輸入門

輸入門其實可以分成兩部分功能，如圖 5-17 所示。一部分是找到那些需要更新的細胞狀態，另一部分是把需要更新的資訊更新到細胞狀態裡。

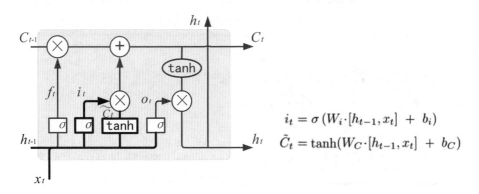

$$i_t = \sigma\left(W_i \cdot [h_{t-1}, x_t] + b_i\right)$$
$$\tilde{C}_t = \tanh(W_C \cdot [h_{t-1}, x_t] + b_C)$$

圖 5-17　輸入門

其中，tanh 層會建立一個新的細胞狀態值向量——C_t，它會被加入狀態中。

忘記門在找到了需要忘掉的資訊 f_t 後，會將它與舊狀態相乘，捨棄掉確定需要捨棄的資訊，再將結果加上 $i_t \times C_t$ 使細胞狀態獲得新的資訊。這樣就完成了細胞狀態的更新，如圖 5-18 所示。

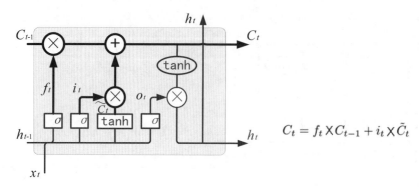

$$C_t = f_t \times C_{t-1} + i_t \times \tilde{C}_t$$

圖 5-18 輸入門更新

4. 輸出門

在輸出門中,透過一個 Sigmoid 層來確定將哪個部分的資訊輸出,接著把細胞狀態透過 Tanh 進行處理(獲得一個～1～1 的值)並將它和 Sigmoid 門的輸出相乘,得出最後想要輸出的那部分,如圖 5-19 所示。例如在語言模型中,假設已經輸入了一個代詞,便會計算出需要輸出一個與動詞相關的資訊。

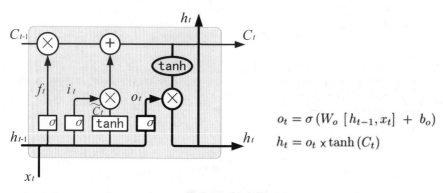

$$o_t = \sigma \left(W_o \left[h_{t-1}, x_t \right] + b_o \right)$$
$$h_t = o_t \times \tanh \left(C_t \right)$$

圖 5-19 輸出門

5.6.4 認識 JANET 單元

JANET 單元也是對 LSTM 單元的一種最佳化,被發表於 2018 年。它源於一個很大膽的猜測——當 LSTM 單元只有忘記門會怎樣?

實驗表明,只有忘記門的網路,其效能居然優於標準 LSTM 單元。同樣,該最佳化方式也可以被用在 GRU 單元中。

本實例將使用 JANET 單元來完成預測飛機引擎剩餘壽命的任務。

5.6.5 程式實現：前置處理資料—— 製作資料集的輸入樣本與標籤

本實例的任務有兩個：

- 預測飛機引擎在未來 15 個週期內是否可能發生故障。
- 預測飛機引擎的剩餘使用壽命（RUL）。

前者屬於分類問題，後者屬於回歸問題。

在資料前置處理環節，需要設定一個序列資料的時間視窗（在本實例中設為 50），並按照該時間視窗將資料加工成輸入的樣本資料與標籤資料。在本實例中，根據分類任務與回歸任務製作出兩種標籤。

- 分類標籤：尋找樣本中的序列維護記錄。以訓練樣本為例，在 PM_train.txt 中以每台引擎為單位，在其中截取 50 個連續的記錄作為樣本。如果該樣本的最後一筆記錄在該飛機引擎的最後 15 筆記錄內，則認為該樣本在未來 15 個週期內會出現故障，否則認為在未來 15 個週期內不出現故障。
- 回歸標籤：尋找樣本中的序列維護記錄。以訓練樣本為例，在 PM_train.txt 中以每台飛機引擎為單位，在其中截取 50 個連續的記錄作為樣本。直接分析最後一筆的 RUL 欄位作為標籤。

製作測試集時，還需要將 PM_test.txt 檔案與 PM_truth.txt 檔案中的內容連結起來，計算出 RUL（見程式第 59～62 行）。

在製作好標籤後，對資料進行歸一化，並將其轉換成資料集。實際程式如下。

■ 程式 5-11 預測飛機引擎的剩餘使用壽命

```
01   import tensorflow as tf              #匯入模組
02   import pandas as pd
03   import numpy as np
04   import matplotlib.pyplot as plt
05   from sklearn import preprocessing
06   import tensorflow.keras.layers as kl
```

```
07  tf.compat.v1.disable_v2_behavior()
08  train_df = pd.read_csv('./PM_train.txt', sep=" ", header=None)  #讀取資料
09  train_df.drop(train_df.columns[[26, 27]], axis=1, inplace=True)
10  train_df.columns = ['id', 'cycle', 'setting1', 'setting2', 'setting3',
    's1', 's2', 's3',
11                      's4', 's5', 's6', 's7', 's8', 's9', 's10', 's11',
    's12', 's13', 's14',
12                      's15', 's16', 's17', 's18', 's19', 's20', 's21']
13  train_df = train_df.sort_values(['id','cycle'])
14
15  #讀取 PM_test 資料
16  test_df = pd.read_csv('./PM_test.txt', sep=" ", header=None)
17  test_df.drop(test_df.columns[[26, 27]], axis=1, inplace=True)
18  test_df.columns = ['id', 'cycle', 'setting1', 'setting2', 'setting3',
    's1', 's2', 's3',
19                     's4', 's5', 's6', 's7', 's8', 's9', 's10', 's11',
    's12', 's13', 's14',
20                     's15', 's16', 's17', 's18', 's19', 's20', 's21']
21
22  #讀取 PM_truth 資料
23  truth_df = pd.read_csv('./PM_truth.txt', sep=" ", header=None)
24  truth_df.drop(truth_df.columns[[1]], axis=1, inplace=True)
25
26  #處理訓練資料
27  rul = pd.DataFrame(train_df.groupby('id')['cycle'].max()).reset_index()
28  rul.columns = ['id', 'max']
29  train_df = train_df.merge(rul, on=['id'], how='left')
30  train_df['RUL'] = train_df['max'] - train_df['cycle']
31  train_df.drop('max', axis=1, inplace=True)
32
33  w0 = 15                          #定義了兩個分類參數——15 週期與 30 週期
34  w1 = 30
35
36  train_df['label1'] = np.where(train_df['RUL'] <= w1, 1, 0 )
37  train_df['label2'] = train_df['label1']
38  train_df.loc[train_df['RUL'] <= w0, 'label2'] = 2
39
40  train_df['cycle_norm'] = train_df['cycle']           #對訓練資料進行歸一化處理
41  train_df['RUL_norm'] = train_df['RUL']
```

```
42   cols_normalize =
     train_df.columns.difference(['id','cycle','RUL','label1','label2'])
43   min_max_scaler = preprocessing.MinMaxScaler()
44   norm_train_df =
     pd.DataFrame(min_max_scaler.fit_transform(train_df[cols_normalize]),
45                                  columns=cols_normalize,
46                                  index=train_df.index)
47   #合成訓練資料特徵列
48   join_df =
     train_df[train_df.columns.difference(cols_normalize)].join(norm_train_df)
49   train_df = join_df.reindex(columns = train_df.columns)
50
51   #處理測試資料
52   rul = pd.DataFrame(test_df.groupby('id')['cycle'].max()).reset_index()
53   rul.columns = ['id', 'max']
54   truth_df.columns = ['more']
55   truth_df['id'] = truth_df.index + 1
56   truth_df['max'] = rul['max'] + truth_df['more']
57   truth_df.drop('more', axis=1, inplace=True)
58
59   #產生測試資料的 RUL
60   test_df = test_df.merge(truth_df, on=['id'], how='left')
61   test_df['RUL'] = test_df['max'] - test_df['cycle']
62   test_df.drop('max', axis=1, inplace=True)
63
64   #產生測試標籤
65   test_df['label1'] = np.where(test_df['RUL'] <= w1, 1, 0 )
66   test_df['label2'] = test_df['label1']
67   test_df.loc[test_df['RUL'] <= w0, 'label2'] = 2
68
69   test_df['cycle_norm'] = test_df['cycle'] #對測試資料進行歸一化處理
70   test_df['RUL_norm'] = test_df['RUL']
71   norm_test_df =
     pd.DataFrame(min_max_scaler.transform(test_df[cols_normalize]),
72                                  columns=cols_normalize,
73                                  index=test_df.index)
74   test_join_df = test_df[test_df.columns.difference
     (cols_normalize)].join(norm_test_df)
75   test_df = test_join_df.reindex(columns = test_df.columns)
76   test_df = test_df.reset_index(drop=True)
```

```
77
78  sequence_length = 50                                    #定義序列的長度
79  def gen_sequence(id_df, seq_length, seq_cols):      #按照序列的長度獲得序列資料
80      data_matrix = id_df[seq_cols].values
81      num_elements = data_matrix.shape[0]
82
83      for start, stop in zip(range(0, num_elements-seq_length),
    range(seq_length, num_elements)):
84          yield data_matrix[start:stop, :]
85
86  #合成特徵列
87  sensor_cols = ['s' + str(i) for i in range(1,22)]
88  sequence_cols = ['setting1', 'setting2', 'setting3', 'cycle_norm']
89  sequence_cols.extend(sensor_cols)
90
91  seq_gen = (list(gen_sequence(train_df[train_df['id']==id],
    sequence_length, sequence_cols))
92          for id in train_df['id'].unique())
93  seq_array = np.concatenate(list(seq_gen)).astype(np.float32)#產生訓練資料
94  print(seq_array.shape)
95
96  def gen_labels(id_df, seq_length, label):                    #產生標籤
97      data_matrix = id_df[label].values
98      num_elements = data_matrix.shape[0]
99      return data_matrix[seq_length:num_elements, :]
100
101 #產生訓練分類標籤
102 label_gen = [gen_labels(train_df[train_df['id']==id], sequence_length,
    ['label1'])
103             for id in train_df['id'].unique()]
104 label_array = np.concatenate(label_gen).astype(np.float32)
105 label_array.shape
106
107 #產生訓練回歸標籤
108 labelreg_gen = [gen_labels(train_df[train_df['id']==id], sequence_length,
    ['RUL_norm'])
109             for id in train_df['id'].unique()]
110
111 labelreg_array = np.concatenate(labelreg_gen).astype(np.float32)
112 print(labelreg_array.shape)
```

```
113
114 #從測試資料中找到序列長度大於 sequence_length 的資料，並取出其最後
    sequence_length 個資料
115 seq_array_test_last =
    [test_df[test_df['id']==id][sequence_cols].values[-sequence_length:]
116                        for id in test_df['id'].unique() if
    len(test_df[test_df['id']==id]) >= sequence_length]
117 #產生測試資料
118 seq_array_test_last = np.asarray(seq_array_test_last).astype(np.float32)
119 y_mask = [len(test_df[test_df['id']==id]) >= sequence_length for id in
    test_df['id'].unique()]
120 #產生分類回歸標籤
121 label_array_test_last = test_df.groupby('id')['label1'].nth(-
    1)[y_mask].values
122 label_array_test_last =
    label_array_test_last.reshape(label_array_test_last.shape[0],1).astype(n
    p.float32)
123 #產生測試回歸標籤
124 labelreg_array_test_last = test_df.groupby('id')['RUL_norm'].nth(-
    1)[y_mask].values
125 labelreg_array_test_last =
    labelreg_array_test_last.reshape(labelreg_array_test_last.shape[0],1).as
    type(np.float32)
126
127 BATCH_SIZE = 80           #指定批次
128 #定義訓練集
129 dataset = tf.data.Dataset.from_tensor_slices((seq_array,
    (label_array,labelreg_array))).shuffle(1000)
130 dataset = dataset.repeat().batch(BATCH_SIZE)
131
132 #測試集
133 testdataset = tf.data.Dataset.from_tensor_slices((seq_array_test_last,
    (label_array_test_last,labelreg_array_test_last)))
134 testdataset = testdataset.batch(BATCH_SIZE, drop_remainder=True)
```

程式第 43 行，用 sklearn 函數庫中的 preprocessing 函數對資料進行歸一化處
理。

🔊 提示：
在第一次歸一化處理後，需要將當時歸一化的極值儲存。在應用模型時，需要使用同樣的極值來做歸一化，這樣才保障模型的資料分佈統一。

5.6.6 程式實現：建置帶有 JANET 單元的多層動態 RNN 模型

在本書書附程式中找到原始程式碼檔案 "JANetLSTMCell.py"，該檔案是 JANET 單元的實際程式實現（在 LSTM 單元結構上只保留了忘記門）。將其複製到本機程式的同級目錄下。

撰寫程式，實現以下邏輯：

（1）匯入實現 JANET 單元的程式模組。

（2）用 tf.nn.dynamic_rnn 介面建立包含 3 層 JANET 單元的 RNN 模型。

（3）在每層後面增加 Dropout 功能。

（4）建立兩個損失值：一個用於分類，另一個用於回歸。

（5）對兩個損失值取平均數，獲得整體損失值。

（6）建立 Adam 最佳化器，用於反向傳播。

實際程式如下。

■ 程式 5-11 預測飛機引擎的剩餘使用壽命（續）

```
135 import JANetLSTMCell
136 tf.compat.v1.reset_default_graph()
137 learning_rate = 0.001                          #定義學習率
138
139 #建置網路節點
140 nb_features = seq_array.shape[2]
141 nb_out = label_array.shape[1]
142 reg_out= labelreg_array.shape[1]
143 n_classes = 2
144 x = tf.compat.v1.placeholder("float", [None, sequence_length,
    nb_features])
145 y = tf.compat.v1.placeholder(tf.int32, [None, nb_out])
146 yreg = tf.compat.v1.placeholder("float", [None, reg_out])
```

```
147
148 hidden = [100,50,36]        #設定每層 JANET 單元的個數
149 cell1=JANetLSTMCell.JANetLSTMCell(hidden[0],
    t_max=sequence_length,recurrent_dropout=0.8)
150 rnn=kl.RNN(cell=cell1,return_sequences=True)(x)
151 cell2=JANetLSTMCell.JANetLSTMCell(hidden[1], recurrent_dropout=0.8)
152 rnn=kl.RNN(cell=cell2,return_sequences=True)(rnn)
153 cell3=JANetLSTMCell.JANetLSTMCell(hidden[2], recurrent_dropout=0.8)
154 rnn=kl.RNN(cell=cell3,return_sequences=True)(rnn)
155
156 outputs = rnn
157 print(outputs.get_shape())
158 pred =kl.Conv2D(n_classes,6,activation = 'relu')(tf.reshape(outputs[-
    1],[-1,6,6,1]))
159 pred =tf.reshape(pred,(-1,n_classes)) #分類模型
160
161 predreg =kl.Conv2D(1,1,activation = 'sigmoid')(tf.reshape(outputs[-1],[-
    1,1,1,36]))
162 predreg =tf.reshape(predreg,(-1,1))    #回歸模型
163
164 costreg = tf.reduce_mean(input_tensor=abs(predreg - yreg))
165 costclass = tf.reduce_mean(input_tensor=tf.compat.v1.losses.sparse_
    softmax_cross_entropy(logits=pred, labels=y))
166
167 cost =(costreg+costclass)/2       #整體損失值
168 optimizer = tf.compat.v1.train.AdamOptimizer(learning_rate=
    learning_rate).minimize(cost)
```

JANET 單元是一個只有忘記門的 GRU 單元或 LSTM 單元結構,見 5.6.4 節。

5.6.7 程式實現:訓練並測試模型

撰寫程式,完成以下步驟。

(1)產生資料集疊代器。

(2)在階段(session)中訓練模型。

(3)待訓練結束後,將模型測試的結果列印出來。

實際程式如下。

■ 程式 5-11 預測飛機引擎的剩餘使用壽命（續）

```
169 iterator =tf.compat.v1.data.make_one_shot_iterator(dataset)
    #產生一個訓練集的疊代器
170 one_element = iterator.get_next()
171
172 iterator_test = tf.compat.v1.data.make_one_shot_iterator(testdataset)
    #產生一個測試集的疊代器
173 one_element_test = iterator_test.get_next()
174
175 EPOCHS = 5000                                    #指定疊代次數
176 with tf.compat.v1.Session() as sess:
177     sess.run(tf.compat.v1.global_variables_initializer())
178
179     for epoch in range(EPOCHS):                  #訓練模型
180         alloss = []
181         inp, (target,targetreg) = sess.run(one_element)
182         if len(inp)!= BATCH_SIZE:
183             continue
184         predregv,_,loss =sess.run([predreg,optimizer,cost], feed_dict={x:
    inp, y: target,yreg:targetreg})
185
186         alloss.append(loss)
187         if epoch%100==0:            #每執行 100 次顯示一次結果
188             print(np.mean(alloss))
189
190     #測試模型
191     alloss = []                     #收集 loss 值
192     while True:
193         try:
194             inp, (target,targetreg) = sess.run(one_element_test)
195             predv,predregv,loss =sess.run([pred,predreg,cost],
    feed_dict={x: inp, y: target,yreg:targetreg})
196             alloss.append(loss)
197             print("分類結果：",target[:20,0],np.argmax(predv[:20],axis = 1))
198             print("回歸結果：",np.asarray(targetreg[:20]*train_df
    ['RUL'].max()+train_df['RUL'].min(),np.int32)[:,0],
199                     np.asarray(predregv[:20]*train_df['RUL'].max()+
    train_df['RUL'].min(),np.int32)[:,0])
200             print("測試模型的損失值"loss)
201
202         except tf.errors.OutOfRangeError:
203             print("測試結束")
```

```
204              #視覺化顯示
205              y_true_test =np.asarray(targetreg*train_df['RUL'].max()
   +train_df['RUL'].min(),np.int32)[:,0]
206              y_pred_test = np.asarray(predregv*train_df['RUL'].max()+
   train_df['RUL'].min(),np.int32)[:,0]
207
208              fig_verify = plt.figure(figsize=(12, 8))
209              plt.plot(y_pred_test, color="blue")
210              plt.plot(y_true_test, color="green")
211              plt.title('prediction')
212              plt.ylabel('value')
213              plt.xlabel('row')
214              plt.legend(['predicted', 'actual data'], loc='upper left')
215              plt.show()
216              fig_verify.savefig("./model_regression_verify.png")
217              print(np.mean(alloss))
218              break
```

5.6.8 執行程式

程式執行後輸出以下結果。

（1）訓練結果：模型的損失值逐漸收斂到 0.05 左右。

```
0.65047395
0.21954131
0.15633471
...
0.052825853
0.054040894
0.055623062
```

（2）測試結果：分為分類結果、回歸結果、測試模型的損失值，共 3 部分。

```
分類結果： [0. 0. 0. 0. 0. 0. 0. 0. 0. 0. 0. 0. 0. 0. 0. 1. 0. 1. 0. 0. 1.]
[0 0 0 0 0 0 0 0 0 0 0 0 0 0 0 1 0 1 0 0 1]
回歸結果： [ 69  82  90  93  90  95 111  96  97 124  95  83  84  50  28
87  16  56
 113  20] [ 50  79  91  90 124  84 135  89 102 102  93 105 114  61  19
91   9  89
 130  24]
測試模型的損失值：0.038021535
```

輸出的視覺化結果如圖 5-20 所示。

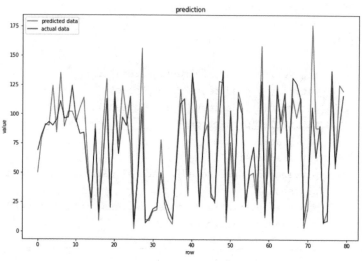

圖 5-20 飛機引擎資料預測結果

在圖 5-20 中有兩條線:一條是真實值(相對峰值較低的線),另一條是預測值(相對峰值較高的線)。可以看出兩條線的擬合程度還是很接近的。

第 **3** 篇

進階篇

第 6 章 自然語言處理

第 7 章 機器視覺處理

Chapter

06

自然語言處理

NLP（natural language processing，自然語言處理）是人工智慧（AI）研究的方向。其目標是透過演算法讓機器能夠了解和辨識人類的語言，常用於文字分類、翻譯、文字產生、對話等領域。

本章就來實際學習 NLP 模型的相關知識。

🌐 6.1 BERT 模型與 NLP 的發展階段

回看歷史，深度學習在 NLP 任務方向上的發展有兩個明顯的階段：基礎的神經網路階段（BERT 模型之前的階段）、BERTology 階段（BERT 模型之後的階段）。

6.1.1 基礎的神經網路階段

在這個階段主要是使用基礎的神經網路模型來實現 NLP 任務。其中所應用的主要基礎模型有以下 3 種。

- 卷積神經網路：主要是將語言當作圖片資料，進行卷積操作。
- 循環神經網路：按照語言文字的順序，用循環神經網路來學習一段連續文字中的語義。

- 以注意力機制為基礎的神經網路：一種類似卷積思維的網路。它透過矩陣相乘計算輸入向量與目的輸出之間的相似度，進而完成語義的了解。

人們透過運用這 3 種基礎模型技術，不斷架設出擬合能力越來越強的模型，直到最後出現了 BERT（bidirectional encoder representations from transformers）模型。

6.1.2 BERTology 階段

BERT 模型的從天而降，仿佛開啟了解碼 NLP 任務的潘朵拉魔盒。隨後湧現了一大批類似 BERT 的預訓練（pre-trained）模型，例如：

- 引用了 BERT 模型中雙向上下文資訊的廣義自回歸模型 XLNet。
- 改進了 BERT 模型訓練方式和目標的 RoBERTa 模型和 SpanBERT 模型。
- 在 BERT 模型上結合了多工及知識蒸餾（knowledge distillation）技術的 MT-DNN 模型。

除此之外，還有人試圖深入 BERT 模型的原理，以及其在某些任務中表現出色的真正原因。BERT 模型在其出現之後的時段內，成為了 NLP 任務的主流技術思維。這種思維也被稱為 BERTology（BERT 學）。

6.2 實例 28：用 TextCNN 模型分析評論者是否滿意

在處理 NLP 的任務中，常使用 RNN 模型。但如果把語言向量當作一幅影像，則也可以使用處理影像的方法分類。

卷積神經網路不僅用在處理影像視覺領域，在以文字為基礎的 NLP 領域也有很好的效果。TextCNN 模型是卷積神經網路用在文字處理方面的知名模型。在 TextCNN 模型中，透過多通道卷積技術實現了對文字的分類功能。下面就來介紹一下。

6.2.1 什麼是卷積神經網路

卷積神經網路（CNN）是深度學習中的經典模型之一。在當今幾乎所有的深度學習經典模型中，都能找到卷積神經網路的身影。它可以利用很少的權重，實現出色的擬合效果。

圖 6-1 所示是一個卷積神經網路的結構，通常會包含以下 5 個部分。

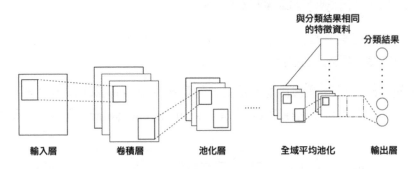

圖 6-1　卷積神經網路完整結構

- 輸入層：輸入代表每個像素的特徵節點。
- 卷積層：由多個濾波器組成。
- 池化層：將卷積結果降維。
- 全域平均池化層：對產生的特徵資料（feature map）取全域平均值。
- 輸出層：需要分成幾種就有幾個輸出節點。輸出節點的值代表預測機率。

卷積神經網路的主要組成部分是卷積層，它的作用是從影像的像素中分析出主要特徵。在實際應用中，由多個卷積層透過深度和高度兩個方向分析和分析影像的特徵：

- 透過較深（多通道）的卷積網路結構，可以學習到影像邊緣和顏色漸層等簡單特徵。
- 透過較高（多層）的卷積網路結構，可以學習到多個簡單特徵組合中的複雜的特徵。

在實際應用中，卷積神經網路並不全是圖 6-1 中的結構，而是存在很多特殊的變形。例如：在 ResNet 模型中引用了殘差結構，在 Inception 系列模型中引用了多通道結構,在 NASNet 模型中引用了空洞卷積與深度可分離卷積等結構。

另外,卷積神經網路還常和循環神經網路一起應用在自編碼網路、對抗神經網路等多模型的網路中。在多模型組合過程中,常用的卷積操作有反卷積、窄卷積、同卷積等。

6.2.2 模型任務與資料集介紹

本實例的任務是對一個評論敘述的資料集進行訓練,讓模型能夠了解正面與負面兩種情緒的語義,並對評論文字進行分類。

本實例使用的資料集是康乃爾大學發佈的電影評論資料集,該資料集可以在該大學的網站中找到,或在百度裡搜尋 rt-polaritydata.tar.gz,尋找實際下載連結。

將壓縮檔 rt-polaritydata.tar.gz 下載後可以看到,裡面包含 5,331 個正面的評論和 5,331 個負面的評論。

6.2.3 熟悉模型:了解 TextCNN 模型

TextCNN 模型是利用卷積神經網路對文字進行分類的演算法,由 Yoon Kim 在 *Convolutional Neural Networks for Sentence Classification* 一文中提出,參見 arXiv 網站上編號為 "1408.5882" 的論文。

該模型的結構可以分為以下 4 層。

▪ 詞嵌入層:將每個詞對應的向量轉換成多維度的詞嵌入向量。將每個句子當作一幅影像來進行處理(詞的個數 × 嵌入向量維度)。

▪ 多通道卷積層:用 2、3、4 等不同大小的卷積核心對詞嵌入轉換後的句子做卷積操作,產生大小不同的特徵資料。

▪ 多通道全域最大池化層:對多通道卷積層中輸出的每個通道的特徵資料做全域最大池化操作。

▪ 全連接分類輸出層:將池化後的結果輸入全連接網路中,輸出分類個數,獲得最後結果。

整個 TextCNN 模型的結構如圖 6-2 所示。

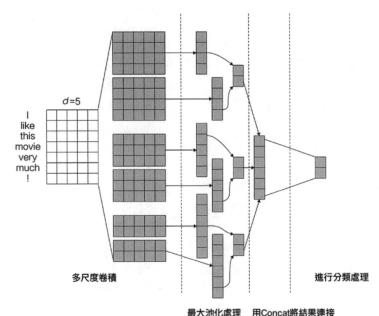

圖 6-2　TextCNN 模型的結構

因為卷積神經網路具有分析局部特徵的功能，所以可以用卷積分析句子中的關鍵資訊（類似 n-gram 演算法）。本實例的任務是可以視為透過句子中的關鍵資訊進行語義分類，這與 TextCNN 模型的功能是相類似的。

🔊 提示：

由於在 TextCNN 模型中使用了池化操作，所以在這個過程中會遺失一些資訊，導致該模型所代表的句子特徵有限。如果要用它來處理相近語義的分類任務，則還需要進一步調整。

6.2.4 資料前置處理：用 preprocessing 介面製作字典

在 TensorFlow 1.X 版本的 contrib 模組中有一個 learn 模組。該模組下的 preprocessing 介面可以用於 NLP 任務的資料前置處理。其中包含一個 VocabularyProcessor 類別，該類別可以實現文字與向量間的相互轉換、字典的建立與儲存、對詞向量的對齊處理等操作。

◀)) 提示：

preprocessing 介面是完全用 Python 基本語法來實現的，與 TensorFlow 架構的關係不大。在 TensorFlow 2.X 中，preprocessing 介面已被刪掉。

因為 preprocessing 介面可以獨立於 TensorFlow，所以可以很容易地透過手動的方式將它從 TensorFlow 架構中脫離出來。方法是：將整個 preprocessing 資料夾複製出來，放到本機程式同級路徑下，使其從本機環境開始載入。

這樣在 TensorFlow 新的版本中，即使該程式被刪掉也不會影響使用。

1. VocabularyProcessor 類別的定義

VocabularyProcessor 類別的初始化函數如下：

```
VocabularyProcessor (
max_document_length, #敘述前置處理的長度。按照該長度對敘述進行切斷、補 0 處理
min_frequency=0, #詞頻的最小值。如果出現的次數小於最小詞頻，則該詞不會被收錄到詞表中
vocabulary=None,    #CategoricalVocabulary 物件。如果為 None，則重新建立一個
tokenizer_fn=None) #分詞函數
```

在產生實體 VocabularyProcessor 類別時，其內部的字典與傳入的參數 vocabulary 相關。

- 如果傳入的參數 vocabulary 為 None，則 VocabularyProcessor 類別會在內部重新產生一個 CategoricalVocabulary 物件用於儲存字典。
- 如果傳入了指定的 CategoricalVocabulary 物件，則 VocabularyProcessor 類別會在內部將傳入的 CategoricalVocabulary 物件當作預設字典。

在產生實體 VocabularyProcessor 類別後，可以用該產生實體物件的 fit()方法來產生字典。如果再次呼叫 fit()方法，則可以實現字典的擴充。

◀)) 提示：

VocabularyProcessor 類別的 fit()方法預設為批次處理模式，即傳入的文字必須是可疊代的物件。

2. VocabularyProcessor 類別的儲存與恢復

VocabularyProcessor 類別的儲存與恢復非常簡單：直接使用其 save()與 restore()方法並傳入檔案名稱即可。

3. 用 VocabularyProcessor 類別將文字轉成向量

VocabularyProcessor 類別中有以下兩個方法，都可以將文字轉成向量。

- Transform()：直接將文字轉成向量。預設是批次處理模式，輸入的文字必須是可疊代的物件（在使用時，需要確認 VocabularyProcessor 類別的產生實體物件中已經產生過字典）。
- fit_transform()：將文字轉成向量，同時也產生字典。相當於先呼叫 fit()方法再呼叫 Transform()方法。

4. 用 VocabularyProcessor 類別將向量轉成文字

直接用 VocabularyProcessor 類別的 reverse()方法可以將向量轉成文字。預設是批次處理模式，即傳入的文字必須是可疊代的物件。

5. 用簡單程式示範

將本書書附程式中的 preprocessing 資料夾複製到本機，使用以下程式來呼叫 VocabularyProcessor 類別：

```
from preprocessing import text                        #匯入模組
import tensorflow as tf
import numpy as np

x_text =['www.aianaconda.com','xiangyuejiqiren']       #定義待處理文字
max_document_length = max([len(x) for x in x_text])    #計算最大長度

def e_tokenizer(documents):                            #定義分詞函數
    for document in documents:
        yield [i for i in document]                    #每個字母分一次
#產生實體 VocabularyProcessor
vocab_processor = text.VocabularyProcessor(max_document_length, 1,
tokenizer_fn=e_tokenizer)

id_documents =list(vocab_processor.fit_transform(x_text) )
#產生字典並將文字轉換成向量
```

```
    for id_document in id_documents:
        print(id_document)

    for document in vocab_processor.reverse(id_documents):    #將向量轉為文字
        print(document.replace(' ',''))

    #輸出字典
    a=next (vocab_processor.reverse( [list(range(0,len(vocab_processor.
vocabulary_)))] ))
    print("字典:",a.split(' '))
```

該程式片段的流程如下:

（1）定義一個文字陣列['www.aianaconda.com','xiangyuejiqiren']。

（2）將文字陣列傳入產生實體物件 vocab_processor 中的 fit_transform()方法，
產生字典與向量陣列 id_documents。

（3）用 list 函數將 fit_transform 傳回的生成器物件轉換成列表。

（4）用 vocab_processor 物件的 reverse()方法將向量陣列 id_documents 轉為字
元並輸出。

（5）用 vocab_processor 物件的 reverse()方法將字典輸出。

程式執行後輸出以下結果:

```
[4 4 4 5 1 2 1 3 1 6 8 3 0 1 5 6 8 0]
[0 2 1 3 0 0 0 7 0 2 0 2 0 7 3 0 0 0]
www.aianacon<UNK>a.co<UNK>
<UNK>ian<UNK><UNK><UNK>e<UNK>i<UNK>i<UNK>en<UNK><UNK><UNK>
字典: ['<UNK>', 'a', 'i', 'n', 'w', '.', 'c', 'e', 'o']
```

輸出結果的第 2 行是一個列表。可以看到，該清單中最後 3 個元素的值是 0，
表示在長度不足時系統會自動補 0。

從輸出結果的最後一行可以看到，字典的第 0 個位置用<UNK>表示其他的低
頻字元。在產生實體物件 vocab_processo 時，傳入的參數 min_frequency 是
1，代表出現次數小於 1 的字元將被當作低頻字元進行處理。在將字元轉為向
量過程中，所有的低頻字元將被統一用<UNK>取代。

◀)) 提示：
在 TensorFlow 2.X 版本中，還可以用 tf.keras 介面中的 preprocessing 模組來實現
文字的前置處理，實際用法可以在 keras.io/zh 網站上搜尋 preprocessing 檢視。

6.2.5 程式實現：產生 NLP 文字資料集

在撰寫程式之前，需要按照 6.2.4 節中的最後一個提示部分，將 preprocessing
複製到本機程式的同級目錄下，同時也將樣本資料複製到本機程式同級目錄
的 data 資料夾下。

將字元資料集的樣本轉為字典和向量資料集。

實際程式如下。

■ 程式 6-1 NLP 文字前置處理

```
01  import tensorflow as tf
02  from preprocessing import text
03
04  positive_data_file ="./data/rt-polaritydata/rt-polarity.pos"
05  negative_data_file = "./data/rt-polaritydata/rt-polarity.neg"
06
07  def mydataset(positive_data_file,negative_data_file):  #定義函數，建立資料集
08      filelist = [positive_data_file,negative_data_file]
09
10      def gline(filelist):                          #定義生成器函數，傳回每一行的資料
11          for file in filelist:
12              with open(file, "r",encoding='utf-8') as f:
13                  for line in f:
14                      yield line
15
16      x_text = gline(filelist)
17      lenlist = [len(x.split(" ")) for x in x_text]
18      max_document_length = max(lenlist)
19      vocab_processor = text.VocabularyProcessor(max_document_length,5)
20
21      x_text = gline(filelist)
22      vocab_processor.fit(x_text)
23      a=list (vocab_processor.reverse( [list(range(0,len
    (vocab_processor.vocabulary_)))] ))
```

```
24      print("字典：",a)
25
26      def gen():   #循環生成器 (否則生成器疊代一次就結束)
27          while True:
28              x_text2 = gline(filelist)
29              for i ,x in enumerate(vocab_processor.transform(x_text2)):
30                  if i < int(len(lenlist)/2):
31                      onehot = [1,0]
32                  else:
33                      onehot = [0,1]
34                  yield (x,onehot)
35
36      data = tf.data.Dataset.from_generator( gen,(tf.int64,tf.int64) )
37      data = data.shuffle(len(lenlist))
38      data = data.batch(256)
39      data = data.prefetch(1)
40      return data,vocab_processor,max_document_length#傳回資料集、字典、最大長度
41
42  if __name__ == '__main__':                          #單元測試程式
43      data,_,_ =mydataset(positive_data_file,negative_data_file)
44      iterator = tf.compat.v1.data.make_initializable_iterator(data)
45      next_element = iterator.get_next()
46
47      with tf.compat.v1.Session() as sess2:
48        sess2.run(iterator.initializer)
49        for i in range(80):
50            print("batched data 1:",i)
51            sess2.run(next_element)
```

程式第 26 行定義了內建函數 gen，在內建函數 gen 中傳回一個無窮循環的生成器物件。該生成器物件可以支援在疊代訓練過程中對資料集的重複檢查。

🔊 提示：

程式第 26 行，在 gen 中設定的無窮循環的生成器物件非常重要。如果不循環，則即使在外層資料集上做 repeat，也無法再次取得資料（因為如果沒有循環，則生成器疊代一次就結束）。

程式第 36 行，將內建函數 gen 傳入 tf.data.Dataset.from_generator 介面來製作資料集。

程式第 42 行是該資料集的測試實例。

產生字典的知識在 6.2.4 節介紹過,這裡不再詳述。

整個程式執行後輸出以下內容:

```
字典:["<UNK> the a and of to is in that it as but with film this for
its an movie it's be on you not by about more one like has are at from than
all his -- have so if or story i too just who into what
...
wholesome wilco wisdom woo's ya youthful zhang"]
batched data 1: 0
...
batched data 1: 79
```

產生結果中包含兩部分內容:字典的內容(前 4 行)、資料集的循環輸出
(後 3 行)。

6.2.6 程式實現:定義 TextCNN 模型

下面按照 6.2.3 節中介紹的 TextCNN 模型結構實現 TextCNN 模型。實際程式
如下。

■ 程式 6-2 TextCNN 模型(片段)

```
01 import tensorflow as tf
02 import numpy as np
03 from tensorflow.keras import layers
04 tf.compat.v1.disable_v2_behavior()
05 class TextCNN(object):
06     """
07     TextCNN 文字分類器
08     """
09     def __init__(
10       self, sequence_length, num_classes, vocab_size,
11       embedding_size, filter_sizes, num_filters, l2_reg_lambda=0.0):
12
13         #定義預留位置
14         self.input_x = tf.compat.v1.placeholder(tf.int32, [None,
   sequence_length], name="input_x")
```

```
15        self.input_y = tf.compat.v1.placeholder(tf.float32, [None,
   num_classes], name="input_y")
16        self.dropout_keep_prob = tf.compat.v1.placeholder(tf.float32,
   name="dropout_keep_prob")
17        embed_initer = tf.keras.initializers.RandomUniform(minval=-1,
   maxval=1) #詞嵌入層
18        embed = layers.Embedding(vocab_size, embedding_size,
19     embeddings_initializer=embed_initer, input_length=sequence_length,
20     input_length=sequence_length, name='Embedding')(self.input_x)
21        embed = layers.Reshape((sequence_length, embedding_size, 1),
22                                name='add_channel')(embed)
23      #定義多通道卷積與最大池化網路
24      pooled_outputs = []
25      for i, filter_size in enumerate(filter_sizes):
26          filter_shape = (filter_size, embedding_size)
27          conv = layers.Conv2D(num_filters, filter_shape, strides=(1, 1),
28                          padding='valid', activation=tf.nn.leaky_relu,
29                          kernel_initializer='glorot_normal',
30                      bias_initializer=tf.keras.initializers.constant(0.1),
31                      name='convolution_{:d}'.format(filter_size))(embed)
32          max_pool_shape = (sequence_length - filter_size + 1, 1)
33          pool = layers.MaxPool2D(pool_size=max_pool_shape,
34                                  strides=(1, 1), padding='valid',
35                      name='max_pooling_{:d}'.format(filter_size))(conv)
36          pool_outputs.append(pool)   #將各個通道結果合併起來
37      #展開特徵，並增加 Dropout 層
38      pool_outputs = layers.concatenate(pool_outputs, axis=-1, name=
   'concatenate')
39      pool_outputs = layers.Flatten(data_format='channels_last', name=
   'flatten')(pool_outputs)
40      pool_outputs = layers.Dropout(self.dropout_keep_prob, name=
   'dropout')(pool_outputs)
41
42      #計算 L2_loss 值
43      l2_loss = tf.constant(0.0)
44      ...
```

在模型中用到了 Dropout 層與正規化的處理方法，這兩個方法可以改善模型的
過擬合問題。

6.2.7 執行程式

由於篇幅關係，本實例只示範了模型部分的程式。完整程式可以參考本書書附程式中的程式檔案「6-2 TextCNN 模型.py」檔案。

程式執行後輸出以下結果：

```
2020-05-14T07:27:51.187195: step 20, loss 0.77673, acc 0.664062
2020-05-14T07:27:52.043903: step 40, loss 0.747624, acc 0.675781
…
2020-05-14T07:28:46.933766: step 1220, loss 0.0422899, acc 0.996094
2020-05-14T07:28:47.762518: step 1240, loss 0.0472618, acc 0.988281
2020-05-14T07:48.591300: step 1260, loss 0.0389083, acc 0.996094
2020-05-14T07:28:49.424072: step 1280, loss 0.039029, acc 0.992188
2020-05-14T07:28:50.249862: step 1300, loss 0.0413458, acc 0.988281
```

可以看到訓練效果還是很顯著的，在 rt-polaritydata 資料集上達到了 0.9 以上的準確率。

🌐 6.3 實例 29：用帶注意力機制的模型分析評論者是否滿意

注意力機制是解決 NLP 任務的一種方法。其內部的實現方式與卷積操作非常類似。

在脫離 RNN 結構的情況下，單獨的注意力機制模型也可以極佳地完成 NLP 任務。本節用 tf.keras 介面架設一個只帶有注意力機制的模型，實現文字分類。

6.3.1 BERTology 系列模型的基礎結構——注意力機制

解決 NLP 任務的三大基本模型是：注意力機制、卷積和循環神經網路。其中的注意力機制是目前主流的 BERTology 系列模型的基礎結構。它因 2017 年 Google 的一篇論文 *Attention is All You Need*（參見 arXiv 網站上編號為 "1706.03762" 的論文）而名聲大噪。下面就來介紹該技術的實際內容。

1. 注意力機制的基本思維

注意力機制的思維描述起來很簡單:將實際的任務看作 query、key、value 三個角色(分別用 Q、K、V 來簡寫)。其中 Q 是要查詢的任務,而 K、V 是一一對應的鍵和值。其目的就是使用 Q 在 K 中找到對應的 V 值。

在細節實現時,會比基本原理稍複雜一些,見式(6.1)。

$$d_v = \text{Attention}(Q_t, K, V) = \text{softmax}\left(\frac{\langle Q_t, K_s \rangle}{\sqrt{d_K}}\right)V_s = \sum_{s=1}^{m}\frac{1}{z}\exp\left(\frac{\langle Q_t, K_s \rangle}{\sqrt{d_K}}\right)V_s \quad (6.1)$$

式 6.1 中的 z 是歸一化因數。該公式可拆分成以下步驟:

(1) 將 Q_t 與各個 K_s 進行內積計算。

(2) 將第(1)步的結果除以 $\sqrt{d_K}$,這裡 $\sqrt{d_K}$ 造成調節數值的作用,使內積不至於太大。

(3) 使用 softmax 函數對第(2)步的結果進行計算。

(4) 將第(3)步的結果與 V_s 相乘,獲得 $\langle Q_t, K_s \rangle$ 與各個 V_s 的相似度。

(5) 對第(4)步的結果加權求和,獲得對應的向量 d_V。

舉例:

在中英翻譯任務中,假設 K 代表中文,有 m 個詞,每個詞的詞向量是 x_K 維; V 代表英文,有 m 個詞,每個詞的詞向量是 x_V 維。

對一句由 n 個中文詞組成的句子進行英文翻譯時,拋開其他的數值及非線性變化運算,主要的矩陣間運算可以視為:$[n,x_K] \times [m,x_K] \times [m,x_V]$。將其變形後獲得 $[n,x_K] \times [x_K,m] \times [m,x_V]$,根據線性代數的技巧,將兩個矩陣相乘,直接把相鄰的維度約到剩下的就是結果矩陣的形狀。實際做法是,(1)$[n,x_K] \times [x_K,m]=[n,m]$,(2)$[n,m] \times [m, x_V]= [n, x_V]$,最後便獲得了 n 個維度為 x_V 的英文詞。

同樣,該模型還可以放在其他任務中,例如:在閱讀了解任務中,可以把文章當作 Q,閱讀了解的問題和答案當作 K 和 V 所形成的鍵值對。

2. 多頭注意力機制

在 Google 公司發出的注意力機制論文裡,用多頭注意力機制的技術點改進了原始的注意力機制。該技術可以表示為：Y=MultiHead(Q , K , V)。其原理如圖 6-3 所示。

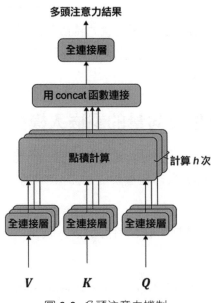

圖 6-3 多頭注意力機制

圖 6-3 所示，多頭注意力機制的工作原理如下：

（1） 把 Q、K、V 透過參數矩陣進行全連接層的對映轉換。

（2） 對第（1）步中所轉換的 3 個結果做點積運算。

（3） 將第（1）步和第（2）步重複執行 h 次，並且每次進行第（1）步操作時，都使用全新的參數矩陣（參數不共用）。

（4） 用 concat 函數把計算 h 次後的最後結果連接起來。

其中，第（4）步的操作與多通道卷積十分類似，其理論可以解釋為：

（1） 每一次的 attention 運算，都會使原資料中某個方面的特徵發生注意力轉換（獲得局部注意力特徵）。

（2） 當發生多次 attention 運算後，會獲得更多方向的局部注意力特徵。

（3） 將所有的局部注意力特徵合併起來，再透過神經網路將其轉為整體的特徵，進一步達到擬合效果。

3. 內部注意力機制

內部注意力機制用於發現序列資料的內部特徵。實際做法是將 Q、K、V 都變成 X。即 Attention(X,X,X)。

使用多頭注意力機制訓練出的內部注意力特徵可以用於 Seq2Seq 模型（輸入輸出都是序列資料的模型）、分類模型等各種任務，並能夠獲得很好的效果，即 Y=MultiHead(X,X,X)。

6.3.2 了解帶有位置向量的詞嵌入模型

由於注意力機制的本質是 key-value 的尋找機制，不能表現出查詢時 Q 的內部關係特徵。於是，Google 公司在實現注意力機制的模型中加入了位置向量技術。

帶有位置向量的詞嵌入是指，在已有的詞嵌入技術中加入位置資訊。在實現時，實際步驟如下：

（1）用 sin（正弦）和 cos（餘弦）演算法對詞嵌入中的每個元素進行計算。

（2）將第（1）步中 sin 和 cos 計算後的結果用 concat 函數連接起來，作為最後的位置資訊。

關於位置資訊的轉換公式比較複雜，這裡不做展開，實際見以下程式：

```
def Position_Embedding(inputs, position_size):
    batch_size,seq_len = tf.shape(inputs)[0],tf.shape(inputs)[1]
    position_j = 1. / tf.pow(10000., \
                2 * tf.range(position_size / 2, dtype=tf.float32 \
                    ) / position_size)
    position_j = tf.expand_dims(position_j, 0)
    position_i = tf.range(tf.cast(seq_len, tf.float32), dtype=tf.float32)
    position_i = tf.expand_dims(position_i, 1)
    position_ij = tf.matmul(position_i, position_j)
    position_ij = tf.concat([tf.cos(position_ij), tf.sin(position_ij)], 1)
    position_embedding = tf.expand_dims(position_ij, 0) \
                    + tf.zeros((batch_size, seq_len, position_size))
    return position_embedding
```

在範例程式中，函數 Position_Embedding 的輸入和輸出分別為：

- 輸入參數 inputs 是形狀為(batch_size, seq_len, word_size)的張量（可以了解成詞向量）。
- 輸出結果 position_embedding 是形狀為(batch_size, seq_len, position_size)的位置向量。其中，最後一個維度 position_size 中已經包含位置。

透過函數 Position_Embedding 的輸入和輸出可以很明顯地看到詞嵌入中增加了位置向量資訊。被轉換後的結果，可以與正常的詞嵌入一樣在模型中被使用。

6.3.3 了解模型任務與資料集

本實例所要完成的任務與 6.2 節一致，同樣是透過訓練模型，讓其學會正面與負面兩種情緒對應的語義。

在實現時，使用了 tf.keras 介面中的電影評論資料集 IMDB，IMDB 資料集中含有 25,000 筆電影評論，從情緒的角度分為正面、負面兩種標籤。該資料集相當於圖片處理領域的 MNIST 資料集，在 NLP 任務中經常被使用。

在 tf.keras 介面中，整合了 IMDB 資料集的下載及使用介面。該介面中的每筆樣本內容都是以向量形式存在的。

呼叫 tf.keras.datasets.imdb 模組下的 load_data 函數即可獲得資料，該函數的定義如下：

```
def load_data(path='imdb.npz',      #預設的資料集檔案
            num_words=None,         #單字數量，即文字轉向量後的最大索引
            skip_top=0,             #跳過前面頻度最高的幾個詞
            maxlen=None,            #只取小於該長度的樣本
            seed=113,               #亂數樣本的隨機種子
            start_char=1,           #每一組序列資料最開始的向量值
            oov_char=2,             #在字典中遇到不存在的字元時用該索引來取代
            index_from=3,           #大於該數的向量將被認為是正常的單字
            **kwargs):              #為了相容性而設計的預留參數
```

該函數會傳回兩個元組類型的物件。

- (x_train, y_train)：訓練資料集。如果指定了 num_words 參數，則最大索引值是 num_words–1。如果指定了 maxlen 參數，則序列長度大於 maxlen 的樣本將被過濾掉。
- (x_test, y_test)：測試資料集。

🔊 提示：

由於 load_data 函數傳回的樣本資料沒有進行對齊操作，所以還需要將其進行對齊處理（按照指定長度去整理資料集，多了的去掉，少了的補 0）後才可以使用。

6.3.4　程式實現：將 tf.keras 介面中的 IMDB 資料集還原成句子

本節程式共分為兩部分，實際如下。

- 載入 IMDB 資料集及字典：用 load_data 函數下載資料集，並用 get_word_index 函數下載字典。
- 讀取資料並還原句子：將資料集載入到記憶體中，並將向量轉換成字元。

1. 載入 IMDB 資料集及字典

在呼叫 tf.keras.datasets.imdb 模組下的 load_data 函數和 get_word_index 函數時，系統會預設去網上下載前置處理後的 IMDB 資料集及字典。如果由於網路原因無法成功下載 IMDB 資料集與字典，則可以載入本書書附程式中的 IMDB 資料集檔案 "imdb.npz" 與字典 "imdb_word_index.json"。

將 IMDB 資料集檔案 "imdb.npz" 與字典檔案 "imdb_word_index.json" 放到本機程式的同級目錄下，並對 tf.keras.datasets.imdb 模組的原始程式碼檔案中的函數 load_data 進行修改，關閉該函數的下載功能。實際如下所示。

（1）找到 tf.keras.datasets.imdb 模組的原始程式碼檔案。以作者本機路徑為例，實際如下：

```
C:\local\Anaconda3\lib\site-packages\tensorflow\python\keras\datasets\
imdb.py
```

（2）開啟該檔案，在 load_data 函數中，將程式的第 80～84 行註釋起來。實際程式如下：

```
#  origin_folder = 'https://storage.googleapis.com/tensorflow/tf-keras-
datasets/'
#  path = get_file(
#      path,
#      origin=origin_folder + 'imdb.npz',
#      file_hash='599dadb1135973df5b59232a0e9a887c')
```

（3）在 get_word_index 函數中，將程式第 144~148 行註釋起來。實際程式如下：

```
#  origin_folder = 'https://storage.googleapis.com/tensorflow/tf-keras-
datasets/'
#  path = get_file(
#      path,
#      origin=origin_folder + 'imdb_word_index.json',
#      file_hash='bfafd718b763782e994055a2d397834f')
```

2. 讀取資料並還原其中的句子

從資料集中取出一筆樣本，並用字典將該樣本中的向量轉成句子，然後輸出結果。實際程式如下。

■ 程式 6-3 用 keras 注意力機制模型分析評論者的情緒

```
01 from __future__ import print_function
02 import tensorflow as tf
03 import numpy as np
04 attention_keras = __import__("程式 6-4  keras 注意力機制模型")
05 tf.compat.v1.disable_v2_behavior()
06 #定義參數
07 num_words = 20000
08 maxlen = 80
09 batch_size = 32
10
11 #載入資料
12 print('Loading data...')
13 (x_train, y_train), (x_test, y_test) =
   tf.keras.datasets.imdb.load_data(path='./imdb.npz',num_words=num_words)
14 print(len(x_train), 'train sequences')
15 print(len(x_test), 'test sequences')
```

```
16 print(x_train[:2])
17 print(y_train[:10])
18 word_index = tf.keras.datasets.imdb.get_word_ index
   ('./imdb_word_index.json')#產生字典：單字與索引對應
19 reverse_word_index = dict([(value, key) for (key, value) in
   word_index.items()])#產生反向字典：索引與單字對應
20
21 decoded_newswire = ' '.join([reverse_word_index.get(i - 3, '?') for i in
   x_train[0]])
22 print(decoded_newswire)
```

程式第 21 行，將樣本中的向量轉換成單字。在轉換過程中，將每個向量向前偏移了 3 個位置。這是由於在呼叫 load_data 函數時使用了參數 index_from 的預設值 3（見程式第 13 行），表示資料集中的向量值從 3 以後才是字典中的內容。

在呼叫 load_data 函數時，如果所有的參數都使用預設值，則產生的資料集會比字典中多 3 個字元 "padding"（代表填充值）、"start of sequence"（代表起始位置）和"unknown"（代表未知單字）分別對應於資料集中的向量 0、1、2。

程式執行後輸出以下結果。

（1）資料集包含 25000 筆樣本：

```
25000 train sequences
25000 test sequences
```

（2）資料集中第 1 筆樣本的內容如下：

```
[1, 14, 22, 16, 43, 530, 973, 1622, 1385, 65, 458, 4468, 66, 3941, 4,
173, 36, 256, 5, 25, 100, ……15, 297, 98, 32, 2071, 56, 26, 141, 6, 194,
7486, 18, 4, 226, 22, 21, 134, 476, 26, 480, 5, 144, 30, 5535, 18, 51, 36,
28, 224, 92, 25, 104, 4, 226, 65, 16, 38, 1334, 88, 12, 16, 283, 5, 16,
4472, 113, 103, 32, 15, 16, 5345, 19, 178, 32]
```

結果中第 1 個在量為 1，代表句子的起始標示。可以看出，tf.keras 介面中的 IMDB 資料集為每個句子都增加了起始標示。這是因為在呼叫函數 load_data 時沒有為參數 start_char 設定值（見程式第 13 行），這種情況會使用參數 start_char 的預設值 1。

（3）前 10 筆樣本的分類資訊如下：

```
[1 0 0 1 0 0 1 0 1 0]
```

（4）第 1 筆樣本資料的還原敘述。實際內容如下：

```
 ? this film was just brilliant casting location scenery story direction
everyone's really suited the part they played and you could just imagine
being there robert ? is an amazing actor and now the …… someone's life
after all that was shared with us all
```

在將向量轉換成單字的過程中，程式會把在字典中沒有找到的向量對映成字
元 " ? "（見程式第 21 行）。

因為結果中的第一個向量是 1，而字典中的內容是從向量 3 開始的，沒有向量
1 所對應的單字，所以結果中的第 1 個字元為 " ? "。

6.3.5　程式實現：用 tf.keras 介面開發帶有位置向量的詞嵌入層

在 tf.keras 介面中實現自訂網路層，需要以下幾個步驟。

（1）將自己的層定義成類別，並繼承 tf.keras.layers.Layer 類別。

（2）在類別中實現__init__()方法，用來對該層進行初始化。

（3）在類別中實現 build()方法，用於定義該層所使用的權重。

（4）在類別中實現 call()方法，用來呼叫對應事件。對輸入的資料做自訂處
理，同時還可以支援 masking（根據實際的長度進行運算）。

（5）在類別中實現 compute_output_shape()方法，指定該層最後輸出的
shape。

按照以上步驟，實現帶有位置向量的詞嵌入層。

實際程式如下。

■　**程式 6-4　keras 注意力機制模型**

```
01 import tensorflow as tf
02 from tensorflow import keras
03 from tensorflow.keras import backend as K        #載入 keras 的後端實現
04
```

```
05 class Position_Embedding(keras.layers.Layer):    #定義位置向量類別
06    def __init__(self, size=None, mode='sum', **kwargs):
07        self.size = size #定義位置向量的大小，必須為偶數，一半是 cos，另一半是 sin
08        self.mode = mode
09        super(Position_Embedding, self).__init__(**kwargs)
10
11    def call(self, x):            #實現呼叫方法
12        if (self.size == None) or (self.mode == 'sum'):
13            self.size = int(x.shape[-1])
14        position_j = 1. / K.pow( 10000., 2 * K.arange(self.size / 2,
   dtype='float32') / self.size )
15        position_j = K.expand_dims(position_j, 0)
16        #按照 x 的 1 維數值累計求和，產生序列
17        position_i = tf.cumsum(K.ones_like(x[:,:,0]), 1)-1
18        position_i = K.expand_dims(position_i, 2)
19        position_ij = K.dot(position_i, position_j)
20        position_ij = K.concatenate([K.cos(position_ij),
   K.sin(position_ij)], 2)
21        if self.mode == 'sum':
22            return position_ij + x
23        elif self.mode == 'concat':
24            return K.concatenate([position_ij, x], 2)
25
26    def compute_output_shape(self, input_shape): #設定輸出形狀
27        if self.mode == 'sum':
28            return input_shape
29        elif self.mode == 'concat':
30            return (input_shape[0], input_shape[1], input_shape[2]+self.size)
```

程式第 3 行是原生 Keras 架構的內部語法。由於 Keras 架構是一個前端的程式
架構，它透過 backend 介面來呼叫後端架構的實現，以保障後端架構的獨立
性。

程式第 5 行定義了類別 Position_Embedding，用來實現帶有位置向量的詞嵌入
層。該程式與 6.3.2 節中程式的不同之處是：該程式是用 tf.keras 介面實現
的，同時也提供了位置向量的兩種合入方式。

▪ 加和方式：透過 sum 運算直接把位置向量加到原有的詞嵌入中。這種方式
  不會改變原有的維度。

▪ 連接方式：透過 concat 函數將位置向量與詞嵌入連接到一起。這種方式會在原有的詞嵌入維度之上擴充出位置向量的維度。

程式第 11 行是 Position_Embedding 類別 call() 方法的實現。在呼叫 Position_Embedding 類別進行位置向量產生時，系統會呼叫該方法。

在 Position_Embedding 類別的 call()方法中，先對位置向量的合入方式進行判斷，如果是 sum 方式，則將產生的位置向量維度設定成輸入的詞嵌入向量維度。這樣就確保了產生的結果與輸入的結果維度統一，在最後的 sum 操作時不會出現錯誤。

6.3.6 程式實現：用 tf.keras 介面開發注意力層

下面按照 6.3.1 節中的描述，用 tf.keras 介面開發以內部注意力為基礎的多頭注意力機制 Attention 類別。

在 Attention 類別中用比 6.3.1 節更最佳化的方法來實現多頭注意力機制的計算。該方法直接將多頭注意力機制中最後的全連接網路中的權重分析出來，並將原有的輸入 Q、K、V 按照指定的計算次數展開，使它們彼此以直接矩陣的方式進行計算。

這種方法採用了空間換時間的思維，省去了循環處理，提升了運算效率。

實際程式如下。

■ 程式 6-4　keras 注意力機制模型（續）

```
31 class Attention(keras.layers.Layer):    #定義注意力機制的模型類別
32    def __init__(self, nb_head, size_per_head, **kwargs):
33        self.nb_head = nb_head            #設定注意力的計算次數 nb_head
34        #設定每次線性變化為 size_per_head 維度
35        self.size_per_head = size_per_head
36        self.output_dim = nb_head*size_per_head    #計算輸出的總維度
37        super(Attention, self).__init__(**kwargs)
38
39    def build(self, input_shape):        #實現 build()方法，定義權重
40        self.WQ = self.add_weight(name='WQ',
41                    shape=(int(input_shape[0][-1]), self.output_dim),
42                        initializer='glorot_uniform',
```

```
43                     trainable=True)
44        self.WK = self.add_weight(name='WK',
45                     shape=(int(input_shape[1][-1]), self.output_dim),
46                     initializer='glorot_uniform',
47                     trainable=True)
48        self.WV = self.add_weight(name='WV',
49                  shape=(int(input_shape[2][-1]), self.output_dim),
50                     initializer='glorot_uniform',
51                     trainable=True)
52        super(Attention, self).build(input_shape)
53    #定義 Mask() 方法，按照 seq_len 的實際長度對 inputs 進行計算
54    def Mask(self, inputs, seq_len, mode='mul'):
55        if seq_len == None:
56            return inputs
57        else:
58            mask = K.one_hot(seq_len[:,0], K.shape(inputs)[1])
59            mask = 1 - K.cumsum(mask, 1)
60            for _ in range(len(inputs.shape)-2):
61                mask = K.expand_dims(mask, 2)
62            if mode == 'mul':
63                return inputs * mask
64            if mode == 'add':
65                return inputs - (1 - mask) * 1e12
66
67    def call(self, x):
68        if len(x) == 3:        #解析傳入的 Q_seq、K_seq、V_seq
69            Q_seq,K_seq,V_seq = x
70            Q_len,V_len = None,None    #Q_len、V_len 是 mask 的長度
71        elif len(x) == 5:
72            Q_seq,K_seq,V_seq,Q_len,V_len = x
73
74        #對 Q、K、V 做線性轉換，一共做 nb_head 次，每次都將維度轉換成 size_per_head
75        Q_seq = K.dot(Q_seq, self.WQ)
76        Q_seq = K.reshape(Q_seq, (-1, K.shape(Q_seq)[1], self.nb_head,
    self.size_per_head))
77        Q_seq = K.permute_dimensions(Q_seq, (0,2,1,3)) #排列各維度的順序
78        K_seq = K.dot(K_seq, self.WK)
79        K_seq = K.reshape(K_seq, (-1, K.shape(K_seq)[1], self.nb_head,
    self.size_per_head))
80        K_seq = K.permute_dimensions(K_seq, (0,2,1,3))
81        V_seq = K.dot(V_seq, self.WV)
```

```
82          V_seq = K.reshape(V_seq, (-1, K.shape(V_seq)[1], self.nb_head,
    self.size_per_head))
83          V_seq = K.permute_dimensions(V_seq, (0,2,1,3))
84          #計算內積，然後計算 mask，再計算 softmax
85          A = tf.matmul(Q_seq, K_seq, transpose_b=True) /
    self.size_per_head**0.5
86          A = K.permute_dimensions(A, (0,3,2,1))
87          A = self.Mask(A, V_len, 'add')
88          A = K.permute_dimensions(A, (0,3,2,1))
89          A = K.softmax(A)
90          #將 A 與 V 進行內積計算
91          O_seq = tf.matmul(A, V_seq)
92          O_seq = K.permute_dimensions(O_seq, (0,2,1,3))
93          O_seq = K.reshape(O_seq, (-1, K.shape(O_seq)[1], self.output_dim))
94          O_seq = self.Mask(O_seq, Q_len, 'mul')
95          return O_seq
96
97      def compute_output_shape(self, input_shape):
98          return (input_shape[0][0], input_shape[0][1], self.output_dim)
```

在程式第 39 行的 build()方法中，為注意力機制中的三個角色 Q、K、V 分別定義了對應的權重。該權重的形狀為[input_shape,output_dim]。其中：

- input_shape 是 Q、K、V 中對應角色的輸入維度。
- output_dim 是輸出的總維度，即注意力的運算次數與每次輸出的維度乘積（見程式第 36 行）。

◀» 提示：

多頭注意力機制在多次計算時權重是不共用的，這相當於做了多少次注意力計算，就定義多少個全連接網路。所以在程式第 39～51 行，將權重的輸出維度定義成注意力的運算次數與每次輸出維度的乘積。

程式第 67 行是 Attention 類別的 call 函數，其中實現了注意力機制的實際計算方式，步驟如下：

（1）對注意力機制中的 3 個角色的輸入 Q、K、V 做線性變化（見程式第 75~83 行）。

（2）呼叫 batch_dot 函數，對第（1）步線性變化後的 **Q** 和 **K** 做以矩陣為基礎的相乘計算（見程式第 85~89 行）。

（3）呼叫 batch_dot 函數，對第（2）步的結果與第（1）步線性變化後的 **V** 做以矩陣為基礎的相乘計算（見程式第 85~89 行）。

程式第 77 行呼叫了 K.permute_dimensions 函數，該函數實現對輸入維度的順序調整，相當於 transpose 函數的作用。

🔊 提示：

這裡的全連接網路是不帶偏置權重 *b* 的。該網路的工作機制與矩陣相乘運算是一樣的。

因為在整個計算過程中需要將注意力中的三個角色 **Q**、**K**、**V** 進行矩陣相乘，並且在最後還要與全連接中的矩陣相乘，所以可以將這個過程了解為 **Q**、**K**、**V** 與各自的全連接權重進行矩陣相乘。因為乘數與被乘數的順序是與結果無關的，所以在程式第 67 行的 call() 方法中，全連接權重最先參與了運算，並不會影響實際結果。

6.3.7 程式實現：用 tf.keras 介面訓練模型

用定義好的詞嵌入層與注意力層架設模型進行訓練。實際步驟如下：

（1）用 Model 類別定義一個模型，並設定好輸入/輸出的節點。

（2）用 Model 類別中的 compile() 方法設定反向最佳化的參數。

（3）用 Model 類別的 fit() 方法進行訓練。

實際程式如下：

■ **程式 6-3 用 keras 注意力機制模型分析評論者的情緒（續）**

```
23 #資料對齊
24 x_train = tf.keras.preprocessing.sequence.pad_sequences(x_train,
   maxlen=maxlen)
25 x_test = tf.keras.preprocessing.sequence.pad_sequences(x_test,
   maxlen=maxlen)
26 print('Pad sequences x_train shape:', x_train.shape)
27
```

```
28 #定義輸入節點
29 S_inputs = tf.keras.layers.Input(shape=(None,), dtype='int32')
30
31 #產生詞向量
32 embeddings = tf.keras.layers.Embedding(num_words, 128)(S_inputs)
33 embeddings = attention_keras.Position_Embedding()(embeddings) #預設使用同等
   維度的位置向量
34
35 #用內部注意力機制模型處理
36 O_seq =
   attention_keras.Attention(8,16)([embeddings,embeddings,embeddings])
37
38 #將結果進行全域池化
39 O_seq = tf.keras.layers.GlobalAveragePooling1D()(O_seq)
40 #增加 Dropout 層
41 O_seq = tf.keras.layers.Dropout(0.5)(O_seq)
42 #輸出最後節點
43 outputs = tf.keras.layers.Dense(1, activation='sigmoid')(O_seq)
44 print(outputs)
45 #將網路結構組合到一起
46 model = tf.keras.models.Model(inputs=S_inputs, outputs=outputs)
47
48 #增加反向傳播節點
49 model.compile(loss='binary_crossentropy',optimizer='adam',
   metrics=['accuracy'])
50
51 #開始訓練
52 print('Train...')
53 model.fit(x_train, y_train, batch_size=batch_size,epochs=5,
   validation_data=(x_test, y_test))
```

程式第 36 行建置了一個列表物件作為輸入參數。該清單物件中含有 3 個同樣的元素──embeddings，表示使用的是內部注意力機制。

程式第 39~44 行，將內部注意力機制的結果 O_seq 經過全域池化和一個全連接層處理獲得了最後的輸出節點 outputs。節點 outputs 是一個一維向量。

程式第 49 行，用 model.compile()方法建置模型的反向傳播部分，使用的損失函數是 binary_crossentropy，最佳化器是 adam。

6.3.8 執行程式

程式執行後產生以下結果:

```
Epoch 1/5
25000/25000 [==============================] - 42s 2ms/step - loss:
0.5357 - acc: 0.7160 - val_loss: 0.5096 - val_acc: 0.7533
Epoch 2/5
25000/25000 [==============================] - 36s 1ms/step - loss:
0.3852 - acc: 0.8260 - val_loss: 0.3956 - val_acc: 0.8195
Epoch 3/5
25000/25000 [==============================] - 36s 1ms/step - loss:
0.3087 - acc: 0.8710 - val_loss: 0.4135 - val_acc: 0.8184
Epoch 4/5
25000/25000 [==============================] - 36s 1ms/step - loss:
0.2404 - acc: 0.9011 - val_loss: 0.4501 - val_acc: 0.8094
Epoch 5/5
25000/25000 [==============================] - 35s 1ms/step - loss:
0.1838 - acc: 0.9289 - val_loss: 0.5303 - val_acc: 0.8007
```

可以看到,整個資料集疊代 5 次後,準確率達到了 80%以上。

6.3.9 擴充:用 Targeted Dropout 技術進一步提升模型的效能

在 6.3.7 節中的程式第 41 行,用 Dropout 函數增強了網路的泛化性。這裡再介紹一種更優的技術——Targeted Dropout。

Targeted Dropout 不再像原有的 Dropout 函數那樣按照設定的比例隨機捨棄部分節點,而是對現有的神經元進行排序,按照神經元的權重重要性來捨棄節點。這種方式比隨機捨棄的方式更智慧,效果更好(在 openreview.net 網站上搜尋關鍵字 "Targeted Dropout" 可以查到對應的論文)。

1. 程式實現

Targeted Dropout 程式已經整合到程式檔案「6-4 keras 注意力機制模型.py」中,這裡不再多作説明。使用時直接將 6.3.7 節中的程式第 41 行改成 TargetedDropout 函數呼叫即可。實際請參考本書書附程式中的程式。

2. 執行效果

執行使用 Targeted Dropout 技術的程式，輸出以下結果：

```
Epoch 1/5
25000/25000 [==============================] - 32s 1ms/step - loss:
0.4388 - acc: 0.7950 - val_loss: 0.4041 - val_acc: 0.8234
Epoch 2/5
25000/25000 [==============================] - 25s 1ms/step - loss:
0.3368 - acc: 0.8590 - val_loss: 0.3725 - val_acc: 0.8316
Epoch 3/5
25000/25000 [==============================] - 25s 1ms/step - loss:
0.2491 - acc: 0.8947 - val_loss: 0.3758 - val_acc: 0.8334
Epoch 4/5
25000/25000 [==============================] - 25s 1ms/step - loss:
0.1609 - acc: 0.9326 - val_loss: 0.4496 - val_acc: 0.8274
Epoch 5/5
25000/25000 [==============================] - 25s 1ms/step - loss:
0.0961 - acc: 0.9609 - val_loss: 0.6461 - val_acc: 0.8194
```

從結果可以看出，最後的準確率為 0.8194，與 6.3.8 節的結果（0.8007）相比，準確率獲得了提升。

6.4 實例 30：用帶有動態路由的 RNN 模型實現文字分類任務

動態路由演算法起源於膠囊網路，其作用與注意力機制十分類似。實踐證明，使用動態路由演算法的模型比原有的注意力機制模型，在精度上有所提升，參見 arXiv 網站上編號為 "1806.01501" 的論文。

本實例將使用帶有動態路由演算法的 RNN 模型，對序列編碼進行資訊聚合，實現以文字為基礎的多分類任務。

6.4.1 了解膠囊神經網路與動態路由

膠囊網路（CapsNet）是一個最佳化過的卷積神經網路模型。它在正常的卷積神經網路模型的基礎上做了特定的改進，能夠發現元件之間的定向和空間關係。

它將原有的「卷積+池化」組合操作，換成了「主膠囊（PrimaryCaps）+數字膠囊（DigitCaps）」的結構，如圖 6-4 所示。

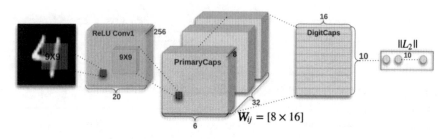

圖 6-4　應用在 MNIST 資料集上的膠囊網路架構

圖 6-4 是應用在 MNIST 資料集上的膠囊網路架構。以 MNIST 資料集為例，該模型處理資料的步驟如下：

（1）將影像（形狀為 28×28×1）輸入一個帶有 256 個 9×9 卷積核心的卷積層 ReLU Conv1。採用步進值為 1、無填充（VALID）的方式卷積操作。輸出 256 個通道的特徵資料（feature map）。每個特徵資料（feature map）的形狀為 20×20×1（計算方法：28–9+1=20）。

（2）將第（1）步的特徵輸入膠囊網路的主膠囊層，輸出帶有向量資訊的特徵結果（實際維度變化見本節下方的「1. 主膠囊層的工作細節」）。

（3）將帶有向量資訊的特徵結果輸入膠囊網路的數字膠囊層，最後輸出分類結果（實際的維度變化見本節下方的「2. 數字膠囊層的工作細節」）。

膠囊網路中的主膠囊層與卷積神經網路中的卷積層功能類似，而膠囊網路中的數字膠囊層卻與卷積神經網路中的池化層功能卻有很大不同。實際的不同有以下幾點。

1. 主膠囊層的工作細節

主膠囊層的操作沿用了標準的卷積方法。只是在輸出時，把多個通道的特徵資料（feature map）包裝成一個個膠囊單元。將資料按膠囊單元進行後面的計算。

以 MNIST 資料集上的膠囊網路架構為例。在圖 6-4 中，主膠囊層的實際處理步驟如下。

（1） 對形狀為 20×20×1 的特徵圖片做步進值為 2、無填充（VALID）方式的卷積操作。用 32×8 個 9×9 大小的卷積核心，輸出 32×8 個通道的特徵資料，每個特徵資料的形狀為 6×6×1，計算方法為：$(20-9+1) \div 2 = 6$。

（2） 將每個特徵圖片的形狀轉為[32×6×6, 1, 8]，該形狀可以了解成 32×6×6 個小膠囊，每個膠囊為 8 維向量，這便是主膠囊的最後輸出結果。

🔊 **提示：**

主膠囊層中使用的卷積核心大小為 9×9，比正常的卷積網路中常用的卷積核心尺寸（常用的尺寸有：1×1、3×3、5×5、7×7）略大，這是為了讓產生的特徵資料中包含有更多的局部資訊。

---

2. 數字膠囊層的工作細節

在主膠囊與數字膠囊之間，用向量代替純量進行特徵傳遞，使所傳遞的特徵不再是一個實際的數值，而是一個方向加數值的複合資訊。這樣可以將更多的特徵資訊傳遞下去。

例如：向量中的長度表示某一個實例（物體、視覺概念或它們的一部分）出現的機率，方向表示物體的某些圖形屬性（位置、顏色、方向、形狀等）。

實際的計算方式如圖 6-5 所示。

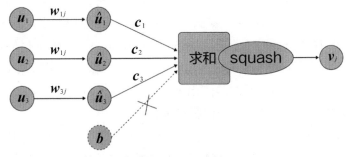

圖 6-5 主膠囊與數字膠囊間的特徵傳遞

在圖 6-5 中，實際符號含義如下：

（1） u 代表主膠囊層的輸出（u_1、u_2、u_3等，每個代表一個膠囊單元）。

（2） w 代表權重（與神經網路中的 w 一致）。

（3） **û** 代表向量的大小。計算方法為：將 **u** 中的每個元素與對應的 **w** 相乘，並將相乘後的結果相加。

（4） **c** 代表向量的方向，被稱為耦合係數（coupling coefficients），也可以視為權重。它表示每個膠囊數值的重要程度百分比，即所有的 **c**（c_1、c_2、c_3等）相加後的值為 1。

將圖 8-5 中的每個 **û** 與其對應的 **c** 相乘，並將相乘後的結果相加，然後輸入啟動函數 squash（見本節的「3. 在數字膠囊層中使用全新的啟動函數（squash）」）中便獲得了數字膠囊的最後輸出結果v_j（索引 j 代表輸出的維度），見式（6.2）。

$$v_j = \text{squash}(\hat{u}_1 \times c_1 + \hat{u}_2 \times c_2 + \hat{u}_3 \times c_3 \dots) \tag{6.2}$$

🔊 提示：

在整個過程中，標準神經網路中的偏置權重 b 已經被去掉了。

還是以 MNIST 資料集上的膠囊網路架構為例。在圖 6-4 中，主膠囊與數字膠囊之間的實際處理步驟如下：

（1） 主膠囊的最後輸出 **u** 為 32×6×6 個膠囊單元。每個膠囊單元為一個 8 維向量。

（2） 針對每個膠囊單元，定義 10×16 個權重 **w**。讓每個權重與膠囊單元中的 8 個數相乘，並將相乘後的結果相加。這樣，每個膠囊單元由 8 維向量變成了 10×16 維向量。**û** 的形狀變成了[32×6×6, 1, 10×16]（這裡做了最佳化，讓膠囊單元中的 8 個數共用一個權重 **w**，這樣做可以減小權重 **w** 的個數。在該步驟如果不做最佳化，則需要 8×10×16 個權重 **w**，即每個膠囊單元中的 8 個數各需要一個權重 **w**）。

（3） 對 **û** 進行形狀轉換，將其拆分成 10 份。每份可以視為一個新的膠囊單元，其形狀為[32×6×6, 1, 16]，代表該圖片在分類中屬於標籤 0～9 的可能。

（4） 每個新膠囊單元的形狀為[32×6×6, 1, 16]，可以了解成 **û** 的個數為 32×6×6，每個 **û** 是一個 16 維向量。

（5） 定義與新膠囊單元同樣個數的權重 **c**，依次與新膠囊單元中的數值相乘。

並按照[32×6×6, 1, 16]中的第 0 維度相加,同時將結果放入啟動函數 squash中,見式（6.2）。獲得了膠囊網路的最後輸出v_j（索引 j 代表輸出的維度 10×16）,其形狀為 [10, 16]。

膠囊網路中巧妙地增加了向量的方向 c,來控制神經元的啟動權重。

在實際應用中,c 可以被解釋成影像中某個特定實體的各種性質。這些性質可以包含很多種不同的參數,例如姿勢（位置、大小、方向）、變形、速度、反射率、色彩、紋理等。而輸入輸出向量的大小表示某個實體出現的機率,所以它的值必須在 0~1 之間。

3. 在數字膠囊層中使用全新的啟動函數（squash）

因為原有的神經網路模型輸出都是純量,顯然用處理純量的啟動函數來處理向量不太適合。所以有必要為膠囊網路設計一套全新的啟動函數 squash,見式（6.3）。

$$y = \frac{\|x\|^2}{1+\|x\|^2} \frac{x}{\|x\|} \qquad (6.3)$$

該啟動函數由兩部分組成:第 1 部分為$\frac{\|x\|^2}{1+\|x\|^2}$,作用是將數值轉換成 0~1 之間的數;第 2 部分為$\frac{x}{\|x\|}$,作用是保留原有向量的方向。

二者結合後,會使整個值域變為−1~1。

該啟動函數的影像如圖 6-6 所示。

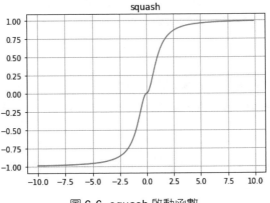

圖 6-6 squash 啟動函數

如果拋開理論，單純從輸入輸出的數值上看，則 squash 啟動函數確實與一般的啟動函數沒什麼區別。而且如果將 squash 啟動函數換成一般的啟動函數也能夠執行。只不過大量的實驗證明，啟動函數 squash 在膠囊網路中的表現確實勝於其他啟動函數。這也再次驗證了理論的正確性。

4. 利用動態路由選擇演算法，透過疊代的方式更新耦合係數

主膠囊與數字膠囊之間的耦合係數是透過訓練得來的。在訓練過程中，耦合係數的更新不是透過反向梯度傳播實現的，而是採用動態路由選擇演算法完成的，參見 arXiv 網站上編號為 "1710.09829" 的論文。

在論文中列出了動態路由的實際計算方法，一共可分為 7 個步驟，每個步驟的解讀如下。

（1）假設該路由演算法發生在膠囊網路的第 l 層，輸入值 $\hat{u}_{j|i}$ 為主膠囊網路的輸出特徵 u_i（索引 i 代表膠囊單元的個數，j 代表每個膠囊單元向量的維數）與權重 w_{ij} 的乘積（見本節「2. 數字膠囊層的工作細節」中 w 的介紹）。該路由演算法需要疊代計算 r 次。

（2）初始化變數 b_{ij}，使其等於 0。變量 b_{ij} 與耦合係數 c 具有相同的長度。在疊代時，c 就是由 b 做 softmax 計算得來的。

（3）讓路由演算法按照指定的疊代次數 r 進行疊代。

（4）對變數 b 做 softmax 操作，獲得耦合係數 c。此時耦合係數 c 的值為總和為 1 的百分比小數，即每個權重的機率。b 與 c 都帶了一個索引 i，表示 b 和 c 的數量各有 i 個，與膠囊單元的個數相同。

🔊 提示：

因為第 1 次疊代時，b 的值都為 0，所以第 1 次執行該句時，所有的 c 值也都相同。在後面的步驟中，還會透過計算 b 的值來不斷地修正 c，進一步達到更新耦合係數的作用。

（5）將 c 與 $\hat{u}_{j|i}$ 相乘，並將乘積的結果相加，獲得了數字膠囊（l+1 層）的輸出向量 s。

（6）透過啟動函數 squash 對 s 做非線性轉換，獲得了最後的輸出結果v_j。

🔊 提示：

第（5）、（6）兩個步驟一起實現了公式 6.2 中的內容。

（7）將v_j與 $\hat{u}_{j|i}$ 進行點積運算，再與原有的 b 相加，便可以求出新的 b 值。其中的點積運算的作用是：計算膠囊的輸入和膠囊的輸出的相似度。該動態路由式通訊協定的原理是利用相似度來更新 b 值。

將第（4）～（7）步循環執行 r 次。在進行路由更新的同時，也更新了最後的輸出結果v_j值，在疊代結束後將最後的v_j傳回，進行後續的 loss 值計算與結果輸出。

🔊 提示：

透過該演算法可以看出，路由演算法不僅在訓練中負責最佳化耦合係數，還在修改耦合係數的同時影響了最後的輸出結果。

該模型在訓練和測試場景中，都需要做動態路由更新計算。

---

5. 在膠囊網路中，用邊距損失（margin loss）作為損失函數

邊距損失（margin loss）是一種最大化正負樣本到超平面距離的演算法，見式（6.4）。

$$L_k = T_k \max(0, m^+ - \|V_k\|)^2 + \lambda(1 - T_k)\max(0, \|V_k\| - m^-)^2 \qquad （6.4）$$

其中，L_k代表損失值，T_k代表標籤，m^+代表最大值的錨點，m^-為最小值的錨點，V_k為模型輸出的預測值，λ為縮放參數。$\|V_k\|$為取 V_k 的範數，即 $\sqrt{v_1^2 + v_2^2 + v_3^2 + \cdots}$（其中$v_1$、$v_2$、$v_3$……為表$V_k$中的元素）。

舉例來説，在 MNIST 資料集上的膠囊網路架構中，設定了m^+為 0.9，m^-為 0.1，λ為 0.5。由於輸出值的形狀是[10,16]，所以獲得的L_k形狀也是[10,16]。還需要對每個類別的 16 維向量相加，使其形狀變成[10,1]。再取平均值，獲得最後的 loss 值。

由於在最後的輸出結果中每個類別都含有 16 維特徵,所以還可以在其後面加入兩層全連接網路,組成一個解碼器。用該解碼器對輸入圖片進行重建,並將重建後的損失值與邊距損失放在一起進行訓練,這樣可以獲得更好的效果,如圖 6-7 所示。

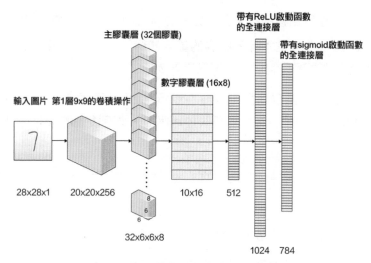

帶有ReLU啟動函數的全連接層

帶有sigmoid啟動函數的全連接層

主膠囊層 (32個膠囊)

數字膠囊層 (16x8)

輸入圖片 第1層9x9的卷積操作

28x28x1　20x20x256　10x16　512

8　6

32x6x6x8

1024　784

圖 6-7　帶有解碼器的膠囊網路結構

6. 動態路由在 RNN 網路中的應用

本實例的思維原理與注意力機制十分類似,實際介紹如下。

- 相同點:都是對 RNN 模型輸出的序列進行權重分配,按照序列中對整體語義的影響程度去動態轉換對應的權重。
- 不同點:注意力機制是用相似度演算法來分配權重,而本實例是用動態路由演算法來分配權重。

動態路由演算法的目的是要為 $\hat{u}$ 分配對應的 c,$\hat{u}$ 與 c 的意義見公式(6.2)。這剛好與本實例的演算法需求機制完全一致——為 RNN 模型的輸出序列分配注意力權重。

6.4.2 模型任務與資料集介紹

本實例的任務是用新聞資料集訓練模型，讓模型能夠將新聞按照 46 個類別進行分類。

實例中使用的資料集來自 tf.keras 介面的整合資料集。該資料集包含 11228 筆新聞，共分成 46 個主題。實際介面如下。

```
tf.keras.datasets.reuters
```

該介面與 6.3 節的資料集 tf.keras.datasets.imdb 十分類似。不同的是，本實例是多分類任務，而 6.3 節是二分類任務。

6.4.3 程式實現：前置處理資料——對齊序列資料並計算長度

撰寫程式，實現以下邏輯。

（1）用 tf.keras.datasets.reuters.load_data 函數載入資料。

（2）用 tf.keras.preprocessing.sequence.pad_sequences 函數，對於長度不足 80 個詞的句子，在後面補 0；對於長度超過 80 個詞的句子，從前面截斷，只保留後 80 個詞。

實際程式如下。

■ 程式 6-5 用帶有動態路由演算法的 RNN 模型對新聞進行分類

```
01 import tensorflow as tf
02 import numpy as np
03 import tensorflow.keras.layers as kl
04 #定義參數
05 num_words = 20000
06 maxlen = 80
07 tf.compat.v1.disable_v2_behavior()
08 #載入資料
09 print('Loading data...')
10 (x_train, y_train), (x_test, y_test) =
   tf.keras.datasets.reuters.load_data(path='./reuters.npz',num_words=
   num_words)
11
```

```
12 #對齊資料
13 x_train = tf.keras.preprocessing.sequence.pad_sequences(x_train,
   maxlen=maxlen,padding = 'post')
14 x_test = tf.keras.preprocessing.sequence.pad_sequences(x_test,
   maxlen=maxlen,padding = 'post' )
15 print('Pad sequences x_train shape:', x_train.shape)
16
17 leng = np.count_nonzero(x_train,axis = 1)   #計算每個句子的真實長度
```

6.4.4 程式實現：定義資料集

將樣本資料按照指定批次製作成 tf.data.Dataset 介面的資料集，並將不足一批次的剩餘資料捨棄。實際程式如下。

■ 程式 6-5 用帶有動態路由演算法的 RNN 模型對新聞進行分類（續）

```
18 tf.compat.v1.reset_default_graph()
19
20 BATCH_SIZE = 100                #定義批次
21 #定義資料集
22 dataset = tf.data.Dataset.from_tensor_slices(((x_train,leng),
   y_train)).shuffle(1000)
23 dataset = dataset.batch(BATCH_SIZE, drop_remainder=True) #捨棄剩餘資料
```

6.4.5 程式實現：用動態路由演算法聚合資訊

將膠囊網路中的動態路由演算法應用在 RNN 模型中還需要做一些改動，實際如下。

（1）定義函數 shared_routing_uhat。該函數使用全連接網路，將 RNN 模型的輸出結果轉換成動態路由中的 $\hat{U}$（$\hat{U}$ 代表 uhat）見程式第 33 行。

（2）定義函數 masked_routing_iter 進行動態路由計算。在該函數的開始部分（見程式第 50 行），對輸入的序列長度進行隱藏處理，使動態路由演算法支援動態長度的序列資料登錄，見程式第 45 行。

（3）定義函數 routing_masked 完成全部的動態路由計算過程。對 RNN 模型的輸出結果進行資訊聚合。在該函數的後部分（見程式第 87 行），對動態路由計算後的結果進行 Dropout 處理，使其具有更強的泛化能力（見程式第 78 行）。

實際程式如下。

■ 程式 6-5 用帶有動態路由演算法的 RNN 模型對新聞進行分類（續）

```
24 def mkMask(input_tensor, maxLen):        #計算變長 RNN 模型的隱藏
25     shape_of_input = tf.shape(input= input_tensor)
26     shape_of_output = tf.concat(axis=0, values=[shape_of_input, [maxLen]])
27
28     oneDtensor = tf.reshape(input_tensor, shape=(-1,))
29     flat_mask = tf.sequence_mask(oneDtensor, maxlen=maxLen)
30     return tf.reshape(flat_mask, shape_of_output)
31
32 #定義函數，將輸入轉換成 uhat
33 def shared_routing_uhat(caps,        #輸入的參數形狀為(b_sz, maxlen, caps_dim)
34                         out_caps_num,              #輸出膠囊的個數
35                         out_caps_dim, scope=None):  #輸出膠囊的維度
36
37     batch_size,maxlen = tf.shape(caps)[0],tf.shape(caps)[1] #取得批次和長度
38
39     with tf.compat.v1.variable_scope(scope or 'shared_routing_uhat'):
   #轉成 uhat
40         caps_uhat = tf.compat.v1.layers.dense(caps, out_caps_num *
   out_caps_dim, activation=tf.tanh)
41         caps_uhat = tf.reshape(caps_uhat, shape=[batch_size, maxlen,
   out_caps_num, out_caps_dim])
42     #輸出的結果形狀為(batch_size, maxlen, out_caps_num, out_caps_dim)
43     return caps_uhat
44
45 def masked_routing_iter(caps_uhat, seqLen, iter_num):   #動態路由計算
46     assert iter_num > 0
47     batch_size,maxlen = tf.shape(caps_uhat)[0],tf.shape(caps_uhat)[1]
   #取得批次和長度
48     out_caps_num = int(caps_uhat.get_shape()[2])
49     seqLen = tf.compat.v1.where(tf.equal(seqLen, 0), tf.ones_like(seqLen),
   seqLen)
50     mask = mkMask(seqLen, maxlen)        #mask 的形狀為 (batch_size, maxlen)
51     floatmask = tf.cast(tf.expand_dims(mask, axis=-1), dtype=tf.float32)
   #形狀：(batch_size, maxlen, 1)
52
53     #B 的形狀為(b_sz, maxlen, out_caps_num)
54     B = tf.zeros([batch_size, maxlen, out_caps_num], dtype=tf.float32)
55     for i in range(iter_num):
```

```
56        C = tf.nn.softmax(B, axis=2) #形狀：(batch_size, maxlen,
   out_caps_num)
57        C = tf.expand_dims(C*floatmask, axis=-1)#形狀：(batch_size, maxlen,
   out_caps_num, 1)
58        weighted_uhat = C * caps_uhat #形狀：(batch_size, maxlen,
   out_caps_num, out_caps_dim)
59        #S 的形狀為(batch_size, out_caps_num, out_caps_dim)
60        S = tf.reduce_sum(input_tensor= weighted_uhat, axis=1)
61
62        V = _squash(S, axes=[2])#形狀(batch_size, out_caps_num, out_caps_dim)
63        V = tf.expand_dims(V, axis=1)#shape(batch_size, 1, out_caps_num,
   out_caps_dim)
64        B = tf.reduce_sum(input_tensor= caps_uhat * V, axis=-1) + B
   #shape(batch_size, maxlen, out_caps_num)
65
66    V_ret = tf.squeeze(V, axis=[1])#形狀(batch_size, out_caps_num,
   out_caps_dim)
67    S_ret = S
68    return V_ret, S_ret
69
70 def _squash(in_caps, axes):    #定義啟動函數
71    _EPSILON = 1e-9
72    vec_squared_norm = tf.reduce_sum(input_tensor= tf.square(in_caps),
   axis=axes, keepdims=True)
73    scalar_factor = vec_squared_norm / (1 + vec_squared_norm) /
   tf.sqrt(vec_squared_norm + _EPSILON)
74    vec_squashed = scalar_factor * in_caps
75    return vec_squashed
76
77 #定義函數，用動態路由聚合 RNN 模型的結果資訊
78 def routing_masked(in_x, xLen, out_caps_dim, out_caps_num, iter_num=3,
79                                dropout=None, is_train=False, scope=None):
80    assert len(in_x.get_shape()) == 3 and in_x.get_shape()[-1].value is
   not None
81    b_sz = tf.shape(in_x)[0]
82    with tf.compat.v1.variable_scope(scope or 'routing'):
83        caps_uhat = shared_routing_uhat(in_x, out_caps_num, out_caps_dim,
   scope='rnn_caps_uhat')
84        attn_ctx, S = masked_routing_iter(caps_uhat, xLen, iter_num)
85        attn_ctx = tf.reshape(attn_ctx, shape=[b_sz, out_caps_num*
   out_caps_dim])
86        if dropout is not None:
```

```
87          attn_ctx = tf.compat.v1.layers.dropout(attn_ctx, rate=dropout,
    training=is_train)
88     return attn_ctx
```

6.4.6 程式實現：用 IndyLSTM 單元架設 RNN 模型

撰寫程式，實現以下邏輯。

（1）將 3 層 IndyLSTM 單元傳入 tf.nn.dynamic_rnn 函數中，架設動態 RNN 模型。

（2）用函數 routing_masked 對 RNN 模型的輸出結果做以動態路由為基礎的資訊聚合。

（3）將聚合後的結果輸入全連接網路，進行分類處理。

（4）用分類後的結果計算損失值，並定義最佳化器用於訓練。

實際程式如下。

■ 程式 6-5 用帶有動態路由演算法的 RNN 模型對新聞進行分類（續）

```
89 x = tf.compat.v1.placeholder("float", [None, maxlen])#定義輸入預留位置
90 x_len = tf.compat.v1.placeholder(tf.int32, [None,]) #定義輸入序列長度預留位置
91 y = tf.compat.v1.placeholder(tf.int32, [None, ])      #定義輸入分類標籤預留位置
92
93 nb_features = 128           #詞嵌入維度
94 embeddings = tf.keras.layers.Embedding(num_words, nb_features)(x)
95
96 #定義帶有 IndyLSTMCell 的 RNN 模型
97 hidden = [100,50,30]        #RNN 模型的單元個數
98 stacked_rnn = []
99 for i in range(3):
100     cell = tf.contrib.rnn.IndyLSTMCell(hidden[i])
101     stacked_rnn.append(tf.nn.rnn_cell.DropoutWrapper(cell,
    output_keep_prob=0.8))
102 mcell = tf.nn.rnn_cell.MultiRNNCell(stacked_rnn)
103
104 rnnoutputs,_  = tf.nn.dynamic_rnn(mcell,embeddings,dtype=tf.float32)
105 out_caps_num = 5           #定義輸出的膠囊個數
106 n_classes = 46             #分類個數
107 outputs = routing_masked(rnnoutputs, x_len,int(rnnoutputs.get_shape()
    [-1]), out_caps_num, iter_num=3)
```

```
108 pred =tf.layers.dense(outputs,n_classes,activation = tf.nn.relu)
109
110 #定義最佳化器
111 learning_rate = 0.001
112 cost = tf.reduce_mean(tf.losses.sparse_softmax_cross_entropy(logits=pred,
    labels=y))
113 optimizer = tf.train.AdamOptimizer(learning_rate=
    learning_rate).minimize(cost)
```

6.4.7 程式實現：建立階段，訓練網路

用 tf.data 資料集介面的 Iterator.from_structure()方法取得疊代器，並按照資料
集的檢查次數訓練模型。實際程式如下。

■ 程式 6-5 用帶有動態路由演算法的 RNN 模型對新聞進行分類（續）

```
114 iterator1 = tf.data.Iterator.from_structure
    (dataset.output_types,dataset.output_shapes)
115 one_element1 = iterator1.get_next()       #取得一個元素
116
117 with tf.compat.v1.Session()  as sess:
118     sess.run( iterator1.make_initializer(dataset) ) #初始化疊代器
119     sess.run(tf.compat.v1.global_variables_initializer())
120     EPOCHS = 20              #整個資料集疊代訓練 20 次
121     for ii in range(EPOCHS):
122         alloss = []          #資料集疊代兩次
123         while True:          #透過 for 循環列印所有的資料
124             try:
125                 inp, target = sess.run(one_element1)
126                 _,loss =sess.run([optimizer,cost], feed_dict={x: inp[0],
    x_len:inp[1], y: target})
127                 alloss.append(loss)
128
129             except tf.errors.OutOfRangeError:
130                 print("step",ii+1,": loss=",np.mean(alloss))
131                 sess.run(iterator1.make_initializer(dataset))#從頭再來一遍
132                 break
```

程式執行後輸出以下內容：

```
step 1：loss= 3.4340985
step 2：loss= 2.349189
...
step 19：loss= 0.69928074
step 20：loss= 0.65264946
```

結果顯示，疊代 20 次後的 loss 值約為 0.65。使用動態路由演算法，會使模型訓練時的收斂速度變得相對較慢。隨著疊代次數的增加，模型的精度還會加強。

6.4.8 擴充：用分級網路將文章（長文字資料）分類

對於文章（長文字資料）的分類問題，可以將其樣本的資料結構了解為含有多個句子，每個句子又含有多個詞。本實例用「RNN 模型+動態路由演算法」結構對序列詞的語義進行處理，進一步獲得單一句子的語義。

在獲得單一句子的語義後，可以再次用「RNN 模型+動態路由演算法」結構，對序列句子的語義進行處理，獲得整個文章的語義，如圖 6-8 所示。

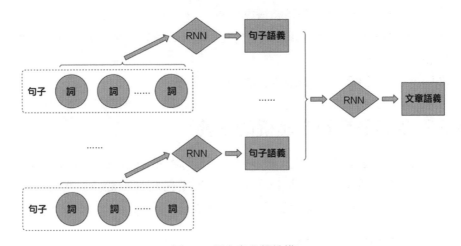

圖 6-8 長文字分類結構

如圖 6-8 所示，透過連續兩個「RNN 模型+動態路由演算法」結構，就可以實現長文字的分類功能。有興趣的讀者可以自行嘗試一下。

⊕ 6.5 NLP 中的常見任務及資料集

透過 6.3 節和 6.4 節的實例可以了解 NLP 任務的大概樣子及解決方式。其實在 NLP 中，除分類任務外，還有很多其他定義明確的任務，例如翻譯、問答、推斷等。這些任務會根據使用的實際場景進行分類。而每一種場景中的 NLP 又可以細分為自然語言了解（NLU）和自然語言產生（NLG）兩種情況。

本節就從模型輸入的角度出發，系統歸納一下不同場景中的 NLP，以及其對應的常見資料集。

6.5.1 以文章處理為基礎的任務

以文章處理為基礎的任務主要是對文章中的全部文字進行處理，即文字採擷。該任務的輸入樣本是以文章為單位，模型會對文章中的全部文字進行處理，獲得該篇文章的語義。在獲得語義後，便可以在模型的輸出層，按照實際任務輸出對應的結果。

文章處理的任務可以細分為以下 3 大類。

- 序列到類別：例如文字分類和情感分析。
- 同步序列到序列：為每個輸入位置產生輸出，例如中文分詞、命名實體識別和詞性標記。
- 非同步序列到序列：例如機器翻譯、自動摘要。

6.5.2 以句子處理為基礎的任務

以句子處理為基礎的任務又被叫作「序列等級任務」（sequence-level task），包含分類任務（如情感分類）、推斷任務（推斷兩個句子是否同義）、句子產生任務（例如問答系統、影像描述）等。

1. 句子分類任務及相關資料集

句子分類任務常用於評論分類、病句檢查場景，常用的資料集有以下兩個。

- SST-2（stanford sentiment treebank）：單句的二分類問題，句子來自人們對一部電影的評價，判斷這個句子的情感。

- CoLA（corpus of linguistic acceptability）：單句的二分類問題，判斷一個英文句子的語法是否正確。

2. 句子推斷任務及相關資料集

推斷任務（natural language inference，NLI）的輸入是兩個成對的句子，其目的是判斷兩個句子的意思是相近（entailment）、矛盾（contradiction）還是中立（neutral）。該任務也被稱為以句子對為基礎的分類任務（sentence pair classification tasks）。它常會用在智慧問答、智慧客服及多輪對話中。常用的資料集有以下幾個。

- MNLI（multi-genre natural language inference）：GLUE Datasets（general language understanding evaluation）中的資料集。它是一個大規模的來源眾多的資料集，目的是推斷兩個句子語義之間的關係（相近、矛盾、中立）。
- QQP（quora question pairs）：一個二分類資料集。目的是判斷兩個來自 Quora 的問題句子在語義上是否相等。
- QNLI（question natural language inference）：也是一個二分類資料集，每個樣本包含兩個句子（一個是問題，另一個是答案），正樣本的答案與問題相對應，負樣本則相反。
- STS-B（semantic textual Similarity benchmark）：這是一個類似回歸問題的資料集。對於列出的一對句子，使用 1~5 的評分評價兩者在語義上的相似程度。
- MRPC（microsoft research Paraphrase corpus）：句子對來自對同一條新聞的評論，判斷這一對句子在語義上是否相同。
- RTE（recognizing textual entailment）：一個二分類資料集，類似 MNLI，但是資料量少了很多。
- SWAG（situations with Adversarial generations）：列出一個陳述句子和 4 個備選句子，判斷前者與後者中的哪一個最有邏輯的連續性，相當於閱讀了解問題。

3. 句子產生任務及相關資料集

句子產生任務屬於類別（實體物件）到序列任務，例如文字產生、回答問題和影像描述。比較經典的資料集有 SQuAD（史丹佛問答資料集）。

- SQuAD 資料集的樣本為敘述對（兩個句子）。其中，第 1 個句子是一段來自 Wikipedia 的文字，第 2 個句子是一個問題（問題的答案包含在第一個句子中）。將這樣的敘述對輸入模型後，要求模型輸出一個短句作為問題的答案。

- SQuAD 資料集最新的版本為 SQuAD 2.0，它整合了現有的 SQuAD 中可回答的問題和 50,000 多個由大眾工作者撰寫的難以回答的問題，其中那些難以回答的問題與可回答的問題語義相似。

- SQuAD 2.0 資料及彌補了現有資料集中的不足，現有的資料集不是只關注可回答的問題，就是使用容易識別的、自動產生的不可回答的問題作為資料集。SQuAD 2.0 資料集相對較難。為了在 SQuAD 2.0 上表現得更好，模型不僅要回答問題，還要確定什麼時候段落的上下文不支援回答。

6.5.3 以句子中詞為基礎的處理任務

以句子中詞為基礎的處理任務又被叫作 token 等級任務（token-level task），常用在完形填空、預測句子中某個位置的單字（或實體詞）識別，或是對句子中的詞性進行標記等。

1. token 等級任務與 BERT 模型

token 等級任務也屬於 BERT 模型預訓練的任務之一，它相等於完形填空任務（cloze task），即根據句子中的上下文 token，推測出目前位置應當是什麼 token。

BERT 模型在預訓練時使用了遮蔽語言模型（masked language model，MLM），該模型可以直接用於解決 token 等級任務，即在訓練時，將句子中的部分 token 用 "[masked]" 這個特殊的 token 進行取代，將部分單字遮掩住，該模型的輸出就是預測 "[masked]" 對應位置的單字。這種訓練的好處是：不需要人工標記的資料，只需要透過合適的方法對現有語料中的句子進行隨機地遮掩即可獲得可以用來訓練的語料；訓練好的模型可以直接使用了。

2. token 等級任務與序列等級任務

在某種情況下，序列等級的任務也可以拆分成 token 等級的任務來處理，例如 6.5.2 節介紹的 SQuAD 資料集。

SQuAD 資料集是一個以句子處理為基礎的生成式資料集，這個資料集的特殊性在於——最後的答案包含在樣本內容之中，是有範圍的，而且是連續分佈在內容之中的。

3. 實體詞識別任務及常用模型

實體詞識別（named entity recognition，NER）任務也被稱為實體識別、實體分段或實體分析任務。它是資訊分析的子任務，旨在定位文字中的命名實體，並將命名實體進行分類，如人員、組織、位置、時間運算式、數量、貨幣值、百分比等。

實體詞識別任務的本質是對句子中的每個 token 打標籤，然後判斷每個 token 的類別。

常用的實體詞識別模型有 SpaCy 模型和 Stanford NER 模型：

- SpaCy 模型是一個以 Python 為基礎的命名實體識別統計系統，它可以將標籤分配給連續的權杖組。SpaCy 模型提供了一組預設的實體類別，這些類別包含各種命名或數字實體，例如公司名稱、位置、組織、產品名稱等。這些預設的實體類別還可以透過訓練的方式進行更新。
- Stanford NER 模型是一個命名實體 Recognizer，是用 Java 實現的。它提供了一個預設的實體類別，例如組織、人員和位置等。它支援多種語言。

透過實體詞識別任務可以用於快速評估簡歷、最佳化搜尋引擎演算法、最佳化推薦系統演算法等場景中。

🌐 6.6 了解 Transformer 函數庫

在 BERTology 系列模型中包含 ELMO、GPT、BERT、Transformer-XL、GPT-2 等多種預訓練語言模型，這些模型在多種 NLP 任務上不斷打破紀錄。

但是這些模型程式介面各有不同，訓練起來極耗費算力資源，使用它們並不是一件很容易的事。

Transformers 函數庫是一個支援 TensorFlow 2.X 和 PyTorch 的自然語言處理函數庫。它將 BERTology 系列的所有模型融合到一起，並提供了統一的使用介面並對它們進行了預訓練。這使得人們使用 BERTology 系列模型很方便。

🔊 提示：

由於本書以 TensorFlow 實現為主，所以這裡只介紹在 TensorFlow 架構中使用 Transformers 函數庫的方法。有關在 PyTorch 中使用 Transformers 函數庫的方法可以參考 Transformers 函數庫的說明文件。

6.6.1 什麼是 Transformers 函數庫

Transformers 函數庫中包含自然語言了解（NLU）和自然語言產生（NLG）兩大類任務，它提供了最先進的通用架構（bert、GPT-2、RoBERTa、XLM、DistilBert、XLNet、CTRL……），其中有超過 32 個的預訓練模型（細分為 100 多種語言的版本）。

使用 Transformers 函數庫可以非常方便地完成以下幾個事情。

1. 透過執行指令稿直接使用訓練好的 SOTA 模型，完成 NLP 任務

Transformers 函數庫附帶了一些指令稿和在基準 NLP 資料集上訓練好的 SOTA 模型。其中，基準 NLP 資料集包含 SQUAD2.0 和 GLUE 資料集（見 6.5 節介紹）。

不需要訓練，直接將這些訓練好的 SOTA 模型運用到自己實際的 NLP 任務中，就可以取得很好的效果。

🔊 提示：

SOTA 的全稱是 state-of-the-art，它的直譯意思是接「近藝術的狀態」。在深度學習中，用來表示在某項人工智慧任務中目前「最好的」演算法或技術。

---

2. 呼叫 API 實現 NLP 任務的前置處理和微調

Transformers 函數庫提供了一個簡單的 API，它用於執行這些模型所需的所有前置處理和微調步驟。

- 在前置處理方面，透過使用 Transformers 函數庫的 API 可以實現對文字資料集的特徵分析，並能夠使用自己架設模型對分析後的特徵進行二次處理，完成各種訂製化任務。
- 在微調方面，透過用 Transformers 函數庫的 API 可以對特定的文字資料集進行二次訓練，使模型可以在 Transformers 函數庫中已預訓練的模型的基礎上透過少量訓練來實現特定資料集的推理任務。

3. 匯入 PyTorch 模型

Transformers 函數庫提供了轉換介面，可以輕鬆將 PyTorch 訓練的模型匯入 TensorFlow 中進行使用。

4. 轉換成端計算模型

Transformers 函數庫還有一個搭配的工具 swift-coreml-transformers，利用它可以將用 TensorFlow 2.X 或 PyTorch 訓練好的 Transformer 模型（例如 GPT-2、DistilGPT-2、BERT 和 DistilBERT 模型）轉換成能夠在 IOS 下使用的端計算模型。更多詳情可以在 GitHub 網站的 huggingface 專案裡找到 swift-coreml-transformers 子專案進行檢視。

6.6.2 Transformers 函數庫的安裝方法

有以下 3 種方式可以安裝 Transformers 函數庫。

1. 用 conda 指令進行安裝

使用 conda 指令進行安裝：

```
conda install transformers
```

這種方式安裝的 Transformers 函數庫與 Anaconda 軟體套件的相容性更好。但安裝的 Transformers 函數庫版本會相對落後。

2. 用 pip 指令進行安裝

用 pip 指令進行安裝：

```
pip install transformers
```

這種方式可以將 Transformers 函數庫發佈的最新版本安裝到本機。

3. 從原始程式安裝

這種方式需要參考 Transformers 函數庫的説明文件。這種方式可以使 Transformers 函數庫適應更多平台，並且可以安裝 Transformers 函數庫的最新版本。

🔊 提示：

NLP 技術發展非常迅速，Transformers 函數庫的更新頻率也非常快。只有安裝 Transformers 函數庫的最新版本，才能使用 Transformers 函數庫中整合好的最新 NLP 技術。

6.6.3 檢視 Transformers 函數庫的安裝版本

Transformers 函數庫會隨著目前 NLP 領域中主流的技術發展而即時更新。目前的更新速度非常快，可以在 Transformers 函數庫安裝路徑下的 transformers\ __init__.py 檔案中找到目前安裝版本的資訊。

例如作者本機的檔案路徑為：

```
D:\ProgramData\Anaconda3\envs\tf21\Lib\site-packages\transformers\__init__.py
```

開啟該檔案，即可看到版本資訊，如圖 6-9 所示。

圖 6-9 Transformers 函數庫的版本資訊

圖 6-9 中箭頭標記的位置即為 Transformers 函數庫的版本資訊。

6.6.4 Transformers 函數庫的 3 層應用結構

從應用角度看，Transformers 函數庫有 3 層結構，如圖 6-10 所示。

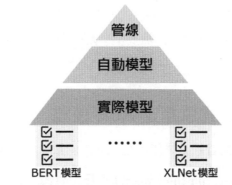

圖 6-10 Transformers 函數庫的 3 層應用結構

圖 6-10 中的 3 層結構，分別對應於 Transformers 函數庫的 3 種應用方式，實際如下。

- 管線（Pipeline）方式：高度整合的極簡使用方式。只需要幾行程式即可實現一個 NLP 任務。
- 自動模型（TFAutoModel）方式：可以將任意的 BERTology 系列模型載入並使用。
- 實際模型方式：在使用時需要明確指定實際的模型，並按照每個 BERTology 系列模型中的特定參數進行呼叫。該方法相對複雜，但具有最大的靈活度。

在這 3 種應用方式中，管線方式使用最簡單，靈活度最差。實際模型方式使用最複雜，靈活度最高。

◉ 6.7 實例 31：用管線方式完成多種 NLP 任務

從技術角度可以將 NLP 分成 8 種常見任務：文字分類、隱藏語言建模、摘要產生、特徵取出、閱讀了解、實體詞識別、翻譯任務、文字產生。

為了開發方便，Transformers 函數庫對這 8 種任務分別提供了相關的 API 和預訓練模型。管線方式是 Transformers 函數庫中高度整合的極簡使用方式。使用這種方式來處理 NLP 任務，只需要撰寫幾行程式即可。

下面就來實現一下管線方式的實際應用。

6.7.1 在管線方式中指定 NLP 任務

Transformers 函數庫的管線方式使用起來非常簡單，核心步驟只有兩步。

（1）根據 NLP 任務對 pipeline 類別進行產生實體，獲得能夠使用的模型物件。

（2）將文字輸入模型物件進行實際的 NLP 任務處理。

舉例來說，在產生實體過程中，向 pipeline 類別傳入字串 "sentiment-analysis"。該字串用於告訴 Transformers 函數庫傳回一個能夠進行文字分類任務的模型。在獲得該模型後，便可以將其用於文字分類任務。

在管線方式所傳回的模型中，除可以處理文字分類任務外，還可以處理以下幾種任務。

- feature-extraction：特徵取出任務。
- sentiment-analysis：分類任務。
- ner：命名實體識別任務。
- question-answering：問答任務。
- fill-mask：完形填空任務。
- summarization：摘要產生任務。
- translation：英/法、英/德等翻譯任務（英/法翻譯的全名為：translation_en_to_fr）。
- text-generation：根據已知文字產生新的文字。

由於篇幅有限，本節將為讀者示範前 6 種任務。讀者可以根據前 6 種任務自行學習最後兩種。

6.7.2 程式實現：完成文字分類任務

文字分類是指，模型根據文字中的內容進行分類。舉例來說，根據內容進行情緒分類、根據內容進行商品分類等。文字分類模型一般是透過有監督訓練獲得的。對文字內容的實際分類方向，依賴訓練時所使用的樣本標籤。

1. 程式實現

使用管線方式的程式非常簡單——向 pipeline 類別中傳入 sentiment-analysis 即可使用。實際程式如下：

■ 程式 6-6 pipline 方式執行 Transformers

```
01  from transformers import *
02  nlp_sentence_classif= pipeline("sentiment-analysis")     #自動載入模型
03  print(nlp_sentence_classif ("I like this book!"))        #呼叫模型進行處理
```

程式執行後，需要等待一段時間，系統將進行預訓練模型的下載工作。待下載完成後會輸出以下結果：

```
   HBox(children=(IntProgress(value=0, description='Downloading', max=569,
style=ProgressStyle(description_width=…
   [{'label': 'POSITIVE', 'score': 0.9998675}]
```

輸出結果中，前 1 行是下載模型的資訊，後 1 行是模型輸出的結果。

可以看到，Transformers 函數庫中的管線方式提供給使用者了一個非常方便地使用介面。使用者可以完全不用關心內部的工作機制，直接使用即可。

🔊 提示：

該程式執行後，系統會自動從指定網站下載對應的連結檔案。這些檔案預設會放在系統的使用者目錄中。例如作者本機的目錄是 C:\Users\ljh\.cache\torch\transformers。

---

2. 常見問題

第一次執行 Transformers 函數庫中的程式，有可能會遇到以下錯誤。

（1）執行錯誤——無法匯入 Parallel。

Transformers 函數庫使用了 0.15.0 版本以上的 joblib 函數庫，如果執行時期出現以下錯誤：

```
ImportError: cannot import name 'Parallel' from 'joblib'
```

則表明本機的 joblib 函數庫版本在 0.15.0 以下，需要重新安裝。執行指令如下：

```
pip uninstall joblib
pip install joblib
```

（2）執行錯誤——找不到 FloatProgress。

在自動下載模型過程中，Transformers 函數庫是使用 ipywidgets 進行工作的。如果沒有 ipywidgets 函數庫，則會報以下錯誤：

```
ImportError: FloatProgress not found. Please update jupyter and
ipywidgets. See https://ipywidgets.readthedocs.io/en/stable/user_install.
html
```

這種錯誤表示沒有安裝 ipywidgets，需要使用以下指令進行安裝：

```
pip install ipywidgets
```

（3）模型下載失敗。

系統在執行程式第 2 行時，需要先從網路下載預訓練模型到本機，再載入使用。如果是在國內網路環境下執行該實例，則可能會因為網路原因出現因下載不成功而導致執行失敗的情況。

3. 用手動載入方式解決模型下載失敗問題

為了解決模型下載失敗的問題，可以直接使用本書書附程式中的模型檔案直接從本機進行載入。實際做法如下：

（1）將資料夾 "distilbert-base-uncased-finetuned-sst-2-english" 複製到本機程式同級目錄下。

（2）修改本節程式第 2 行，將其改成以下內容：

```
import os
rootdir = r'./distilbert-base-uncased-finetuned-sst-2-english'
#載入 config 檔案
configfile = os.path.join(
rootdir, "distilbert-base-uncased-finetuned-sst-2-english-config.json")
config = AutoConfig.from_pretrained(configfile )
#載入 tokenizer 檔案
tokenizer = AutoTokenizer.from_pretrained(    os.path.join(
rootdir, "bert-base-uncased-vocab.txt"),config=config)
#載入模型檔案
modelfile = os.path.join(rootdir, "tf_model",
"distilbert-base-uncased-finetuned-sst-2-english-tf_model.h5")
nlp_sentence_classif = pipeline("sentiment-analysis", model=modelfile,
                    config=configfile,  tokenizer = tokenizer)
```

待程式修改後便可以正常執行。

🔊 提示：

資料夾 "distilbert-base-uncased-finetuned-sst-2-english" 中的模型檔案也是手動進行
下載的。尋找到這些模型下載連結的方法，將在後文介紹管線方式執行機制時一
起介紹，見 6.8 節、6.9 節。

6.7.3 程式實現：完成特徵分析任務

特徵取出任務只傳迴文字處理後的特徵，屬於預訓練模型範圍。特徵取出任
務的輸出結果需要結合其他模型一起工作，不是一個點對點解決任務的模
型。

對句子進行特徵分析後的結果，可以被當作詞嵌入來使用。在本實例中，只
是將其輸出結果的形狀列印出來。

1. 程式實現

向 pipeline 類別中傳入 feature-extraction 進行產生實體，並呼叫該產生實體物
件對文字進行處理。實際程式如下。

■ 程式 6-6 pipline 方式執行 Transformers（續）

```
04 import numpy as np
05 nlp_features = pipeline('feature-extraction')
06 output = nlp_features(
07          'Code Doctor Studio is a Chinese company based in BeiJing.')
08 print(np.array(output).shape)      #輸出特徵形狀
```

程式執行後輸出結果如下：

```
(1, 13, 768)
```

結果是一個元組物件，該物件中的 3 個元素的意義分別為：批次個數、詞個數、每個詞的向量。

可以看到，如果直接使用詞向量進行轉換，也可以獲得類似形狀的結果。直接使用詞向量進行轉換的方式對算力消耗較小，但需要將整個詞表載入記憶體，對記憶體消耗較大。而在本實例中，使用模型進行特徵分析的方式雖然會消耗一些算力，但是記憶體佔用相對可控（只是模型的空間大小），如果再配合剪枝壓縮等技術，則更適合專案部署。

🔊 提示：

使用管線系列模型方式來完成特徵分析任務，只是用於資料前置處理階段。如果要對已有的 BERTology 系列模型進行微調——對 Transformers 函數庫中的模型進行再訓練，則還需要使用更低層的類別介面，見 6.12 節實例。

2. 用手動載入方式呼叫模型

為了解決模型下載失敗的問題，可以直接使用本書書附程式中的模型檔案，直接從本機進行載入。實際做法如下：

（1）將資料夾 "distilbert-base-uncased" 複製到本機程式同級目錄下。

（2）修改上方程式 6-6 中的第 5 行，將其改成以下內容：

```
config = AutoConfig.from_pretrained(     #載入 config 檔案
r'./distilbert-base-uncased/distilbert-base-uncased-config.json')
#載入 tokenizer 檔案
tokenizer = AutoTokenizer.from_pretrained(
        r'./distilbert-base-uncased/bert-base-uncased-vocab.txt',
config=config)
```

```
#載入模型檔案
nlp_features = pipeline("feature-extraction",
            model=r'./distilbert-base-uncased/distilbert-base-uncased-
tf_model.h5',
            config=config, tokenizer = tokenizer)
```

6.7.4 程式實現：完成完形填空任務

完形填空任務又被叫作遮蔽語言建模任務，它屬於 BERT 訓練過程中的子任務。

1. 遮蔽語言建模任務

遮蔽語言建模任務的做法如下：

在訓練 BERT 模型時利用遮蔽語言的方式，先對輸入序列文字中的單字進行隨機隱藏，然後將隱藏後的文字輸入模型，令模型根據上下文中提供的其他非隱藏詞預測隱藏詞的原始值。

一旦模型 BERT 訓練完成，即可獲得一個能夠處理完形填空任務的模型——遮蔽語言模型 MLM。

2. 程式實現

向 pipeline 類別中傳入 fill-mask 進行產生實體，並呼叫該產生實體物件對即可使用。

在使用產生實體物件時，需要先將要填空的單字用特殊字元遮蔽起來，然後用模型來預測被遮蔽的單字。

遮蔽單字的特殊字元，可以使用產生實體物件的 tokenizer.mask_token 屬性實現。實際程式如下：

■ 程式 6-6 pipline 方式執行 Transformers（續）

```
09 nlp_fill = pipeline("fill-mask")
10 print(nlp_fill.tokenizer.mask_token) #輸出遮蔽字元：'[MASK]'
11 #呼叫模型進行處理
12 print(nlp_fill(f"Li Jinhong wrote many {nlp_fill.tokenizer.mask_token}
   about artificial intelligence technology and helped many people."))
```

程式執行後，輸出結果如下：

```
[{'sequence': '[CLS] li jinhong wrote many books about artificial
intelligence technology and helped many people. [SEP]', 'score':
0.7667181491851807, 'token': 2146},
    {'sequence': '[CLS] li jinhong wrote many articles about artificial
intelligence technology and helped many people. [SEP]', 'score':
0.1408711075782776, 'token': 4237},
    {'sequence': '[CLS] li jinhong wrote many works about artificial
intelligence technology and helped many people. [SEP]', 'score':
0.01669470965862274, 'token': 1759},
    {'sequence': '[CLS] li jinhong wrote many textbooks about artificial
intelligence technology and helped many people. [SEP]', 'score':
0.009570339694619179, 'token': 20980},
    {'sequence': '[CLS] li jinhong wrote many papers about artificial
intelligence technology and helped many people. [SEP]', 'score':
0.009053915739059448, 'token': 4580}]
```

從結果中可以看出，模型輸出了分值最大的前 5 名結果。其中，第 1 行的結果中預測出了遮蔽位置的單字為 "books"。

3. 用手動載入方式呼叫模型

比較 6.7.2 節和 6.7.3 節中手動載入方式的實現過程可以看出，產生實體 pipeline 模型類別的通用方法是：先指定一個 NLP 任務對應的字串，再為字串指定本機模型。

其實，Transformers 函數庫中的很多模型都是通用的。這些模型適用與管線方式的多種任務。舉例來說，使用 6.7.3 節中特徵分析中的模型來實現完形填空任務也是可以的。

舉例來說，可以將程式第 9 行改成以下內容：

```
config = AutoConfig.from_pretrained(   #載入 config 檔案
r'./distilbert-base-uncased/distilbert-base-uncased-config.json')
tokenizer = AutoTokenizer.from_pretrained(   #載入 tokenizer 檔案
    r'./distilbert-base-uncased/bert-base-uncased-vocab.txt',config=config)
#載入模型檔案
nlp_fill = pipeline("fill-mask",
            model=r'./distilbert-base-uncased/distilbert-base-uncased-
tf_model.h5',
                config=config, tokenizer = tokenizer)
```

6.7.5 程式實現：完成閱讀了解任務

閱讀了解任務又被叫作取出式問答任務，即輸入一段文字和一個問題，讓模型輸出結果。

1. 程式實現

先向 pipeline 類別中傳入 question-answering 進行產生實體，然後呼叫該產生實體物件對一段文字和一個問題進行處理，最後輸出模型的處理結果。實際程式如下。

■ 程式 6-6 pipline 方式執行 Transformers（續）

```
13 nlp_qa = pipeline("question-answering")     #產生物理模型
14 print(                #輸出模型處理結果
15   nlp_qa(context='Code Doctor Studio is a Chinese company based in
   BeiJing.',
16          question='Where is Code Doctor Studio?') )
```

在使用產生實體物件 nlp_qa 時，必須傳入參數 context 和 question。其中，參數 context 代表一段文字，參數 question 代表問題。

程式執行後輸出以下結果：

```
  convert squad examples to features: 100%|         | 1/1 [00:00<00:00,
2094.01it/s]
  add example index and unique id: 100%|         | 1/1 [00:00<00:
00, 6452.78it/s]
  {'score': 0.94653461978901919, 'start': 49, 'end': 56, 'answer':
'BeiJing.'}
```

輸出結果的前兩行是模型內部的執行過程，最後一行是模型的輸出結果。在結果中，"answer" 欄位為輸入問題的答案 "BeiJing"。

2. 用手動載入方式呼叫模型

因為閱讀了解任務輸入的是一個文章和一個問題，而輸出的是一個答案，這種結構相對其他任務的輸入輸出具有特殊性，所以這種結構不能與 6.7.3 節和 6.7.2 節的模型通用。但是，它們的使用方法是一樣的。

本實例中使用的閱讀了解模型是在 SQuAD 資料集上訓練的（SQuAD 資料集見 6.5.2 節的介紹）。

可以參考 6.7.3 節的內容手動載入模型的方法，直接將本書書附程式中的模型資料夾 "distilbert-base-uncased-distilled-squad" 複製到程式的同級目錄下，並將第 13 行程式改成以下內容：

```
config = AutoConfig.from_pretrained(
r'./distilbert-base-uncased-distilled-squad/distilbert-base-uncased-
distilled-squad-config.json')
tokenizer = AutoTokenizer.from_pretrained(
r'./distilbert-base-uncased-distilled-squad/bert-large-uncased-vocab.txt',
config=config)
nlp_qa = pipeline("question-answering",model=
r'./distilbert-base-uncased-distilled-squad/distilbert-base-uncased-
distilled-squad-tf_model.h5', config=config, tokenizer = tokenizer)
```

6.7.6 程式實現：完成摘要產生任務

摘要產生任務的輸入是一段文字，輸出是一段相對於輸入文字較短的文字。

1. 程式實現

先向 pipeline 類別中傳入 summarization 進行產生實體，然後呼叫該產生實體物件對一段文字進行處理，最後輸出模型的處理結果。實際程式如下：

■ 程式 6-6 pipline 方式執行 Transformers（續）

```
17 TEXT_TO_SUMMARIZE = '''
18 In this notebook we will be using the transformer model, first
   introduced in this paper. Specifically, we will be using the BERT
   (Bidirectional Encoder Representations from Transformers) model from
   this paper.
19 Transformer models are considerably larger than anything else covered in
   these tutorials. As such we are going to use the transformers library to
   get pre-trained transformers and use them as our embedding layers. We
   will freeze (not train) the transformer and only train the remainder of
   the model which learns from the representations produced by the
   transformer. In this case we will be using a multi-layer bi-directional
   GRU, however any model can learn from these representations.
20 '''
```

```
21 summarizer =  pipeline("summarization", model="t5-small", tokenizer=
   "t5-small",
22                       framework="tf")
23 print(summarizer(TEXT_TO_SUMMARIZE ,min_length=5, max_length=150))
```

該管線的預設模型是 "bart-large-cnn"，但 Transformers 函數庫中還沒有 TensorFlow 版的 BART 預先編譯模型，所以需要手動指定一個支援 TensorFlow 架構的摘要產生模型。這裡使用了 t5-small 模型。程式執行後輸出以下結果：

```
[{'summary_text': 'in this notebook we will be using the transformer
model, first introduced in this paper . transformer models are considerably
larger than anything else covered in these tutorials . we will freeze (not
train) the transformer and train the remainder of the model which learn
from the representations produced by the transformer .'}]
```

3. 用手動載入方式呼叫模型

本節中使用的手動模型見本書書附程式中的 "t5-small" 資料夾。手動載入的方法與 6.7.5 節一致，這裡不再詳述。

6.7.7　預訓練模型檔案的組成及其載入時的固定名稱

在 pipeline 類別的初始化介面中，可以直接指定載入模型的路徑，以從本機預訓練模型檔案進行載入。但這麼做需要有一個前提條件——要載入的預訓練模型檔案必須使用規定好的名稱。

在 pipeline 類別介面中，預訓練模型檔案是以「套」為單位的，一套是有多個檔案。每套預訓練模型檔案的組成及其固定的檔案名稱如下。

- 詞表檔案：以 txt、model 或 json 為副檔名，其中放置的是模型中使用的詞表檔案。名稱必須為 vocab.json、spiece.model 或 vocab.json。
- 詞表擴充檔案（可選）：以 txt 為副檔名，用於補充原有的詞表檔案。名稱必須為 merges.txt。
- 設定檔：以 json 為副檔名，其中放置的是模型的超參設定。名稱必須為 config.json。
- 模型權重檔案：以 h5 為副檔名，其中放置的是模型中各個參數實際的值。名稱必須為 tf_model.h5。

在透過指定預訓練模型目錄進行載入時,系統只會在目錄裡按規定好的名稱搜尋模型檔案。如果沒有找到模型檔案,則傳回錯誤。

在知道了透過指定目錄方式載入的規則之後,便可以對 6.7.6 節的模型進行手動載入。先把 6.7.6 節的搭配模型資料夾 "t5-small" 複製到本機程式的同級目錄下,然後將 6.7.6 節的程式第 21 行修改成以下內容,便實現了手動載入模型。

```
config = AutoConfig.from_pretrained( r'./t5-small/t5-small-config.json')
tokenizer = AutoTokenizer.from_pretrained(r'./t5-small',config=config)
summarizer = pipeline("summarization",
            model=r'./t5-small/t5-small-tf_model.h5',
            config=config, tokenizer = tokenizer)
```

程式中使用 AutoTokenizer 類別載入詞表,沒有再指定實際檔案,而是指定了檔案目錄。這時系統會自動載入資料夾中 "spiece.model" 檔案。這種方式是 Transformers 函數庫中的標準使用方式。

6.7.8 程式實現:完成實體詞識別任務

實體詞識別(NER)任務是 NLP 中的基礎任務。它用於識別文字中的人名(PER)、地名(LOC)、組織(ORG),以及其他實體(MISC)等。例如:

李 B-PER

金 I-PER

洪 I-PER

在 O

辦 B-LOC

公 I-LOC

室 I-LOC

其中,非實體詞用 "O" 來表示。"I"、"O"、"B"是塊標記的一種表示(B 表示開始,I 表示內部,O 表示外部)。

實體詞識本質是一個分類任務,它又被稱為序列標記任務。實體詞識別是句法分析的基礎,而句法分析又是 NLP 任務的核心。

1. 程式實現

先向 pipeline 類別中傳入 ner 進行產生實體，然後呼叫該產生實體物件對一段文字進行處理，最後輸出模型的處理結果。實際程式如下。

■ 程式 6-6 pipline 方式執行 Transformers（續）

```
24 nlp_token_class = pipeline("ner")
25 print(nlp_token_class(
26          'Code Doctor Studio is a Chinese company based in BeiJing.'))
```

程式執行後輸出以下結果：

```
 [{'word': '[CLS]', 'score': 0.9998156428337097, 'entity': 'LABEL_0'},
  {'word': 'code', 'score': 0.9971107244491577, 'entity': 'LABEL_0'},
  {'word': 'doctor', 'score': 0.9981299638748169, 'entity': 'LABEL_0'},
  ......
  {'word': '##ng', 'score': 0.5353299379348755, 'entity': 'LABEL_0'},
  {'word': '.', 'score': 0.9998156428337097, 'entity': 'LABEL_0'},
  {'word': '[SEP]', 'score': 0.9998156428337097, 'entity': 'LABEL_0'}]
```

2. 用手動載入方式呼叫模型

按照 6.7.7 節的模型載入規則，將本書書附程式中的模型資料夾 "dbmdz" 複製到本機程式的同級目錄下。將程式第 23 行修改成以下內容，便可以實現手動載入模型。

```
tokenizer = AutoTokenizer.from_pretrained(
 r'./dbmdz\bert-large-cased-finetuned-conll03-english')
nlp_token_class = pipeline("ner",
          model=r'./dbmdz\bert-large-cased-finetuned-conll03-english',
          tokenizer = tokenizer)
```

6.7.9 管線方式的工作原理

在前面的 6.7.2 節、6.7.3 節、6.7.4 節、6.7.5 節、6.7.6 節、6.7.8 節共實現了 6 種 NLP 任務，每一種 NLP 任務在實現時都可手動載入模型。那麼，這些手動載入的預訓練模型是怎麼來的呢？

在 Transformers 函數庫中 pipeline 的原始程式檔案 pipelines.py 裡，可以找到管線方式自動下載的預先編譯模型位址。根據這些位址，可以用第三方下載工具將其下載到本機。

在 pipelines.py 裡，不僅可以看到模型的預先編譯檔案，還可以看到管線方式所支援的 NLP 任務，以及每種 NLP 任務所對應的內部呼叫關係。下面來一一說明。

1. pipelines.py 檔案的位置

pipelines.py 檔案在 transformers 函數庫安裝路徑的根目錄下。作者本機的路徑為：

```
    D:\ProgramData\Anaconda3\envs\tf21\Lib\site-packages\transformers\
pipelines.py
```

2. pipelines.py 檔案中的 SUPPORTED_TASKS 變數

在 pipelines.py 檔案中定義了巢狀結構的字典變數 SUPPORTED_TASKS。在該字典變數中儲存了管線方式所支援的 NLP 任務，以及每一個 NLP 任務的內部呼叫關係，如圖 6-11 所示。

```
940    # Register all the supported task here
941    SUPPORTED_TASKS = {
942        "feature-extraction": {
943            "impl": FeatureExtractionPipeline,
944            "tf": TFAutoModel if is_tf_available() else None,
945            "pt": AutoModel if is_torch_available() else None,
946            "default": {
947                "model": {"pt": "distilbert-base-cased", "tf": "distilbert-base-cased"},
948                "config": None,
949                "tokenizer": "distilbert-base-cased",
950            },
951        },
952        "sentiment-analysis": {
953            "impl": TextClassificationPipeline,
954            "tf": TFAutoModelForSequenceClassification if is_tf_available() else None,
955            "pt": AutoModelForSequenceClassification if is_torch_available() else None,
956            "default": {
957                "model": {
958                    "pt": "distilbert-base-uncased-finetuned-sst-2-english",
959                    "tf": "distilbert-base-uncased-finetuned-sst-2-english",
960                },
961                "config": "distilbert-base-uncased-finetuned-sst-2-english",
962                "tokenizer": "distilbert-base-uncased",
963            },
964        },
965        "ner": {
```

圖 6-11 字典變數 SUPPORTED_TASKS 的部分內容

從圖 6-11 中可以看到，在字典變數 SUPPORTED_TASKS 中，每個字典元素的 Key 值為 NLP 任務名稱，每個字典元素的 Value 值為該 NLP 任務的實際設定。

在 NLP 任務的實際設定中也巢狀結構了一個字典物件。這裡以文字分類任務 "sentiment-analysis" 為例，實際解讀如下。

- impl：執行目前 NLP 任務的 Pipeline 子類別介面（TextClassification Pipeline）。
- tf：指定 TensorFlow 架構中的自動類別模型（TFAutoModelForSequence Classification）。
- pt：指定 PyTorch 架構中的自動類別模型（AutoModelForSequence Classification）。
- default：指定要載入的權重檔案（model）、設定檔（config）和詞表檔案（tokenizer）。這 3 個檔案是以字典物件的方式進行設定的。

從圖 6-11 中可以看到，default 中對應的模型檔案並不是下載連結，而是一個字串。該字串的意義與下載連結的關係將在 6.8 節介紹。

在管線模式中正是透過這些資訊實現實際的 NLP 任務。管線模式內部的呼叫關係如圖 6-12 所示。

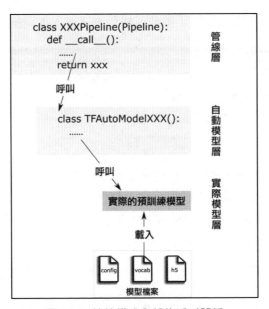

圖 6-12 管線模式內部的呼叫關係

3. Pipeline 類別介面

圖 6-12 中的 XXXPipeline 類別為每個 NLP 任務所對應的子類別介面，該介面與實際的 NLP 任務的對應關係如下。

▪ 特徵分析任務:類別介面為 FeatureExtractionPipeline。

▪ 文字分類任務:類別介面為 TextClassificationPipeline。

▪ 完形填空任務:類別介面為 FillMaskPipeline。

▪ 實體詞識別任務:類別介面為 NerPipeline。

▪ 閱讀了解任務:類別介面為 QuestionAnsweringPipeline。

管線層對下層的自動模型層(TFAutoModel)進行了二次封裝,完成了 NLP 任務的點對點實現。

6.7.10 在管線方式中應用指定模型

在本實例中,使用管線方式所實現的 NLP 任務,都是載入了在 pipelines.py 檔案裡 SUPPORTED_TASKS 變數中所設定的預設模型。

在實際應用中,可以修改 SUPPORTED_TASKS 變數中的設定,以載入指定的模型,還可以按照實例中的手動載入模型方法載入本機的預訓練模型。

載入指定模型的通用語法如下:

```
pipeline("<task-name>", model="<model_name>")
pipeline('<task-name>', model='<model name>',
tokenizer='<tokenizer_name>')
```

其中,

▪ <task-name>代表任務字串,例如文字分類任務就是 "sentiment-analysis"。

▪ <model name>代表載入的模型。在手動載入模式下,該值可以是本機的預訓練模型檔案;在自動載入模式下,該值是預訓練模型的唯一識別碼,例如圖 6-11 裡 default 欄位中的內容。

◀)) 提示:

在管線方式中,對模型的載入不是隨意指定的。各種 NLP 任務與適合模型的對應關係見 6.8.2 節。

◉ 6.8 Transformers 函數庫中的自動模型類別 （TFAutoModel）

為了方便使用 Transformers 函數庫，在 Transformers 函數庫中提供了一個
TFAutoModel 類別。該類別用來管理 Transformers 函數庫中處理相同 NLP 任
務的底層實際模型，為上層應用管線方式提供了統一的介面。透過
TFAutoModel 類別，可以載入並應用 ERTology 系列模型中的任意一個模型。

6.8.1 了解各種 TFAutoModel 類別

Transformers 函數庫按照應用場景將 BERTology 系列模型劃分成了以下 6 個
子類別。

- TFAutoModel：基本模型的載入類別。適用於 Transformers 函數庫中的任
  何模型，也可以用於特徵分析任務。

- TFAutoModelForPreTraining：特徵分析任務模型的載入類別，適用於
  Transformers 函數庫中所有的預訓練模型。

- TFAutoModelForSequenceClassification：文字分類模型的載入類別，適用
  於 Transformers 函數庫中所有的文字分類模型。

- TFAutoModelForQuestionAnswering：閱讀了解任務模型的載入類別，適用
  於 Transformers 函數庫中所有的取出式問答模型。

- TFAutoModelWithLMHead：完形填空任務模型的載入類別，適用於
  Transformers 函數庫中所有的遮蔽語言模型。

- TFAutoModelForTokenClassification：實體詞識別任務模型的載入類別，適
  用於 Transformers 函數庫中所有的實體詞識別任務模型。

自動模型類別與 BERTology 系列模型中的實際模型是「一對多」的關係。在
Transformers 函數庫的 modeling_tf_auto.py 原始程式檔案中（舉例來說，作者本
機路徑為：D:\ProgramData\Anaconda3\envs\tf21\Lib\site-packages\transformers\
modeling_tf_auto.py），在其中可以找到每種自動模型類別所管理的實際

BERTology 系列模型。以 TFAutoModelWithLMHead 類別為例,其管理的
BERTology 系列模型如圖 6-13 所示。

```
TF_MODEL_WITH_LM_HEAD_MAPPING = OrderedDict(
    [
        (T5Config, TFT5ForConditionalGeneration),
        (DistilBertConfig, TFDistilBertForMaskedLM),
        (AlbertConfig, TFAlbertForMaskedLM),
        (RobertaConfig, TFRobertaForMaskedLM),
        (BertConfig, TFBertForMaskedLM),
        (OpenAIGPTConfig, TFOpenAIGPTLMHeadModel),
        (GPT2Config, TFGPT2LMHeadModel),
        (TransfoXLConfig, TFTransfoXLLMHeadModel),
        (XLNetConfig, TFXLNetLMHeadModel),
        (XLMConfig, TFXLMWithLMHeadModel),
        (CTRLConfig, TFCTRLLMHeadModel),
    ]
)
```

圖 6-13 AutoModelWithLMHead 類別模型

圖 6-13 中的物件 TF_MODEL_WITH_LM_HEAD_MAPPING 代表 TFAutoModel
WithLMHead 類別,與 BERTology 系列模型中的實際模型間的對映關係。
TF_MODEL_WITH_LM_HEAD_MAPPING 中列出的所有元素,都可以實現
TFAutoModelWithLMHead 類別所能完成的完形填空任務。

6.8.2 TFAutoModel 類別的模型載入機制

在圖 6-13 裡的 TF_MODEL_WITH_LM_HEAD_MAPPING 中,每個元素由兩
部分組成:實際模型的設定檔和實際模型的實現類別。

所有實際模型的實現類別都可以透過不同的資料集被訓練成多套預訓練模型
檔案。每套預訓練模型檔案都由 3 或 4 個子檔案組成:詞表檔案、詞表擴充
檔案(可選)、設定檔和模型權重檔案(見 6.7.7 節的介紹)。它們共用一個
統一的字串標識。

在使用自動載入方式呼叫模型時,系統會根據統一的預訓練模型字串標識找
到對應的預訓練模型檔案,並透過網路進行下載,然後將其載入記憶體。實
際過程如圖 6-14 所示。

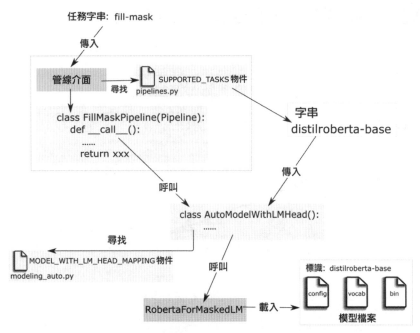

圖 6-14 克漏字任務的呼叫過程

🔊 提示：

AutoModel 類別中的模型都是通用的。舉例來說，在 SUPPORTED_TASK 裡完形填空任務所對應的模型識別符號為 "distilroberta-base"，即預設會載入 RobertaForMaskedLM 類別。而在 6.7.4 節的小標題「3. 用手動載入方式呼叫模型」中，並沒有載入 RobertaForMaskedLM 類別，而是手動指定了 "distilbert-base-uncased" 所對應的 BertForMaskedLM 類別。

6.8.3 Transformers 函數庫中其他的語言模型（model_cards）

Transformers 函數庫中整合了非常多的預訓練模型，方便使用者在其基礎上進行微調。這些模型統一放在 model_cards 分支下，詳見 GitHub 網站中 huggingface/transformers 專案下的 model_cards 分支。

開啟該分支的頁面後，可以找到想要載入模型的下載連結，如圖 6-15 所示。

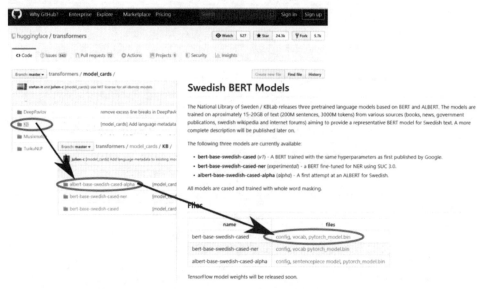

圖 6-15 尋找更多模型的下載連結

在 Transformers 函數庫的管線方式中,預設使用 model_cards 中的模型。例如 6.7.8 節的實體詞識別任務使用的是 model_cards 中 dbmdz 目錄下的模型。可以透過以下方式檢視:

在 pipelines.py 檔案字典變數 SUPPORTED_TASKS 裡,可以找到實體詞識別任務所使用的預訓練模型標識字串 dbmdz/bert-large-cased-finetuned-conll03-english,如圖 6-16 所示。

```
"ner": {
    "impl": NerPipeline,
    "tf": TFAutoModelForTokenClassification if is_tf_available() else None,
    "pt": AutoModelForTokenClassification if is_torch_available() else None,
    "default": {
        "model": {
            "pt": "dbmdz/bert-large-cased-finetuned-conll03-english",
            "tf": "dbmdz/bert-large-cased-finetuned-conll03-english",
        },
        "config": "dbmdz/bert-large-cased-finetuned-conll03-english",
        "tokenizer": "bert-large-cased",
    },
}
```

圖 6-16 實體詞識別任務的設定

在預訓練模型標識字串中, "dbmdz" 代表該預訓練模型來自 model_cards 中的 dbmdz 目錄。

有關自動模型類別的使用方式請參考 6.9.4 節。

⊞ 6.9 Transformers 函數庫中的 BERTology 系列模型

6.7 節介紹了 Transformers 函數庫的快速使用方法，6.8 節介紹了如何根據 NLP 任務來選擇和指定模型。這兩部分功能可以讓使用者能夠使用已有的模型。

如果想進一步深入研究，則需要了解 Transformers 函數庫中更底層的實現，學會單獨載入和使用 BERTology 系列模型。

6.9.1 Transformers 函數庫的檔案結構

本節將接著 6.7.7 節所說明的預訓練模型的檔案。

1. 詳解 Transformers 函數庫中的預訓練模型

在 Transformers 函數庫中，預訓練模型檔案有 3 種。它們的作用說明如下。

- 詞表檔案：在訓練模型時，會將該檔案當作一個對映表，把輸入的單字轉成實際的數字。
- 設定檔：其中有模型的超參。將原始程式中的模型類別根據設定檔的超參進行產生實體後，便可以產生可用的模型。
- 模型權重檔案：儲存可用模型在記憶體中各個變數的值。模型訓練結束後，系統會將這些值儲存起來。載入模型權重的過程，就是用這些值覆蓋記憶體中的模型變數，使整個模型恢復到訓練後的狀態。

其中，模型權重檔案是以二進位格式儲存的，而詞表檔案和設定檔則是以文字方式儲存的。這裡以 BERT 模型的基本預訓練模型（bert-base-uncased）為例，其詞表檔案與設定檔的內容如圖 6-17 所示。

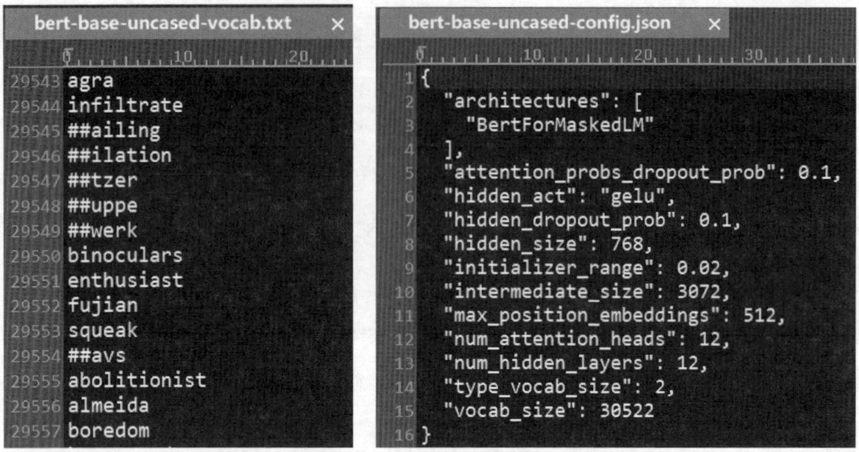

圖 6-17 BERT 模型中的詞表檔案與設定檔

圖 6-17 中的左側和右側分別是與 BERT 模型的基本預訓練模型相關的詞表檔案與設定檔。可以看到，左側的詞表檔案是一個個實際的單字，每個單字的序號就是其對應的索引值；右側的設定檔是其模型中的設定參數，其中部分內容如下。

- 架構名稱：BertForMaskedLM。
- 注意力層中 Dropout 的捨棄率：0.1。
- 隱藏層的啟動函數：GELU 啟動函數（見 6.9.3 節）。
- 隱藏層中 Dropout 的捨棄率：0.1。

2. Transformers 函數庫中的程式檔案

在安裝好 Transformers 函數庫後，就可以在 Anaconda 的安裝路徑中找到它的原始程式位置。例如作者本機的路徑如下：

```
D:\ProgramData\Anaconda3\envs\tf21\Lib\site-packages\transformers
```

開啟該路徑可以看到如圖 6-18 所示的檔案結構。

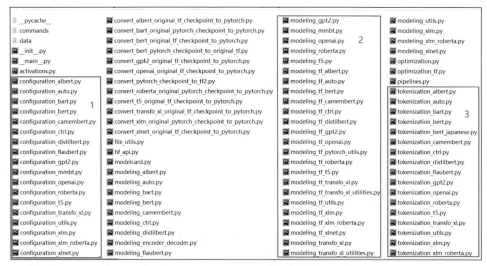

圖 6-18 Transformers 函數庫的檔案結構

Transformers 函數庫中的實際預訓練模型原始程式都可在圖 6-18 中找到。實際如下：

- 以 configuration 開頭的檔案，是 BERTology 系列模型的設定程式檔案。例如圖 6-18 中標記 "1" 的部分。
- 以 modeling 開頭的檔案，是 BERTology 系列模型的模型程式檔案。例如圖 6-18 中標記 "2" 的部分。
- 以 tokenization 開頭的檔案，是 BERTology 系列模型的詞表程式檔案。例如圖 6-18 中標記 "3" 的部分。

3. 在模型程式檔案中找到其連結檔案

每個模型都對應 3 個程式檔案。在這 3 個程式檔案中儲存著連結檔案的下載網址。

以 BERT 模型為例，該模型對應的程式檔案分別為：

- 設定程式檔案 configuration_bert.py。
- 模型程式檔案 modeling_tf_bert.py。
- 詞表程式檔案 tokenization_bert.py。

以模型程式檔案為例。開啟 modeling_tf_bert.py 檔案，可以看到如圖 6-19 所示的模型下載連結。

```
TF_BERT_PRETRAINED_MODEL_ARCHIVE_MAP = {
    "bert-base-uncased": "https://cdn.huggingface.co/bert-base-uncased-tf_model.h5",
    "bert-large-uncased": "https://cdn.huggingface.co/bert-large-uncased-tf_model.h5",
    "bert-base-cased": "https://cdn.huggingface.co/bert-base-cased-tf_model.h5",
    "bert-large-cased": "https://cdn.huggingface.co/bert-large-cased-tf_model.h5",
    "bert-base-multilingual-uncased": "https://cdn.huggingface.co/bert-base-multilingual-uncased-tf_model.h5",
    "bert-base-multilingual-cased": "https://cdn.huggingface.co/bert-base-multilingual-cased-tf_model.h5",
    "bert-base-chinese": "https://cdn.huggingface.co/bert-base-chinese-tf_model.h5",
    "bert-base-german-cased": "https://cdn.huggingface.co/bert-base-german-cased-tf_model.h5",
    "bert-large-uncased-whole-word-masking": "https://cdn.huggingface.co/bert-large-uncased-whole-word-masking
    "bert-large-cased-whole-word-masking": "https://cdn.huggingface.co/bert-large-cased-whole-word-masking-tf_m
    "bert-large-uncased-whole-word-masking-finetuned-squad": "https://cdn.huggingface.co/bert-large-uncased-who
    "bert-large-cased-whole-word-masking-finetuned-squad": "https://cdn.huggingface.co/bert-large-cased-whole-w
    "bert-base-cased-finetuned-mrpc": "https://cdn.huggingface.co/bert-base-cased-finetuned-mrpc-tf_model.h5",
    "bert-base-japanese": "https://cdn.huggingface.co/cl-tohoku/bert-base-japanese/tf_model.h5",
    "bert-base-japanese-whole-word-masking": "https://cdn.huggingface.co/cl-tohoku/bert-base-japanese-whole-wor
    "bert-base-japanese-char": "https://cdn.huggingface.co/cl-tohoku/bert-base-japanese-char/tf_model.h5",
    "bert-base-japanese-char-whole-word-masking": "https://cdn.huggingface.co/cl-tohoku/bert-base-japanese-char
    "bert-base-finnish-cased-v1": "https://cdn.huggingface.co/TurkuNLP/bert-base-finnish-cased-v1/tf_model.h5",
    "bert-base-finnish-uncased-v1": "https://cdn.huggingface.co/TurkuNLP/bert-base-finnish-uncased-v1/tf_model
    "bert-base-dutch-cased": "https://cdn.huggingface.co/wietsedv/bert-base-dutch-cased/tf_model.h5",
}
```

圖 6-19 BERT 的模型下載連結

從圖 6-19 可以看到，模型的下載連結被儲存到字典物件 TF_BERT_ PRETRAINED_ MODEL_ARCHIVE_MAP 中。其中，key 是預訓練模型的版本名稱，value 是模型的連結位址。

在 Transformers 函數庫中，預訓練模型連結檔案是透過版本名稱進行統一的。任意一個預訓練模型都可以在對應的模型程式檔案、設定程式檔案和詞表程式檔案中找到實際的下載連結。

舉例來說，modeling_tf_bert.py 檔案中 TF_BERT_PRETRAINED_MODEL_ ARCHIVE_MAP 物件的第 1 項是 bert-base-uncased，在 configuration_bert.py 和 tokenization_bert.py 中也可以分別找到 bert-base-uncased 的下載連結。

4. 載入預訓練模型

預訓練模型的主要部分是模型程式檔案、設定程式檔案和詞表程式檔案這 3 個連結檔案。對於這 3 個連結檔案，在 Transformers 函數庫裡都對應的類別操作。

▪ 設定檔類別（configuration classes）：模型的相關參數，在設定程式檔案中定義。

▪ 模型類別（model classes）：模型的網路結構，在模型程式檔案中定義。

▪ 詞表工具類別（tokenizer classes）：用於輸入文字的詞表前置處理，在詞表程式檔案中定義。

這 3 個類別都有 from_pretrained()方法，直接呼叫它們的 from_pretrained()方法可以載入已經預訓練好的模型或參數。

📢 提示：

除 from_pretrained()方法外，還有一個統一的 save_pretraining()方法，該方法可以將模型中的設定檔、模型權重、詞表儲存在本機，以便用 from_pretraining()方法重新載入它們。

在使用時，可以透過向 from_pretrained()方法中傳入指定版本的名稱進行自動下載，並將其載入到記憶體中。也可以在原始程式中找到對應的下載連結，在手動下載後再用 from_pretrained()方法將其載入到記憶體中。

（1）自動載入。

在產生物理模型類別時，直接指定該模型的版本名稱即可實現自動下載模式。實際程式如下：

```
from transformers import BertTokenizer, TFBertForMaskedLM
tokenizer = BertTokenizer.from_pretrained('bert-base-uncased')  #載入詞表
model = TFBertForMaskedLM.from_pretrained('bert-base-uncased')  #載入模型
```

程式中用 bert-base-uncased 版本的 BERT 預訓練模型，其中，BertTokenizer 類別用於載入詞表，TFBertForMaskedLM 類別用於自動載入設定檔和模型檔案。

該程式執行後，會自動從指定網站下載對應的連結檔案。這些檔案預設會放在系統的使用者目錄中。例如作者本機的目錄是 C:\Users\ljh\.cache\torch\transformers。

如果要修改下載路徑，則可以向 from_pretrained ()方法傳入 cache_dir 參數，並指明快取路徑。

（2）手動載入。

按照小標題「3. 在模型程式檔案中找到其連結檔案」所介紹的方法，找到模型指定版本的連結檔案，將其下載到本機，然後再使用程式進行載入。

假設，作者本機已經下載好的連結檔案被放在 bert-base-uncased 目錄下，則載入的程式如下：

```
from transformers import BertTokenizer, TFBertForMaskedLM
tokenizer = BertTokenizer.from_pretrained(          #載入詞表
r'./bert-base-uncased/bert-base-uncased-vocab.txt')
model = BertForMaskedLM.from_pretrained(            #載入模型
'./bert-base-uncased/bert-base-uncased-tf_model.h5',
         config = './bert-base-uncased/bert-base-uncased-config.json')
```

從上面程式中可以看到，手動載入與自動載入所使用的介面是一樣的。不同的是，手動載入僅需要指定載入檔案的實際路徑，而使用 TFBertForMaskedLM 類別進行載入還需要指定設定檔的路徑。

🔊 提示：

在使用 TFBertForMaskedLM 類別進行載入時，程式也可以拆成載入設定檔和載入模型兩部分，實際如下：

from transformers import BertTokenizer, BertForMaskedLM,BertConfig
#載入設定檔
config = BertConfig.from_json_file('./bert-base-uncased/bert-base-uncased-config.json')
model = TFBertForMaskedLM.from_pretrained(#載入模型
r'./bert-base-uncased/bert-base-uncased-tf_model.h5', config = config)

6.9.2 尋找 Transformers 函數庫中可以使用的模型

透過模型程式檔案的命名，可以看到 Transformers 函數庫中能夠使用的模型名。但這並不是實際的類別名稱。想要找到實際的類別名稱，可以有以下 3 種方式：

（1）透過說明檔案尋找有關預訓練模型的介紹。

（2）在 Transformers 函數庫的 __init__.py 程式檔案中尋找預訓練模型。

（3）用程式方式輸出 Transformers 函數庫中的巨集定義。

其中第（2）種方法相對費勁，但更為準確。當幫助版本與安裝版本不一致時，第（1）種方法將故障。這裡針對第（2）種和第（3）種方法進行舉例。

1. 在 __init__.py 程式檔案中尋找預訓練模型

在 __init__.py 程式檔案中可以看到，BERT 模型可以透過以下幾個類別進行呼叫，如圖 6-20 所示。

```
from .modeling_tf_bert import (
    TFBertPreTrainedModel,
    TFBertMainLayer,
    TFBertEmbeddings,
    TFBertModel,
    TFBertForPreTraining,
    TFBertForMaskedLM,
    TFBertForNextSentencePrediction,
    TFBertForSequenceClassification,
    TFBertForMultipleChoice,
    TFBertForTokenClassification,
    TFBertForQuestionAnswering,
    TF_BERT_PRETRAINED_MODEL_ARCHIVE_MAP,
)
```

圖 6-20 BERT 的模型類別

在圖 6-20 中，框中的是 BERT 的模型類別，框下面的 1 行是 modeling_tf_bert.py 程式檔案對外匯出的其他介面。

2. 用程式方式輸出 Transformers 函數庫中的巨集定義

透過下面的程式可以直接將 Transformers 函數庫中的全部預訓模型列印出來：

```
from transformers import ALL_PRETRAINED_MODEL_ARCHIVE_MAP
print(ALL_PRETRAINED_MODEL_ARCHIVE_MAP)
```

程式執行後輸出以下內容：

```
{'bert-base-uncased': 'https://s3.amazonaws.com/models.huggingface.co/
bert/bert-base-uncased-pytorch_model.bin', 'bert-large-uncased':
  'xlm-roberta-large-finetuned-conll03-german':
'https://s3.amazonaws.com/models.huggingface.co/bert/xlm-roberta-large-
finetuned-conll03-german-
pytorch_model.bin'}
```

如果想了解這些模型類別的功能和區別，則需要了解模型的結構和原理。這部分內容會在 6.11 節詳細介紹。

6.9.3 更適合 NLP 任務的啟動函數（GELU）

GELU（gaussian error linear unit，GELU）的中文名是高斯誤差線性單元。
GELU 使用了隨機正規化技術，用它作為啟動函數可以產生與自我調整
Dropout 技術（一種防止模型過擬合的技術）相同的效果。

該啟動函數在 NLP 領域中被廣泛應用。例如 BERT、RoBERTa、ALBERT 等
目前業內頂尖的 NLP 模型都使用了 GELU 作為啟動函數。另外，在 OpenAI
聲名遠播的無監督預訓練模型 GPT-2 中，研究人員在所有編碼器模組中也都
使用了 GELU 作為啟動函數。

1. GELU 的原理與實現

Dropout、ReLU 等機制都是將「不重要」的啟動資訊規整為零，重要的資訊
保持不變。這種做法可以視為對神經網路的啟動值乘上一個啟動參數 1 或 0。

GELU 將啟動參數 1 或 0 的設定值機率與神經網路的啟動值結合起來了，這使
得神經網路具有確定性。即：神經網路的啟動值越小，則其所乘的啟動參數
為 1 的機率也越小。這種做法不僅保留了機率性，也保留了對輸入的依賴
性。

GELU 的計算過程可以描述成：對於每一個輸入 x 都乘上一個二項式分佈
$\Phi(x)$，見公式（6.5）。

$$\text{GELU}(x) = x\,\phi(x) \tag{6.5}$$

🔊 提示：

二項式分佈又被稱為伯努利（Bernoulli）分佈，其中典型的實例是「扔硬幣」：
硬幣正面朝上的機率為 p，重複扔 n 次硬幣，所得到 k 次正面朝上的機率，即為
一個二項式分佈機率。

因為式（6.5）中的二項式分佈函數是無法直接計算的，因此研究者透過其他
的方法來逼近這樣的啟動函數，見公式（6.6）。

$$\text{GELU}(x) = 0.5x\,\{1 + \tanh[\sqrt{2/\pi}(x + 0.044715x^3)]\} \tag{6.6}$$

式（6.6）轉成程式可以寫成如下：

```
def gelu(x):                #在 GPT-2 模型中 GELU 的實現
return 0.5*x*(1+tanh(np.sqrt(2/np.pi)*(x+0.044715*pow(x, 3))))
```

2. GELU 與 Swish、Mish 之間的關係

如果將式（6.5）中的 $\varphi(x)$取代成 sigmoid(βx)，則 GELU 就變成了 Swish 啟動函數。

由此可見，Swish 啟動函數屬於 GELU 的特例，它用 sigmoid(βx)完成了二項式分佈函數 $\varphi(x)$的實現。同理，Mish 啟動函數也屬於 GELU 的特例，它用 tanh[softplus(x)]完成了二項式分佈函數 $\varphi(x)$的實現。

GELU 啟動函數的曲線與 Swish 和 Mish 啟動函數的曲線十分類似，如圖 6-21 所示。

關於 GELU 啟動函數的更多內容請參見 arXiv 網站上編號為 "1606.08415" 的論文。

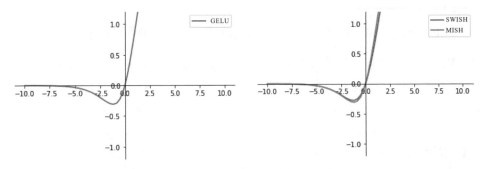

圖 6-21 GELU、Swish 和 Mish 啟動函數的曲線

6.9.4 實例 32：用 BERT 模型實現完形填空任務

本節將透過一個用 BERT 實現完形填空任務（預測一個句子中的缺失單字），來學習 Transformers 函數庫中預訓練模型的使用過程。

完形填空任務與 BERT 模型在訓練過程中的子任務十分類似，直接拿用 BERT 模型訓練好的預訓練模型即可實現。

1. 載入詞表，並對輸入文字進行轉換

載入 BERT 模型 bert-base-uncased 版本的詞表。實際程式如下。

■ **程式 6-7 用 BERT 模型實現完形填空**

```
01 import tensorflow as tf
02 from transformers import *
03
04 #載入詞表檔案 tokenizer
05 tokenizer = AutoTokenizer.from_pretrained('bert-base-cased')
06
07 #輸入文字
08 text = "[CLS] Who is Li Jinhong ? [SEP] Li Jinhong is a programmer [SEP]"
09 tokenized_text = tokenizer.tokenize(text)
10 print(tokenized_text)
```

程式第 8 行定義了輸入文字。該文字中有兩個特殊的字元[CLS]與[SEP]。BERT 模型需要用這種特殊字元進行標定句子。實際解釋如下。

- [CLS]：標記段落的開始。一個段落可以有一句或多句話，但是只能有一個[CLS]。
- [SEP]：標記一個句子的結束。在一個段落中可以有多個[SEP]。

程式第 9 行用詞表對輸入文字進行轉換。該行程式碼與中文分詞有點類似。由於詞表中不可能覆蓋所有的單字，所以當輸入文字中的單字在詞表中沒有時，系統會使用帶有萬用字元的單字（以 "#" 開頭的單字）將其拆開。

🔊 **提示：**

段落開始的標記[CLS]，在 BERT 模型中還會被用作分類任務的輸出特徵，實際細節可以參考 6.11 節中 BERT 的介紹。

程式執行後輸出以下結果：

```
    ['[CLS]', 'who', 'is', 'l', '##i', 'ji', '##nh', '##ong', '?', '[SEP]',
'l', '##i', 'ji', '##nh', '##ong', 'is', 'a', 'programmer', '[SEP]']
```

從結果中可以看到，詞表中沒有 "jinhong" 這個單字，在執行程式第 9 行時，將 "jinhong" 這個單字拆成了 ji、##nh 和##ong 這 3 個單字，這 3 個單字能夠與詞表中的單字完全符合。

2. 隱藏單字，並將其轉成索引值

先用標記符號[MASK]代替輸入文字中索引值為 15 的單字，然後對 "is" 進行隱藏，最後將整個句子中的單字轉成詞表中的索引值。實際程式如下。

■ 程式 6-7 用 BERT 模型實現完形填空（續）

```
11 masked_index = 15 #定義需要隱藏的位置
12 tokenized_text[masked_index] = '[MASK]'
13 print(tokenized_text)
14
15 #將標記轉為詞彙表的索引
16 indexed_tokens = tokenizer.convert_tokens_to_ids(tokenized_text)
17 #將輸入轉為張量
18 tokens_tensor = tf.constant([indexed_tokens])
19 print(tokens_tensor)
```

程式第 12 行所使用的標記符號[MASK]，也是 BERT 模型中的特殊識別符號。在 BERT 模型的訓練過程中，會對輸入文字的隨機位置用[MASK]字元進行取代，並訓練模型預測出[MASK]對應的值。這也是 BERT 模型特有的一種訓練方式。

程式執行後輸出結果如下：

```
<tf.Tensor: shape=(1, 19), dtype=int32, numpy=
array([[  101,  1150,  1110,   181,  1182, 23220, 15624,  4553,   136,
          102,   181,  1182, 23220, 15624,  4553,   103,   170, 23981,
102]])>
```

在結果中，所有數值都是輸入單字在詞表檔案中對應的索引值。

3. 載入模型，對隱藏單字進行預測

載入訓練模型，並對隱藏單字進行預測。實際程式如下：

■ 程式 6-7 用 BERT 模型實現完形填空（續）

```
20 #載入預訓練模型 (weights)
21 model = TFAutoModelWithLMHead.from_pretrained('bert-base-uncased')
22
23 #段標記索引，標記輸入文字中的第 1 句或第 2 句。0 表示第 1 句，1 表示第 2 句
24 segments_ids = [0, 0, 0, 0, 0, 0, 0, 0,0,0, 1, 1, 1, 1, 1, 1, 1,1,1]
```

```
25 segments_tensors = tf.constant([segments_ids])
26
27 #預測所有的 tokens
28 outputs = model(tokens_tensor, token_type_ids=segments_tensors)
29 predictions = outputs[0]    #形狀為[1, 19, 30522]
30
31 #預測結果
32 predicted_index = tf.argmax(predictions[0, masked_index])
33 #轉成單字
34 predicted_token = tokenizer.convert_ids_to_tokens([predicted_index])[0]
35 print('Predicted token is:',predicted_token)
```

程式第 21 行，用 TFAutoModelWithLMHead 類別載入模型，該類別可以對句子中的標記符號[MASK]進行預測。TFAutoModelWithLMHead 類別也可用 TFBertForMaskedLM 類別代替。

程式第 24 行，定義了輸入 TFAutoModelWithLMHead 類別的句子指示參數。該參數用於指示輸入文字中的單字是屬於第 1 句還是第 2 句。屬於第 1 句的單字用 0 表示（一共 10 個），屬於第 2 句的單字用 1 表示（一共 9 個）。

程式第 29 行，將文字和句子指示參數輸入模型進行預測。輸出結果是一個形狀為[1, 19, 30522]的張量。其中，1 代表批次，19 代表輸入句子中有 19 個詞，30522 是詞表中詞的個數。模型的結果表示詞表中每個單字在句子中可能出現的機率。

程式第 32 行，從輸出結果中取出[MASK]對應的預測索引值。

程式第 34 行，將預測值轉成單字。

程式執行後輸出結果如下：

```
Predicted token is: is
```

結果表明，模型成功的預測出了被遮擋的單字是 "is"。

🔊 提示：

如果在載入模型時遇到程式卡住不動的情況，則很有可能是因為網路原因導致無法成功下載預訓練模型。可以用手動載入方式進行載入。實際操作如下：

（1）將本書書附程式的 bert-base-cased 資料夾複製到本機。

（2）用以下程式取代程式 6-7 中的第 5 行：

config = AutoConfig.from_pretrained(r'./bert-base-cased/bert-base-cased-config.json')
tokenizer = AutoTokenizer.from_pretrained(
  r'./bert-base-cased/bert-base-cased-vocab.txt',config=config)

（3）用以下程式取代程式 6-7 中的第 21 行：

model = TFAutoModelWithLMHead.from_pretrained(
  r'./bert-base-cased/bert-base-cased-tf_model.h5', config=config)

🌐 6.10 Transformers 函數庫中的詞表工具

在 Transformers 函數庫中有一個通用的詞表工具 Tokenizer。該工具是用 Rust 撰寫的，用來處理 NLP 任務中資料前置處理環節的相關任務。

在詞表工具 Tokenizer 中有以下幾個元件。

- Normalizer：對輸入字串進行規範化處理。舉例來說，將文字轉為小寫，使用 unicode 規範化。
- PreTokenizer：對輸入資料進行前置處理。舉例來說，基於位元組、空格、字元等等級對文字進行分割。
- Model：產生和使用子詞的模型（舉例來說，WordLevel、BPE、WordPiece 等模型），這部分是可訓練的，見 6.10.5 節。
- Post-Processor：對分詞後的文字進行二次處理。舉例來說，在 BERT 模型中，使用 BertProcessor 為輸入文字增加特殊標記（舉例來說，[CLS]、[SEP]）。
- Decoder：負責將標記化輸入對映回原始字串。
- Trainer：為每個模型提供教育訓練能力。

在詞表工具 Tokenizer 中，主要是透過 PreTrainedTokenizer 類別實現對外介面的使用。6.9.4 節中所使用的 AutoTokenizer 類別（最後會呼叫底層的 BertTokenizer 類別）屬於 PreTrainedTokenizer 類別的子類別，該類別主要用於處理詞表方面的工作。

本節重點以 PreTrainedTokenizer 類別進行多作說明。

6.10.1 了解 PreTrainedTokenizer 類別中的特殊詞

在 PreTrainedTokenizer 類別中將詞分成了兩部分：普通詞與特殊詞。其中，特殊詞是指用於標定句子的特殊標記，主要是在訓練模型中使用，例如 6.9.4 節中的[CLS]與[SEP]。透過撰寫程式可以檢視某個 PreTrainedTokenizer 子類別的全部特殊詞，舉例來說，在 6.9.4 節的程式檔案「6-7 用 BERT 模型實現克漏字.py」的最後增加以下程式：

```
for tokerstr in tokenizer.SPECIAL_TOKENS_ATTRIBUTES:
    strto = "tokenizer."+tokerstr
    print(tokerstr,eval(strto ) )
```

在上面程式中，SPECIAL_TOKENS_ATTRIBUTES 物件裡面放置的是所有特殊詞，可以透過實例物件 tokenizer 中的成員屬性取得這些特殊詞。這段程式的最後一句輸出了實例物件 tokenizer 中所有的特殊詞。

程式執行後輸出結果如下：

```
Using bos_token, but it is not set yet.
Using eos_token, but it is not set yet.
bos_token None
eos_token None
unk_token [UNK]
sep_token [SEP]
pad_token [PAD]
cls_token [CLS]
mask_token [MASK]
additional_special_tokens []
```

從輸出結果中可以看到實例物件 tokenizer 中所有的特殊字元。其中有效的特殊詞有 5 個。

- unk_token：未知標記。
- sep_token：句子結束標記。
- pad_token：填充標記。
- cls_token：開始標記。
- mask_token：遮擋詞標記。

如果在特殊詞名詞後面加上 "_id"，則可以獲得該標記在詞表中所對應的實際索引（additional_special_tokens 除外）。實際程式如下：

```
print("mask_token",tokenizer.mask_token,tokenizer.mask_token_id)
```

程式執行後輸出以下內容：

```
mask_token [MASK] 103
```

輸出結果中顯示了 mask_token 對應的標記和索引值。

🔊 提示：

透過特殊詞 additional_special_tokens，使用者可以將自訂特殊詞加到詞表裡面。特殊詞 additional_special_tokens 可以對應多個標記，這些標記都會被放到清單物件中。特殊詞所對應的索引值並不是一個，在取得對應索引值時，需要使用 additional_special_tokens_ids 屬性。

6.10.2 PreTrainedTokenizer 類別中的特殊詞使用方法舉例

在 6.9.4 節的程式第 9 行中，呼叫了實例物件 tokenizer 的 tokenize()方法進行分詞處理。在這個過程中，輸入 tokenize()方法中的字串是已經使用特殊詞標記好的字串。其實這個字串可以不用手動標記。在做文字向量轉換時，一般會使用實例物件 tokenizer 的 encode()方法一次完成加特殊詞標記、分詞、轉換成詞向量索引這 3 步操作。

1. encode()方法舉例

舉例來說，在 6.9.4 節的程式檔案「6-7 用 BERT 模型實現克漏字.py」的最後增加以下程式：

```
one_toind = tokenizer.encode("Who is Li Jinhong ? ")     #將第 1 句轉換成向量
two_toind = tokenizer.encode("Li Jinhong is a programmer")  #將第 2 句轉換
成向量
all_toind = one_toind+two_toind[1:]                      #將兩句合併
```

為了使 encode()方法輸出的結果更容易了解，可以透過下面程式將轉換後的向量翻譯成字元。

```
print(tokenizer.convert_ids_to_tokens(one_toind) )
print(tokenizer.convert_ids_to_tokens(two_toind) )
print(tokenizer.convert_ids_to_tokens(all_toind) )
```

程式執行後輸出以下結果：

```
['[CLS]', 'who', 'is', 'l', '##i', 'ji', '##nh', '##ong', '?', '[SEP]']
['[CLS]', 'l', '##i', 'ji', '##nh', '##ong', 'is', 'a', 'programmer',
'[SEP]']
['[CLS]', 'who', 'is', 'l', '##i', 'ji', '##nh', '##ong', '?', '[SEP]',
'l', '##i', 'ji', '##nh', '##ong', 'is', 'a', 'programmer', '[SEP]']
```

可以看到，encode 對每句話的開頭和結尾都分別使用了[CLS]和[SEP]進行了標記。並進行了分詞。在合併時，使用 two_toind[1:]將第 2 句的開頭標記 [CLS]去掉，表明兩個句子屬於一個段落。

🔊 提示：

還可以使用 decode()方法直接將句子翻譯回來，例如：

print(tokenizer.decode(all_toind))

#輸出：[CLS] who is li jinhong? [SEP] li jinhong is a programmer [SEP]

---

2. encode()方法介紹

encode()方法支援同時處理兩個句子，並使用各種策略對它們進行對齊操作。
encode()方法的完整定義如下：

```
def encode(self,
        text,                       #第 1 個句子
        text_pair=None,             #第 2 個句子
        add_special_tokens=True,    #是否增加特殊詞
        max_length=None,            #最大長度
```

```
            stride=0,                     #傳回截斷詞的步進值視窗（在本函數裡無用）
            truncation_strategy="longest_first", #截斷策略
            pad_to_max_length=False,   #對長度不足的句子是否填充
            return_tensors=None,       #是否傳回張量類型，可以設定值"tf"或"pt"
            **kwargs
    ):
```

下面來介紹 encode()方法中的幾個常用參數：

（1）參數 truncation_strategy 有以下 4 種設定值。

- longest_first（預設值）：當輸入句子是兩個時，從較長的那個句子開始處理，截斷，使其長度小於 max_length 參數。
- only_first：只截斷第 1 個句子。
- only_second：只截斷第 2 個句子。
- dou not_truncate：不截斷（如果輸入句子長於 max_length 參數，則引發錯誤）

（2）參數 add_special_tokens 用於設定是否在句子中增加特殊詞。如果該值為 False，則不會加入[CLS]、[SEP]等標記。實例如下：

```
padded_sequence_toind = tokenizer.encode(
"Li Jinhong is a programmer",add_special_tokens=False)
print(tokenizer.decode(padded_sequence_toind) )
```

程式執行後輸出以下內容：

```
li jinhong is a programmer
```

可以看到，程式沒有在輸入句子中增加任何特殊詞。

（3）參數 return_tensors 可以設定成 "tf" 或 "pt"，主要用於指定是否傳回 PyTorch 或 TensorFlow 架構中的張量類型。如果不填，則預設為 None，即傳回 Python 中的列表類型。

◀》 提示：

參數 stride 在 encode()方法中沒有任何意義。該參數主要是為了相容底層的 encode_plus()方法所設定的。在 encode_plus()方法中，會根據 stride 的設定傳回從過長句子中截斷的詞。

在了解完 encode()方法的定義後，「1. encode()方法舉例」中的程式可以簡化成如下：

```
    easy_all_toind = tokenizer.encode("Who is Li Jinhong ? ","Li Jinhong is
a programmer")
    print(tokenizer.decode(easy_all_toind) )
```

該程式執行後，直接輸出合併後的句子：

```
    [CLS] who is li jinhong? [SEP] li jinhong is a programmer [SEP]
```

3. 用 encode()方法調整句子的長度

下面透過程式來示範用 encode()方法調整句子的長度。

（1）舉例——對句子進行填充。

程式如下：

```
    padded_sequence_toind = tokenizer.encode("Li Jinhong is a programmer",
max_length=12, pad_to_max_length=True)
```

程式中，encode 的參數 max_length 代表轉換後的總長度。如果超過該長度，則句子會被截斷；如果不足該長度，並且參數 pad_to_max_length 為 True，則會填充。程式執行後，padded_sequence_toind 的值如下：

```
    [101, 181, 1182, 23220, 15624, 4553, 1110, 170, 23981, 102, 0, 0]
```

在輸出結果中，最後兩個元素是系統自動填充的值 0。

（2）舉例——對句子進行截斷。

程式如下：

```
    padded_truncation_toind= tokenizer.encode("Li Jinhong is a programmer",
max_length=5)
    print(tokenizer.decode(padded_truncation_toind) )
```

程式執行後輸出結果如下：

```
    [CLS] li ji [SEP]
```

從輸出結果可以看出，在對句子進行截斷時，仍然會保留增加的結束標記 [SEP]。

4. encode_plus()方法

在實例物件 tokenizer 中，還有一個效率更高的 encode_plus()方法。它在完成 encode()方法的功能同時，還會產生非填充部分的隱藏標示、被截斷的詞等附加資訊。實例程式如下：

```
padded_plus_toind = tokenizer.encode_plus("Li Jinhong is a programmer",
max_length=12, pad_to_max_length=True)
print(padded_plus_toind)          #輸出結果
```

程式執行後輸出以下結果：

```
{'input_ids': [101, 181, 1182, 23220, 15624, 4553, 1110, 170, 23981,
102, 0, 0],
 'token_type_ids': [0, 0, 0, 0, 0, 0, 0, 0, 0, 0, 0, 0],
 'attention_mask': [1, 1, 1, 1, 1, 1, 1, 1, 1, 1, 0, 0]}
```

從結果中可以看出，encode_plus()方法輸出了一個字典，字典中有以下 3 個元素。

- input_ids：對句子處理後的詞索引值，與 encode()方法輸出的結果一致。
- token_type_ids：對句子中的詞進行標識。屬於第 1 個句子中的詞用 0 表示，屬於第 2 個句子中的詞用 1 表示。
- attention_mask：非填充部分的隱藏。非填充部分的詞用 1 表示，填充部分的詞用 0 表示。

🔊 提示：

encode_plus()方法是 PreTrainedTokenizer 類別中底層的方法。呼叫 encode()方法，最後也是透過 encode_plus()方法實現的。

---

5. batch_encode_plus()方法

batch_encode_plus()方法是 encode_plus()方法的批次處理形式。它可以一次處理多行敘述。實際程式如下：

```
tokens = tokenizer.batch_encode_plus(
    ["This is a sample", "This is another longer sample text"],
    pad_to_max_length=True  )
print(tokens)
```

程式執行後輸出以下結果：

```
{'input_ids': [[101, 1142, 1110, 170, 6876, 102, 0, 0],
[101, 1142, 1110, 1330, 2039, 6876, 3087, 102]],
'token_type_ids': [[0, 0, 0, 0, 0, 0, 0, 0], [0, 0, 0, 0, 0, 0, 0, 0]],
'attention_mask': [[1, 1, 1, 1, 1, 1, 0, 0], [1, 1, 1, 1, 1, 1, 1, 1]]}
```

可以看到，batch_encode_plus()方法同時處理了兩筆文字，並輸出了一個字典物件。這兩筆文字對應的處理結果被放在字典物件 value 的清單中。

6.10.3 在 PreTrainedTokenizer 類別中增加詞

PreTrainedTokenizer 類別中所維護的普通詞和特殊詞都可以進行增加擴充。

- 增加普通詞：呼叫 add_tokens()方法填入新詞的字串。
- 增加特殊詞：呼叫 add_special_tokens()方法填入特殊詞字典。

下面以增加特殊詞為例進行程式示範。

1. 在增加特殊詞前

輸出特殊詞中的 additional_special_tokens。程式如下：

```
print(tokenizer.additional_special_tokens,tokenizer.additional_special_
tokens_ids)
toind = tokenizer.encode("<#> yes <#>")
print(tokenizer.convert_ids_to_tokens(toind) )
print(len(tokenizer))                              #輸出詞表總長度：28996
```

程式執行後輸出結果如下：

```
[] []
['[CLS]', '<', '#', '>', 'yes', '<', '#', '>', '[SEP]']
28996
```

在結果中的第 1 行可以看到，特殊詞中 additional_special_tokens 所對應的標記是空。

在進行分詞時，tokenizer 將 "<#>" 字元分成了 3 個字元（<、#、>）。

2. 增加特殊詞

向特殊詞中的 additional_special_tokens 加入 "<#>" 標記，並再次分詞。程式如下：

```
special_tokens_dict = {'additional_special_tokens': ["<#>"]}
tokenizer.add_special_tokens(special_tokens_dict)  #增加特殊詞
print(tokenizer.additional_special_tokens,tokenizer.additional_special_
tokens_ids)
toind = tokenizer.encode("<#> yes <#>")              #將字串分詞並轉換成索引值
print(tokenizer.convert_ids_to_tokens(toind) )       #將索引詞轉成字串並輸出
print(len(tokenizer))                                #輸出詞表總長度：28 996
```

程式執行後輸出結果如下：

```
['<#>'] [28996]
['[CLS]', '<#>', 'yes', '<#>', '[SEP]']
28997
```

從結果中可以看到，tokenizer 在分詞時沒有將 "<#>" 字元拆開。

6.10.4 實例 33：用手動載入 GPT2 模型權重的方式將句子補充完整

本實例將載入 Transformers 函數庫中的 GPT2 預訓練模型，並用它實現「下一個詞預測」功能（即預測一個未完成句子的下一個可能出現的單字），並透過「循環產生下一個詞」功能將一句話補充完整。

「下一個詞預測」任務是一個常見的 NLP 任務。在 Transformers 函數庫中有很多模型都可以實現該任務。本實例也可以使用 BERT 預訓練模型來實現。之所以選用 GPT2 模型主要是為了介紹手動載入多詞表檔案的特殊方式。

本實例使用 GPT2 模型搭配的 PreTrainedTokenizer 類別，所需要載入的詞表檔案會比 6.9.4 節中的 BERT 模型多了一個 merges 檔案。本實例主要介紹手動載入帶有多個詞表檔案的預先編譯模型的實際做法。

1. 自動載入詞表檔案的使用方式

如果使用自動載入詞表檔案的使用方式，則呼叫 GPT2 模型完成下一個詞預測任務的程式過程，與 6.9.4 節使用的 BERT 幾乎一致。完整程式如下。

■ 程式 6-8　用 GPT2 模型產生句子

```
01 import tensorflow as tf
02 from transformers import *
03
04 #載入預訓練模型（權重）
05 tokenizer = GPT2Tokenizer.from_pretrained('gpt2')
06
07 #輸入編碼
08 indexed_tokens = tokenizer.encode("Who is Li Jinhong ? Li Jinhong is a")
09
10 print( tokenizer.decode(indexed_tokens))
11
12 tokens_tensor = tf.constant([indexed_tokens])    #轉為張量
13
14 #載入預訓練模型（權重）
15 model = GPT2LMHeadModel.from_pretrained('gpt2')
16
17 #預測所有標記
18 outputs = model(tokens_tensor)
19 predictions = outputs[0]#形狀為(1, 13, 50257)
20
21 #獲得預測的下一個詞
22 predicted_index = tf.argmax(predictions[0, -1, :])
23 predicted_text = tokenizer.decode(indexed_tokens + [predicted_index])
24 print(predicted_text)
```

這段程式很有可能是執行不了的。推薦使用手動載入的方式，按照 6.9.2 節的內容找到程式自動下載的檔案，並透過專用下載工具（例如迅雷）將其下載到本機，再載入執行。

程式執行後輸出以下結果：

```
Who is Li Jinhong? Li Jinhong is a
Who is Li Jinhong? Li Jinhong is a young
```

輸出結果的第 1 行，對應於程式第 10 行。可以看到，該內容中沒有特殊標記。這表明，GPT2 模型沒有為輸入文字增加特殊標記。

輸出結果的第 2 行是模型預測的最後輸出。

2. 手動載入詞表檔案的使用方式

按照 6.9.2 節所介紹的方式，分別找到 GPT2 模型的設定檔、權重檔案和詞表檔案，實際如下。

- 設定檔：gpt2-config.json，該檔案的連結來自原始程式檔案 configuration_gpt2.py。
- 權重檔案：gpt2-tf_model.h5，該檔案的連結來自原始程式檔案 modeling_tf_gpt2.py。
- 詞表檔案：gpt2-merges.txt 和 gpt2-vocab.json，該檔案的連結來自原始程式檔案 tokenization_gpt2.py。

🔊 提示：

在 tokenization_gpt2.py 的原始程式檔案裡（作者路徑是：Anaconda3\envs\tf21\Lib\site-packages\transformers\tokenization_gpt2.py），變數 PRETRAINED_VOCAB_FILES_MAP 中的詞表檔案是兩個（如圖 6-22 所示），比 BERT 模型中多一個詞表檔案。

圖 6-22　GPT2 模型的詞表檔案

將 GPT2 模型的設定檔、權重檔案和詞表檔案下載到本機 "gpt2" 資料夾中，然後便可以透過撰寫程式進行載入。

（1）將程式 6-8 中的第 5 行程式改為下方程式，載入詞表檔案。

```
tokenizer = GPT2Tokenizer('./gpt2/gpt2-vocab.json','./gpt2/gpt2-merges.txt')
```

由於 GPT2Tokenizer 的 from_pretrained()方法不支援同時傳入兩個詞表檔案，這裡透過產生實體 GPT2Tokenizer()方法載入詞表檔案。

🔊 提示：

其實，from_pretrained()方法是支援從本機載入多個詞表檔案的，但它對載入的詞表檔案名稱有特殊的要求：該檔案名稱必須按照原始程式檔案 tokenization_gpt2.py 的 VOCAB_FILES_NAMES 字典物件中定義的名字進行命名，如圖 6-23 所示。

```
VOCAB_FILES_NAMES = {
    "vocab_file": "vocab.json",
    "merges_file": "merges.txt",
}
```

圖 6-23 指定多個詞表檔案的名稱

要使用 from_pretrained()方法，必須先對下載好的詞表檔案進行改名。步驟如下：

① 將 "./gpt2/gpt2-vocab.json" 和 "./gpt2/gpt2-merges.txt" 這兩個檔案，分別改名成 "./gpt2/vocab.json" 和 "./gpt2/merges.txt"。

② 修改程式 6-8 中的第 5 行，使用向 from_pretrained()方法傳入詞表檔案的路徑即可。程式如下：

tokenizer = GPT2Tokenizer.from_pretrained(r'./gpt2/')

（2）將程式 6-8 中的第 15 行程式改為下方程式，載入模型檔案。

```
model = TFGPT2LMHeadModel.from_pretrained(
        './gpt2/gpt2-tf_model.h5',config= './gpt2/gpt2-config.json')
```

3. 產生完整句子

繼續撰寫程式，用循環方式不停地呼叫 GPT2 模型預測下一個詞，最後獲得一個完整的句子。實際程式如下。

■ 程式 6-8 用 GPT2 模型產生句子（續）

```
25 #產生一段完整的句子
26 stopids = tokenizer.convert_tokens_to_ids(["."])[0]   #定義結束符號
27 past = None                                           #定義模型參數
28 for i in range(100):                                  #循環 100 次
29
30     output, past = model(tokens_tensor, past=past)    #預測下一個詞
31     token = tf.argmax(output[..., -1, :],axis= -1)
```

```
32
33      indexed_tokens += token.numpy().tolist()        #將預測結果收集起來
34
35      if stopids== token.numpy()[0]:                  #如果預測出句點則停止
36          break
37      tokens_tensor = token[None,:]                    #定義下一次預測的輸入張量
38
39 sequence = tokenizer.decode(indexed_tokens)          #進行字串的解碼
40 print(sequence)
```

程式第 30～37 行中，在循環呼叫模型預測功能時使用了模型的 past 功能。該功能可以使模型進入連續預測狀態，即在前面預測結果的基礎之上預測下一個詞，而不需要在每次預測時對所有句子進行重新處理。

🔊 **提示：**

past 功能是 Transformers 函數庫中預訓練模型在使用時的很常用功能。在 Transformers 函數庫中，凡帶有「下一個詞預測」功能的預訓練模型（例如 GPT、XLNet、Transfo XL、CTRL 等）都有這個功能。

但並不是所有模型的 past 功能都是透過 past 參數進行設定的，有的模型雖然使用的參數名稱是 mems，但其作用與 past 一樣。

程式執行後輸出結果如下：

```
  Who is Li Jinhong? Li Jinhong is a young, and the young man was a very
good man.
```

6.10.5 子詞的拆分原理

從 6.9.4 節的實例中可以看到，詞表工具將 "lijinhong" 分成了[l, ##i, ji, ##nh, ##ong]，這種分詞方式是使用子詞的拆分技術完成的。這種做法可以防止在 NLP 處理時，在覆蓋大量詞彙的同時產生詞表過大的問題。

1. 子詞的拆分原理

在進行 NLP 處理時，透過為每個不同子詞分配一個不同的向量，來完成文字到數值之間的轉換。這個對映表就叫作詞表。

對於某些語法中帶有豐富時態的語言（例如德語），或是帶有時態動詞的英文，如果每個變化的詞都對應一個數值，則會產生詞表過大的問題，而且這種方式使得兩個詞之間彼此獨立，也不能表現出其本身的相近意思（例如：pad 和 padding）。

子詞就是將一般的詞（例如 padding）分解成更小的單元（例如 pad+ding），而這些小單元也有各自的意思，同時這些小單元也能用到其他詞裡去。這與單字中的詞根、詞綴十分類似。透過將詞分解成子詞，可以大幅降低模型的詞彙量，不僅能提升效果，還能減少運算量。

2. 子詞的分詞方法

在實際應用中，子詞會根據不同的情況使用不同的分詞方法。以統計方法實現為基礎的分詞有以下 3 種。

- Byte Pair Encoding（BPE）法：先對語料統計出相鄰符號對的出現頻次，再根據出現頻次進行融合。
- WordPiece 法：與 BPE 類似。不同的是，BPE 是統計出現頻次，而 WordPiece 是計算最大似然函數的值。WordPiece 是 Google 內部的子詞套件，沒對外公開。BERT 最初版就是使用 WordPiece 法進行分詞的。
- Unigram Language Model 法：先初始化一個大詞表，然後透過語言模型處理不斷減少詞表，一直減少到限定詞彙量。

在神經網路模型中，還可以用模型訓練的方法來對子詞進行拆分。常見的有子詞正規（subword regularization）和 BPE Dropout 方法。二者相比，BPE Dropout 方法更為出色，參見 arXiv 網站上編號為 "1910.13267" 的論文。

3. 在模型中使用子詞

在模型的訓練過程中，輸入的句子是以子詞形式存在的。這種方式獲得的預測結果也是子詞。

在使用模型進行預測時，模型會先預測出含有子詞的句子，再將句子中的子詞合併成整詞。舉例來說，在訓練時先把 "lijinhong" 拆成 [l, ##i, ji, ##nh, ##ong]，在獲得結果後再將句子中的##符號去掉。

◉ 6.11 BERTology 系列模型

Transformers 函數庫提供了十幾種 BERTology 系列模型，每種模型又有好幾套不同規模、不同資料集所對應的預訓練模型檔案。想要正確選擇它們，就必須完全了解這些模型的原理、作用、內部結構、訓練方法。

最初的 BERT 模型主要建立在兩個核心思維上：Transformer 模型的架構、無監督學習預訓練。所以，要學習 BERT，就要從 Transformer 模型開始。

Transformer 模型與 6.6 節介紹的 Transformers 函數庫截然不同。Transformer 模型是 NLP 中的經典模型，它捨棄了傳統的 RNN 結構，而使用注意力機制來處理序列任務。有關注意力機制請參考 6.3 節。

本節從 Transformer 之前的主流模型開始，逐一介紹 BERTology 系列模型中的結構和特點。

6.11.1 Transformer 模型之前的主流模型

在 Transformer 模型誕生前，各種主流 NLP 神經網路採用的是 Encoder-Decoder（編碼器-解碼器）架構。

1. Encoder-Decoder 架構的工作機制

Encoder-Decoder 架構的工作機制如下。

（1）用編碼器（Encoder）將輸入的編碼對映到語義空間中，獲得一個固定維數的向量。這個向量就表示輸入的語義。

（2）用解碼器（Decoder）解碼語義向量，獲得所需要的輸出。如果輸出的是文字，則解碼器（Decoder）通常就是語言模型。

Encoder-Decoder 架構如圖 6-24 所示。

該架構擅長解決：語音到文字、文字到文字、影像到文字、文字到影像等轉換任務。

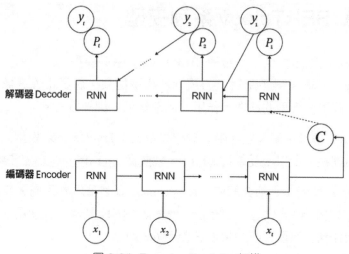

圖 6-24 Encoder-Decoder 架構

2. 了解帶有注意力機制的 Encoder-Decoder 架構

注意力機制可用來計算輸入與輸出的相似度。一般將其應用在 Encoder-Decoder 架構中的編碼器（Encoder）與解碼器（Decoder）之間，透過給輸入編碼器的每個詞指定不同的關注權重，來影響其最後的產生結果。這種網路可以處理更長的序列任務。其實際結構如圖 6-25 所示。

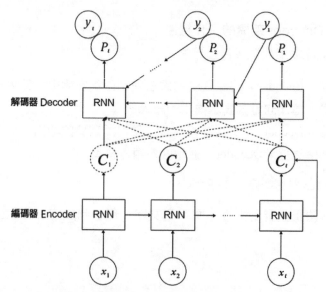

圖 6-25 帶有注意力機制的 Encoder-Decoder 架構

這種架構使用循環神經網路搭配 Attention 機制，經過各種變形形成 Encoder
（編碼器），再接一個作為輸出層的 Decoder（解碼器）形成最後的 Encoder-
Decoder 架構，見 6.4 節的實例。

3. Encoder-Decoder 架構的更多變種

以 6.4 節中為基礎的 Encoder-Decoder 架構，編碼器的結構還可以是動態協作
注意網路（dynamic coattention network，DCN）、雙向注意流網路（bi-
directional attention Flow，BiDAF）等。

這些編碼器有時還會混合使用，它們先將來自文字和問題的隱藏狀態進行多
次線性/非線性轉換、合併、相乘後得出聯合矩陣，再將聯合矩陣輸入由單向
LSTM、雙向 LSTM 和 Highway Maxout Networks（HMN）組成的動態指示解
碼器（dynamic pointing Decoder）匯出預測結果。

Encoder-Decoder 架構在問答領域或 NLP 的其他領域還有多種變形（例如
DrQA、AoA、r-Net 等模型）。但 Encoder-Decoder 架構無論如何變化，也沒
有擺脫循環神經網路（RNN）或卷積神經網路（CNN）的影子。

4. 循環神經網路的缺陷

最初的 Encoder-Decoder 架構主要依賴 RNN，而 RNN 最大的缺陷是其序列依
賴性：必須處理完上一個序列的資料，才能進行下一個序列的處理。

以自回歸為基礎的特性，單憑一到兩個矩陣完整而不偏頗地記錄過去幾十個
甚至上百個時間步進值的序列資訊，顯然不太可能：其權重在訓練過程中會
反覆調整，未必能剛好滿足測試集的需求，更不用提訓練時梯度消失導致的
難以最佳化問題。這些缺陷從 LSTM 模型的公式便可以看出。後續新模型的
開創者們沒有找到一個可以完美解決以上問題同時保障特徵取出能力的方
案，直到 Transformer 模型出現。

6.11.2 Transformer 模型

Transformer 模型是第 1 個使用自注意力機制、徹底擺脫循環和卷積神經網路
依賴的模型。它也是 BERT 模型中最基礎的技術支撐。

1. Transformer 模型的結構

Transformer 模型也是以 Encoder-Decoder 架構實現為基礎的,其結構如圖 6-26 所示。

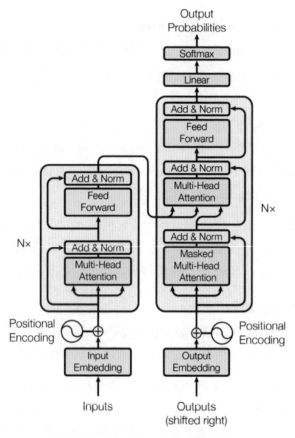

圖 6-26 Transformer 模型的結構

圖 6-26 的左側和右側分別是基礎的編碼器(Encoder)單元和解碼器(Decoder)單元,兩者搭配在一起組成一個 Transformer 層(Transformer-layer)。圖 6-26 中的主要部分介紹如下。

- 輸入:模型的訓練基於單向、多對多(many-to-many),不要求輸入和輸出的長度相等,兩者長度不相等時將空缺部分填充為 0 向量。

- 輸出(右滑):在一般任務中,模型訓練的目的為預測下一詞的機率(next token probability),進一步保持輸入和輸出的長度相等,輸出的結果相對於輸入序列右移了一個位置，即右滑（shifted right）；如果進行翻譯任務的訓練，則輸入一個不等長的句子對。

- N 層：Transformer 模型的深度為 6 層。在每一層的結尾，Encoder 輸送隱藏狀態給下一層 Encoder。Decoder 同理。
- 多頭注意力層：每個多頭注意力層的 3 個並列的箭頭從左到右分別為 Value、Key 和 Query。Encoder 在每一層將隱藏狀態透過線性轉換，分化出 Key 和 Value 輸送給 Decoder 的第 2 個注意力層。
- 詞嵌入轉換：使用預訓練詞向量表示文字內容，維度為 512。
- 以位置為基礎的詞嵌入：依據單字在文字中的相對位置產生正弦曲線，見 6.3.2 節。
- 全連接前饋神經網路：針對每一個位置的詞嵌入單獨進行轉換，使其上下文的維度統一。
- 相加並歸一化：將上一層的輸入和輸出相加，形成殘差結構，並對殘差結構的結果進行歸一化處理。
- 全連接輸出層：輸出模型結果的機率分佈，輸出維度為預測目標的詞彙表大小。

2. Transformer 模型的優缺點

由圖 6-26 可以看出，Transformer 模型就是將自注意力機制應用在了 Encoder-Decoder 架構中。Transformer 模型避免了使用自回歸模型分析特徵的弊端，得以充分捕捉近距離上文中的任何相依關係。不考慮平行特性，在文字總長度小於詞向量維度的任務時（例如機器翻譯），模型的訓練效率也明顯高於循環神經網路的。

Transformer 模型的不足之處是：只擅長處理短序列任務（在少於 50 個詞的情況下表現良好）。因為當輸入文字的長度持續增長時，其訓練時間也將呈指數上漲，所以 Transformer 模型在處理長文字任務時不如 LSTM 等傳統的 RNN 模型（一般可以支援 200 個詞左右的序列輸入）。

6.11.3 BERT 模型

BERT 模型是一種來自 GoogleAI 的、新的語言代表模型，它使用預訓練和微調來為多種任務建立最先進的 NLP 模型。這些任務包含問答系統、情感分析和語言推理等。

BERT 模型的訓練過程採用了降噪自編碼（denoising autoencoder）方式。它只是一個預訓練階段的模型，並不能點對點地解決問題。在解決實際的 NLP 任務時，還需要在 BERT 模型之後額外增加其他的處理模型（參見 arXiv 網站上編號為 "1810.04805" 的論文）。

1. BERT 模型的結構與訓練方式

BERT 由雙層雙向 Transformer 模型建置而成，Transformer 模型中的多頭注意力機制也是 BERT 的核心處理層。在 BERT 中，這種注意力層有 12 或 24 層（實際取決於模型），並在每一層中包含多個（12 或 16 個）注意力「頭」。由於模型權重不在層之間共用，所以一個 BERT 模型能有效地包含多達 384（24×16）個不同的注意力機制。

訓練分為兩個步驟：預訓練（pre-training）和微調（find-tuning）。經過預訓練後的 BERT 模型，可以直接透過微調（fine-tuning）的方式用在各種實際的 NLP 任務中，如圖 6-27 所示。

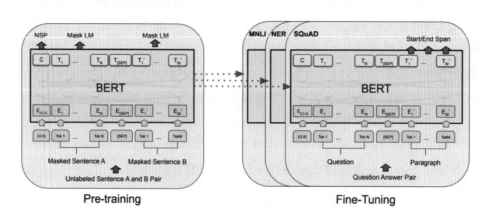

圖 6-27 BERT 訓練方式

在圖 6-27 中,預訓練是為了在輸入的詞向量中融入上下文特徵;微調是為了使 BERT 能適應不同的下游任務,包含分類、問答、序列標記等。兩者是獨立進行的。

這種訓練方式的設計,可以使一個模型適用於多個應用場景。這導致 BERT 模型更新了 11 項 NLP 任務的效果。這 11 項 NLP 任務見表 6-1。

表 6-1 BERT 更新的 11 項 NLP 任務

任 務	名 稱	描 述
MultiNLI	文字語義關係識別 (multi-genre natural language inference)	文字間的推理關係,又被稱為文字蘊含關係。樣本都是文字對,第 1 個文字 M 作為前提,如果能夠從文字 M 推理出第 2 個文字 N,即可說 M 蘊含 N(M→N)。 兩個文字的關係一共有 3 種:entailment(蘊含)、contradiction(矛盾)、neutral(中立)
QQP	文字比對	類似分類任務,判斷兩個問題是不是同一個意思,即是不是相等的。使用 Quora 資料集(quora question pairs)
QNLI	自然語言推理 (question natural language inference)	是一個二分類任務。正樣本為(question,sentence),包含正確的 answer;負樣本為(question,sentence),不包含正確的 answer
SST-2	文字分類	以文字為基礎的感情分類任務,使用的是史丹佛情感分類樹資料集(the Stanford sentiment treebank)
CoLA	文字分類	分類任務,預測一個句子是否是可接受的。使用的是語言可接受性語料庫(the corpus of linguistic acceptability)
STS-B	文字相似度	用來評判兩個文字語義資訊的相似度。使用的是語義文字相似度資料集(the semantic textual similarity benchmark),樣本為文字對,分數為 1~5
MRPC	文字相似度	對來自同一條新聞的兩條評論進行處理,判斷這兩條評論在語義上是否相同。使用的是微軟研究釋義語料庫(Microsoft research paraphrase corpus),樣本為文字對
RTE	文字語義關係識別	與 MultiNLI 任務類似,只不過資料集更少,使用的是文字語義關係識別資料集(recognizing textual entailment)
WNLI	自然語言推理	與 QNLI 任務類似,只不過資料集更少,使用的是自然語言推理資料集(winograd NLI)

任　務	名　稱	描　述
SQuAD	取出式閱讀了解	列出一個問題和一段文字，從文字中取出處問題的答案。使用的是史丹佛問答資料集（the Standford question answering dataset）
NER	命名實體識別（named entity recognition）	見 6.7.8 節
SWAG	帶選擇題的閱讀了解	列出一個陳述句子和 4 個備選句子，判斷前者與後者中的哪一個最有邏輯的連續性。使用的是具有對抗性產生的情境資料集（the situations with adversarial generations dataset）

2. BERT 模型的預訓練方法

BERT 模型用兩個無監督子任務訓練出兩個子模型，它們分別是遮蔽語言模型（masked language model，MLM）和下一句預測（next sentence prediction，NSP）模型。

（1）遮蔽語言模型 MLM。

- MLM 模型的思維是：先把待預測的單字摳掉，再來預測句子本身。
- MLM 模型的原理是：對於指定的輸入序列，先隨機隱藏掉序列中的一些單字，然後先根據上下文中提供的其他非隱藏詞預測隱藏詞的原始值。

MLM 模型的訓練過程採用了降噪自編碼（denoising autoencoder）方式，它區別於自回歸模型（autoregressive model），其最大的貢獻是使模型獲得了雙向的上下文資訊。6.9.5 節的實例就是使用了 BERT 的子任務 MLM 模型。

（2）下一句預測模型 NSP。

下一句預測模型與傳統的 RNN 模型預測任務一致，即，輸入一句話，讓模型預測其下一句話的內容。Transformer 模型也屬於這種模型。

在訓練時，BERT 模型對該任務的訓練方式做了一些調整：將句子 A 輸入 BERT 模型，然後以 50%的機率選擇下一個連續的句子作為句子 B，另外 50%的機率是從語料中隨機取出不連續的句子代替 B。

使用這種方式訓練出的模型，不僅能輸出完整的句子，還能輸出一個標籤以判斷兩個句子是否連續。這種訓練方式可以增強 BERT 模型對上下文的推理能力。

3. BERT 模型的編碼機制

MLM 模型的隱藏（Mask）機制是 BERT 模型的最大特點，它預測的是句子本身而非聚焦到一個實際的實際任務。同時，在 Transformer 模型的位置編碼基礎上，BERT 模型還增加了一項「段」（segment）編碼，如圖 6-28 所示。

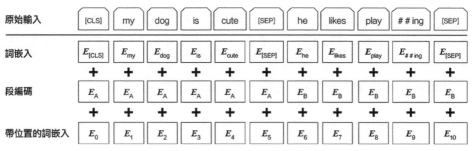

圖 6-28 BERT 的編碼機制

圖 6-28 中，段編碼對應於 6.9.4 節的程式第 24 行。

4. BERT 模型的應用場景

BERT 模型適用於以下 4 種場景：

- 語言中包含答案，如 QA/RC。
- 句子與段落間的比對任務。
- 分析句子深層語義特徵的任務。
- 以句子或段落等級為基礎的短文字處理任務（當輸入長度小於 512 時，模型效能良好）。

6.11.4 BERT 模型的缺點

BERT 模型的 MLM 任務將[MASK]當作雜訊，透過自編碼訓練的方式可以獲得雙向語義的上下文資訊。這種方式會帶來以下兩個問題。

- 微調不符合（pretrain-finetune discrepancy）問題：預訓練時的[MASK]在微調（fine-tuning）時並不會出現，這使得兩個過程不一致，會影響訓練的效果。

- 獨立性假設（independence assumption）問題：BERT 預測的所有[MASK]在未做[MASK] 隱藏的條件下是獨立的。這使得模型給輸入的句子一個預設的假設——每個詞（token）的預測是相互獨立的。而類似 "New York" 這樣的實體詞，"New" 和 "York" 是存在連結的，這個假設則忽略了這樣的情況。

另外，研究者透過實驗發現，對 BERT 模型進行細微變化後也可以獲得更好的表現，舉例來說，在 MRPC（見表 6-1）和 QQP（見表 6-1）資料集上的 BERT-WWM 的表現普遍優於原 BERT；去掉 NSP（Next Sentence Prediction）的 BERT 模型在某些任務中表現得更好。

6.11.5 GPT-2 模型

人們嘗試保留 Transformer 模型核心的多頭注意力機制，而最佳化原有的 Encoder-Decoder 架構。在 BERT 模型中，去掉了 Transformer 模型的解碼器部分，只使用其編碼器部分，獲得了很好的結果。而 GPT-2 模型與 BERT 模型相反，它去掉了 Transformer 模型的編碼器部分，只使用其解碼器部分。該模型由 OpenAI 公司在 2019 年 2 月發佈，當時引起了不小的轟動。

GPT-2 模型使用無監督的方式，對來自網際網路的 40GB 精選文字進行了訓練。GPT-2 模型能夠遵循訓練時的文字規律，根據輸入的實際句子或詞，預測出下一個可能出現的序列（詞）。

在進行敘述產生時，模型將每個新產生的單字增加在輸入序列的後面，將這個序列當作下一步模型預測所需要的新輸入，這樣就可以源源不斷地產生新的文字。這種機制被叫作自回歸（auto-regression，AR），6.10.4 節的實例中就是使用 GPT-2 模型實現自回歸機制。

因為 GPT-2 模型由 Transformer 模型的解碼器疊加組成，所以它的工作原理與傳統的語言模型一樣，在輸入指定長度的句子後一次只輸出一個單字（token）。該模型使用無監督的方式，對來自網際網路的 40GB 的精選文字進

行了訓練。按 Transformer 模型解碼器的堆疊層數，分成了小、中、大、特大
四個子模型，其所對應的層數分別為 12、24、36、48 層。

值得注意的是，在特大模型中，模型的參數量已經達到 15 億個之多。GPT-2
的誕生無疑也預示著，將來 NLP 前端模型將持續保持大致量和大規模。

6.11.6 Transformer-XL 模型

Transformer-XL 模型解決了 NLP 界的難題——難以捕捉長距離文字的相依關
係。它能夠學習文字的長期依賴，解決上下文碎片問題。Transformer-XL 模
型中的 XL 代表超長（extra long）的意思。

Transformer-XL 模型將 Transformer 模型處理序列文字的長度，由 50 個詞提
升到 900 個詞。這個長度遠超過了循環神經網路（其平均上下文長度為 200
個詞）和 BERT 模型（其長度也只有 512 個詞）的處理長度。

另外，Transformer-XL 模型對自注意力機制引用了循環機制（recurrence
mechanism）和相對位置編碼（relative positional encoding）。

這兩種機制的引用，使得 Transformer-XL 模型在預測下一個詞（next token
prediction）任務中的速度比標準 Transformer 模型快 1800 倍還多，參見 arXiv
網站上編號為 "1901.02860" 的論文。

1. 循環機制

Transformer-XL 模型將語料事先劃分為等長的段（segments），在訓練時將每
一個 segment 單獨投入計算自注意力（self-attention）。每一層輸出的隱藏狀
態將作為記憶儲存到記憶體中，並在訓練下一個 segment 時將其作為額外的輸
入，代表上文中的語境資訊。這樣一來便在上文與下文之間架設了一座橋
樑，使得模型能夠捕捉更長距離的相依關係。

這種方式可以使評估場景下的運算速度變得更快，因為在自回歸過程中，模
型可以直接拿快取中的前一個 segments 的訓練結果來進行計算，不需要對輸
入序列進行重新計算。

2. 相對位置編碼

由於加入了循環機制,從標準 Transformer 模型承接下來的絕對位置編碼也就失去了作用。這是因為,Transformer 模型沒有使用自回歸式運算方式,其使用的帶位置的詞嵌入記錄的是輸入詞在這段文字中的絕對位置。這個位置值在 Transformer-XL 模型的循環機制中會一直保持不變,所以失去了其應有的作用。

Transformer-XL 模型的做法是:取消模型輸入時的位置編碼,轉為在每一個注意力層前為 Query 和 Key 編碼。

這使每個 segments 產生不同的注意力結果,使得模型既能捕捉長距離相依關係,也能充分發現短距離相依關係。

3. Transformer-XL 模型與 GPT-2 模型的輸出結果比較

Transformer-XL 模型與 GPT-2 模型同是自回歸(AR)模型,但在輸入相同句子時,各自所產生的文字並不相同。這種差異是由很多因素造成的,主要還是歸因於不同的訓練資料和模型架構。

6.11.7 XLNet 模型

如果說 BERT 模型的出現代表了以 Transformer 模型為基礎的自注意力派系徹底戰勝了以 RNN 為基礎的自回歸系列,那麼 XLNet 則是自注意力派系門下融合了兩家之長的集大成者。

XLNet 在 Transformer-XL 的自回歸模型基礎上加入了 BERT 思維,使其也能夠獲得雙向上下文資訊,並克服了 BERT 模型所存在的缺點(見 6.11.4 節):

- XLNet 中沒有使用 MLM 模型,這克服了 BERT 模型的微調不符合問題。
- 由於 XLNet 本身是自回歸模型,所以不存在 BERT 模型的獨立性假設問題。

從效果上看,XLNet 模型在 20 個任務上的表現都比 BERT 模型好,而且優勢很大。XLNet 模型在 18 項任務上獲得了優秀的結果,包含問答、自然語言推理、情感分析和文件排序。

XLNet 模型中最大致量的 XLNet-Large 模型參照了 BERT-Large 模型的設定,

包含 3.4 億個參數、16 個注意力頭、24 個 Transformer 層、1024 個隱藏單元。即使是這樣的設定，在訓練過後模型依然呈現欠擬合的局勢。

由於 XLNet 模型的網路規模超大，所以其訓練成本也非常昂貴，高達 6 萬美金。這個負擔將近 BERT 模型的 5 倍、GPT-2 模型的 1.5 倍。

XLNet 模型主要使用了 3 個機制：亂數語言模型（permutation language model）、雙流自注意力（two-stream self-attention）、循環機制（recurrence mechanism），參見 arXiv 網站上編號為 "1906.08237" 的論文。

1. 有序因數排列（permutation language model，PLM）

亂數語言模型（PLM）又被叫作有序因數排列，它的做法如下：

（1）對每個長度為 T 的序列（$x_1, x_2 \dots x_T$），產生$T!$種不同的排列形式。

（2）在所有順序中共用模型的參數，對每一種排列方式重組下的序列進行自回歸訓練。

（3）從自回歸模型中找出最大結果所對應的序列。（在此期間只改變序列的排列順序，不會改變每個詞對應的詞嵌入及位置編碼。）

PLM 的假設是：如果模型的參數在所有的順序中共用，則模型就能學會從所有位置收集上下文資訊。

XLNet 模型會記錄每一種排列的隱藏狀態序列，而相對位置編碼在不同排列方式時保持一致，不會隨排列方式的變化而變化（即保持原始的位置編碼）。這麼做可以在捕捉雙向資訊（BERT 模型的優點）的同時，避免獨立性假設、微調不符合問題（BERT 模型的缺點）。可以將 XLNet 看作不同排列下多個 Transformer-XL 的平行。

這種從原輸入中選取最可能的排列的方式，能夠充分利用自編碼和自回歸的優勢，使模型的訓練充分融合了上下文特徵，同時也不會造成隱藏（Mask）機制下的有效資訊缺失。

XLNet 模型利用有序因數排列機制，在預測某個詞（token）時會使用輸入的排列取得雙向的上下文資訊，同時維持自回歸模型原有的單向形式。這樣的好處是：不需要在輸入側調整文字的詞順序，就可以取得詞順序變化後的文字特徵。

在實現過程中，XLNet 模型使用詞（token）在文字中的序列位置計算上下文資訊。

舉例來說，有一個 "2 → 4 → 3 → 1" 的序列，取出其中的 2 和 4 作為自回歸模型的輸入，利用模型來預測 3。這樣，當所有序列取完後就能獲得該序列的上下文資訊。

為了降低模型的最佳化難度，XLNet 模型只預測目前序列位置之後的詞（token）。

2. 雙流自注意力

雙流自注意力（two-stream self-attention）用於配合有序因數排序機制。在有序因數排序過程中，需要計算序列的上下文資訊。其中，上文資訊和下文資訊各使用一種注意力機制，所以被叫作雙流注意力：

- 上文資訊使用對序列本身做自注意力計算的方式獲得。這個過程叫作內容流。
- 下文資訊參考了 Transformer 模型中 Encoder-Decoder 架構的注意力機制（Decoder 經過一個 Mask 自注意力層後保留 Query，接收來自 Encoder 的 Key 和 Value 進行進一步運算）計算獲得。這個過程被叫作查詢流。

有序因數排列配合雙流自注意力的完整工作流程如圖 6-29 所示。

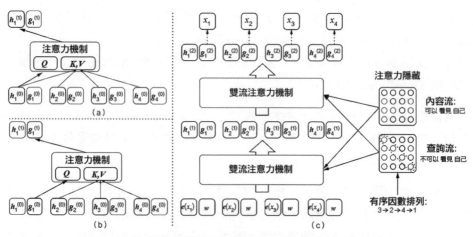

圖 6-29 有序因數排列配合雙流自注意力的完整工作流程

圖 6-29 中實現了對序列 "2 → 4 → 3 → 1" 中第 1 個詞的雙流注意力機制計算，實際可以分為 a、b、c 三個子圖，描述如下：

（a）是內容流的結構，其中 h 代表序列中每個詞的內容流注意力 $h^{(0)}$ 代表原始特徵，$h^{(1)}$ 代表經過注意力計算後的特徵，h_1、h_2 的索引代表該詞在序列中的索引）。該子圖描述了一個標準的自注意力機制。在該注意力中包含查詢準則 Q 本身，它能夠表現出已有序列的上文資訊。

（b）是查詢流的結構，其中 g 代表序列中每個詞的內容流注意力（$g^{(0)}$ 代表原始特徵，$g^{(1)}$ 代表經過注意力計算後的特徵，h_1、h_2 的索引代表該詞在序列中的索引）。圖中將第 1 個詞作為查詢準則 Q，將其他詞當作 K 和 V，實現了以下一個詞為基礎的注意力機制。該注意力機制可以表現出序列的下文資訊，因為下一個詞在這個注意力中看不到自己。

（c）是雙流注意力的整體結構。經過雙流注意力計算後，序列中的每個詞都有兩個（上文和下文）特徵資訊。

經過試驗發現，有序因數排序增加了數倍的計算量使得模型的收斂速度過於緩慢，為此 XLNet 引用了一項超參數 N，只對排列尾部的 $1/N$ 個元素進行預測，最大化似然函數。如此一來效率大幅加強，而同時不用犧牲模型精度。這個操作被稱為部分預測（partial prediction），和 BERT 模型只預測 15%的 token 類似。

3. 循環機制（recurrence mechanism）
該機制來自 Transformer-XL，即在處理下一個段（segment）時結合上一個段（segment）的隱藏表示（hidden representation），使得模型能夠獲得更長距離的上下文資訊（見 6.11.6 節）。

該機制使得 XLNet 模型在處理長文件時具有較大的優勢。

4. XLNet 模型的訓練與使用
XLNet 模型的訓練過程與 BERT 模型的訓練過程一樣，分為預訓練和微調。實際如下。

- 在訓練時：使用與 BERT 模型一樣的雙語段輸入格式（two-segment data format），即 [CLS, A, SEP, B, SEP]。在 PLM 環節，會把 2 個段（segment）合併成 1 個序列進行運算，而且沒有再使用 BERT 模型中的 NSP 子任務。同時在 PLM 環節還要設定超參數 N，它等於 BERT 模型中的隱藏率。
- 在使用時：輸入格式與訓練時的相同。模型中需要關閉查詢流，將 Transformer-XL 模型再度還原到單流注意力的標準形態。

XLNet 模型在應用於提供一個問題和一段文字的問答任務時，可以仿照 BERT 模型的方式，從語料中隨機挑選 2 個樣本段（segment）組成 1 個完整段（segment）進行正常訓練。

5. XLNet 模型與 BERT 的本質區別

XLNet 模型與 BERT 的本質區別在於：BERT 模型底層應用的是隱藏（Mask）機制下的標準 Transformer 架構，而 XLNet 模型應用的是在此基礎上融入了自回歸特性的 Transformer-XL 架構。

BER 模型無論是在訓練還是預測，每次輸入的文字都是相互獨立的，上一個時間步進值的輸出不作為下一個時間步進值的輸入。這種做法與傳統的循環神經網路正好相反。而 XLNet 模型遵循了傳統的循環神經網路中的自回歸方式，具有更好的效能。

例如：同樣處理 "New York is a city" 這句話中的單字 "New York"，BERT 模型會直接使用兩個[MASK]將這個單字遮蓋，再使用 "is a city" 作為上下文進行預測。這種處理方法會忽略子詞 "New" 和 "York" 之間的連結。而 XLNet 模型則透過 PLM 的形式，使模型獲得更多詞（如 "New" 與 "York"）間的前後關係資訊。

6.11.8 XLNet 模型與 AE 和 AR 間的關係

如果將 BERT 模型當作自編碼（autoencoding，AE）語言模型，則帶有 RNN 特性的系列模型都可以歸類於自回歸（autoregressive，AR）語言模型。

1. 自編碼與自回歸語言模型各自的不足

以 BERT 為首的自編碼模型雖然可以學到上下文資訊，但在資料連結（data corruption）設計上存在兩個天然缺陷：

（1）忽視了在訓練時被 Mask 掉的 token 之間的相關關係。

（2）這些 token 未能出現在訓練集中，進一步導致預訓練的模型參數在微調時產生差異。

而自回歸模型雖不存在以上缺陷，但只能以單向建模。雙向設計（如 GPT 為基礎的雙層 LSTM）將產生兩套無法共用的參數，本質上仍為單向模型，利用上下文語境的能力有限。

2. XLNet 模型中的 AE、AR 特性

XLNet 模型可以視為 BERT、GPT-2 和 Transformer XL 三種模型的綜合體。它吸收了自編碼和自回歸兩種語言模型的優勢，實際表現如下：

- 吸收了 BERT 模型中的 AE 優點，用雙流注意力機制配合 PLM 預訓練目標，取得雙向語義資訊（該做法等於 BERT 模型中隱藏機制的效果）。
- 繼承了 AR 的優點，去掉了 BERT 模型中的隱藏（masking）行為，解決了微調不符合問題。
- 使用 PLM 對輸入序列的機率分佈進行建模，避免了獨立性假設問題。
- 仿照 GPT 2.0 的方式，用更多更高品質的預訓練資料對模型進行訓練。
- 使用了 Transformer XL 模型的循環機制，來解決無法處理過長文字的問題。

6.11.9 RoBERTa 模型

人們在對 BERT 模型預訓練的重複研究中，認真評估了超參數調整和訓練集大小的影響，發現了 BERT 模型訓練不足，並進行了改進，獲得了 RoBERTa（a robustly optimized BERT pre-training approach）模型。

RoBERTa 模型與 BERT 模型都屬於預訓練模型。不同的是，RoBERTa 模型使用了更多的訓練資料、更久的訓練時間和更大的訓練批次。所訓練的子詞達到 20,480 億（50 萬步×8K 批次×512 個詞）個，在 8 塊 TPU 上訓練 50 萬

步，需要 3,200 個小時。這種想法某種程度上與 GPT2.0 模型的暴力擴充資料方法有點類似，但是需要消耗大量的運算資源。

RoBERTa 模型對超參數與訓練集的修改也很簡單，實際如下。

- 使用了動態隱藏策略（dynamic masking）：預訓練過程依賴隨機掩蓋和預測被掩蓋字（或單字）。RoBERTa 模型為每個輸入序列單獨產生一個隱藏，讓資料訓練不重複。而在 BERT 模型的 MLM 機制中，只執行一次隨機掩蓋和取代，並在訓練期間儲存這種靜態隱藏策略，使得每次都使用相同隱藏的訓練資料，影響了資料的多樣性。
- 使用了更多樣的資料。其中包含維基百科（130GB）、書、新聞（6,300 萬筆）、社區討論（來自 Reddit 社區）、故事類別資料。
- 取消了 BERT 模型中的 NSP（下一個句子預測）子任務，資料連續地從一個或多個文件中獲得，直到長度為 512 個詞。
- 調整了最佳化器的參數。
- 使用了更大的字元編碼（byte-pair encoding，BPE），它是字元級和單字級表示的混合體，可以處理自然語言語料庫中常見的大詞彙，避免訓練資料出現更多的"[UNK]"標示符號進一步影響預訓練模型的效能。其中，"[UNK]"標記符表示當在 BERT 附帶字典 vocab.txt 中找不到某個字或英文單字時用"[UNK]"表示（參見 arXiv 網站上編號為"1907.11692"的論文）。

6.11.10 ELECTRA 模型

ELECTRA（efficiently learning an encoder that classifies token replacements accurately）模型透過類似對抗神經網路（GAN）的結構和新的預訓練任務，在更少的參數量和資料的情況下，不僅超越了 BERT 模型，而且僅用 1/4 的算力就達到了 RoBERTa 模型的效果（參見 arXiv 網站上編號為 "2003.10555" 的論文）。

1. ELECTRA 模型的主要技術

ELECTRA 模型最主要的技術是使用了新的預訓練任務和架構，把生成式的 MLM 預訓練任務改成了判別式的取代詞檢測（replaced token detection，RTD）任務，判斷目前詞（token）是否被語言模型取代過。

2. 取代詞檢測（RTD）任務

對抗神經網路在 NLP 任務中一直存在一個問題——其所處理的每個數值都是對應詞表中的索引，這個值是離散類型的，並不像影像處理中的像素值（像素值是 0~255 之間的連續類型值）。這種離散類型值問題使得模型在最佳化過程中判別器無法計算梯度。

由於判別器的梯度無法傳給生成器，所以 ELECTRA 模型對 GAN 架構進行了一些改動，實際如下：

- 將 MLM 任務當作生成器的訓練目標。
- 將判斷每個詞（token）是原始詞還是取代詞的任務，當作判別器的目標。
- 兩者同時訓練，但判別器的梯度不會傳給生成器。

概括說就是，使用一個 MLM 的生成器來對輸入句子進行更改，然後將結果丟給 D-BERT 去判斷哪個字被改過，如圖 6-30 所示。

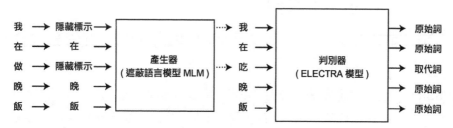

圖 6-30 取代詞檢測任務

ELECTRA 模型在計算生成器的損失時，會對序列中所有的詞（token）進行計算；而 BERT 模型在計算 MLM 的損失時，只對隱藏部分的詞（token）進行計算（會忽略沒被掩蓋的詞）。這是二者最大的差別。

6.11.11 T5 模型

T5 模型和 GPT2 模型一樣——把所有的 NLP 問題轉化為文字到文字（text-to-text，T2T）的任務。T5 模型是將 BERT 模型移植到 Seq2Seq 架構中，並使用乾淨的資料集配合一些訓練技巧所完成的（參見 arXiv 網站上編號為 "1910.10683" 的論文）。

1. T5 模型的主要技術

T5 模型使用了簡化的相對位置詞嵌入（embeding），即每個位置對應一個數值而非向量，將多頭注意力機制中的 Key 和 Query 相對位置的數值加在 softmax 演算法之前，令所有的層共用一套相對位置詞嵌入。

這種在每一層計算注意力權重時都加入位置資訊的方式，讓模型對位置更加敏感。

2. T5 模型的使用

在使用模型進行預測時，標準的 Seq2Seq 架構常會使用 Greedy decoding 或 beam search 演算法進行解碼。在 T5 模型中，經過實驗發現，大部分情況下可以使用 Greedy decoding 進行解碼，對於輸出句子較長的任務則使用 beam search 進行解碼。

6.11.12 ALBERT 模型

ALBERT 模型被稱為「瘦身成功版的 BERT 模型」，因為它的參數比 BERT 模型少了 80%，但效能卻提升了。

ALBERT 模型的改進方法與針對 BERT 模型的其他改進方法不同，它不再是透過增加預訓練任務或是增大訓練資料等方法進行改進，而是採用了全新的參數共用機制。它不僅提升了模型的整體效果，還大幅降低了參數的數量。

對預訓練模型而言，透過提升模型的規模是能夠對下游任務的處理效果有一定提升，但如果將模型的規模提升得過大，則容易引起顯示記憶體或記憶體不足的問題，另外，對超大規模的模型進行訓練事件過長，也可能導致模型出現退化的情況（參見 arXiv 網站上編號為 "1909.11942" 的論文）。

ALBERT 模型與 BERT 模型相比，在減少記憶體、提升訓練速度的同時，又改進了 BERT 模型中的 NSP 的預訓練任務。其主要改進工作有以下 4 個方向。

1. 對詞嵌入進行因式分解（factorized embedding parameterization）

ALBERT 模型的解碼器結構與 BERT 模型的整體結構一樣，都使用了 Transformer 模型的 encoder 結果。不同的是，BERT 模型中的詞嵌入與

encoder 輸出的向量維度是一樣——都是 768；而 ALBERT 模型中詞嵌入的維度為 128，遠遠小於 encoder 輸出的向量維度（768）。這種結構的原理如下：

（1）詞嵌入的向量是依賴詞的對映，本身沒有上下文依賴的表述。而隱藏層的輸出值，不僅包含詞本身的意思，還包含一些上下文資訊，理論上來說，隱藏層的表述包含的資訊更多一些。所以，應該讓 encoder 輸出的向量維度更大一些，使其能夠承載更多的語義資訊。

（2）在 NLP 任務中，通常詞典都很大，詞嵌入矩陣（embedding matrix）的大小是 $E×V$，如果和 BERT 一樣讓 $H=E$，那麼詞嵌入矩陣（embedding matrix）的參數量會很大，並且在反向傳播的過程中更新的內容也比較稀疏。

結合上述兩點，ALBERT 採用了一種因式分解的方法來降低參數量——把單層詞向量對映變成了兩層詞向量對映，步驟如下：

（1）把維度為 V 的 one-hot 向量輸入一個維度很低的詞嵌入矩陣（embedding matrix），將其對映到一個低維度的空間，維度為 E。

（2）把維度為 E 的低維詞嵌入輸入一個高維的詞嵌入矩陣（embedding matrix），最後對映成 H 維詞嵌入。

這種轉換把參數量從原有的 $V×H$ 降低成了 $V×E+E×H$。在 ALBERT 模型中，E 的值為 128，遠遠小於 H 的值（768），在這種情況下，參數量可以獲得很大的減少。

2. 跨層的參數共用（cross-layer parameter sharing）

在 Transformer 模型中，不是只共用全連接層的參數，就是只共用 attention 層的參數。而 ALBERT 模型共用了編碼器（Encoder）內的所有參數，即將 Transformer 模型中的全連接層和 attention 層都進行參數共用。

這種做法與同樣量級下的 Transformer 模型比較，雖然效果下降了，但減小了大量的參數，也提升了訓練的速度。另外，在訓練過程中還能夠看到，ALBERT 模型每一層輸出的詞嵌入比 BERT 模型震盪的幅度更小，如圖 6-31 所示。

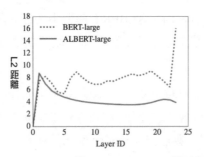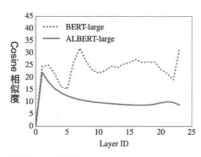

圖 6-31 ALBERT 模型與 BERT 模型的訓練效果比較

圖 6-31 中，左圖是 ALBERT-large 模型與 BERT-large 模型在訓練過程中各個參數的 L2 距離，右圖是各個參數的 Cosine 相似度。

從圖 6-31 中可以看出，ALBERT-large 模型的參數曲線更為平緩，這表明參數共用還有穩定訓練效果的作用。

3. 句間連貫（inter-sentence coherence loss）

在 BERT 模型的 NSP 訓練任務中，訓練資料的正樣本是透過取樣同一個文件中的兩個連續的句子獲得的，而負樣本是透過採用兩個不同文件中的句子獲得的。由於負樣本中的句子來自不同的文件，所以需要 NSP 任務在進行關係一致性預測的同時對主題進行預測。這是因為，在不同主題中，上下文關係也略有差異。例如介紹娛樂主題的新聞文章和介紹人工智慧科學研究主題的技術文章，其中的實體詞、語言風格會有所不同。

在 ALBERT 中，為了只保留一致性任務，去除了主題識別的影響，提出了一個新的任務 sentence-order prediction（SOP）。SOP 正樣本的取得方式是和 NSP 中一樣的，負樣本是把正樣本的順序反轉。SOP 因為是在同一個文件中選的，所以其只關注句子的順序，去除了由於樣本主題不同而產生的影響。並且，SOP 能解決 NSP 的任務，但 NSP 並不能解決 SOP 的任務。SOP 任務可以使 ALBERT 模型的效果有進一步的提升。

4. 移除 Dropout 層

在訓練 ALBERT 模型時發現，該模型在 100 萬步疊代訓練後仍沒有出現過擬合現象，這表明 ALBERT 模型本身具有很強的泛化能力。在嘗試移除 Dropout 層後，發現居然還會對下游任務的處理效果有一定的提升。

實驗可以證明 Dropout 層會對大規模的預訓練模型造成負面影響。

另外，為加快訓練速度，ALBERT 模型還用 LAMB 作為最佳化器，並進行了大量（4,096）的訓練。LAMB 最佳化器支援對特別大量（高達 6 萬）的樣本進行訓練。

5. ALBERT 模型與 BERT 模型的比較

在相同的訓練時間內，ALBERT 模型的效果比 BERT 模型的效果好。但如果訓練時間更長，則 ALBERT 模型的效果會比 BERT 模型的效果略低一些。其原因主要是，ALBERT 模型中的參數共用技術使得整體效果下降。

ALBERT 模型相比 BERT 模型的優勢是：記憶體佔用小、訓練速度快，但是精度略低。魚與熊掌不可兼得，尤其是對於專案實現而言，在模型的選擇上，還需要在速度與效果之間做一個權衡。

ALBERT 模型的缺點是：時間複雜度太高，所需的訓練時間更多。訓練ALBERT 模型所需的時間要遠遠大於訓練 RoBERTa 模型所需的時間。

6.11.13 DistillBERT 模型與知識蒸餾

DistillBERT 模型是在 BERT 模型的基礎上，用知識蒸餾技術訓練出來的小型模型。知識蒸餾技術將模型大小減小了 40%（66MB），推斷速度提升了60%，但效能只降低了約 3%（參見 arXiv 網站上編號為 "1910. 01108" 的論文）。

1. DistillBERT 模型的實際做法

DistillBERT 模型的實際做法如下：

（1）用指定的原始 BERT 模型作為教師模型，用待訓練的模型作為學生模型。

（2）將教師模型的網路層數減為原來的一半，從原來的 12 層減少到 6 層，同時去掉 BERT 模型的 pooler 層，獲得學生模型。

（3）用教師模型的軟標籤和教師模型的隱層參數來訓練學生模型。

在訓練過程中，移除了 BERT 模型原有的 NSP 子任務。

在訓練之前，還要用教師模型的參數對學生模型進行初始化。由於學生模型的網路層數是 6，而教師模型的網路層數是 12，所以在初始化時，用教師模型的第 2 層初始化學生模型的第 1 層，用教師模型的第 4 層初始化學生模型的第 2 層，依此類推。

🔊 提示：

在設計學生模型時，只減少了網路的層數，而沒有減少隱層大小。這麼做的原因是，經過實驗發現，降低輸出結果的維度（隱層大小）對計算效率提升不大，而減少網路的層數則可以提升計算效率。

---

2. DistillBERT 模型的損失函數

DistillBERT 模型訓練時使用了以下 3 種損失函數。

- LceLce：計算教師模型和學生模型 softmax 層輸出結果（MLM 任務的輸出）的交叉熵。

- LmlmLmlm：計算學生模型中 softmax 層輸出結果和真實標籤（one-hot 編碼）的交叉熵。

- LcosLcos：計算教師模型和學生模型中隱藏層輸出結果的餘弦相似度，由於學生模型的網路層數是 6，而教師模型的網路層數是 12，所以在計算該損失時，是用學生模型的第 1 層對應教師模型的第 2 層，用學生模型的第 2 層對應教師模型的第 4 層，依此類推。

🌐 6.12 用遷移學習訓練 BERT 模型來對中文分類

Transformers 函數庫中提供了大量的預訓練模型，這些模型都是在通用資料集中訓練出來的。它們並不能適用於實際工作中的 NLP 任務。

如果要根據自己的文字資料來訓練模型，則還需要用遷移學習的方式對預訓練模型進行微調。本實例就來微調一個 BERT 模型，使其能夠對中文文字進行分類。

6.12.1 樣本介紹

本實例所使用的資料集來自 GitHub 網站中的 Bert-Chinese-Text-Classification-Pytorch 專案，實際連結見本書書附程式中的「6.12 節資料集連結.txt」檔案。

本例所使用的資料集是由從 THUCNews 資料集中取出的 20 萬筆新聞標題所組成的，每個樣本的長度為 20~30，一共 10 個類別，每種 2 萬筆。

10 個類別分別是：財經、房產、股票、教育、科技、社會、時政、體育、遊戲、娛樂。它們被放在檔案 "class.txt" 中。資料集劃分如下。

- 訓練資料集：18 萬筆，在檔案 "train.txt" 中。
- 測試資料集：1 萬筆，在檔案 "test.txt" 中。
- 驗證資料集：1 萬筆，在檔案 "dev.txt" 中。

資料集檔案在目前程式的目錄 "THUCNews\data" 下。其中，資料集檔案 train.txt、test.txt 與 dev.txt 中的內容格式完全一致。

圖 6-32 中顯示了資料集檔案 test.txt 的內容。可以看到，每筆樣本分為兩部分：文字字串和其所屬的類別標籤索引。類別標籤索引對應於 class.txt 中的類別名稱順序。class.txt 中的內容如圖 6-33 所示。

圖 6-32 test.txt 資料集　　　　　　圖 6-33 類別名稱的內容

6.12.2 程式實現：建置並載入 BERT 預訓練模型

Transformers 函數庫中提供了一個 BERT 的預訓練模型 "bert-base-chinese"，該模型權重由 BERT 模型在中文資料集中訓練而成，可以用它來進行遷移學習。

🔊 提示：
本實例使用的 BERT 模型並不是唯一的。讀者還可以根據 6.8.3 節中的方法找到
更多的中文預訓練模型進行載入。

本實例中的 NLP 任務屬於文字分類任務，按照 6.8 節介紹的自動模型類別，
應該用 TFAutoModelForSequenceClassification 類別進行產生實體。實際程式
如下：

■ 程式 6-9　遷移訓練 BERT 模型對中文分類

```
01 import tensorflow as tf
02 from transformers import *
03 import os
04
05 data_dir='./THUCNews/data' #定義資料集根目錄
06
07 class_list = [x.strip() for x in open( #取得分類資訊
08         os.path.join(data_dir, "class.txt")).readlines()]
09
10 tokenizer = BertTokenizer.from_pretrained(
11                         r'./bert-base-chinese/bert-base-chinese-
   vocab.txt')
12 #定義設定檔，用來指定分類
13 config = AutoConfig.from_pretrained(
14                         r'./bert-base-chinese/bert-base-chinese-
   config.json',
15                         num_labels=len(class_list))
16 #初始化模型，單獨指定 config，在 config 中指定分類個數
17 model = TFAutoModelForSequenceClassification.from_pretrained(
18     r'./bert-base-chinese/bert-base-chinese-tf_model.h5',
   config=config)
```

程式第 7 行，取得資料集中的分類資訊。

程式第 13 行，在初始化設定檔時單獨指定模型所輸出的分類個數。

程式第 17 行，根據設定檔來定義模型，並載入已有的預訓練中文模型。

6.12.3 程式實現：建置資料集

接下來定義函數 read_file 以取得資料集中的文字內容，並定義函數 getdataset 將文字內容封裝成 tf.data.Dataset 介面的資料集。實際程式如下。

■ 程式 6-9 遷移訓練 BERT 模型對中文分類（續）

```
19 def read_file(path):              #讀取資料集中的文字內容
20     with open(path, 'r', encoding="UTF-8") as file:
21         docus = file.readlines()
22         newDocus = []
23         labs = []
24         for data in docus:
25             content, label = data.split('\t')
26             label = int(label)
27             newDocus.append(content)
28             labs.append(label)
29
30     ids = tokenizer.batch_encode_plus( newDocus,   #用詞表工具進行處理
31                 max_length=model.config.max_position_embeddings,
32                 pad_to_max_length=True)
33
34     return (ids["input_ids"],ids["attention_mask"],labs)
35
36 #獲得訓練集和測試集
37 trainContent = read_file(os.path.join(data_dir, "train.txt"))
38 testContent = read_file(os.path.join(data_dir, "test.txt"))
39
40 def getdataset(features):               #定義函數，封裝資料集
41     def gen():                          #定義生成器
42         for ex in zip(features[0],features[1],features[2]):
43             yield (
44                 {
45                     "input_ids": ex[0],
46                     "attention_mask": ex[1],
47                 },
48                 ex[2],
49             )
50
51     return tf.data.Dataset.from_generator( #傳回資料集
52                 gen,
```

```
53                    ({"input_ids": tf.int32, "attention_mask": tf.int32},
      tf.int64),
54                  (
55                      {
56                          "input_ids": tf.TensorShape([None]),
57                          "attention_mask": tf.TensorShape([None]),
58                      },
59                      tf.TensorShape([]),
60                  ),
61              )
62
63  #製作資料集
64  valid_dataset = getdataset(testContent)
65  train_dataset = getdataset(trainContent)
66  #設定批次
67  train_dataset = train_dataset.shuffle(100).batch(8).repeat(2)
68  valid_dataset = valid_dataset.batch(16)
```

程式第 25 行,在自訂資料集類別中,在傳回實際資料時對每筆資料使用 tab 符號進行分割,並將資料中的中文字串和該字串所屬的類別索引分開。

程式第 31 行,在使用詞表工具時,指定模型的設定檔中的最大長度 (model.config.max _position_embeddings)。在本實例中,該長度為 512。當輸入文字大於這個長度時會被自動截斷。

6.12.4 BERT 模型類別的內部邏輯

在 6.8 節中介紹過,TFAutoModelForSequenceClassification 類別只是對底層模型類別的封裝,該類別在載入預訓練模型時,會根據實際的模型檔案找到對應的底層模型類別來進行呼叫。

1. 輸出類別與 num_labels 參數的關係

在本實例中,TFAutoModelForSequenceClassification 類別最後呼叫的底層類別為 TFBertForSequenceClassification。透過 TFBertForSequenceClassification 類別中的定義,可以看到輸出層與設定檔中 num_labels 參數的關係。

TFBertForSequenceClassification 類別定義在 Transformers 安裝目錄下的 modeling_tf_bert.py 檔案中。例如作者本機的路徑如下：

```
    D:\ProgramData\Anaconda3\envs\tf21\Lib\site-packages\transformers\
modeling_tf_bert.py
```

在 modeling_tf_bert.py 檔案中，TFBertForSequenceClassification 類別的定義程式如下：

■ modeling_tf_bert.py（片段）

```
01 class TFBertForSequenceClassification(TFBertPreTrainedModel):
02 def __init__(self, config):
03     super().__init__(config)
04     self.num_labels = config.num_labels
05     self.bert = TFBertModel(config)        #呼叫 BERT 基礎模型
06     self.dropout = nn.Dropout(config.hidden_dropout_prob)
07     self.classifier = nn.Linear( config.hidden_size, self.config.num_labels)
08     self.init_weights()
```

從程式第 7 行可以看到，TFBertForSequenceClassification 類別是在基礎類別 TFBertModel 之後增加了一個全連接輸出層，該層直接對 BertModel 類別的輸出做維度轉換，產生 num_labels 維度的向量，該向量就是預測的分類結果。

2. 基礎模型 BertModel 類別的輸出結果

在 6.7.3 節的特徵分析實例中，預訓練模型的輸出結果形狀是[批次, 序列, 維度]，這個形狀屬於 3D 資料，而全連接神經網路只能處理二維資料。它們之間是如何符合的呢？

在預訓練模型 "bert-base-chinese" 的設定檔中，可以看到有個關於池化器的設定，如圖 6-34 所示。

TFBertModel 類別在傳回序列向量的同時，會將序列向量放到池化器 BertPooler 類別中進行處理。圖 6-33 中的 pooler_type 表示：從 TFBertModel 類別傳回的序列向量中，取出第 1 個詞（特殊標記 "[CLS]"）對應的向量（在實作方式時，還需要將取出的向量做全連接轉換）。這樣池化器處理後的 BertModel 類別的結果，其形狀就變成了[批次, 維度]，可以與 TFBertForSequenceClassification 類別中的全連接網路進行相連了。

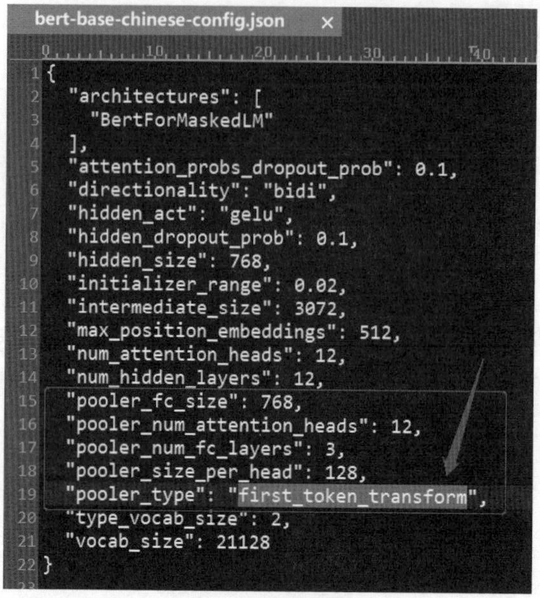

bert-base-chinese-config.json

```
{
  "architectures": [
    "BertForMaskedLM"
  ],
  "attention_probs_dropout_prob": 0.1,
  "directionality": "bidi",
  "hidden_act": "gelu",
  "hidden_dropout_prob": 0.1,
  "hidden_size": 768,
  "initializer_range": 0.02,
  "intermediate_size": 3072,
  "max_position_embeddings": 512,
  "num_attention_heads": 12,
  "num_hidden_layers": 12,
  "pooler_fc_size": 768,
  "pooler_num_attention_heads": 12,
  "pooler_num_fc_layers": 3,
  "pooler_size_per_head": 128,
  "pooler_type": "first_token_transform",
  "type_vocab_size": 2,
  "vocab_size": 21128
}
```

圖 6-34 設定檔

在 TFBertForSequenceClassification 類別的 forward()方法中可以看到實際的設定值過程，程式如下：

■ modeling_tf_bert.py（片段）

```
01 …
02 outputs = self.bert( input_ids,attention_mask=attention_mask,
03      token_type_ids=token_type_ids, position_ids=position_ids,
04      head_mask=head_mask, inputs_embeds=inputs_embeds,)
05
06 pooled_output = outputs[1]
07
08 pooled_output = self.dropout(pooled_output)
09 logits = self.classifier(pooled_output)
10 …
```

程式第 2 行，呼叫 TFBertModel 類別所產生實體的模型物件 self.bert 進行特徵的分析。

程式第 6 行，從傳回結果的 outputs 物件中取出池化器處理後的結果。Outputs 物件有兩個元素，第 1 個為全序列特徵結果，第 2 個為經過池化器轉換後的特徵結果，程式第 8、9 行，實現維度轉換，將特徵資料轉成與標籤類別相同的輸出維度。

6.12.5 程式實現：定義最佳化器並訓練模型

在訓練 BERT 模型時需要小心，用不同的訓練方法訓練出來的模型精度會差別很大。在預先編譯模型上進行微調時，學習率不能設定得太大。

在本實例中使用的是 Adam 最佳化器，使用的學習率是 0.00003。實際程式如下：

■ 程式 6-9 遷移訓練 BERT 模型對中文分類（續）

```
69 #定義最佳化器
70 optimizer = tf.keras.optimizers.Adam(learning_rate=3e-5,
71                                       epsilon=1e-08, clipnorm=1.0)
72 loss = tf.keras.losses.SparseCategoricalCrossentropy(from_logits=True)
73 metric = tf.keras.metrics.SparseCategoricalAccuracy('accuracy')
74 model.compile(optimizer=optimizer, loss=loss, metrics=[metric])
75
76 #訓練模型
77 history = model.fit(train_dataset, epochs=2, steps_per_epoch=115,
78                     validation_data=valid_dataset, validation_steps=7)
79
80 #儲存模型
81 savedir = r'./myfinetun-bert_chinese/'
82 os.makedirs(savedir, exist_ok=True)
83 model.save_pretrained(savedir)
```

為了使訓練更為平穩，程式第 71 行用 clipnorm=1.0 的方式限制傳播過程中梯度的變化範圍。程式執行後輸出結果如下：

```
   Train for 115 steps, validate for 7 steps
   Epoch 1/2
   115/115 [==============================] - 2167s 19s/step - loss: 1.2805
- accuracy: 0.6446 - val_loss: 0.2897 - val_accuracy: 0.9554
   Epoch 2/2
   115/115 [==============================] - 2054s 18s/step - loss: 0.6509
- accuracy: 0.8283 - val_loss: 0.3658 - val_accuracy: 0.9107
```

同時，系統會在本機程式的 myfinetun-bert_chinese 目錄下產生訓練好的 BERT 模型檔案 tf_model.h5。

6.12.6 擴充：更多的中文預訓練模型

在 GitHub 上有一個高品質的中文預訓練模型集合專案，該專案中包含最先進大模型、最快小模型、相似度專門模型，參見 arXiv 網站上編號為 "2003.01355" 的論文。

讀者可以透過本書書附程式「6-12 中文模型連結.txt」中的方法取得更多資源，並將其應用在自己的專案中。

機器視覺處理

機器視覺是人工智慧研究的方向。其目標是透過演算法讓機器能夠對圖像資料進行處理。

在機器視覺領域中,使用最廣泛的便是卷積神經網路。它是深度學習中非常重要的模型。隨著深度學習的發展,卷積神經網路也衍生出了很多進階的網路結構及演算法單元,其功能也由最初的整體分類擴充到細粒度的區域分類。

本章就來實際學習機器視覺領域中的卷積神經網路。

🌐 7.1 實例 34:使用預訓練模型識別影像

本實例將載入在 ImageNet 資料集上訓練好的 ResNet50 模型,並用該模型識別圖片。本實例使用 tf.Keras 介面進行實現。

7.1.1 了解 ResNet50 模型與殘差網路

ResNet50 模型是 ResNet(殘差網路)的第 1 個版本,共有 50 層。

殘差網路是 ResNet50 模型的核心,它解決了深層神經網路難以訓練的問題。殘差網路參考了 Highway Network(高速通道網路)的思維,在網路的主處理層旁邊開了一個額外的通道，使得輸入可以直接輸出。其結構如圖 **7-1** 所示。

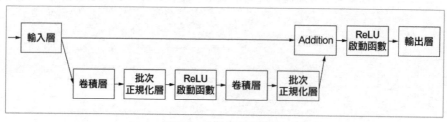

圖 7-1 殘差網路的結構

假設 x 經過神經網路層處理後輸出的結果為 $H(x)$，則圖 7-1 所示的殘差網路結構輸出的結果為 $Y(x)= H(x)+x$。

在 2015 年的 ILSVRC（ImageNet 大規模視覺識別挑戰賽）中，ResNet 模型以 79.26%的 Top 1 準確率和 94.75%的 Top 5 準確率，獲得了當年比賽的第一名。這個模型簡單實用，經常被嵌入其他深層網路結構中，作為特徵分析層使用。

◀)) 提示：

Top 1 與 Top 5 是指，在計算模型準確率時，對模型預測結果的兩種取樣方式：

- Top 1 是從模型的預測結果中，取出機率最高的那個類別作為模型的最後結果。
- Top 5 是從模型的預測結果中，取出機率最高的前 5 個類別作為模型的最後結果。

在對 Top 1 結果進行準確率計算時，模型只有 1 個預測結果，如果該結果與真實標籤不同，則認為模型預測錯誤；否則認為模型預測正確。

在對 Top 5 結果進行準確率計算時，模型會有 5 個預測結果，如果 5 個結果都與真實標籤不同，則認為模型預測錯誤；否則認為模型預測正確。

該模型在 ImageNet 資料集上訓練後，可以識別 1000 個類別的圖片。ImageNet 資料集是目前電腦視覺領域中應用比較多的大規模圖片資料集。建立該資料集的最初目的是為了促進電腦影像識別技術的發展。

該資料集共有 1400 多萬張圖片，共分為 2 萬多個類別，其中超過 100 萬張圖片有類別標記和物體位置標記。圖片分類、物件辨識等研究工作大都基於這個資料集，該資料集是深度學習影像領域檢驗演算法效能的標準資料集之一。

7.1.2 取得預訓練模型

tf.Keras 介面中包含許多成熟模型的原始程式，例如 DenseNet、NASNet、MobileNet 等。使用者可以很方便地用這些原始程式對自己的樣本進行訓練；也可以載入訓練好的模型檔案，用檔案裡的參數值給模型原始程式中的權重設定值，被設定值後的模型可以用來進行預測。

在 GitHub 網站的 keras 首頁上也提供了許多在 ImageNet 資料集上訓練好的模型檔案，這些模型檔案被叫作預訓練模型，可以被直接載入到模型中進行預測。實際位址在 GitHub 網站的 keras-team 專案中，搜尋 keras-applications 子專案可以找到。

開啟該專案網站的 releases 頁面後，可以找到模型檔案 resnet50_weights_tf_dim_ ordering_tf_kernels.h5 的下載網址，如圖 7-2 所示，點擊它後開始下載到本機。

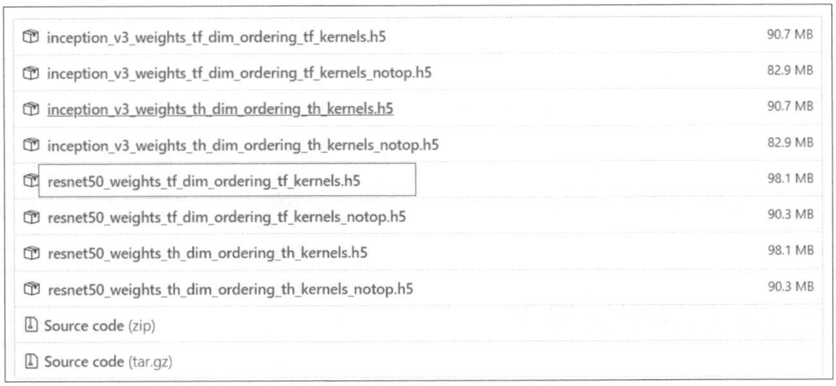

🗇 inception_v3_weights_tf_dim_ordering_tf_kernels.h5	90.7 MB
🗇 inception_v3_weights_tf_dim_ordering_tf_kernels_notop.h5	82.9 MB
🗇 inception_v3_weights_th_dim_ordering_th_kernels.h5	90.7 MB
🗇 inception_v3_weights_th_dim_ordering_th_kernels_notop.h5	82.9 MB
🗇 resnet50_weights_tf_dim_ordering_tf_kernels.h5	98.1 MB
🗇 resnet50_weights_tf_dim_ordering_tf_kernels_notop.h5	90.3 MB
🗇 resnet50_weights_th_dim_ordering_th_kernels.h5	98.1 MB
🗇 resnet50_weights_th_dim_ordering_th_kernels_notop.h5	90.3 MB
⬇ Source code (zip)	
⬇ Source code (tar.gz)	

圖 7-2　ResNet 模型的下載頁面

在圖 7-2 中可以看到，每一種模型會有兩個檔案：一個是正常模型檔案，另一個是以 notop 結尾的檔案。舉例來說，resnet50 檔案如下：

```
resnet50_weights_tf_dim_ordering_tf_kernels.h5
resnet50_weights_tf_dim_ordering_tf_kernels_notop.h5
```

其中，以 notop 結尾的檔案是分析特徵的模型，用於微調模型使用。而正常的模型檔案（NASNet-large.h5）直接用於預測。

另外，對於在 Theano 中執行的 keras 模型檔案，應將中間的 tf 換成 th。例如：

```
resnet50_weights_th_dim_ordering_th_kernels.h5
resnet50_weights_th_dim_ordering_th_kernels_notop.h5
```

在 Theano 中執行的 keras 模型檔案與在 TensorFlow 中執行的 keras 模型檔案，最大的區別是圖片維度的順序不同：

- 在 Theano 架構中，圖片的通道維度在前，例如 (3, 224, 224)，第 1 個數字 3 表示通道數。
- 在 TensorFlow 架構中，圖片的通道維度在後，例如 (224, 224, 3)，最後一個數字 3 表示通道數。

◀») 提示：

在圖 7-2 中，以.h5 結尾的檔案（簡稱 H5 檔案）是由美國超級計算與應用中心研發的層次資料格式（hierarchical data format）的第 5 個版本（HDF5），是儲存和組織資料的一種檔案格式。

HDF5 將檔案結構簡化成兩個主要的物件類型：①資料集，它是相同資料類型的多維陣列；②組，它是一種複合結構，可以包含資料集和其他組。

目前很多語言都支援 H5 檔案的讀寫，如 Java、Python 等。H5 檔案在記憶體佔用、壓縮、存取速度方面都非常優秀，在工業領域和科學領域都有很多應用。

7.1.3 使用預訓練模型

將下載後的模型檔案 resnet50_weights_tf_dim_ordering_tf_kernels.h5 放到程式的同級目錄中，完成本機部署，然後用 tf.keras 介面完成模型的載入和呼叫。實際程式如下。

■ 程式 7-1 用 AI 模型識別影像

```
01 from tensorflow.keras.applications.resnet50 import ResNet50
02 from tensorflow.keras.preprocessing import image
03 from tensorflow.keras.applications.resnet50 import preprocess_input,
   decode_predictions
04 import numpy as np
05 #建立 ResNet 模型
06 model=ResNet50(weights='resnet50_weights_tf_dim_ordering_tf_kernels.h5 ')
07 #載入圖片進行處理
08 img_path = 'book2.png'
09 img = image.load_img(img_path, target_size=(224, 224))
10 x = image.img_to_array(img)
11 x = np.expand_dims(x, axis=0)
12 x = preprocess_input(x)
13 #使用模型預測
14 predtop3 = decode_predictions(model.predict(x) , top=3)[0]
15 print('Predicted:', predtop3) #輸出結果
```

執行第 6 行程式時，會從本機載入模型。

執行第 14 行程式時，會從網上下載類別名稱檔案並載入。

整個程式執行後輸出以下結果：

```
...
Downloading data from https://s3.amazonaws.com/deep-learning-
models/image-models/ imagenet_class_index.json
40960/35363 [===================================] - 2s 37us/step
Predicted: [('n02870880', 'bookcase', 0.616435), ('n02840245', 'binder',
0.1567582), ('n07248320', 'book_jacket', 0.101289585)]
```

在結果中，前兩行是下載類別名稱檔案，最後一行是顯示結果。預測結果為
bookcase（書架）。其視覺化結果如圖 7-3 所示。

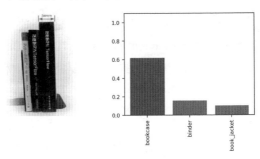

圖 7-3 模型預測的結果

7.1.4 預訓練模型的更多呼叫方式

在網路條件好的情況下，還可以使用自動下載方式呼叫預訓練模型，只需將程式 7-1 的第 6 行程式改成以下即可：

■ 程式 7-1 用 AI 模型識別影像（片段）

```
06 model = ResNet50(weights='imagenet')
```

該程式的作用是，自動從網上下載模型檔案並載入。

如果使用的是自己的模型，則可以按照以下參數來建置模型：

```
    def ResNet50(include_top=True,        #是否傳回頂層結果。False 代表傳回特徵
                 weights='imagenet',      #載入權重路徑
                 input_tensor=None,       #輸入張量，用於嵌入的其他網路中
                 input_shape=None,        #輸入的形狀
                 pooling=None,            #可以設定值 avg、max，對傳回的特徵進行
(全域平局、最大)池化操作
                 classes=1000):           #分類個數
```

在實際使用時，可以修改 weights 參數來指定模型載入的權重檔案，修改 include_top 參數來指定模型傳回的結構，修改 classes 參數來指定模型的分類個數。

⊕ 7.2 了解 EfficientNet 系列模型

EfficientNet 系列模型是 Google 公司透過機器搜尋得來的模型。Google 公司使用圖片的深度（depth）、寬度（width）、尺寸（resolution）共同調節技術開發了一系列版本。在模型中，圖片的尺寸常用圖片的解析度來表示。

目前已經有 EfficientNet-B0～EfficientNet-B8 再加上 EfficientNet-L2 和 Noisy Student 共 11 個版本。其中效能最好的是 Noisy Student 版本。該版本模型在 Imagenet 資料集上達到了 87.4%的 Top 1 準確性和 98.2%的 Top 5 準確性。下面就來介紹一下該系列模型背後的技術。

7.2.1 EfficientNet 系列模型的主要結構

EfficientNet 系列模型的主要結構要從該模型的建構方法説起。該模型的建構方法主要包含以下兩個步驟：

（1）用 MnasNet 模型（該模型是用強化學習演算法實現的）產生基準線模型 EfficientNet-B0。

（2）採用複合縮放的方法，在預先設定的記憶體和計算量大小的限制條件下，對 EfficientNet-B0 模型的深度、寬度（特徵圖的通道數）、尺寸這 3 個維度同時進行縮放，這 3 個維度的縮放比例由網格搜尋獲得。最後輸出 EfficientNet 模型。

◀» 提示：

MnasNet 模型是 Google 團隊提出的一種神經結構的自動搜尋方法。

EfficientNet 系列模型的調參過程如圖 7-4 所示。

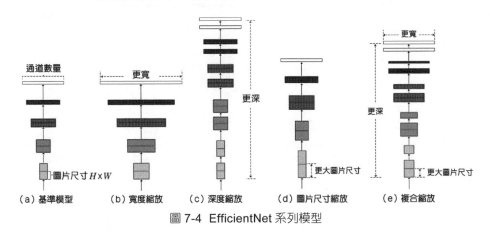

圖 7-4 EfficientNet 系列模型

圖 7-4 中的各個子圖的含義如下。

（a）子圖是基準模型。

（b）子圖在基準模型的基礎上進行寬度縮放，即增加圖片的通道數量。

（c）子圖在基準模型的基礎上進行深度縮放，即增加網路的層數。

（d）子圖在基準模型的基礎上對圖片的大小進行縮放。

（e）子圖在基準模型的基礎上對圖片的深度、寬度、尺寸同時進行縮放。

EfficientNet 系列模型的原始論文參見 arXiv 網站上編號為 "1905.11946" 的論文。

7.2.2 MBConv 卷積塊

EfficientNet 模型的內部是透過多個 MBConv 卷積塊實現的，每個 MBConv 卷積塊的實際結構如圖 7-5 所示。

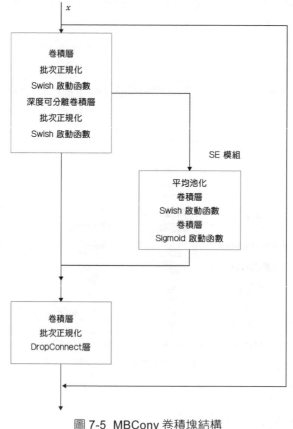

圖 7-5 MBConv 卷積塊結構

從圖 7-5 可以看到，MBConv 卷積塊也使用類似殘差連結的結構，不同的是：在短連接部分使用了 SE 模組，並且將常用的 ReLU 啟動函數換成 Swish 啟動函數。另外還使用了 DropConnect 層來代替傳統的 Dropout 層。

◀)) 提示：

在 SE 模組中沒有使用 BN 操作，而且其中的 Sigmoid 啟動函數也沒有被 Swish 取代。在其他層中，BN 操作是放在啟動函數與卷積層之間的。這麼做是以啟動函數與 BN 操作間為基礎的資料分佈關係。

圖 7-5 中所使用的深度可分離卷積層、DropConnect 層請參考本書 7.2.3、7.2.4 節。

7.2.3 什麼是深度可分離卷積

在了解深度可分離卷積前，需要先明白什麼是空洞卷積和深度卷積。

1. 空洞卷積

空洞卷積（dilated convolutions），又被叫作擴充卷積或帶孔卷積（atrous convolutions）。

這種卷積在影像語義分割相關任務（例如 DeepLab2 模型）中用處很大。它的功能與池化層類似，可以降低維度並能夠分析主要特徵。

相對於池化層，空洞卷積可以避免在卷積神經網路中進行池化操作時造成資訊遺失問題。

空洞卷積的操作相對簡單，只是在卷積操作之前對卷積核心做了膨脹處理。而在卷積過程中，它與正常的卷積操作一樣。

在使用時，空洞卷積會透過參數 rate 來控制卷積核心的膨脹大小。參數 rate 與卷積核心膨脹的關係如圖 7-6 所示。

圖 7-6 中的規則解讀如下。

- 圖 7-6（a）：如果參數 rate 為 1，則表示卷積核心不需要膨脹，值為 3×3，如圖中小數點部分。此時的空洞卷積操作相等於普通的卷積操作。
- 圖 7-6（b）：如果 rate 為 2，則表示卷積核心中的每個數字由 1 膨脹到 2。膨脹出來的卷積核心值為 0，原有卷積核心的值並沒有變，如圖中小數點部分。值變成了 7×7。

▪ 圖 7-6（c）：如果 rate 為 4，則表示卷積核心中的每個數字由 1 膨脹到 4。
  膨脹出來的卷積核心值為 0，原有卷積核心值並沒有變，如圖中小數點部
  分。值變成了 15×15。

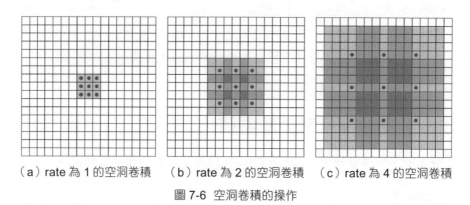

（a）rate 為 1 的空洞卷積　（b）rate 為 2 的空洞卷積　（c）rate 為 4 的空洞卷積

圖 7-6 空洞卷積的操作

另外，在卷積操作中，所有的空洞卷積的步進值都是 1。

因為空洞卷積在膨脹時，只是在卷積核心中插入了 0，所以僅增加了卷積核心
的大小，並沒有增加參數的數量。

與池化的效果類似，使用膨脹後的卷積核心在原有輸入上做窄卷積（padding
參數為 "VALID"）操作，可以把維度降下來，並且會保留比池化更豐富的資
料。

2. 深度卷積

深度卷積是指，將不同的卷積核心獨立地應用在輸入資料的每個通道上。相
比正常的卷積操作，深度卷積缺少了最後的「加和」處理。其最後的輸出為
「輸入通道與卷積核心個數的乘積」。

在 TensorFlow 中，深度卷積函數的定義方法如下：

```
    def depthwise_conv2d(input, filter, strides, padding, rate=None,
name=None, data_format=None)
```

實際參數含義如下。

▪ input：需要做卷積的輸入影像。

- filter：卷積核心。要求是一個四維張量，形狀為[filter_height, filter_width, in_channels, channel_multiplier]。這裡的 channel_multiplier 是卷積核心的個數。
- strides：卷積的滑動步進值。
- padding：字串類型的常數，其值只能取 "SAME" 或 "VALID"。它用於指定不同邊緣的填充方式，與普通卷積中的 padding 一樣。
- rate：卷積核心膨脹的參數。要求是一個 int 型的正數。
- name：該函數在張量圖中的操作名稱。
- data_format：參數 input 的格式，預設為"NHWC"，也可以寫成"NCHW"。

該函數會傳回 in_channels×channel_multiplier 個通道的特徵資料。

3. 深度可分離卷積

深度可分離卷積是指：先從深度方向把不同 channels 獨立開，進行特徵取出，再進行特徵融合。這樣做可以用更少的參數取得更好的效果。

在實作方式時，先將深度卷積的結果作為輸入，然後進行一次正常的卷積操作。所以，該函數需要兩個卷積核心作為輸入：深度卷積的卷積核心 depthwise_filter、用於融合操作的普通卷積核心 pointwise_filter。

例如：對一個輸入 input 進行深度可分離卷積，實際步驟如下：

（1）在模型內部對輸入的資料進行深度卷積，獲得 in_channels×channel_multiplier 個通道的特徵資料（feature map）。

🔊 提示：

in_channels 與 channel_multiplier 是 depthwise_conv2d 函數的參數 filter 中的輸入通道數和卷積核心個數。

（2）將特徵資料（feature map）作為輸入，用普通卷積核心 pointwise_filter 進行一次卷積操作。

4. TensorFlow 中的深度可分離卷積函數

在 TensorFlow 中，深度可分離卷積的函數定義如下：

```
    def separable_conv2d(input,depthwise_filter,pointwise_filter,strides,
padding,rate=None,name=None,data_format=None)
```

實際參數含義如下。

- input：需要做卷積的輸入影像。
- depthwise_filter：用來做函數 depthwise_conv2d 的卷積核心，即這個函數對輸入做一次深度卷積。它的形狀是[filter_height, filter_width, in_channels, channel_multiplier]。
- pointwise_filter：用於融合操作的普通卷積核心。例如：形狀為[1, 1, channel_multiplier × in_channels, out_channels]的卷積核心，代表在深度卷積後的融合操作是採用卷積核心為 1×1、輸入為 channel_multiplier × in_channels、輸出為 out_channels 的卷積層來實現的。
- strides：卷積的滑動步進值。
- padding：字串類型的常數，只能是"SAME"、"VALID"其中之一。先用來指定不同邊緣的填充方式，與普通卷積中的 padding 一樣。
- rate：卷積核心膨脹的參數。要求是一個 int 型的正數。
- name：該函數在張量圖中的操作名字。
- data_format：參數 input 的格式，預設為"NHWC"，也可以寫成"NCHW"。

5. 其他介面中的深度可分離卷積函數

在 tf.keras 中，深度方向可分離的卷積函數有以下兩個。

- tf.keras.layers.SeparableConv1D：支援一維卷積的、深度方向可分離的卷積函數。
- tf.keras.layers.SeparableConv2D：支援二維卷積的、深度方向可分離的卷積函數。

參數 depth_multiplier 用於設定沿每個通道的深度方向進行卷積時輸出的通道數量。

7.2.4 什麼是 DropConnect 層

在深度神經網路中，DropConnect 與 Dropout 的作用都是防止模型產生過擬合的情況。相比之下，DropConnect 的效果會更好一些。

DropConnect 層與 Dropout 層不同的地方是：在訓練神經網路模型過程中，DropConnect 層不是對隱層節點的輸出進行隨機的捨棄，而是對隱層節點的輸入進行隨機的捨棄，如圖 7-7 所示。

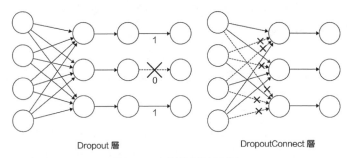

圖 7-7　空洞卷積的操作

7.2.5　模型的規模和訓練方式

EfficientNet 系列模型主要從兩個方面進行演化。

1.　模型結構的規模

在 EfficientNet 系列模型的後續版本中，隨著模型的規模越來越大，精度也越來越高。模型的規模主要是由寬度、深度、尺寸這 3 個維度的縮放參數決定的。每個版本的縮放參數見表 7-1。

表 7-1　每個 EfficientNet 版本的縮放參數和捨棄率

版本名稱	縮放參數 寬度	縮放參數 深度	縮放參數：尺寸（即影像 的寬度和高度，單位 px）	捨棄率（Dropout 層中的參數）
EfficientNet-B0	1	1	224×224	0.2
EfficientNet-B1	1	1.1	240×240	0.2
EfficientNet-B2	1.1	1.2	260×260	0.3
EfficientNet-B3	1.2	1.4	300×300	0.3
EfficientNet-B4	1.4	1.8	380×380	0.4
EfficientNet-B5	1.6	2.2	456×456	0.4
EfficientNet-B6	1.8	2.6	528×528	0.5
EfficientNet-B7	2.0	3.1	600×600	0.5
EfficientNet-B8	2.2	3.6	672×672	0.5
EfficientNet-L2	4.3	5.3	800×800	0.5

> 🔊 提示：
>
> EfficientNet 系列模型的 3 個維度並不是相互獨立的，如果輸入的圖片尺寸較大，
> 則需要用較深的網路來獲得更大的視野，用較多的通道來取得更精確的特徵。在
> EfficientNet 的論文中，也用公式介紹了三者之間的計算關係，參見 arXiv 網站上
> 編號為 "1906.11946" 的論文。

其中，Noisy Student 版本使用的是與 EfficientNet-L2 一樣規模的模型，只不
過訓練方式不同。

從表 7-1 中可以看到，隨著模型縮放參數的逐漸變大，其 Dropout 層的捨棄率
參數也在增大。這是因為：模型中的參數越多，模型的擬合效果越強，也越
容易產生過擬合。

為了避免過擬合問題，單靠增加 Dropout 層的捨棄率是不夠的，還需要借助訓
練方式的改進來提升模型的泛化能力。

2. 模型的訓練方式

EfficientNet 系列模型在 EfficientNet-B7 版本之前主要是透過調整縮放參數，
增大網路規模來提升精度。在 EfficientNet-B7 版本之後，主要是透過改進訓
練方式和增大網路規模這兩種方法並行來提升模型精度。主要的訓練方法如
下。

- 隨機資料增強：又叫作 Randaugment，是一種更高效的資料增強方法。該
  方法在 EfficientNet-B7 版本中使用。
- 用對抗樣本訓練模型：應用在 EfficientNet-B8 和 EfficientNet-L2 版本中，
  該版本又被叫作 AdvProp。
- 使用自訓練架構：應用在 Noisy Student 版本中。

其中，隨機資料增強可以直接取代原有訓練架構中的自動資料增強方法
AutoAugment；而 AdvProp 和 Noisy Student 則是使用新的訓練架構所完成的
訓練方法，這部分內容將在 7.2.7、7.2.8 節詳細介紹。

7.2.6 隨機資料增強（RandAugment）

隨機資料增強（RandAugment）是一種新的資料增強方法，比自動資料增強（AutoAugment）簡單又好用。

自動資料增強方法包含 30 多個參數，可以對圖片資料進行各種轉換（參見 arXiv 網站上編號為 "1805.09501" 的論文）。

隨機資料增強方法是在自動資料增強方法的基礎上，對 30 多個參數進行了策略級的最佳化管理，將這 30 多個參數簡化成 2 個參數：影像的 N 個轉換和每個轉換的強度 M。其中每次轉換的強度參數 M 設定值為 0～10 的整數，表示使原有圖片增強失真（augmentation distortion）的大小。

隨機資料增強方法以結果為導向，使資料增強過程更加「針對使用者」。在減少自動資料增強的運算消耗的同時，還使增強的效果變得可控（參見 arXiv 網站上編號為 "1909.13719" 的論文）。

7.2.7 用對抗樣本訓練的模型—— AdvProp

AdvProp 模型是一種使用對抗樣本進行訓練的模型。在實現時，使用獨立的輔助批次處理標準來處理對抗樣本，即使用額外的輔助 BN 操作單獨作用於對抗樣本。這種方法可以減少模型的過擬合問題。

對抗樣本是指：在影像上增加不可察覺的擾動，而產生的對抗樣本可能導致卷積神經網路做出錯誤的預測。

為了進一步提升模型精度，放大 EfficientNet-B7 版本的模型規模，並用對抗樣本進行訓練，於是便推出了 EfficientNet-B8 版本，該版本也被叫作 AdvProp 模型。

AdvProp 模型在不需要增加額外的訓練資料情況下，用對抗樣本進行訓練，在 ImageNet 資料集上獲得了 85.5％的 Top 1 精度。

1. AdvProp 模型中的對抗樣本演算法

在 AdvProp 模型的訓練過程中，使用了 3 種對抗樣本的產生演算法，分別為 PGD、I-FGSM 和 GD。

- PGD：投影梯度下降（project gradient descent）攻擊是一種疊代攻擊，即帶有多次疊代的 FGSM——K-FGSM（K 表示疊代的次數）。FGSM 是僅做一次疊代，走一大步；而 PGD 是做多次疊代，每次走一小步，每次疊代都會將擾動投影到規定範圍內。在訓練過程中，將 PGD 的擾動等級分為 0～4，產生擾動的疊代次數 n 按照「擾動等級+1」進行計算。攻擊的步進值固定為 1（參見 arXiv 網站上編號為 "1706.06083" 的論文）。
- I-FGSM：在 PGD 的基礎上，將隨機初始化的步驟去掉，直接基於原始樣本做擾動。同時將擾動等級設為 4，疊代次數設為 5，攻擊步進值設為 1。這種方式產生的對抗樣本針對性更強，但泛化攻擊的能力較弱。
- GD：在 PGD 基礎之上，將投影環節去掉，不再對擾動大小進行限制，直接將擾動等級設為 4，疊代次數設為 5，攻擊步進值設為 1。這種方式產生的對抗樣本更為寬鬆，但有可能失真更大（對原有樣本的分佈空間改變更大）。

在模型規模較小時，FGSM 的效果更好；在模型規模較大時，GD 的效果更好。

2. AdvProp 模型中的關鍵技術

用對抗樣本進行訓練的方法並不是絕對有效的，因為普通樣本和對抗樣本之間的分佈是不符合的，在訓練過程中有可能會改變模型所適應的樣本空間。一旦模型適應了對抗樣本的分佈，則在真實樣本中便無法取得很好的效果，進一步導致模型的精度下降。表 7-2 中比較了多種訓練方式。

表 7-2 多種訓練方式比較

訓練方式	模型的精度			
	ResNet-50	ResNet-101	ResNet-152	ResNet-200
普通方式	76.7	78.3	79.0	79.3
對抗樣本方式	−3.2	−1.8	−2.0	−1.4
AdvProp 方式	+0.4	+0.6	+0.8	+0.8

表 7-2 顯示了使用對抗樣本和對抗樣本在 ResNet 模型上訓練的效果。可以看到，直接使用對抗樣本訓練方式使模型的精度下降了，而 AdvProp 訓練方式可以使模型的精度有所提升。

在使用 AdvProp 方式訓練時，將產生的對抗樣本與真實的樣本做了區分，使用了兩個獨立的 BN 分別處理，使模型在歸一化層上能夠正確分解對抗樣本和真實樣本這兩個分佈，在反向傳播過程中能夠有針對性地對權重進行最佳化。AdvProp 訓練方式使模型既能夠使用對抗樣本進行訓練，又不會因為對抗樣本的不真實性而降低效能。實際步驟如下：

（1）在訓練時，取出一個批次的原資料。

（2）用該批次的原資料攻擊網路，產生對應的對抗樣本。

（3）將該批次原資料和對抗樣本一起輸入網路，其中，批次原資料登錄主 BN 介面進行處理，對抗樣本輸入輔助 BN 介面進行處理。而網路中的其他層同時處理二者的聯合資料。

（4）在計算損失時，對批次原資料和對抗樣本的損失分別進行計算。再將它們加和，將其結果作為整體損失值進行疊代最佳化。

（5）在測試時，將所有的輔助 BN 介面捨棄，只保留主 BN 介面以驗證模型效能。

有關 AdvProp 的更多內容請參見 arXiv 網站上編號為 "1911.09665" 的論文。

7.2.8 用自訓練架構訓練的模型——Noisy Studet

Noisy Student 模型是目前圖片分類界精度最高的模型之一。該模型在訓練過程中使用了自訓練架構。自訓練架構的工作原理可以分解為以下步驟：

（1）用正常方法在帶有標記的資料集（ImageNet）上訓練一個模型，將其作為教師模型。

（2）利用該教師模型對一些未標記過的圖片進行分類，並將分類分數大於指定設定值（0.3）的樣本收集起來作為偽標記資料集。

（3）在標記和偽標記混合資料集上重新訓練一個學生模型。

（4）將訓練好的學生模型作為教師模型，重複第（2）步和第（3）步進行多次疊代，最後獲得的學生模型便是目標模型。

◀)) 提示：

在 Noisy Student 模型的訓練細節上也用了一些技巧，實際如下：

- 第（2）步可以直接用模型輸出的分數結果當作資料集的標籤（軟標籤），這種效果會比直接使用 one-hot 編碼的標記（硬標籤）效果更好。
- 在訓練學生模型時，增加更多的噪音源（使用了如資料增強、Dropout 層、隨機深度等方法），使得模型的訓練難度加大。用這種方法訓練出來的學生模型更加穩定，能夠產生品質更高的偽標記資料集。
- 在制作偽標籤資料集時，可以按照每個分類相同的數量分析偽標籤資料（實際做法是：從每個類別中挑選具有最高信任度的 13 萬張圖片，對於不足 13 萬張的類別則隨機再複製一些），這樣做可以確保樣本是均衡的。
- 引用了一個修復訓練測試解析度差異的技術來訓練學生模型：首先用小解析度圖片（小尺寸圖片）正常訓練 350 個週期，然後對沒有進行資料增強的大解析度圖片（大尺寸圖片）進行微調（參見 arXiv 網站上編號為 "1906.06423"的論文）。

Noisy Student 模型的精度不依賴訓練過程的批次大小，可以根據實際記憶體進行調節。

Noisy Student 模型的自訓練架構具有一定的通用性。在實際應用時，對於大模型，無標記資料集上的批次是有標記資料集上的批次的 3 倍；對於小模型，則使用相同的批次。該方法對 EfficientNet 系列模型的各個版本都能帶來 0.8%左右的效能提升。

有關 Noisy Student 模型的更多詳細內容請參見 arXiv 網站上編號為 "1911.04252" 的論文。

7.2.9 主流卷積模型的通用結構——單調設計

無論是由人類專家設計的卷積模型，還是由機器搜尋獲得的卷積模型，它們的架構都有一個相同點——其架構都可以分為普通模組和精簡模組（reduction block）。

卷積模型的實際架構設計步驟如下。

（1）在每個階段開始時插入一個精簡模組。

（2）反覆堆疊普通模組。

（3）以步驟（1）和步驟（2）為單元進行多次重複堆疊。

在設計卷積模型時，每個階段的精簡模組的實現方式可能各不相同；每個階段的普通模組堆疊數量也可能各不相同。這種設計模式被叫作單調設計，如圖 7-8 所示。

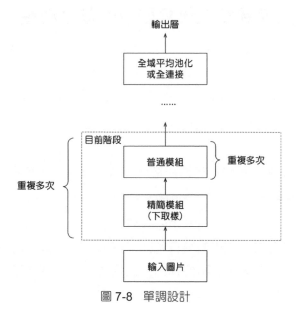

圖 7-8　單調設計

建議讀者完全了解這種單調設計的思維，它對於掌握已有的網路結構和學習新的網路結構都會有很大幫助。

7.2.10　什麼是物件辨識中的上取樣與下取樣

接觸過視覺模型原始程式的讀者會發現，在類似 NasNet、Inception Vx、ResNet 這種模型的程式中會經常出現上取樣（upsampling）與下取樣（downsampling）這樣的函數。它們的意義是什麼呢？這裡來解釋一下。

上取樣與下取樣是指對圖片的縮放操作：

▪ 上取樣是將圖片放大。

▪ 下取樣是將圖片縮小。

上取樣與下取樣操作並不能給圖片帶來更多的資訊，但是會對圖片的品質產生影響。在深度卷積網路模型的運算中，透過上取樣與下取樣操作可實現本層資料與上下層的維度比對。

在模型以外用上取樣或下取樣直接對圖片操作時，常會使用一些特定的演算法，以最佳化縮放後的圖片品質。

7.2.11 用八度卷積取代模型中的普通卷積

八度卷積（octave convolution）是一種以高低解析度交換卷積特徵為基礎的卷積方法，可用於增大模型的感受範圍，進一步加強模型的識別能力。該卷積方法能夠解決在傳統 CNN 模型中普遍存在的空間容錯問題，提升模型效率。其中，octave 一詞表示「八音階」或「八度」（在音樂裡，降 8 個音階表示頻率減半）。

7.2.9 節介紹過主流卷積模型的通用結構。八度卷積主要針對每個單元中的卷積結構進行了最佳化。

在八度卷積中，將每個處理環節中的資料流程改成了高解析度和低解析度兩個部分，並在初始和結束環節進行特殊處理，將高、低分辨率部分的結果融合成一部分，使其與普通卷積的輸出形狀相同。在八度卷積結構中，共有以下 3 種類型的模組。

- 初始模組：對輸入資料先進行卷積，再進行下取樣操作。卷積的結果可作為高解析度特徵，下取樣的結果可作為低解析度特徵。
- 普通模組：根據輸入的高、低解析度特徵，按照指定的通道比例分別進行處理，獲得 f_h、f_l；對 f_l 進行上取樣並將結果與 f_h 融合，輸出最後的高解析度特徵（f_h_output）；然後對 f_h 下取樣並將結果與 f_l 融合，輸出最後的低解析度特徵（f_l_output）。
- 結尾模組：直接將高解析度特徵下取樣與低解析度特徵融合，輸出最後的卷積結果。

在實作方式時，這 3 種模組可以歸納成一種結構，並統一由參數 a 進行調節，如圖 7-9 所示。

圖 7-9　八度卷積的結構

圖 7-9 中的參數 a_{out} 代表輸出結果中低解析度的百分比；c_{out} 代表卷積操作中輸出的通道數。在初始模組中，只以高解析度資料（低解析度的通道數為 0）作為輸入，並按照指定的參數 a 來分配高、低解析度特徵的輸出通道數量。

在結尾模組中，不再對高解析度特徵下取樣，而直接將其卷積後的結果與低解析度特徵卷積後的結果進行融合。

📢 提示：

下取樣的實現方式並沒有使用步進值為 2 的卷積操作，而是用平均池化完成的。這麼做的原因是：

對於使用步進值為 2 的卷積操作所得到的下取樣特徵，在進行上取樣（低頻到高頻）時，會出現中心偏移的錯位情況（misalignment）。如果在此結果之上繼續進行特徵圖融合，則會造成特徵無法對齊，進而影響效能。所以，最後選擇用平均池化來進行下取樣。

對於八度卷積而言，對低解析度特徵進行卷積，實際上增大了模型的感受範圍。相對於普通的卷積操作，八度卷積幾乎相等於將感受範圍擴大為原來的兩倍，這可以進一步幫助八度卷積層捕捉遠距離的上下文資訊，進一步提升效能。

經過實驗，利用八度卷積的結構來代替任意模型（例如 ResNet、ResNeXt、MobileNet，以及 SE-Net 等）中的傳統卷積，會對效能和精度有很大的提升。（參見 arXiv 網站上編號為 "1904. 05049" 的論文。）

在 GitHub 網站搜尋 TensorFlow_octConv，即可檢視在 ResNet 模型中用八度卷積改造過的原始程式碼，裡面有八度卷積的相關基礎模組。

7.2.12 實例 35：用 EfficientNet 模型識別影像

使用 EfficientNet 模型的方式與 7.1 節使用 ResNet50 的方式幾乎一樣。不同的
是，在 TensorFlow 2.1 版本中還沒有整合 EfficientNet 模型（在 2.1 的後續版
本中可以找到 EfficientNet 模型）。不過可以透過安裝第三方函數庫的方式對
EfficientNet 模型進行載入，安裝指令如下：

```
pip install keras_efficientnets
```

keras_efficientnets 函數庫是 Keras 架構的第三方函數庫，所以還需要安裝
Keras 架構才能執行它。撰寫程式的方式與 7.1 節 ResNet50 的使用方式完全一
致。讀者可以參考本書書附程式中的程式檔案「7-2 用 EfficientNet 模型識別
影像.py」。

🌐 7.3 實例 36：在估算器架構中用 tf.keras 介面訓練 ResNet 模型，識別圖片中是橘子還是蘋果

tf.keras 介面中的預訓練模型不僅可以直接拿來使用，還可以微調，產生適合
自訂分類的模型。尤其在樣本數不足的情況下，使用預訓練模型做遷移訓
練，是一種非常快速的解決方案。

本實例以 ResNet50 模型為例，使用估算器架構中的 train_and_evaluate() 方
法，遷移訓練，使模型能夠區分蘋果和橘子。

7.3.1 樣本準備

該實例的樣本是各種各樣的橘子和蘋果的圖片。樣本下載網址參見本書書附
程式中的「程式 7-3 資料集位址.txt」。

將樣本下載後，放到本機程式的同級目錄下即可。該樣本的結構與 4.7 節實例
中樣本的結構幾乎一樣。

在樣本處理環節，可以直接重用 4.7 節資料集部分的程式：

（1）將 4.7 節資料集部分的程式複製到本機。

（2）修改資料集路徑，使其指向本機的橘子和蘋果資料集。

執行程式後可以看到輸出的結果，如圖 7-10 所示。

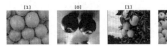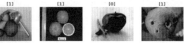

圖 7-10　橘子和蘋果樣本

7.3.2　程式實現：準備訓練與測試資料集

將 4.7 節的實例中的程式檔案「4-10　將圖片檔案製作成 Dataset 資料集.py」複製到本機程式的同級目錄下，修改其中的圖片歸一化函數_norm_image，實際程式如下：

■ 程式 7-3　用 ResNet 識別橘子和蘋果

```
01 def _norm_image(image,size,ch=1,flattenflag = False):    #定義函數，實現資料歸
   一化處理
02     image_decoded = image/127.5-1
03     if flattenflag==True:
04         image_decoded = tf.reshape(image_decoded, [size[0]*size[1]*ch])
05     return image_decoded
```

7.3.3　程式實現：製作模型輸入函數

製作模型的輸入函數，並進行測試。實際程式如下：

■ 程式 7-3　用 ResNet 識別橘子和蘋果（續）

```
06 from tensorflow.keras.preprocessing import image
07 from tensorflow.keras.applications.resnet50 import ResNet50
08 from tensorflow.keras.applications.resnet50 import preprocess_input,
   decode_predictions
09
10 size = [224,224]            #圖片尺寸
11 batchsize = 10              #批次大小
12
13 sample_dir=r"./apple2orange/train"
14 testsample_dir = r"./apple2orange/test"
```

```
15
16  traindataset = dataset(sample_dir,size,batchsize)  #訓練集
17  testdataset = dataset(testsample_dir,size,batchsize,shuffleflag = False)
    #測試集
18
19  print(tf.compat.v1.data.get_output_types(traindataset))#列印資料集的輸出資訊
20  print(tf.compat.v1.data.get_output_shapes(traindataset))
21
22  def imgs_input_fn(dataset):
23      iterator = tf.compat.v1.data.make_one_shot_iterator(dataset)
    #產生一個疊代器
24      one_element = iterator.get_next()            #從 iterator 裡取一個元素
25      return one_element
26
27  next_batch_train = imgs_input_fn(traindataset)  #從 traindataset 裡取一個元素
28  next_batch_test = imgs_input_fn(testdataset)    #從 testdataset 裡取一個元素
29      if flattenflag==True:
30  with tf.compat.v1.Session() as sess:            #建立階段（session）
31      sess.run(tf.compat.v1.global_variables_initializer())   #初始化
32      try:
33          for step in np.arange(1):
34              value = sess.run(next_batch_train)
35              showimg(step,value[1],np.asarray(
36                          (value[0]+1)*127.5,np.uint8),10)    #顯示圖片
37      except tf.errors.OutOfRangeError:                       #捕捉異常
38          print("Done!!!")
```

程式第 30 行是用階段（session）對輸入函數進行測試的。執行後，如果看到如圖 7-10 所示的效果，則表示輸入函數正確。

7.3.4 程式實現：架設 ResNet 模型

架設 ResNet 模型的步驟如下：

（1）手動將預訓練模型檔案"resnet50_weights_tf_dim_ordering_tf_kernels_notop.h5" 下載到本機（也可以採用 7.1 節的方法——在程式即時執行透過設定讓其自動從網上下載）。

（2）用 tf.keras 介面載入 ResNet50 模型，並將其作為一個網路層。

（3）用 tf.keras.models 類別在 ResNet50 模型後增加兩個全連接網路層。

（4）用啟動函數 Sigmoid 對模型最後一層的結果進行處理，得出最後的分類
結果：是橘子還是蘋果。

實際程式如下：

■ 程式 7-3 用 ResNet 識別橘子和蘋果（續）

```
39 img_size = (224, 224, 3)
40 inputs = tf.keras.Input(shape=img_size)
41 conv_base = ResNet50(weights='resnet50_weights_tf_dim_ordering_tf_
   kernels_notop.h5',input_tensor=inputs,input_shape = img_size,
   include_top=False)                        #建立 ResNet
42
43 model = tf.keras.models.Sequential()          #建立整個模型
44 model.add(conv_base)
45 model.add(tf.keras.layers.Flatten())
46 model.add(tf.keras.layers.Dense(256, activation='relu'))
47 model.add(tf.keras.layers.Dense(1, activation='sigmoid'))
48 conv_base.trainable = False                 #不訓練 ResNet 的權重
49 model.summary()
50 model.compile(loss='binary_crossentropy',    #建置反向傳播
51                optimizer=tf.keras.optimizers.RMSprop(lr=2e-5),
52                metrics=['acc'])
```

程式第 48 行，將 ResNet50 模型（conv_base）的權重設為不可訓練，以固定
ResNet50 模型的權重，讓其只輸出圖片的特徵結果，並用該特徵結果去訓練
後面的兩個全連接層。

7.3.5 程式實現：訓練分類器模型

訓練分類器模型的步驟如下：

（1）用 tf.keras.estimator.model_to_estimator()方法建立估算器模型 est_app2org。
（2）用 train_and_evaluate()方法對估算器模型 est_app2org 進行訓練。

實際程式如下。

■ 程式 7-3 用 ResNet 識別橘子和蘋果（續）

```
53 model_dir ="./models/app2org"
54 os.makedirs(model_dir, exist_ok=True)
55 print("model_dir: ",model_dir)
```

```
56 est_app2org = tf.keras.estimator.model_to_estimator(keras_model=model,
   model_dir=model_dir)
57 import time
58 start_time = time.time()
59 with tf.compat.v1.Session() as sess1:      # 訓練模型，建立階段（session）
60     sess1.run(tf.compat.v1.global_variables_initializer())   #初始化
61     train__=sess1.run(next_batch_train)
62     eval__=sess1.run(next_batch_test)
63     train_spec = tf.estimator.TrainSpec(input_fn=lambda:
   train__,max_steps=500)
64     eval_spec = tf.estimator.EvalSpec(input_fn=lambda: eval__)
65     tf.estimator.train_and_evaluate(est_app2org, train_spec, eval_spec)
66 print("--- %s seconds ---" % (time.time() - start_time))
```

程式第 63 行，指定了疊代訓練的次數是 500 次。還可以透過增大訓練次數的方式來加強模型的精度。如果要縮短訓練時間，則可以運用 3.4 節的知識在多台機器上進行分佈訓練。

程式執行後，在本機路徑 "models\app2org" 下產生了檢查點檔案。該檔案是最後的結果。

7.3.6 執行程式：評估模型

評估模型的程式實現部分與 3.2 節幾乎一樣，只是需要將 estimator.train()方法取代成 tf.estimator.train_and_evaluate()方法即可。

實際程式如下。

■ 程式 7-3 用 ResNet 識別橘子和蘋果（續）

```
67 img = value[0]                      #準備評估資料
68 lab = value[1]
69
70 pre_input_fn = tf.compat.v1.estimator.inputs.numpy_input_fn
   (img,batch_size=10,shuffle=False)
71 predict_results = est_app2org.predict( input_fn=pre_input_fn)#評估輸入的圖片
72
73 predict_logits = []              #處理評估結果
74 for prediction in predict_results:
75     print(prediction)
76     predict_logits.append(prediction['dense_1'][0])
```

```
77 #視覺化結果
78 predict_is_org = [int(np.round(logit)) for logit in predict_logits]
79 actual_is_org = [int(np.round(label[0]))  for label in lab]
80 showimg(step,value[1],np.asarray( (value[0]+1)*127.5,np.uint8),10)
81 print("Predict :",predict_is_org)
82 print("Actual  :",actual_is_org)
```

程式第 67、68 行，將陣列 value 分成圖片和標籤作為待輸入的樣本資料。陣列 value 是透過程式第 34 行從輸入函數中取出的。

在實際應用中，第 67、68 行的程式還需要被換成真正的待測資料。程式執行後可以看到評估結果，如圖 7-11 所示。

     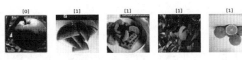

圖 7-11 模型的評估結果

輸出的預測結果與真實值如下：

```
Predict: [0, 1, 1, 1, 0, 1, 1, 1, 1, 0]
Actual: [0, 1, 1, 1, 0, 1, 1, 1, 1, 1]
```

7.3.7 擴充：全連接網路的最佳化

要想獲得更高的精度，除增加訓練次數外，還可以使用以下最佳化方案：

- 在模型最後兩層全連接網路中，加入 Dropout 層和正規化處理方法，使模型具有更好的泛化能力。
- 將模型最後兩層全連接的網路結構改成「一層全尺度卷積與一層 1×1 卷積組合」的結構。
- 在資料集處理部分，對圖片做更多的增強轉換。

有興趣的讀者可以自行嘗試。

7.3.8 在微調過程中如何選取預訓練模型

在微調過程中，選取預訓練模型也是有講究的，應根據不同的應用場景來定。建議按照以下規則進行選取。

- 單獨使用的預訓練模型：如果樣本數充足，則可以首選精度最高的模型；如果樣本數不足，則可以使用 ResNet 模型。
- 嵌入模型中的預訓練模型：需要根據模型的功能來定。
- 如果模型的輸入尺寸是固定的，則優先選擇 ResNet 模型。
- 如果模型的輸入尺寸是不固定的，則使用類似 VGG 模型的這種支援輸入變長尺寸的模型。

🔊 提示：

在實際工作中，以上建議還應根據實際的網路特徵來定。例如在 YOLO V3 模型（一個知名的物件辨識模型）中就用 Darknet-53 模型作為嵌入層，而非 ResNet 模型（見 7.5 節）。

- 在嵌入式上執行的預訓練模型：優先選擇 TensorFlow 中提供的修改後的模型。

ResNet 模型在 ImageNet 資料集上輸出的特徵向量所表現的泛化能力是最強的，實際可以參考 arXiv 網站上編號為 "1805.08974" 的論文。

另外，微調模型只是適用於樣本不足或運算資源不足的情況下。如果樣本不足，則模型微調後的精度與泛化能力會略低於原有的預訓練模型；如果樣本充足，最好還是使用精度最高的模型從頭開始訓練。因為：在樣本充足情況下，能在 ImageNet 資料集上表現出高精度的模型，在自訂資料集上也同樣可以。

🌐 7.4 以圖片內容為基礎的處理任務

以圖片內容為基礎的處理任務，主要包含物件辨識、圖片分割兩大任務。二者的特點比較如下：

- 物件辨識任務的精度相對較粗，主要是以矩形框的方式，找出圖片中目標物體所在的座標。該模型運算量相對較小，速度相對較快。
- 圖片分割任務的精度相對較細，主要是以像素點集合的方式，找出圖片中目標物體邊緣的實際像素點。該模型運算量相對較大，速度相對較慢。

在實際應用中，應根據硬體的條件、精度的要求、執行速度的要求等因素來權衡該使用哪種模型。

7.4.1　了解物件辨識任務

物件辨識任務是視覺處理中的常見任務。該任務要求模型能檢測出圖片中特定的物體目標，並獲得這個目標的類別資訊和位置資訊。

在物件辨識任務中，模型的輸出是一個清單，列表的每一項用一個資料組列出檢出目標的類別和位置（常用矩形檢測框的座標表示）。

實現物件辨識任務的模型，大概可以分為以下兩種。

- 單階段（1-stage）檢測模型：直接從圖片獲得預測結果，也被稱為 Region-free 模型。相關的模型有 YOLO、SSD、RetinaNet 等。
- 兩階段（2-stage）檢測模型：先檢測包含實物的區域，再對該區域內的實物進行分類識別。相關的模型有 R-CNN、Faster R-CNN 等。

在實際工作中，兩階段檢測模型在位置框方面表現出的精度更高一些，而單階段檢測模型在分類方面表現出的精度更高一些。

7.4.2　了解圖片分割任務

圖片分割是對圖中的每個像素點進行分類，適用於對像素了解要求較高的場景（舉例來說，在無人駕駛中對道路和非道路進行分割）。

圖片分割包含語義分割（semantic segmentation）和實例分割（instance segmentation）。

- 語義分割：將圖片中具有不同語義的部分分開。
- 實例分割：描述出目標的輪廓（比檢測框更為精細）。

物件辨識、語義分割、實例分割三者的關係如圖 7-12 所示。

在圖 7-12 中，3 個子圖的意義如下：

- 圖 7-12（a）是物件辨識的結果，該任務是在原圖上找到目標物體的矩形框。

- 圖 7-12（b）是語義分割的結果，該任務是在原圖上找到目標物體所在的像素點。例如 Mask R-CNN 模型。
- 圖 7-12（c）是實例分割的結果，該任務在語義分割的基礎上還要識別出單一的實際個體。

（a）物件辨識　　　　（b）語義分割　　　　（c）實例分割

圖 7-12　圖片分割任務

圖片分割任務需要對圖片內容進行更高精度的識別，這一種任務大都採用兩階段（2-stage）檢測模型來實現。

7.4.3 什麼是非極大值抑制（NMS）演算法

在物件辨識任務中，通常模型會從一張圖片中檢測出很多個結果，其中很有可能會包含重複物體（中心和大小略有不同）。為了能夠保留檢測結果的唯一性，需要使用非極大值抑制（non-max suppression，NMS）演算法對檢測的結果進行去重。

非極大值抑制演算法的過程很簡單：

（1）從所有的檢測框中找到可靠度較大（可靠度大於某個設定值）的那個框。

（2）逐一計算其與剩餘框的區域面積的重合度（intersection over union，IOU）。

（3）按照 IOU 設定值進行過濾。如果 IOU 大於一定設定值（重合度過高），
　　　則將該框剔除。

（4）對剩餘的檢測框重複上述過程，直到處理完所有的檢測框。

在整個過程中，用到的可靠度設定值與 IOU 設定值需要提前指定。在
TensorFlow 中，直接呼叫 tf.image.non_max_suppression 函數即可實現。

7.4.4　了解 Mask R-CNN 模型

Mask R-CNN 模型屬於兩階段（2-stage）檢測模型，即該模型會先檢測包含實
物的區域，再對該區域內的實物進行分類識別。

1.　檢測實物區域的步驟

實際步驟如下：

（1）按照演算法將一張圖片分成多個子框。這些子框被叫作錨點，錨點是不
　　　同尺度的矩形框，彼此間存在部分重疊。

（2）在圖片中為實際的實物標記位置座標（所屬的位置區域）。

（3）根據實物標記的位置座標與錨點區域的面積重合度（intersection over
　　　union，IOU）計算出哪些錨點屬於前景、哪些錨點屬於背景（重合度高
　　　的就是前景，重合度低的就是背景，重合度一般的就忽略掉）。

（4）根據第（3）步結果中屬於前景的錨點座標和第（2）步結果中實物標記
　　　的位置座標，計算出二者的相對位移和長寬的縮放比例。

最後檢測區域中的任務會被轉化成對一堆錨點框的分類（前景和背景）和回
歸任務（偏移和縮放）。如圖 7-13 所示，會將每張圖片的標記資訊轉化為與
錨點對應的標籤，讓模型對已有的錨點進行訓練或識別。

在 Mask R-CNN 模型中，擔當區域檢測功能的網路被稱作 RPN（region
proposal network）。

在實際處理過程中，會從 RPN 的輸出結果中選取前景機率較高的一定數量錨
點作為有興趣區（region of interest，ROI），送到第 2 階段的網路中進行計
算。

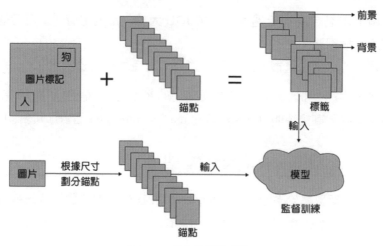

圖 7-13 區域檢測圖例

2. Mask R-CNN 模型的完整步驟

Mask R-CNN 模型可以拆分成以下 5 個子步驟。

（1）分析主特徵：這部分的模型又被叫作骨幹網路。它用來從圖片中分析出一些不同尺度的重要特徵，通常用於一些預訓練好的網路（如 VGG 模型、Inception 模型、Resnet 模型等）。這些獲得的特徵資料被稱作 Feature Map。

（2）特徵融合：用特徵金字塔網路（feature pyramid network，FPN）整合骨幹網路中不同尺度的特徵。最後的特徵資訊用於後面的 RPN 網路和最後的分類器網路。

（3）分析有興趣區：主要透過 RPN 來實現。該網路的作用是，先在許多錨點中計算出前景和背景的預測值，並算出以錨點為基礎的偏移，然後對前景機率較大的有興趣區用 NMS 演算法去重，並從最後結果中取出指定個數的 ROI 用於後續網路的計算。

（4）ROI 池化：用 ROI 對齊（ROI Align）的方式進行。將第（2）步的結果當作圖片，按照 ROI 中的區域框位置從圖中取出對應的內容，並將形狀統一成指定大小，用於後面的計算。

（5）最後檢測：先將第（4）步的結果輸入依次送入分類器網路（classifier）進行分類與邊框座標的計算；再將帶有精確邊框座標的分類結果一起送

到檢測器網路（detectioner）進行二次去重（過濾掉類別分數較小且重複度高於指定設定值的 ROI），以實現實物矩形檢測功能；最後將前面檢測器的結果與第（2）步結果一起送入隱藏檢測器（Mask_Detectioner）進行實物像素分割。

完整的架構如圖 7-14 所示。

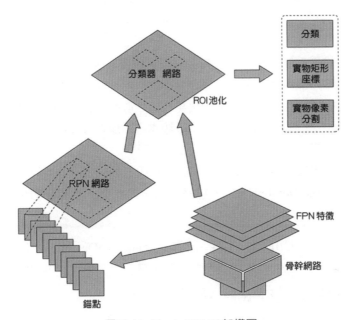

圖 7-14 Mask-RCNN 架構圖

7.4.5 了解 Anchor-Free 模型

目前在物件辨識模型中，無論是單階段檢測模型（如 RetinaNet、SSD、YOLO V3），還是兩階段檢測模型（如 Faster R-CNN），大都依賴預先定義的錨框（Anchor boxes）進行實現。

透過預先定義 Anchor boxes 的方式所實現的模型被叫作 Anchor 模型。相反，沒有使用預先定義 Anchor boxes 的方式所實現的模型被叫作 Anchor-Free 模型。

Anchor-Free 模型在傳統的物件辨識模型基礎上去掉了預先定義的錨框，避免了與錨框相關的複雜計算，使其在訓練過程中不再需要使用非極大值抑制演算法（NMS）。另外該模型還減少了訓練記憶體，也不再需要設定所有與錨框相關的超參數。

目前主流的 Anchor-Free 模型有 FCOS 模型、CornerNet-Lite 模型、Fovea 模型、CenterNet 模型、DuBox 模型等。這些模型的想法大致相同，只是在實際的處理細節上略有差別。它們的效果優於以錨框為基礎的單階段檢測模型。

> ◀)) 提示：
>
> YOLO 的 V1 模型是較早的 Anchor-Free 模型，該模型在預測邊界框的過程中，使用了逐像素回歸策略，即針對每個指定像素中心點進行邊框的預測。該方法的缺點是預測出的邊框偏少，只能預測出目標物體中心點附近的點的邊界框。也正是為了改善這個問題，在 YOLO 的 V2、V3 版本中才加入 Anchor 策略。

衡量物件辨識最重要的兩個效能是精度（mAP）和速度（FPS），目前效果最好的模型是 Matrix Net（xNet），它是一個矩陣網路，具有參數少、效果好、訓練快、顯示記憶體佔用低等特點。

在 GitHub 網站的 VCBE123 專案裡搜尋 AnchorFreeDetection，即可找到所有的 Anchor-Free 模型的連結。該連結對應的網頁中列出了所有的 Anchor-Free 模型名稱，以及該模型所對應的論文，如圖 7-15 所示。

Paper list

- |**CornerNet**|CornerNet: Keypoint Triplets for Object Detection |[**arXiv' 18**]| [pdf] |1808|
- |**ExtremeNet**|Bottom-up Object Detection by Grouping Extreme and Center Points|[**arXiv' 19**]|| [pdf] |1901|
- |**CornerNet-Lite**| CornerNet-Lite: Efficient Keypoint Based Object Detection |[**arXiv' 19**]|| [pdf] |1904|
- ||Segmentations is All You Need |[**arXiv' 19**]|| [pdf] |1904|
- |**FCOS**| FCOS: Fully Convolutional One-Stage Object Detection|[**arXiv' 19**]|| [pdf] |1904|
- |**Fovea**|FoveaBox: Beyond Anchor-based Object Detector|[**arXiv' 19**]|| [pdf] |1904|
- |**CenterNet^1**| Objects as Points|[**arXiv' 19**]|| [pdf] |1904|
- |**CenterNet^2**|CenterNet: Keypoint Triplets for Object Detection|[**arXiv' 19**]|| [pdf] |1904|
- |**DuBox**|DuBox: No-Prior Box Objection Detection via Residual Dual Scale Detectors|[**arXiv' 19**]|| [pdf] |1904|
- |**RepPoints**|RepPoints: Point Set Representation for Object Detection|[**arXiv' 19**]|| [pdf] |1904|
- |**FSAF**|Feature Selective Anchor-Free Module for Single-Shot Object Detection|[**arXiv' 19**]| [pdf] |1903|
- |**Matrix Nets**|Matrix Nets: A New Deep Architecture for Object Detection|[**arXiv'19**]|| [pdf] |1908|

圖 7-15 Anchor-Free 模型整理

7.4.6 了解 FCOS 模型

FCOS 模型的思維與 YOLO V1 模型十分類似，都是在 FPN（特徵金字塔）層基礎上實現的，即：先是一個骨幹網路（resnet101 或 resneXt），再接一個FPN 層，最後在模型的輸出部分產生一堆特徵圖，如圖 7-16 所示。

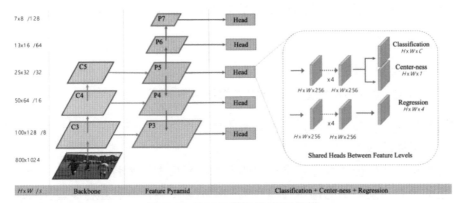

圖 7-16 FCOS 模型的 FPN 結構

FCOS 模型與 YOLO V1 模型唯一不同的是：FCOS 模型並沒有只考慮中心附近的點，而是利用 Ground Truth 邊框（樣本中的標記邊框）中所有的點來預測邊框。實際如下：

（1）將原圖上的每個點分別製作成標籤。

（2）如果某個點落在 Ground Truth 邊框中，則它會被當作正樣本拿來訓練。

（3）一張圖片樣本中的目標會被製作成兩個標籤，分類標籤形狀為[H,W,C]（C 代表類別個數），座標標籤形狀為[H,W,4]（4 代表點的座標）。

（4）在計算損失部分，除對分類的損失、座標的損失進行計算外，還會對center-ness（中心度）的損失進行計算。

（5）在對分類的損失計算上，用 focal 損失的計算方法（見 7.4.7 節）解決了正負樣本的分佈不均衡的問題。

（6）計算 center-ness（中心度）損失，使得距離 Ground Truth 邊框中心點越近的值越接近於 1，否則就越接近於 0。

（7）在輸出預測邊框時，使用 NMS 演算法根據 center-ness 的值對低品質（距離目標中心較遠的）邊框進行抑制。這種做法改善了 YOLO V1 模型總會漏掉部分檢測邊框的缺點。

有關 FCOS 模型的更多詳細內容請參見 arXiv 網站上編號為 "1904.01355" 的
論文。

7.4.7 了解 focal 損失

focal 損失是對交叉熵損失演算法的最佳化，用於解決由於樣本不均衡而影響
模型訓練效果的問題。

1. 樣本不均衡的情況

訓練過程中的樣本不均衡主要分為以下兩種情況。

- 正負樣本不均衡：由於正向和負向的比例不均，導致模型比例較大的樣本
  資料更為敏感。
- 難易樣本不均衡：大量特徵相似的樣本（易樣本）會將少量具有同樣分類
  但卻具有不同特徵的樣本（難樣本）淹沒，使得模型將難樣本當作雜訊處
  理，而無法進行正確識別。

focal 損失在原有的交叉熵演算法中加了一個權重，透過該權重來調節樣本不
均衡對模型的 loss 值所帶來的影響。

2. focal 損失的演算法原理

學習 focal 損失演算法，要從交叉熵開始。以二分類為例，交叉熵的公式見式
（7.1）：

$$\mathrm{CE}(p, y) = \begin{cases} -\log(p) & , \quad p = 1 \\ -\log(1-p), & p \neq 1 \end{cases} \qquad (7.1)$$

在式（7.1）中，p 代表模型輸出的機率；y 代表期待模型輸出的目標標籤。為
了便於表示，將式（7.1）中等號兩邊的 $-\log$ 去掉，可以獲得式（7.2）：

$$p_t = \begin{cases} p & , \quad p = 1 \\ 1-p, & p \neq 1 \end{cases} \qquad (7.2)$$

在式（7.2）中，p_t 代表去掉 $-\log$ 的交叉熵 $CE(p, y)$。將式（7.2）代入式
（7.1）中，獲得式（7.3）：

$$CE(p, y) = CE(p_t) = -\log(p_t) \qquad (7.3)$$

為交叉熵加一個權重，來平衡負樣本過多對正樣本產生的影響，見式（7.4）：

$$FL(p_t) = -\alpha_t \log(p_t) \qquad (7.4)$$

式（7.4）中，FL代表 focal 損失，權重因數 α_t 一般為相反類別的比例。這樣負樣本越多，它的權重就越小，就可以降低負樣本的影響。

解決難易樣本不均衡問題可以使用式（7.5）：

$$FL(p_t) = -(1 - p_t)^{\gamma} \log(p_t) \qquad (7.5)$$

其中，γ 的值一般為 0~5。對於 p_t 較大的易樣本，其權重會減小。對於 p_t 較小的難樣本，其權重比較大。且這個權重是動態變化的，如果難樣本逐漸變得好分，則它的影響也會逐漸下降。

將式（7.4）和（7.5）合併起來，對式（7.3）的交叉熵增加權重因數 α_t 來平衡負樣本影響；再按照式（7.5）的方式對交叉熵增加難易樣本均衡處理。focal 損失最後的公式見式（7.6）：

$$FL(p_t) = -\alpha_t (1 - p_t)^{\gamma} \log(p_t) \qquad (7.6)$$

這樣，focal 損失既解決了正負樣本不平衡的問題，也解決了難易樣本不平衡的問題。

在實際應用中，focal 損失配合啟動函數 Sigmoid 會有很好的效果，但其中的參數 α_t、γ 的值還需要額外的微調才可以獲得最佳的效果。

3. focal 損失的應用

在單階段檢測模型中，由於存在大量的負樣本（屬於背景的樣本），所以影響了模型訓練過程中導梯度的更新方向，導致 Anchor-Free 類別模型學不到有用的資訊，無法對目標進行準確分類。

focal 損失的出現，使得 Anchor-Free 類別模型的實現變成可能。focal 損失在 FCOS、CenterNet 等模型中都被廣泛應用。

7.4.8 了解 CornerNet 與 CornerNet-Lite 模型

CornerNet 模型的原理是：先檢測邊框的兩個拐角（左上角和右下角），然後將這兩個拐角組成一組，形成最後的檢測邊框。CornerNet 模型需要複雜的後處理過程，將相同實例的拐角分組。為了學習如何分組，則需要學習一個額外的用於分組的距離 metric。

有關 CornerNet 模型的更多詳細內容請參見 arXiv 網站上編號為 "1808.01244" 的論文。

CornerNet-Lite 模型是 CornerNet 模型的升級版本。該模型使用注意力機制來避免窮舉處理影像的所有像素，同時又使用了更緊湊的模型架構。它在不犧牲準確性的情況下加強了效率，改進了即時效率的準確性。

CornerNet-Lite 模型骨幹網路使用的是沙漏模型（見 7.4.9 節），沙漏模型由 3 個沙漏模組組成，深度為 54 層，即 Hourglass-54。（參見 arXiv 網站上編號為"1904.08900" 的論文。）

7.4.9 了解沙漏（Hourglass）網路模型

CenterNet 模型中使用沙漏（Hourglass）網路模型來進行圖片特徵的分析。沙漏網路模型（Hourglass）原本是用來估計人體姿態的，它擅長捕捉圖片中各個關鍵點的空間位置資訊，如圖 7-17 所示。

圖 7-17 沙漏模型在人體姿態估計任務中的使用

沙漏網路模型出自密西根大學的研究團隊。該模型中使用了自頂向下（top-down）到自底向上（bottom-up）的結構，該結構的形狀很像沙漏，所以被叫作沙漏模型，參見 arXiv 網站上編號為 "1603.06937" 的論文。

沙漏網路模型中的沙漏結構是透過全卷積實現的，這種沙漏結構被叫作堆疊式沙漏（stacked hourglass）網路模組。完整的沙漏網路模型是由多個沙漏結構的堆疊式沙漏網路模組堆疊而成的，如圖 7-18 所示。

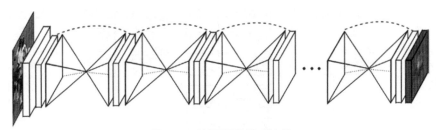

圖 7-18　沙漏網路模型結構

1.　堆疊式沙漏網路模組

堆疊式沙漏網路模組可以被當作一個獨立的單元。

單一堆疊式沙漏網路模組則是由多個「下取樣到上取樣」的處理結構巢狀結構而成的。以一個兩層巢狀結構的堆疊式沙漏網路模組為例，其內部結構如圖 7-19 所示。

如圖 7-19 所示，堆疊式沙漏網路模組中的操作可以分為 6 個步驟：

（1）輸入資料分為兩個分支進行處理，一個進行下取樣，另一個對原尺度進行處理。

（2）下取樣分支在處理完之後還會進行上取樣。應保持整個堆疊式沙漏網路模組的輸入/輸出尺寸不變。

（3）將每次上取樣後獲得的結果與原尺度的資料相加。上取樣有很多種方式，包含最近鄰內插法、雙線性內插法，以及反卷積的方式。

（4）在兩次下取樣之間使用 3 個殘差層進行分析特徵。

（5）在兩次相加之間使用 1 個殘差層進行分析特徵。

（6）根據需要檢測的關鍵點數量來決定最後的輸出。

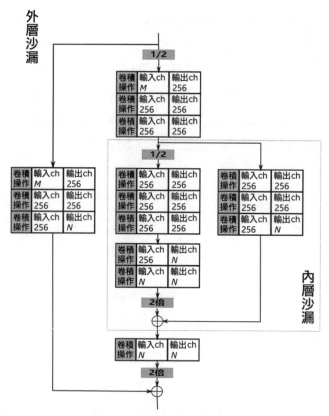

圖 7-19 堆疊式沙漏網路模組

7.4.10 了解 CenterNet 模型

CenterNet 模型採用關鍵點估計的方法來找到目標中心點,然後在中心點位置回歸出目標的一些屬性,例如:尺寸、3D 位置、方向,甚至姿態,參見 arXiv 網站上編號為 "1904.07850" 的論文。

CenterNet 模型將物件辨識問題變成了標準的關鍵點估計問題。在實作方式中,將影像傳入骨幹網路(可以是沙漏網路模型 Hourglass、殘差網路模型 ResNet、帶多級跳躍連接的影像分類網路模型 DLA),獲得一個特徵圖,並將特徵圖矩陣中的元素作為檢測目標的中心點,以該中心點預測目標為基礎的寬、高和分類資訊。該模型不僅用於物件辨識,還可根據不同的任務,在每個中心點輸出 3D 邊框檢測任務和人姿態估計任務所需的結果:

- 對於 3D 邊框檢測任務，可以透過回歸方式算出目標的深度資訊、3D 框的尺寸、目標朝向。
- 對於人姿態估計任務，將關節（2D joint）位置當作中心點的偏移量進行預測，透過回歸方式算出這些偏移量的值。

在訓練階段，CenterNet 模型會將目標物體的中心點座標、目標尺寸和分類索引作為訓練標籤，採用高斯核心函數和 focal 損失的交叉熵計算方式來進行關鍵點的 loss 值計算。在物件辨識任務中，還增加了對尺寸和偏移值的 L1 損失計算，一起完成 CenterNet 模型的有監督訓練。

◀》 提示：

還有 CornerNet 模型的改進版。該模型在 CornerNet 模型基礎上，增加了一個關鍵點來探索候選框內中間區域（接近幾何中心的位置）的資訊。

這種做法解決了 CornerNet 的限制缺陷——缺乏對物體全域資訊的識別處理。在 CornerNet 模型中，用待識別物體的兩個角來表示物體的邊框，這種方法雖然可以很容易地計算出待識別物體的邊界框資訊，但是很難確定哪兩個關鍵點屬於同一個物體，所以經常導致模型產生一些錯誤的邊框，參見 arXiv 網站上編號為 "1904.08189" 的論文。

🌐 7.5 實例 37：用 YOLO V3 模型識別門牌號

本節將使用 YOLO V3 模型來完成一個物件辨識任務——識別門牌號。

7.5.1 模型任務與樣本介紹

本實例是在動態圖架構中用 tf.keras 介面來實現的。資料集使用的是 SVHN（street view house numbers，街道門牌號碼）資料集。載入預訓練好的模型，並在其基礎上進行二次訓練。

SVHN 資料集是史丹佛大學發佈的真實圖像資料集。該資料集的作用和 MNIST 資料集的作用差不多，在影像演算法領域經常使用它。實際下載網址見本書書附程式中的「門牌號資料集連接.txt」。

在物件辨識任務中，光有圖片是不夠的，還需要有標記資訊。例如 COCO 資料集中的每張圖片都有對應的標記資訊。在本書的書附程式裡，也為每張 SVHN 圖片提供了對應的標記檔案（本書書附程式中提供的樣本不多，只是為了示範），其格式與對應關係如圖 7-20 所示。

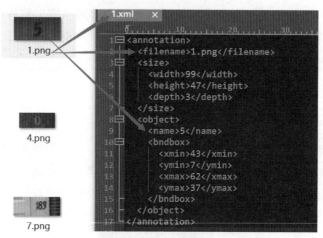

圖 7-20 樣本與標記

如圖 7-20 所示，每張圖片對應一個與其名稱相同的 XML 檔案。該 XML 檔案裡放置了圖片的尺寸資料（高、寬），以及內容（例如圖中的數字 5）對應的位置座標。

7.5.2 程式實現：讀取樣本資料並製作標籤

本節分為兩步驟實現：讀取樣本與製作標籤。

1. 讀取樣本

讀取原始樣本資料的程式是在程式檔案 "7-4 annotation.py" 中實現的。該程式主要透過 parse_annotation 函數解析 XML 檔案，並傳回圖片與內容的對應關係。舉例來說，其傳回值為：

```
G:/python3/8-20  yolov3numbers\data\img\9.png    #圖片檔案路徑
[[27  8 39 26]                                    #圖片的座標、高、寬
 [40  5 53 23]
 [52  7 67 25]]
[1, 4, 4]                                         #圖片中的數字
```

該檔案中的程式功能單一，可以直接被當作工具使用，不需要過多研究。

2. 製作標籤

該步驟是將原始資料轉為 YOLO V3 模型需要的標籤格式。YOLO V3 模型中
的標籤格式是與其內部結構相關的，實際描述如下：

- YOLO V3 模型的標籤由 3 個矩陣組成。
- 3 個矩陣的高、寬分別與 YOLO V3 模型的 3 對輸出尺度相同。
- 每種尺度的矩陣對應 3 個候選框。
- 矩陣在高、寬維度上的每個點被稱為格子。
- 在每個格子中有 3 個同樣的結構，對應格子所在矩陣的 3 個候選框。
- 每個結構中的內容都是候選框資訊。

每個候選框資訊的內容包含中心點座標、高（相對候選框的縮放值）、寬
（相對候選框的縮放值）、屬於該分類的機率、該分類的 one-hot 編碼。

整體結構如圖 7-21 所示。

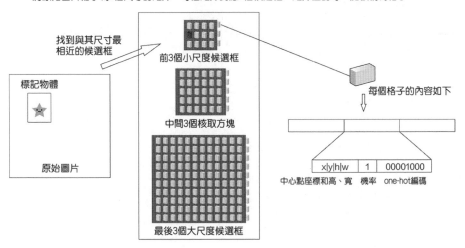

圖 7-21　製作 YOLO V3 的樣本標籤

從圖 7-21 中的結構可以看出，3 個不同尺度的矩陣分別儲存原始圖片中不同
大小的標記物體。矩陣中的格子可以視為原圖中對應區域的對映。

實作方式見程式檔案 "7-5 generator.py" 中的 BatchGenerator 類別。其步驟如下：

（1）根據原始圖片，建置 3 個矩陣當作放置標籤的容器（見圖 7-21 中間的 3 個方塊），並向這 3 個矩陣填充 0 作為初值。見程式第 67 行的 _create_empty_xy 函數。

（2）根據標記中物體的高、寬尺寸，在候選框中找到最接近的框。見程式第 96 行的 _find_match_anchor 函數。

（3）根據 _find_match_anchor 函數傳回的候選框索引定位對應的矩陣。呼叫函數 _encode_box，計算物體在該矩陣上的中心點位置，以及本身尺寸相對於該候選框的縮放比例。見程式第 57 行。

（4）呼叫 _assign_box 函數，根據最接近的候選框索引定位到格子裡的實際結構，並將步驟（3）算出來的值與分類資訊填入。見程式第 58 行。

完整程式如下。

■ 程式 7-5 generator

```
01 import numpy as np
02 from random import shuffle
03 annotation = __import__("程式7-4 annotation ")
04 parse_annotation = annotation.parse_annotation
05 ImgAugment= annotation.ImgAugment
06 box = __import__("程式7-6 box")
07 find_match_box = box.find_match_box
08 DOWNSAMPLE_RATIO = 32
09
10 class BatchGenerator(object):
11     def __init__(self, ann_fnames, img_dir,labels,
12                 batch_size, anchors,  net_size=416,
13                 jitter=True, shuffle=True):
14         self.ann_fnames = ann_fnames
15         self.img_dir = img_dir
16         self.lable_names = labels
17         self._net_size = net_size
18         self.jitter = jitter
19         self.anchors = create_anchor_boxes(anchors) #按照候選框尺寸產生座標
20         self.batch_size = batch_size
21         self.shuffle = shuffle
22         self.steps_per_epoch = int(len(ann_fnames) / batch_size)
```

```
23          self._epoch = 0
24          self._end_epoch = False
25          self._index = 0
26
27      def next_batch(self):
28          xs,ys_1,ys_2,ys_3 = [],[],[],[]
29          for _ in range(self.batch_size):#按照指定的批次取得樣本資料，並做成標籤
30              x, y1, y2, y3 = self._get()
31              xs.append(x)
32              ys_1.append(y1)
33              ys_2.append(y2)
34              ys_3.append(y3)
35          if self._end_epoch == True:
36              if self.shuffle:
37                  shuffle(self.ann_fnames)
38              self._end_epoch = False
39              self._epoch += 1
40          return np.array(xs).astype(np.float32), np.array(ys_1).astype
   (np.float32), np.array(ys_2).astype(np.float32), np.array
   (ys_3).astype(np.float32)
41
42      def _get(self):        #取得一筆樣本資料並做成標籤
43          net_size = self._net_size
44          #解析標記檔案
45          fname, boxes, coded_labels = parse_annotation(self.ann_fnames
   [self._index], self.img_dir, self.lable_names)
46
47          #讀取圖片，並按照設定修改圖片的尺寸
48          img_augmenter = ImgAugment(net_size, net_size, self.jitter)
49          img, boxes_ = img_augmenter.imread(fname, boxes)
50
51          #產生 3 種尺度的格子
52          list_ys = _create_empty_xy(net_size, len(self.lable_names))
53          for original_box, label in zip(boxes_, coded_labels):
54              #在 anchors 中，找到與其面積區域最符合的候選框 max_anchor、對應的尺度
   索引、該尺度下的第幾個錨點
55              max_anchor, scale_index, box_index =
   _find_match_anchor(original_box, self.anchors)
56              #計算在對應尺度上的中心點座標，以及對應候選框的長寬縮放比例
57              _coded_box = _encode_box(list_ys[scale_index], original_box,
   max_anchor, net_size, net_size)
58              _assign_box(list_ys[scale_index], box_index, _coded_box, label)
59
60          self._index += 1
```

```
61              if self._index == len(self.ann_fnames):
62                  self._index = 0
63                  self._end_epoch = True
64              return img/255., list_ys[2], list_ys[1], list_ys[0]
65
66 #初始化標籤
67 def _create_empty_xy(net_size, n_classes, n_boxes=3):
68      #獲得最小矩陣格子
69      base_grid_h, base_grid_w = net_size//DOWNSAMPLE_RATIO, net_size//
   DOWNSAMPLE_RATIO
70      #初始化 3 種不同尺度的矩陣，用於儲存標籤
71      ys_1 = np.zeros((1*base_grid_h,  1*base_grid_w, n_boxes, 4+1+n_classes))
72      ys_2 = np.zeros((2*base_grid_h,  2*base_grid_w, n_boxes, 4+1+n_classes))
73      ys_3 = np.zeros((4*base_grid_h,  4*base_grid_w, n_boxes, 4+1+n_classes))
74      list_ys = [ys_3, ys_2, ys_1]
75      return list_ys
76
77 def _encode_box(yolo, original_box, anchor_box, net_w, net_h):
78      x1, y1, x2, y2 = original_box
79      _, _, anchor_w, anchor_h = anchor_box
80      #取出格子在高和寬方向上的個數
81      grid_h, grid_w = yolo.shape[:2]
82
83      #根據原始圖片到目前矩陣的縮放比例，計算目前矩陣中物體的中心點座標
84      center_x = .5*(x1 + x2)
85      center_x = center_x / float(net_w) * grid_w
86      center_y = .5*(y1 + y2)
87      center_y = center_y / float(net_h) * grid_h
88
89      #計算物體相對於候選框的尺寸縮放值
90      w = np.log(max((x2 - x1), 1) / float(anchor_w))
91      h = np.log(max((y2 - y1), 1) / float(anchor_h))
92      box = [center_x, center_y, w, h]#將中心點和縮放值包裝傳回
93      return box
94
95 #找到與物體尺寸最接近的候選框
96 def _find_match_anchor(box, anchor_boxes):
97      x1, y1, x2, y2 = box
98      shifted_box = np.array([0, 0, x2-x1, y2-y1])
99      max_index = find_match_box(shifted_box, anchor_boxes)
100     max_anchor = anchor_boxes[max_index]
101     scale_index = max_index // 3
102     box_index = max_index%3
103     return max_anchor, scale_index, box_index
```

```
104  #將實際的值放到標籤矩陣裡，作為真正的標籤
105  def _assign_box(yolo, box_index, box, label):
106      center_x, center_y, _, _ = box
107      #向下取整數，獲得的就是格子的索引
108      grid_x = int(np.floor(center_x))
109      grid_y = int(np.floor(center_y))
110      #填入所計算的數值，作為標籤
111      yolo[grid_y, grid_x, box_index]        = 0.
112      yolo[grid_y, grid_x, box_index, 0:4] = box
113      yolo[grid_y, grid_x, box_index, 4  ] = 1.
114      yolo[grid_y, grid_x, box_index, 5+label] = 1.
115
116  def create_anchor_boxes(anchors):  #將候選框變為 box
117      boxes = []
118      n_boxes = int(len(anchors)/2)
119      for i in range(n_boxes):
120          boxes.append(np.array([0, 0, anchors[2*i], anchors[2*i+1]]))
121      return np.array(boxes)
```

程式第 10 行定義了 BatchGenerator 類別，用來實現資料集的輸入功能。在實際使用時，可以用 BatchGenerator 類別的 next_batch()方法（見程式第 27 行）來取得一個批次的輸入樣本和標籤資料。

在 next_batch()方法中，用_get 函數讀取樣本和轉換標記（見程式第 30 行）。

程式第 90 行是計算物體相對於候選框的尺寸縮放值。程式解讀如下：

（1）"x2-x1" 代表計算該物體的寬度。

（2）在其外層又加了一個 max 函數，取 "x2 - x1" 和 1 中更大的那個值。

🔊 **提示**：

程式第 90 行中的 max 函數可以確保計算出的寬度值永遠大於 1，這樣可以增強程式的穩固性。

7.5.3 YOLO V3 模型的樣本與結構

YOLO V3 模型屬於監督式訓練模型。訓練該模型所使用的樣本需要包含兩部分的標記資訊：

■ 物體的位置座標（矩形框）。

■ 物體的所屬類別。

將樣本中的圖片作為輸入，將圖片上的物體類別及位置座標作為標籤，對模型進行訓練，最後獲得的模型會具有計算物體位置座標及識別物體類別的能力。

在 YOLO V3 模型中，主要透過以下兩部分來完成物體位置座標計算和分類預測。

■ 特徵分析部分：用於分析影像特徵。
■ 檢測部分：用於對分析的特徵進行處理，預測出影像的邊框座標（bounding box）和標籤（label）。

YOLO V3 模型的更多資訊請參見 arXiv 網站上編號為 "1804.02767" 的論文。

1. 特徵分析部分（Darknet-53 模型）

在 YOLO V3 模型中，用 Darknet-53 模型來分析特徵。該模型包含 52 個卷積層和 1 個全域平均池化層，如圖 7-22 所示。

	類型	卷積核心個數	大小	輸出
	Convolutional	32	3 × 3	256 × 256
	Convolutional	64	3 × 3 / 2	128 × 128
1×	Convolutional	32	1 × 1	①
	Convolutional	64	3 × 3	
	Residual			128 × 128
	Convolutional	128	3 × 3 / 2	64 × 64
2×	Convolutional	64	1 × 1	②
	Convolutional	128	3 × 3	
	Residual			64 × 64
	Convolutional	256	3 × 3 / 2	32 × 32
8×	Convolutional	128	1 × 1	③
	Convolutional	256	3 × 3	
	Residual			32 × 32
	Convolutional	512	3 × 3 / 2	16 × 16
8×	Convolutional	256	1 × 1	④
	Convolutional	512	3 × 3	
	Residual			16 × 16
	Convolutional	1024	3 × 3 / 2	8 × 8
4×	Convolutional	512	1 × 1	⑤
	Convolutional	1024	3 × 3	
	Residual			8 × 8
	Avgpool		Global	
	Connected		1000	
	Softmax			

圖 7-22 Darknet-53 模型的結構

在實際的使用中,沒有用最後的全域平均池化層,只用了 Darknet-53 模型中的第 52 層。

2. 檢測部分（YOLO V3 模型）

YOLO V3 模型的檢測部分所完成的步驟如下。

（1） 將 Darknet-53 模型分析到的特徵輸入檢測塊中進行處理。

（2） 在檢測塊處理後,產生具有 bbox attrs 單元的檢測結果。

（3） 根據 bbox attrs 單元檢測到的結果在原有的圖片上進行標記,完成檢測任務。

bbox attrs 單元的維度為 "5+C"。其中:

- 5 代表邊框座標為 5 維,包含中心座標（x,y）、長寬（h、w）、目標得分（可靠度）。

- C 代表實際分類的個數。

實際細節見下面的程式。

7.5.4 程式實現：用 tf.keras 介面建置 YOLO V3 模型並計算損失

用 tf.keras 介面建置 YOLO V3 模型,並計算模型的輸出結果與標籤（見 7.5.2 節）之間的 loss 值,訓練模型。

1. 建置 YOLO V3 模型

在本書的書附程式裡有程式檔案 "7-6 box.py",該檔案實現了 YOLO V3 模型中邊框處理相關的功能,可以被當作工具程式使用。

YOLO V3 模型分為 4 個程式檔案來完成,實際如下。

- 程式檔案 "7-7 darknet53.py"：實現 Darknet-53 模型的建置。
- 程式檔案 "7-8 yolohead.py"：實現 YOLO V3 模型多尺度特徵融合部分的建置。
- 程式檔案 "7-9 yolov3.py"：實現 YOLO V3 模型的建置。

■ 程式檔案 "7-10 weights.py"：實現載入 YOLO V3 的預訓練模型功能。

在程式檔案 "7-9 yolov3.py"中定義了 Yolonet 類別，用來實現 YOLO V3 模型的網路結構。Yolonet 類別在對原始圖片進行計算後，會輸出一個含有 3 個矩陣的清單，該清單的結構與 7.5.2 節中的標籤結構一致。

YOLO V3 模型的正向網路結構在 7.5.3 節已經介紹，這裡不再詳細説明。

2. 計算值

YOLO V3 模型的輸出結構與樣本標籤一致，都是一個含有 3 個矩陣的列表。在計算值時，需要先對這 3 個矩陣依次計算 loss 值，然後將每個矩陣的 loss 值結果相加再開平方獲得最後結果，見程式 7-11 中第 118 行的 loss_fn 函數。

定義函數 loss_fn，用來計算 loss 值（見程式 7-11 中第 118 行）。在函數 loss_fn 中，實際的計算步驟如下：

（1） 檢查 YOLO V3 模型的預測清單與樣本標籤清單（如圖 7-21 的中間部分所示，清單中一共有 3 個矩陣）。

（2） 從兩個列表（預測列表和標籤列表）中取出對應的矩陣。

（3） 將取出的矩陣和對應的候選框一起傳入 lossCalculator 函數中進行 loss 值計算。

（4） 重複第（2）步和第（3）步，依次對列表中的每個矩陣進行 loss 值計算。

（5） 將每個矩陣的 loss 值結果相加，再開平方，獲得最後結果。

實際程式如下。

■ 程式 7-11 yololoss

```
01 import tensorflow as tf
02
03 def _create_mesh_xy(batch_size, grid_h, grid_w, n_box):  #產生帶序號的網格
04     mesh_x = tf.cast(tf.reshape(tf.tile(tf.range(grid_w), [grid_h]),
   (1, grid_h, grid_w, 1, 1)),tf.float)
05     mesh_y = tf.transpose(mesh_x, (0,2,1,3,4))
06     mesh_xy = tf.tile(tf.concat([mesh_x,mesh_y],-1), [batch_size, 1, 1,
   n_box, 1])
07     return mesh_xy
08
```

```
09 def adjust_pred_tensor(y_pred):#將網格資訊融入座標，可靠度做 Sigmoid 運算，並重
       新組合
10     grid_offset = _create_mesh_xy(*y_pred.shape[:4])
11     pred_xy    = grid_offset + tf.sigmoid(y_pred[..., :2]) #計算該尺度矩陣
   上的座標
12     pred_wh    = y_pred[..., 2:4]              #取出預測物體的尺寸 t_wh
13     pred_conf  = tf.sigmoid(y_pred[..., 4])#對分類機率（可靠度）做 Sigmoid 轉換
14     pred_classes = y_pred[..., 5:]            #取出分類結果
15     #重新組合
16     preds = tf.concat([pred_xy, pred_wh, tf.expand_dims(pred_conf,
   axis=-1), pred_classes], axis=-1)
17     return preds
18
19 #產生一個矩陣，每個格子裡放有 3 個候選框
20 def _create_mesh_anchor(anchors, batch_size, grid_h, grid_w, n_box):
21     mesh_anchor = tf.tile(anchors, [batch_size*grid_h*grid_w])
22     mesh_anchor = tf.reshape(mesh_anchor, [batch_size, grid_h, grid_w,
   n_box, 2])            #每個候選框有兩個值
23     mesh_anchor = tf.cast(mesh_anchor, tf.float32)
24     return mesh_anchor
25
26 def conf_delta_tensor(y_true, y_pred, anchors, ignore_thresh):
27
28     pred_box_xy, pred_box_wh, pred_box_conf = y_pred[..., :2], y_pred[...,
   2:4], y_pred[..., 4]
29     #建立帶有候選框的格子矩陣
30     anchor_grid = _create_mesh_anchor(anchors, *y_pred.shape[:4])
31     true_wh = y_true[:,:,:,:,2:4]
32     true_wh = anchor_grid * tf.exp(true_wh)
33     true_wh = true_wh * tf.expand_dims(y_true[:,:,:,:,4], 4)#還原真實尺寸
34     anchors_ = tf.constant(anchors, dtype='float',
   shape=[1,1,1,y_pred.shape[3],2])            #y_pred.shape[3]是候選框個數
35     true_xy = y_true[..., 0:2]                #取得中心點
36     true_wh_half = true_wh / 2.
37     true_mins    = true_xy - true_wh_half #計算起始座標
38     true_maxes   = true_xy + true_wh_half #計算尾部座標
39
40     pred_xy = pred_box_xy
41     pred_wh = tf.exp(pred_box_wh) * anchors_
42
43     pred_wh_half = pred_wh / 2.
44     pred_mins    = pred_xy - pred_wh_half #計算起始座標
45     pred_maxes   = pred_xy + pred_wh_half #計算尾部座標
46
```

```
47      intersect_mins   = tf.maximum(pred_mins,  true_mins)
48      intersect_maxes  = tf.minimum(pred_maxes, true_maxes)
49
50      #計算重疊面積
51      intersect_wh     = tf.maximum(intersect_maxes - intersect_mins, 0.)
52      intersect_areas  = intersect_wh[..., 0] * intersect_wh[..., 1]
53
54      true_areas = true_wh[..., 0] * true_wh[..., 1]
55      pred_areas = pred_wh[..., 0] * pred_wh[..., 1]
56      #計算不重疊面積
57      union_areas = pred_areas + true_areas - intersect_areas
58      best_ious   = tf.truediv(intersect_areas, union_areas) #計算 IOU
59      #如果 IOU 小於設定值，則將其作為負向的 loss 值
60      conf_delta = pred_box_conf * tf.cast(best_ious < ignore_thresh,
   tf.float)
61      return conf_delta
62
63  def wh_scale_tensor(true_box_wh, anchors, image_size):
64      image_size_  = tf.reshape(tf.cast(image_size, tf.float32), [1,1,1,1,2])
65      anchors_ = tf.constant(anchors, dtype='float', shape=[1,1,1,3,2])
66
67      #計算高和寬的縮放範圍
68      wh_scale = tf.exp(true_box_wh) * anchors_ / image_size_
69      #物體尺寸佔整個圖片的面積比
70      wh_scale = tf.expand_dims(2 - wh_scale[..., 0] * wh_scale[..., 1],
   axis=4)
71      return wh_scale
72
73  def loss_coord_tensor(object_mask, pred_box, true_box, wh_scale,
   xywh_scale): #計算以位置為基礎的損失值：將 box 的差與縮放比相乘，所得的結果再進行平
   方和運算
74      xy_delta   = object_mask  * (pred_box-true_box) * wh_scale *
   xywh_scale
75
76      loss_xy   = tf.reduce_sum(tf.square(xy_delta), list(range(1,5)))
77      return loss_xy
78
79  def loss_conf_tensor(object_mask, pred_box_conf, true_box_conf, obj_scale,
   noobj_scale, conf_delta):
80      object_mask_ = tf.squeeze(object_mask, axis=-1)
81      #計算可靠度 loss 值
82      conf_delta = object_mask_ * (pred_box_conf-true_box_conf) *
   obj_scale + (1-object_mask_) * conf_delta * noobj_scale
83      #按照 1、2、3 (候選框) 精簡求和，0 為批次
```

```
84     loss_conf   = tf.reduce_sum(tf.square(conf_delta),
   list(range(1,4)))
85     return loss_conf
86
87 #分類損失直接用交叉熵
88 def loss_class_tensor(object_mask, pred_box_class, true_box_class,
   class_scale):
89     true_box_class_ = tf.cast(true_box_class, tf.int64)
90     class_delta = object_mask * \
91
   tf.expand_dims(tf.nn.softmax_cross_entropy_with_logits_v2
   (labels=true_box_class_, logits=pred_box_class), 4) * \
92                   class_scale
93
94     loss_class = tf.reduce_sum(class_delta, list(range(1,5)))
95     return loss_class
96
97 ignore_thresh=0.5    #小於該設定值的box，被認為沒有物體
98 grid_scale=1         #每個不同矩陣的總loss值縮放參數
99 obj_scale=5          #有物體的loss值縮放參數
100 noobj_scale=1        #沒有物體的loss值縮放參數
101 xywh_scale=1         #座標loss值縮放參數
102 class_scale=1        #分類loss值縮放參數
103
104 def lossCalculator(y_true, y_pred, anchors,image_size):
105     y_pred = tf.reshape(y_pred, y_true.shape)          #統一形狀
106
107     object_mask = tf.expand_dims(y_true[..., 4], 4) #取可靠度
108     preds = adjust_pred_tensor(y_pred)   #將box與可靠度數值變化後重新組合
109     conf_delta = conf_delta_tensor(y_true, preds, anchors, ignore_thresh)
110     wh_scale =  wh_scale_tensor(y_true[..., 2:4], anchors, image_size)
111
112     loss_box = loss_coord_tensor(object_mask, preds[..., :4], y_true
   [..., :4], wh_scale, xywh_scale)
113     loss_conf = loss_conf_tensor(object_mask, preds[..., 4], y_true[...,
   4], obj_scale, noobj_scale, conf_delta)
114     loss_class = loss_class_tensor(object_mask, preds[..., 5:],
   y_true[..., 5:], class_scale)
115     loss = loss_box + loss_conf + loss_class
116     return loss*grid_scale
117
118 def loss_fn(list_y_trues, list_y_preds,anchors,image_size):
119     inputanchors = [anchors[12:],anchors[6:12],anchors[:6]]
```

```
120      losses = [lossCalculator(list_y_trues[i], list_y_preds[i],
   inputanchors[i],image_size) for i in range(len(list_y_trues)) ]
121      return tf.sqrt(tf.reduce_sum(losses)) #將 3 個矩陣的 loss 值相加再開平方
```

程式第 104 行,lossCalculator 函數用於計算預測結果中每個矩陣的 loss 值。
lossCalculator 函數內部的計算步驟如下。

(1) 定義隱藏變數 object_mask:透過取得樣本標籤中的可靠度值(有物體為
   1,沒物體為 0)來標識有物體和沒有物體的兩種情況(見程式第 107
   行)。

(2) 用 loss_coord_tensor 函數計算位置損失:計算標籤位置與預測位置相差
   的平方。

(3) 用 loss_conf_tensor 函數計算可靠度損失:分別在有物體和沒有物體的情
   況下,計算標籤與預測可靠度的差,並將二者的和進行平方。

(4) 用 loss_class_tensor 函數計算分類損失:計算標籤分類與預測分類的交叉
   熵。

(5) 將步驟(2)、(3)、(4)的結果加總,作為該矩陣的最後損失傳回。

其中,在求其他的損失時只對有物體的情況進行計算。

程式第 112 行,在用 loss_coord_tensor 函數計算位置損失時傳入了一個縮放值
wh_scale。該值代表標籤中的物體尺寸在整個圖片上的面積百分比。

wh_scale 值是在函數 wh_scale_tensor 中計算的(見程式第 68 行)。實際步驟
如下。

(1) 對標籤尺寸 true_box_wh 做 tf.exp(true_box_wh) * anchors_ 計算(anchors_
   為候選框的尺寸),獲得了該物體的真實尺寸(該計算正好是 7.5.2 節程
   式第 90、91 行的逆運算)。

(2) 用物體的真實尺寸除以 image_size_(image_size_ 是圖片的真實尺寸),
   獲得物體在整個圖上的面積百分比。

在函數 loss_conf_tensor 中計算可靠度損失是在程式第 82 行實現的,該程式解
讀如下。

▪ 前半部分:object_mask_ * (pred_box_conf-true_box_conf) * obj_scale 是有
   物體情況下可靠度的 loss 值。

- 後半部分：(1-object_mask_) * conf_delta * noobj_scale 是沒有物體情況下可靠度的 loss 值。執行完 "1-object_mask_" 操作後，矩陣中沒有物體的可靠度欄位都會變為 1，而 conf_delta 是由 conf_delta_tensor 得來的。在 conf_delta_tensor 中，先計算真實與預測框（box）的重合度（IOU），再透過設定值來控制是否需要計算。如果低於設定值，則將其可靠度納入沒有物體情況的 loss 值中來計算。

程式第 97～102 行，定義了訓練中不同 loss 值的百分比參數。這裡將 obj_scale 設為 5，是讓模型對有物體情況的可靠度準確性偏大一些。在實際訓練中，還可以根據實際的樣本情況適當調整該值。

7.5.5 程式實現：訓練模型

在訓練過程中，需要使用候選框和預訓練檔案。其中，候選框來自 COCO 資料集聚類後的結果。下面介紹實際細節。

1. 取得預訓練檔案

下載預訓練模型檔案 yolov3.weights，並儲存到本機（實際下載網址見隨書書附程式中的 "yolov3.weights" 檔案）。

yolov3.weights 是在 COCO 資料集上訓練好的 YOLO V3 模型檔案。該檔案是二進位格式的。在檔案中，前 5 個 int32 值是標題資訊，包含以下 4 部分內容：

- 主要版本編號（佔 1 個 int32 空間）。
- 次要版本編號（佔 1 個 int32 空間）。
- 子版本編號（佔 1 個 int32 空間）。
- 訓練圖片個數（佔 2 個 int32 空間）。

在標題資訊之後，便是網路的權重。

2. 建立類別資訊，載入資料集

因為樣本中的分類全部是數字，所以手動建立一個 0~9 的分類資訊，見程式第 27 行。接著用 BatchGenerator 類別產生實體一個物件 generator，作為資料集。實際程式如下。

■ 程式 7-12 mainyolo

```
01 import os
02 import tensorflow as tf
03 import glob
04 from tqdm import tqdm
05 import cv2
06 import matplotlib.pyplot as plt
07
08 generator = __import__("程式 7-5  generator")
09 BatchGenerator = generator.BatchGenerator
10 box = __import__("程式 7-6  box")
11 draw_boxes = box.draw_boxes
12 yolov3 = __import__("程式 7-9  yolov3")
13 Yolonet = yolov3.Yolonet
14 yololoss = __import__("程式 7-11  yololoss")
15 loss_fn = yololoss.loss_fn
16
17
18
19 PROJECT_ROOT = os.path.dirname(__file__) #取得目前的目錄
20 print(PROJECT_ROOT)
21
22 #定義 COCO 錨點的候選框
23 COCO_ANCHORS = [10,13, 16,30, 33,23, 30,61, 62,45, 59,119, 116,90,
   156,198, 373,326]
24 #定義預訓練模型的路徑
25 YOLOV3_WEIGHTS = os.path.join(PROJECT_ROOT, "yolov3.weights")
26 #定義分類
27 LABELS = ['0',"1", "2", "3",'4','5','6','7','8', "9"]
28
29 #定義樣本路徑
30 ann_dir = os.path.join(PROJECT_ROOT,  "data", "ann", "*.xml")
31 img_dir = os.path.join(PROJECT_ROOT,  "data", "img")
32
33 train_ann_fnames = glob.glob(ann_dir) #取得該路徑下的 XML 檔案
34
35 imgsize =416      #定義輸入圖片大小
36 batch_size =2    #定義批次
37 #製作資料集
38 generator = BatchGenerator(train_ann_fnames,img_dir,
39                           net_size=imgsize,
40                           anchors=COCO_ANCHORS,
```

```
41                           batch_size=2,
42                           labels=LABELS,
43                           jitter = False)  #隨機變化尺寸,資料增強
```

程式第 35 行,定義圖片的輸入尺寸為 416pixel×416pixel。這個值必須大於 COCO_ANCHORS 中的最大候選框,否則候選框沒有意義。

由於使用了 COCO 資料集的候選框,所以在選擇輸入尺寸時,儘量也使用與在 COCO 資料集上訓練的 YOLO V3 模型一致的輸入尺寸。這樣會有相對較好的訓練效果。

🔊 提示:

在實例中,直接用 COCO 資料集的候選框作為模型的候選框,這裡這麼做只是為了示範方便。在實際訓練中,為了獲得更好的精度,建議用訓練資料集聚類後的結果作為模型的候選框。

---

3. 定義模型及訓練參數

定義兩個循環處理函數:

■ _loop_validation 函數用於循環所有資料集,進行模型的驗證。

■ _loop_train 函數用於對全部的訓練資料集進行訓練。

為了示範方便,這裡只用一個資料集,既做驗證用,也做訓練用。實際程式如下:

■ 程式 7-12 mainyolo(續)

```
44 learning_rate = 1e-4         #定義學習率
45 num_epoches =85              #定義疊代次數
46 save_dir = "./model"         #定義模型路徑
47
48 #循環整個資料集,進行 loss 值驗證
49 def _loop_validation(model, generator):
50     n_steps = generator.steps_per_epoch
51     loss_value = 0
52     for _ in range(n_steps):   #按批次循環取得資料,並計算 loss 值
53         xs, yolo_1, yolo_2, yolo_3 = generator.next_batch()
54         xs=tf.convert_to_tensor(value = xs)
```

```
55          yolo_1=tf.convert_to_tensor(value = yolo_1)
56          yolo_2=tf.convert_to_tensor(value = yolo_2)
57          yolo_3=tf.convert_to_tensor(value = yolo_3)
58          ys = [yolo_1, yolo_2, yolo_3]
59          ys_ = model(xs )
60          loss_value += loss_fn(ys, ys_,anchors=COCO_ANCHORS,
61              image_size=[imgsize, imgsize] )
62      loss_value /= generator.steps_per_epoch
63      return loss_value
64
65  #循環整個資料集，進行模型訓練
66  def _loop_train(model,optimizer, generator,grad):
67      n_steps = generator.steps_per_epoch
68      for _ in tqdm(range(n_steps)): #按批次循環取得資料，並進行訓練
69          xs, yolo_1, yolo_2, yolo_3 = generator.next_batch()
70          xs=tf.convert_to_tensor(value = xs)
71          yolo_1=tf.convert_to_tensor(value = yolo_1)
72          yolo_2=tf.convert_to_tensor(value = yolo_2)
73          yolo_3=tf.convert_to_tensor(value = yolo_3)
74          ys = [yolo_1, yolo_2, yolo_3]
75          optimizer.apply_gradients(zip(grad(yolo_v3,xs, ys) ,
76                                      yolo_v3.variables))
77  if not os.path.exists(save_dir):
78      os.makedirs(save_dir)
79  save_fname = os.path.join(save_dir, "weights")
80
81  yolo_v3 = Yolonet(n_classes=len(LABELS))  #產生實體 YOLO 模型的類別物件
82  #載入預訓練模型
83  yolo_v3.load_darknet_params(YOLOV3_WEIGHTS, skip_detect_layer=True)
84
85  #定義最佳化器
86  optimizer = tf.compat.v1.train.AdamOptimizer(learning_rate=learning_rate)
87
88  #定義函數以計算 loss 值
89  def _grad_fn(yolo_v3, images_tensor, list_y_trues):
90      with tf.GradientTape() as tape:
91          logits = yolo_v3(images_tensor)
92          loss = loss_fn(list_y_trues, logits,anchors=COCO_ANCHORS,
93              image_size=[imgsize, imgsize])
94      return tape.gradient(target=loss,sources=yolo_v3.variables)
95  grad = _grad_fn   #獲得計算梯度的函數
```

程式第 77~95 行，實現了在動態圖裡建立梯度函數、最佳化器及 YOLO V3 模型的操作。

3. 啟用循環訓練模型

按照指定的疊代次數循環，並用 history 列表接收測試的 Loss 值，將 Loss 值最小的模型儲存起來。實際程式如下：

■ 程式 7-12　mainyolo（續）

```
96  history = []
97  for i in range(num_epoches):
98      _loop_train( yolo_v3,optimizer, generator,grad)        #訓練
99
100     loss_value = _loop_validation(yolo_v3, generator)      #驗證
101     print("{}-th loss = {}".format(i, loss_value))
102
103     #收集 loss 值
104     history.append(loss_value)
105     if loss_value == min(history):    #只有在 loss 值創新低時才儲存模型
106         print("  update weight {}".format(loss_value))
107         yolo_v3.save_weights("{}.h5".format(save_fname))
```

程式執行後，輸出以下結果：

```
100%|███████████████████| 16/16 [00:23<00:00,  1.46s/it]
0-th loss = 16.659032821655273
    update weight 16.659032821655273
...
100%|███████████████████| 16/16 [00:22<00:00,  1.42s/it]
81-th loss = 0.8185760378837585
    update weight 0.8185760378837585
100%|███████████████████| 16/16 [00:22<00:00,  1.42s/it]
...
85-th loss = 0.9106661081314087
100%|███████████████████| 16/16 [00:22<00:00,  1.42s/it]
```

從結果中可以看到，模型在訓練時 loss 值會發生一定的抖動。在第 81 次時，loss 值為 0.81 達到了最小，程式將當時的模型儲存了起來。

在真實訓練的環境下，可以使用更多的樣本資料，設定更多的訓練次數，來讓模型達到更好的效果。

同時，還可以在程式第 43 行將變數 jitter 設為 True，對資料進行尺度變化（這是資料增強的一種方法），以便讓模型有更好的泛化效果。一旦使用了資料增強，則模型會需要更多次數的疊代訓練才可以收斂。

7.5.6 程式實現：用模型識別門牌號

撰寫程式，載入 test 目錄下的測試樣本，並輸入模型進行識別。實際程式如下：

■ 程式 7-12 mainyolo（續）

```
108 IMAGE_FOLDER = os.path.join(PROJECT_ROOT,  "data", "test","*.png")
109 img_fnames = glob.glob(IMAGE_FOLDER)
110
111 imgs = []                      #儲存圖片
112 for fname in img_fnames:       #讀取圖片
113     img = cv2.imread(fname)
114     img = cv2.cvtColor(img, cv2.COLOR_BGR2RGB)
115     imgs.append(img)
116
117 yolo_v3.load_weights(save_fname+".h5")  #載入訓練好的模型
118 import numpy as np
119 for img in imgs:                #依次傳入模型
120     boxes, labels, probs = yolo_v3.detect(img, COCO_ANCHORS,imgsize)
121     print(boxes, labels, probs)
122     image = draw_boxes(img, boxes, labels, probs, class_labels=LABELS,
    desired_size=400)
123     image = np.asarray(image,dtype= np.uint8)
124     plt.imshow(image)
125     plt.show()
```

程式執行後輸出以下結果（見圖 7-23~圖 7-28）：

```
[[ 72.    24.    94.    66. ]
 [ 71.5   26.5   94.5   69.5]
 [ 93.    22.   119.    72. ]] [5 1 6] [0.1293204  0.83631355 0.94269735]
 5: 12.93203979730606%  1: 83.6313545703888%   6: 94.269734621104797%
```

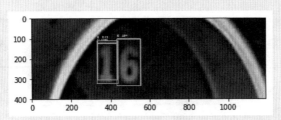

圖 7-23　YOLO V3 結果 1

```
[[44.5 11.  55.5 33. ]] [6] [0.8771134]
6: 87.71134018889801%
```

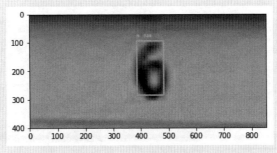

圖 7-24　YOLO V3 結果 2

```
[[35.  6.5 45.  25.5]] [5] [0.6734172]
5: 67.34172105789185%
```

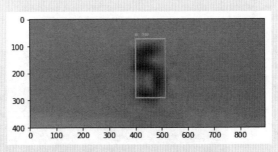

圖 7-25　YOLO V3 結果 3

```
[[65. 16. 85. 50.]] [8] [0.49630296]
8: 49.63029623031616%
```

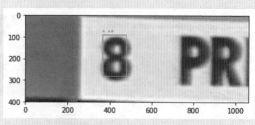

圖 7-26　YOLO V3 結果 4

[[105.5　14.5 126.5　49.5]] [9] [0.719958]
9: 71.99580073356628%

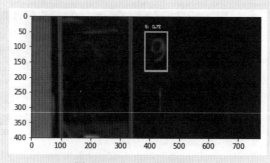

圖 7-27　YOLO V3 結果 5

[[60.　30.　74.　58.]
 [75.5 34.　90.5 60.]] [6 9] [0.62158585 0.95006496]
6: 62.15858459472656%
9: 95.00649571418762%

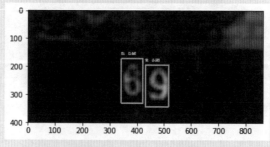

圖 7-28　YOLO V3 結果 6

7.5.7 擴充：標記自己的樣本

本節介紹兩個標記樣本的工具。可以利用它們對自己的資料進行標記，然後
按照前面實例介紹的方法訓練自己的模型。

1. Label-Tool

該工具是用 Python Tkinter 開發的。原始程式位址在 GitHub 網站 puzzledqs 專
案的 BBox-Label-Tool 子專案中。

在該專案的頁面中可以看到該軟體的操作介面，如圖 7-29 所示。

圖 7-29 Label-Tool 工具

2. labelImg

該工具是用 Python 和 Qt 開發的。原始程式位址在 GitHub 網站 tzutalin 專案的
labelImg 子專案中。

該軟體的操作介面如圖 7-30 所示。

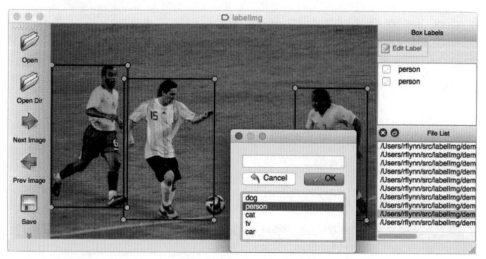

圖 7-30　Label Img 工具

另外，在 tzutalin.github.io 網站中搜尋 labelImg，還可以找到該軟體的安裝套件。

第 **4** 篇

高階篇

第 8 章　生成式模型：能夠輸出內容的模型

第 9 章　識別未知分類的方法：零次學習

生成式模型：能夠輸出內容的模型

生成式模型的主要功能是輸出實際樣本。該模型用在模擬產生任務中。

生成式模型包含自編碼網路模型、對抗神經網路模型。這種模型輸出的不再是分類或預測結果，而是一個個體，該個體所在的分佈空間，與輸入樣本的分佈空間一致。例如：產生與使用者符合的 3D 假牙、合成一些有趣的圖片或音樂，甚至是創作小說或是撰寫程式。當然這些技術都比較前端，大部分還沒成熟或普及。

目前，生成式模型主要用於提升已有模型的效能。例如：

- 用生成式模型可以模擬產生已有的樣本，從擴充資料集的角度提升模型的泛化能力（適用於樣本不足的場景）。
- 用生成式模型可以製作目標模型的對抗樣本。該對抗樣本能夠提升目標模型的穩固性。
- 將生成式模型嵌入已有分類或回歸任務模型裡，透過損失值來增加對模型的約束，進一步實現精度更好的分類或回歸模型。例如在膠囊網路模型中就嵌入了自編碼網路模型，以完成重建損失的功能。

🔊 提示：

本章的 8.1 節是資訊熵的相關知識，這部分知識對掌握神經網路模型理論大有幫助。非常建議讀者先看一下這部分內容。如果讀者已經掌握資訊熵，則可以直接從 8.2 節開始。

🌐 8.1 快速了解資訊熵（information entropy）

資訊熵（information entropy）是一個度量單位，用來對資訊進行量化。例如可以用資訊熵來量化一本書所含有的資訊量。它有如用米、公釐對長度進行量化。

資訊熵這個詞是從熱力學中借用過來的。在熱力學中，用熵來表示分子狀態混亂程度的物理量。可以用「資訊熵」這個概念來描述訊號來源的不確定度。

8.1.1 資訊熵與機率的計算關係

任何資訊都存在容錯，容錯的大小與資訊中每個符號（數字、字母或單字）的出現機率（或說不確定性）有關。

資訊熵是指去掉容錯資訊後的平均資訊量。其值與資訊中每個符號的機率密切相關。

🔊 提示：

在 Shannon 編碼定理中，介紹了熵是傳輸一個隨機變數狀態值所需的位元位下界。該定理的主要依據就是資訊熵中沒有容錯資訊。
依據 Shannon 編碼定理，資訊熵還可以應用在資料壓縮方面。

一個訊號來源發送出的符號是不確定的，可以根據其出現的機率來衡量它。機率大，則出現機會多，不確定性小；反之，不確定性就大，則資訊熵就越大。

1. 資訊熵的特點

假設計算資訊熵的函數是 I，計算機率的函數是 P，則資訊熵的特點可以有以下表示：

（1）I是 P 的減函數。

（2）兩個獨立符號所產生的不確定性（資訊熵）等於各自不確定性之和，即 $I(P1,P2)=I(P1)+I(P2)$。

2. 自資訊的計算公式

資訊熵屬於一個抽象概念，其計算方法本沒有固定公式。任何符合資訊熵特點的公式都可以被用作資訊熵的計算。

對數函數是一個符合資訊熵特性的函數。實際解釋如下：

（1）假設兩個是獨立不相關事件的機率為 $P(x,y)$，則 $P(x,y)=P(x)P(y)$。

（2）如果將對數公式引用資訊熵的計算，則 $I(x,y)= \log(P(x,y))=\log(P(x)) + \log(P(y))$。

（3）因為 $I(x)=\log(P(x))$，$I(y)=\log(P(y))$，則 $I(x,y)=I(x)+I(y)$正好符合資訊熵的可加性。

為了滿足 I 是 P 的減函數，則直接對 P 取倒數。於是，引用對數函數的資訊熵公式可以寫成式（8.1）。

$$I(p) = \log(\frac{1}{p}) = -\log(p) \qquad\qquad （8.1）$$

在式（8.1）中，p 是機率函數 $P(x)$的結果，$I(x)$是隨機變數 x 的自資訊（self-information），它描述的是某個事件發生所產生的資訊量。該函數的曲線如圖 8-1 所示。

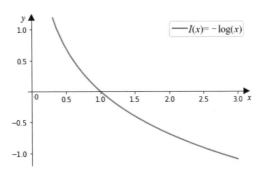

圖 8-1　自資訊函數曲線

由圖 8-1 可以看出，因為機率 p 的設定值範圍為 0～1，式（8.1）中的負號也可以用來保障資訊量是非負數。

3. 資訊熵的計算公式

在訊號來源中，假如一個符號 U 可以有 n 種設定值：$U1\cdots Ui\cdots Un$，對應機率函數為：$P1 \cdots Pi \cdots Pn$，且各種符號的出現彼此獨立，則該訊號來源所表達的資訊量可以透過求 $I(x)=-\log P(U)$ 關於機率分佈 $P(U)$ 的期望獲得。U 的資訊熵可以寫成式（8.2）。

$$H(U) = -\sum_{i=1}^{n} p_i \log(p_i) \qquad （8.2）$$

目前，資訊熵大多都是透過式（8.2）進行計算的，式中的 p_i 是機率函數 $P_i(U_i)$ 的結果。在數學中，資訊熵的對數一般以 2 為底，單位為位元（bit）。在神經網路中，資訊熵的對數一般以自然數 e 為底，單位為奈特（nat）。

由式（8.2）可以看出，隨機變數的設定值個數越多，則狀態數也就越多，資訊熵就越大，說明混亂程度也越大。

以一個最簡單的單符號二元訊號來源為例，該訊號來源中的符號 U 僅可以設定值為 a 或 b。其中，取 a 的機率為 p，則取 b 的機率為 $1-p$。該訊號來源的資訊熵可以記為 $H(U)=p \times I(p)+(1-p) \times I(1-p)$，所形成的曲線如圖 8-2 所示。

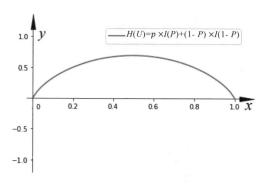

圖 8-2 二元訊號來源的資訊熵曲線

圖 8-2 中，x 軸代表符號 U 設定值為 a 的機率值 p，y 軸代表符號 U 的資訊熵 $H(U)$。由圖 8-2 可以看出資訊熵有以下幾個特性。

（1）確定性：當符號 U 設定值為 a 的機率值 $p=0$ 和 $p=1$ 時，U 的值是確定的，沒有任何變化量，所以資訊熵為 0。

（2）極值性：當 $p=0.5$ 時，U 的資訊熵達到了最大。這表明當變數 U 的設定值為均勻分佈時（所有的設定值的機率都相同），熵最大。

（3）對稱性：即對稱於 $p=0.5$。

（4）非負性：即收到一個訊號來源符號所獲得的資訊量應為正值，$H(U) \geq 0$。

4. 了解連續資訊熵及其特性

在「3. 資訊熵的計算公式」中介紹的公式適用於離散訊號來源，即訊號來源中的變數都是從離散資料中設定值的。

在資訊理論中，還有一種連續訊號來源，即訊號來源中的變數是從連續資料中設定值的。連續訊號來源可以設定值無限，資訊量可以無限大，對其求資訊熵已無意義。對連續訊號來源的度量可以使用相對熵的值進行度量。此時連續資訊熵可以用 $H_c(U)$ 來表示，它是一個有限的相對值，又稱相對熵（見8.1.4 節）。

連續資訊熵與離散訊號來源的資訊熵特性相似，仍具有可加性。不同的是，連續訊號來源的資訊熵不具非負性。但是，在取兩熵的差值為互資訊時，它仍具有非負性。這與力學中「勢能」的定義相仿。

8.1.2 聯合熵（joint entropy）及其公式介紹

聯合熵（joint entropy）是將一維隨機變數分佈推廣到多維隨機變數分佈。設兩個變數集合 X 和 Y（它們中的個體分別為 x、y），它們的聯合熵也可以由聯合機率函數 $P(X,Y)$ 計算得來，見式（8.3）。

$$H(X,Y) = -\sum_{X,Y} P(x,y)\log P(x,y) \qquad (8.3)$$

式（8.3）中的聯合機率分佈函數 $P(X,Y)$ 是指集合 X 和集合 Y 同時滿足某一條件的機率。它還可以被記作 $P(XY)$ 或 $P(X \cap Y)$。

8.1.3 條件熵（conditional entropy）及其公式介紹

條件熵 $H(Y|X)$ 表示在已知隨機變數集合 X 的條件下隨機變數集合 Y 的不確定性。條件熵 $H(Y|X)$ 可以由聯合機率函數 $P(x,y)$ 和條件機率函數 $P(y|x)$ 計算得來（x、y 是集合 X 和 Y 指中的個體），見式（8.4）。

$$H(Y|X) = -\sum_{X,Y} P(x,y)\log P(y|x) \qquad (8.4)$$

1. 條件機率及對應的計算公式

式（8.4）中的條件機率分佈函數 $P(Y|X)$ 是指集合 Y 以集合 X 為基礎的條件機率，即在集合 X 的條件下集合 Y 出現的機率。它與聯合機率的關係見式（8.5）。

$$P(X,Y) = P(Y|X)P(X) \qquad (8.5)$$

式（8.5）中的 $P(X)$ 是指集合 X 的邊際機率（也叫作邊緣機率）。整個公式可以描述為：「集合 X 和集合 Y 的聯合機率」等於「集合 Y 以集合 X 為基礎的條件機率」乘以「集合 X 的邊際機率」。

2. 條件熵對應的計算公式

條件熵 $H(Y|X)$ 的計算公式與條件機率十分類似，也可以由集合 X 和集合 Y 的聯合資訊熵計算得來，見式（8.6）。

$$H(Y|X) = H(X,Y) - H(X) \qquad (8.6)$$

式（8.6）可以描述為：條件熵 $H(Y|X)$=聯合熵 $H(X,Y)$ 減去集合 X 單獨的熵（邊緣熵）$H(X)$。即描述集合 X 和集合 Y 所需的資訊是「集合 X 的邊緣熵」加上「指定集合 X 的條件下具體化集合 Y 所需的額外資訊」。

8.1.4 交叉熵（cross entropy）及其公式介紹

交叉熵在神經網路中常用於計算分類模型的損失（原因解釋見 8.1.5 節）。交叉熵表達的是實際輸出（機率）與期望輸出（機率）之間的距離，交叉熵越小則兩個機率越接近。其數學意義可以有以下解釋。

1. 交叉熵公式

假設樣本集的機率分佈函數為 $P(x)$，模型預測結果的機率分佈函數為 $Q(x)$，則真實樣本集的資訊熵如式（8.7）（p 是函數 $P(x)$ 的值）。

$$H(p) = \sum_x P(x)\log\frac{1}{P(x)} \qquad (8.7)$$

如果用模型預測結果的機率分佈函數 $Q(x)$ 來表示資料集中樣本分類的資訊熵，則式（8.7）可以寫成式（8.8），其中 q 是函數 $Q(x)$ 的值。

$$H_{\mathrm{cross}}(p, q) = \sum_x P(x) \log \frac{1}{Q(x)} \qquad （8.8）$$

式（8.8）則為 $Q(x)$ 與 $P(x)$ 的交叉熵。因為分類的機率來自樣本集，所以式中的機率部分用 $Q(x)$，而熵部分則是神經網路的計算結果，所以用 $Q(x)$。

2. 了解交叉熵損失

交叉熵損失的公式見式（8.9）。

$$\mathrm{Loss}_{\mathrm{cross}} = -\frac{1}{n} \sum_x [y \log(a) + (1 - y) \log(1 - a)] \qquad （8.9）$$

從交叉熵角度了解，交叉熵損失的公式是模型對正向樣本預測的交叉熵（第 1 項）和負向樣本預測的交叉熵（第 2 項）之和。

🔊 提示：

預測正向樣本的機率為 a，預測負向樣本的機率為 $1-a$。

8.1.5　相對熵（relative entropy）及其公式介紹

相對熵（relative entropy）又被稱為 KL 散度（kullback-leibler divergence）或資訊散度（information divergence），用來度量的是兩個機率分佈（probability distribution）間的非對稱性差異。在資訊理論中，相對熵相等於兩個機率分佈的資訊熵（shannon entropy）的差值。

1. 相對熵的公式

設 $P(x)$、$Q(x)$ 是離散隨機變數集合 X 中設定值的兩個機率分佈函數，它們的結果分別為 p、q，則 p 對 q 的相對熵見式（8.10）。

$$D_{\mathrm{KL}}(p \| q) = \sum_X P(x) \log \frac{P(x)}{Q(x)} := E_p \left[\log \frac{\mathrm{d}P(x)}{\mathrm{d}Q(x)} \right] \qquad （8.10）$$

由式（8.10）可知，當 $P(x)$ 與 $Q(x)$ 兩個機率分佈函數相同時，相對熵為 0（因為 log1=0），並且相對熵具有不對稱性。

🔊 提示：

在式（8.10）中，符號 ":=" 是「定義為」的意思。

在式（8.10）中，符號 "E_p" 是期望的意思。期望是指，每次可能結果的機率乘以其結果的總和。

---

2. 相對熵的與交叉熵之間的關係

將式（8.10）的對數部分展開，可以看到相對熵與交叉熵之間的關係，見式（8.11）。

$$D_{\text{KL}}(p\|q) = \sum_X P(x)\log P(x) + \sum_X P(x)\log \frac{1}{Q(x)}$$
$$= -H(\text{p}) + H_{\text{cross}}(p,q) = H_{\text{cross}}(p,q) - H(p) \qquad （8.11）$$

由式（8.11）可以看出，p 與 q 的相對熵由二者的交叉熵去掉 p 的邊緣熵而來。在神經網路中，由於訓練資料集是固定的（即 p 的熵是一定的），所以最小化交叉熵相等於最小化預測結果與真實分佈之間的相對熵（模型的輸出分佈與真實分佈的相對熵越小，則表明模型對真實樣本擬合效果越好）。這也是為什麼要用交叉熵作為損失函數的原因。

用一句話可以更直觀地概括二者的關係：相對熵是交叉熵中去掉熵的部分。

在變分自編碼（見 8.3.4 節）中，使用相對熵來計算損失，該損失函數用於指導生成器模型輸出的樣本分佈更接近於高斯分佈。因為目標分佈不再是常數（不來自固定的樣本集），所以無法用交叉熵來代替它。這也是為什麼在變分自編碼中使用 KL 散度的原因。

8.1.6 JS 散度及其公式介紹

KL 散度可以表示兩個機率分佈的差異，但它並不是對稱的。在使用 KL 散度來訓練神經網路時，可能會因為順序不同而造成訓練結果不同的情況。

1. JS 散度的公式

JS（jensen-shannon）散度是在 KL 散度的基礎上做了一次轉換，使兩個機率
分佈間的差異度量具有對稱性，見式（8.12）。

$$D_{JS} = \frac{1}{2}D_{KL}\left(q \left\| \frac{q+p}{2}\right.\right) + \frac{1}{2}D_{KL}\left(p \left\| \frac{q+p}{2}\right.\right) \qquad (8.12)$$

2. JS 散度的特性

JS 散度與 KL 散度相比，更適合在神經網路中應用。它具有以下特性。

（1）對稱性：可以用於衡量兩種不同分佈之間的差異。

（2）大於 0：當兩個分佈完全重疊時，JS 散度達到最小值 0。

（3）有上界：當兩個分佈差異越來越大，它們的 JS 散度的值會逐漸增大。當
　　　它們足夠大時，其值會收斂到 ln2，而 KL 散度是沒有上界的。在互資訊
　　　的最大化任務中，常用 JS 散度來代替 KL 散度。

8.1.7 互資訊（mutual information）及其公式介紹

互資訊（mutual information，MI）是衡量隨機變數之間相互依賴程度的度
量，它用於度量兩個變數間的共用資訊量。可以將它看成是一個隨機變數與
另一個隨機變數相關的資訊量，或説是一個隨機變數由於已知另一個隨機變
數而減少的不肯定性。例如：到中午的時間，「去吃飯的不確定性」與「不
知道時間是否是中午直接去吃飯」的不確定性之差。

1. 互資訊公式

設兩個變數集合 X 和 Y（它們中的個體分別為 x、y），它們的聯合機率分佈
為 $P(X,Y)$，邊際機率分別是 $P(X)$、P(Y)。互資訊是指聯合機率 $P(X,Y)$ 與邊際
機率 $P(X)$、$P(Y)$ 的相對熵，見式（8.13）。

$$I(X;Y) = \sum_{X,Y} P(x,y) \log \frac{P(x,y)}{P(x)P(y)} \qquad (8.13)$$

2. 互資訊的特性

互資訊具有以下特性。

（1）對稱性：由於互資訊屬於兩個變數間的共用資訊，則 $I(X;Y) = I(Y;X)$。

（2）獨立的變數間互資訊為 0：如果兩個變數獨立，則它們之間沒有任何共用資訊，所以此時的互資訊為 0。

（3）非負性：共用資訊不是有，就是沒有，所以互資訊量不會出現負值。

3. 互資訊與條件熵之間的換算

由條件熵的式（8.6）得知（見 8.1.3 節），聯合熵 $H(X,Y)$ 可以由條件熵 $H(Y|X)$ 與集合 X 邊緣熵 $H(X)$ 相加而成，見式（8.14）。

$$H(X,Y) = H(Y|X) + H(X) = H(X|Y) + H(Y) \qquad (8.14)$$

將式（8.14）中等號兩邊交換位置，則可以獲得互資訊的公式，見式（8.15）。

$$I(X;Y) = H(X) - H(X|Y) = H(Y) - H(Y|X) \qquad (8.15)$$

式（8.15）與（8.13）是相等的（這裡省略了證明相等的推導過程）。

4. 互資訊與聯合熵之間的換算

將式（8.15）的互資訊公式進一步展開，可以獲得互資訊與聯合熵之間的關係，見式（8.16）。

$$H(X) + H(Y) - H(X,Y) = H(X,Y) - H(X|Y) - H(Y|X) \qquad (8.16)$$

如果把互資訊當作集合運算中的聯集，則會更好了解，如圖 8-3 所示。

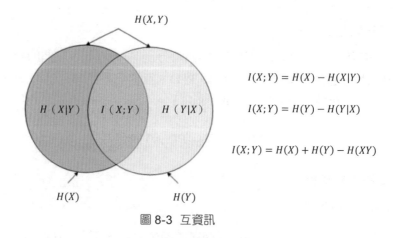

圖 8-3 互資訊

5. 互資訊與相對熵之間的換算

比較式（8.13）右側部分與式（8.10）中間部分可以發現，互資訊還可以表示為「兩個隨機變數集合 X、Y 邊緣分佈的乘積」與「聯合機率分佈」的相對熵，實際見式（8.17）。

$$I(X;Y) = D_{\mathrm{KL}}(P(x,y)\|P(x)P(y)) \qquad (8.17)$$

🔊 提示：

在實際情況中，一般會要求集合 X 對集合 Y 絕對連續，即：對於分佈 集合 X 為零的區域，分佈集合 Y 也必須為零，否則集合 X 與集合 Y 的相對熵會過大，沒有意義。

6. 互資訊的應用

互資訊已被用作機器學習中特徵選擇和特徵轉換的標準。它可用於代表變數的相關性和容錯性，例如最小容錯特徵選擇。它可以確定資料集的兩個不同分群的相似性。

在時間序列分析中，它還可以用於相位同步的檢測。

在對抗神經網路（例如 DIM 模型）和圖神經網路（例如 DGI 模型）中，使用了互資訊來作為無監督方式分析特徵的方法。實作方式過程請參考 8.9 節。

🌐 8.2 通用的無監督模型--自編碼與對抗神經網路

在有監督學習中，模型能根據預測結果與標籤差值來計算損失，並向著損失最小的方向進行收斂；在無監督學習中，無法透過樣本標籤為模型權重指定收斂方向，這就要求模型必須有自我監督的功能。

最為典型的兩個神經網路是自編碼神經網路和對抗神經網路。

- 自編碼神經網路將輸入資料當作標籤來指定收斂方向。
- 對抗神經網路一般會使用兩個或多個子模型進行同時訓練，利用多個模型之間的關係來實現互相監督的效果。

8.2.1　了解自編碼網路模型

自編碼（Auto-Encoder，AE）網路模型是一種輸出和輸入相等的模型。它是典型的無監督學習模型。輸入的資料在網路模型中經過一系列特徵轉換，但在輸出時還與輸入時一樣。

自編碼網路模型雖然對單一樣本沒有意義，但對整體樣本集卻很有價值。它可以極佳地學習到該資料集中樣本的分佈情況，既能對資料集進行特徵壓縮，實現分析資料主成分功能；又能與資料集的特徵相擬合，實現產生模擬資料的功能。

8.2.2　了解對抗神經網路模型

對抗神經網路（GAN）模型由以下兩個模型組成。

- 生成器模型：用於合成與真實樣本相差無幾的模擬樣本。
- 判別器模型：用於判斷某個樣本是來自真實世界還是模擬產生的。

生成器模型的作用是，讓判別器模型將合成樣本當作真實樣本；判別器模型的作用是，將合成樣本與真實樣本分辨出來。二者存在矛盾關係。將兩個模型放在一起同步訓練，則生成器模型產生的模擬樣本會更加真實，判別器模型對樣本的判斷會更加精準。生成器模型可以被當作生成式模型，用來獨立處理生成式任務；判別器模型可以被當作分類器模型，用來獨立處理分類任務。

8.2.3　自編碼網路模型與對抗神經網路模型的關係

自編碼網路模型和對抗神經網路模型都屬於多模型網路結構。二者常常混合使用，以實現更好的產生效果。

自編碼網路模型和對抗神經網路模型都屬於無監督（或半監督訓練）模型。它們會在原有樣本的分佈空間中隨機產生模擬資料。為了使隨機產生的方式變得可控，常常會加入條件參數。

從某種角度看，如果自編碼網路模型和對抗神經網路模型帶上條件參數會更有價值。本書 8.7 節實現的 AttGAN 模型就是一個以條件為基礎的模型，它由自編碼網路模型和對抗神經網路模型組合而成。

⊕ 8.3 實例 38：用多種方法實現變分自編碼神經網路

TensorFlow 2.X 中砍掉了好多子開發架構，這使得好多 TensorFlow 深度使用者一夜之間對該架構感到陌生。

變分自編碼，模型的結構相對來講較為「奇特」，選用其作為實例說明，可以讓讀者觸碰到很多真實開發中遇到的特殊情況。

為了讓讀者能夠掌握 TensorFlow 2.X 開發模式，這裡選用與 MNIST 資料集，使用 tf.keras 介面進行模型架設，使用 tf.keras 介面和動態圖介面兩種方式進行模型訓練。

8.3.1 什麼是變分自編碼神經網路

變分自編碼器學習的不再是樣本的個體，而是要學習樣本的規律。這樣訓練出來的自編碼器不僅具有重構樣本的功能，還具有仿照樣本的功能。

聽起來這麼強大的功能到底是怎麼做到的呢？

變分自編碼器，其實就是在開發過程中改變了樣本的分佈（「變分」可以視為改變分佈）。上面所說的「學習樣本的規律」，實際指的是樣本的分佈。假設我們知道樣本的分佈函數，就可以從這個函數中隨機取一個樣本進行網路解碼層的正向傳導，產生一個新的樣本。

為了獲得這個樣本的分佈函數，模型的訓練目的將不再是樣本本身，而是先透過加一個約束項，將編碼器產生一個服從於高斯分佈的資料集，然後按照高斯分佈的平均值和方差規則可以任意取相關的資料，並將該資料登錄解碼器還原成樣本（參見 arXiv 網站上編號為 "1312.6114" 的論文）。

8.3.2 了解變分自編碼模型的結構

本實例中的變分自編碼模型由以下 3 部分組成。

- 編碼器：由兩層全連接神經網路組成，第 1 層實現從 784 個維度的輸入到 256 個維度的輸出；第 2 層並列連接了兩個全連接神經網路。每個網路都有 2 個維度，輸出的結果分別代表資料分佈的平均值（mean）與方差（lg_var）。

- 取樣器：根據解碼器輸出的平均值（mean）與方差（lg_var）算出資料分佈，並從該分佈空間中取樣獲得資料特徵 z，然後將 z 輸入解碼器。

- 解碼器：由兩層全連接神經網路組成，第 1 層實現從 2 個維度的輸入到 256 個維度的輸出；第 2 層從 256 個維度的輸入到 784 個維度的輸出。

完整的結構如圖 8-4 所示。

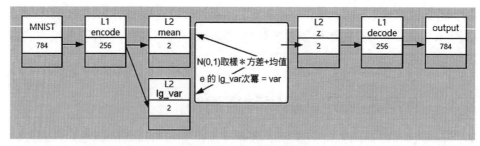

圖 8-4 變分自編碼結構

圖 8-4 中間的圓角方框是取樣器部分。取樣器的左右兩邊分別是編碼器和解碼器。

圖 8-4 中的方差節點（lg_var）是取了對數後的方差值。

整個取樣器的工作步驟如下：

（1）用 lg_var.exp()方法算出真正的方差值。

（2）用方差值的 sqrt()方法進行開平方運算，獲得標準差。

（3）在符合標準正態分佈的空間裡隨意取樣，獲得一個實際的數。

（4）用取樣後的數乘以標準差，再加上平均值，獲得符合編碼器輸出的資料分佈（平均值為 mean，方差為 sigma）集合中的點（sigma 是指網路產生的 lg_var 轉換後的值）。

這樣便可以將經過取樣器後所合成的點輸入解碼器進行模擬樣本的產生。

🔊 提示：

在神經網路中，可以把某個節點輸出的值當成任意一個對映函數，並透過訓練獲得對應的關係。實際做法為：將具有代表該意義的值代入對應的公式（該公式必須能支援反向傳播），計算公式輸出值與目標值的誤差，並將誤差放入最佳化器，然後透過多次疊代的方式進行訓練。

8.3.3 程式實現：用 tf.keras 介面實現變分自編碼模型

按照 8.3.2 節所介紹的模型結構，用 tf.keras 介面實現變分自編碼模型。實際步驟如下。

1. 架設模型結構

用 tf.keras 介面定義解碼器模型類別 Encoder、編碼器模型類別 Decoder 和取樣函數 sampling，實際程式如下。

■ 程式 8-1 用 tf.keras 介面實現變分自編碼模型（片段）

```
01 tf.compat.v1.disable_v2_behavior()    #使用靜態圖
02
03 batch_size = 100
04 original_dim = 784    #28*28
05 latent_dim = 2
06 intermediate_dim = 256
07 nb_epoch = 50
08
09 class Encoder(tf.keras.Model):        #分析圖片特徵
10    def __init__(self ,intermediate_dim,latent_dim, **kwargs):
11        super(Encoder, self).__init__(**kwargs)
12        self.hidden_layer = Dense(units=intermediate_dim, activation=
   tf.nn.relu)
13        self.z_mean = Dense(units=latent_dim)
14        self.z_log_var = Dense(units=latent_dim)
15
16    def call(self, x):
17        activation = self.hidden_layer(x)
18        z_mean = self.z_mean(activation)
19        z_log_var= self.z_log_var(activation)
```

```
20        return z_mean,z_log_var
21
22 class Decoder(tf.keras.Model):   # 分析圖片特徵
23    def __init__(self ,intermediate_dim,original_dim,**kwargs):
24        super(Decoder, self).__init__(**kwargs)
25        self.hidden_layer = Dense(units=intermediate_dim, activation=
   tf.nn.relu)
26        self.output_layer  = Dense(units=original_dim, activation= 'sigmoid')
27
28    def call(self, z):
29        activation = self.hidden_layer(z)
30        output_layer = self.output_layer(activation)
31        return output_layer
32
33 def samplingfun(z_mean, z_log_var):
34    epsilon = K.random_normal(shape=(K.shape(z_mean)[0], latent_dim),
   mean=0.,
35                                stddev=1.0)
36    return z_mean + K.exp(z_log_var / 2) * epsilon
37
38 def sampling(args):
39    z_mean, z_log_var = args
40    return samplingfun(z_mean, z_log_var)
```

程式中所實現的模型結構很簡單，只有全連接神經網路層。

2. 組合模型

定義取樣器，並將編碼器和解碼器組合起來形成變分自編碼模型。

■ 程式 8-1 用 tf.keras 介面實現變分自編碼模型（續）

```
41 encoder = Encoder(intermediate_dim,latent_dim)
42 decoder = Decoder(intermediate_dim,original_dim)
43
44 inputs = Input(batch_shape=(batch_size, original_dim))
45 z_mean,z_log_var = encoder(inputs)
46
47 z= samplingfun(z_mean, z_log_var)
48 y_pred = decoder(z)
49
50 autoencoder = Model(inputs, y_pred, name='autoencoder')
51 autoencoder.summary()
```

程式第 44 行，用 Input 張量作為 Keras 模型的預留位置。

🔊 提示：

在 TensorFlow 2.X 中，程式第 44 行的這種方法必須在靜態圖中使用。如果去掉程式第 1 行，將程式改成在動態圖中執行，則會回報以下錯誤：

_SymbolicException: Inputs to eager execution function cannot be Keras symbolic tensors, but found [<tf.Tensor 'encoder/Identity_1:0' shape=(100, 2) dtype=float32>, <tf.Tensor 'encoder/Identity:0' shape=(100, 2) dtype=float32>]

該錯誤是由於 TensorFlow 2.1 版本相容性差造成的。

程式第 47 行，用一個函數作為模型中的層，這種做法只能在 TensorFlow 2.X 中使用。如果在 TensorFlow 1.X 中使用，則程式第 47 行會報錯誤。因為它是一個函數，不能充當一個層，必須將其封裝成層才能使用。如果用 Lambda 介面將其封裝成層再來呼叫，則可以相容 TensorFlow 的 1. X 與 2. X 兩個版本。

🔊 提示：

在使用 Lambda 時，被封裝的函數必須只能有一個參數。如果不注意，則很容易錯誤地寫成以下內容：

z = Lambda(samplingfun, output_shape=(latent_dim,))(z_mean, z_log_var)

這種寫法所遇到的錯誤如圖 8-5 所示。

```
<module>
    z = Lambda(samplingfun, output_shape=(latent_dim,))(z_mean, z_log_var)
#no

  File "D:\ProgramData\Anaconda3\envs\tf2\lib\site-packages\tensorflow
\python\keras\engine\base_layer.py", line 612, in __call__
    outputs = self.call(inputs, *args, **kwargs)

  File "D:\ProgramData\Anaconda3\envs\tf2\lib\site-packages\tensorflow
\python\keras\layers\core.py", line 768, in call
    return self.function(inputs, **arguments)

TypeError: samplingfun() missing 1 required positional argument: 'z_log_var'
```

圖 8-5 錯誤的呼叫方式

該錯誤的意思是，系統認為呼叫者只向 Samplingfun 函數傳入了 1 個參數，Samplingfun 函數沒有收到 z_log_var。

> 這是個很不好尋找的問題，正確的寫法是將 z_mean 與 z_log_var 包裝一起傳入
> Lambda，實際如下：
>
> z = Lambda(sampling, output_shape=(latent_dim,))([z_mean, z_log_var])

程式第 51 行執行後，輸出模型的結構如下：

```
Model: "autoencoder"

Layer (type)           Output Shape            Param #     Connected to
==================================================================
input_2 (InputLayer)   [(100, 784)]            0

encoder_1 (Encoder)    ((100, 2), (100, 2))    201988      input_2[0][0]

lambda_1 (Lambda)      (100, 2)                0           encoder_1[0][0]
encoder_1[0][1]

decoder_1 (Decoder)    (100, 784)              202256      lambda_1[0][0]
==================================================================
Total params: 404,244
Trainable params: 404,244
Non-trainable params: 0
```

3. 定義損失函數並編譯模型

用二進位交叉熵做重建損失，再配合 KL 散度損失對模型進行編譯，實際程式
如下。

■ 程式 8-1 用 tf.keras 介面實現變分自編碼模型（續）

```
52 def vae_loss(x, x_decoded_mean): #損失函數
53     xent_loss = original_dim * metrics.binary_crossentropy(x,
   x_decoded_mean)
54     kl_loss = - 0.5 * K.sum(1 + z_log_var - K.square(z_mean) -
   K.exp(z_log_var),
55                             axis=-1)
56     return xent_loss + kl_loss
57 autoencoder.compile(optimizer='rmsprop', loss=vae_loss) #編譯模型
```

在實現過程中，重建損失函數也可以用 MSE 代替。例如程式第 53 行也可以寫成如下：

```
xent_loss = 0.5 * K.sum(K.square(x_decoded_mean - x), axis=-1)
```

4. 載入資料集

用 tf.keras 介面的內建程式下載並載入 MNIST 資料集。實際程式如下。

■ 程式 8-1 用 tf.keras 介面實現變分自編碼模型（續）

```
58 (x_train, y_train), (x_test, y_test) = mnist.load_data()
59
60 x_train = x_train.astype('float32') / 255.
61 x_test = x_test.astype('float32') / 255.
62 x_train = x_train.reshape((len(x_train), np.prod(x_train.shape[1:])))
63 x_test = x_test.reshape((len(x_test), np.prod(x_test.shape[1:])))
```

程式第 58 行執行後，系統會自動從網路下載 MNIST 資料集 "mnist.pkl.gz" 檔案。輸出內容如下：

```
Downloading data from https://storage.googleapis.com/tensorflow/tf-
keras-datasets/ mnist.npz
11493376/11490434 [==============================] - 19s 2us/step
```

以作者本機路徑為例，資料集所下載的路徑為：

```
C:\Users\ljh\.keras\datasets
```

5. 訓練並使用模型

訓練模型的程式非常簡單，可以直接用 tf.keras 介面的 fit() 方法來實現。

在使用模型時，可以根據需要將模型中各個層的張量組合起來形成新的模型，並實現預測任務。

本實例中，使用從輸入到 z_mean 之間的張量來組成模型。這個模型可以輸出資料集中樣本的解碼平均值。實際程式如下。

■ 程式 8-1 用 tf.keras 介面實現變分自編碼模型（續）

```
64 autoencoder.fit(x_train, x_train,        #訓練模型
65         shuffle=True,
66         epochs=5,#nb_epoch,
```

```
67          verbose=2,
68          batch_size=batch_size,
69          validation_data=(x_test, x_test))
70
71 modencoder = Model(inputs, z_mean)      #組成新模型
72
73 #視覺化模型結果
74 x_test_encoded = modencoder.predict(x_test, batch_size=batch_size)
75 plt.figure(figsize=(6, 6))
76 plt.scatter(x_test_encoded[:, 0], x_test_encoded[:, 1], c=y_test)
77 plt.colorbar()
78 plt.show()
```

程式執行後,輸出模型的訓練結果如下:

```
Train on 60000 samples, validate on 10000 samples
Epoch 1/5
60000/60000 - 4s - loss: 190.5359 - val_loss: 171.4378
Epoch 2/5
60000/60000 - 3s - loss: 169.6338 - val_loss: 168.0826
Epoch 3/5
60000/60000 - 3s - loss: 166.6117 - val_loss: 165.3286
Epoch 4/5
60000/60000 - 3s - loss: 164.5220 - val_loss: 163.8618
Epoch 5/5
60000/60000 - 3s - loss: 163.0858 - val_loss: 162.6917
```

輸出模型的視覺化結果如圖 8-6 所示。

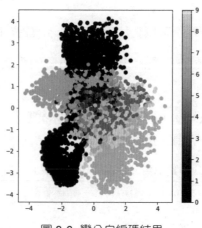

圖 8-6 變分自編碼結果

8.3.4　程式實現：訓練無標籤模型的撰寫方式

在 8.3.3 節所實現的訓練方式是典型的有標籤訓練，即在訓練模型時輸入的兩
個樣本都是 x_train（見 8.3.3 節程式的第 64 行）。

其實在自編碼模型中，標籤與輸入的樣本是一致的，可以完全省略不填。
即，在程式檔案「8-1 用 tf.keras 實現變分自編碼模型.py」的基礎上，對損失
函數稍加修改──不再將標籤 y 值傳入 fit 函數中。實際程式如下。

■　程式 8-2　變分自編碼模型的無標籤訓練（片段）

```
01 tf.compat.v1.disable_v2_behavior()
02 …
03 autoencoder = Model(inputs, y_pred, name='autoencoder')
04
05 # 重構損失
06 xent_loss = original_dim * metrics.binary_crossentropy(inputs, y_pred)
07 # 計算KL損失
08 kl_loss = - 0.5 * K.sum(1 + z_log_var -
09                           K.square(z_mean) - K.exp(z_log_var), axis=-1)
10 vae_loss = K.mean(xent_loss + kl_loss)
11
12 autoencoder.add_loss(vae_loss)            #為自編碼模型增加損失
13 autoencoder.compile(optimizer='rmsprop') #編譯模型
```

該程式可以在動態圖和靜態圖兩個環境中執行。即：將程式第 1 行去掉，使
用預設的動態圖模式執行（相比之下，8.3.3 節的程式只能夠在靜態圖中執
行，這也可以反映出 TensorFlow 2.X 目前仍然不完美，還會具有很多問
題）。

該方法的關鍵所在是程式第 12 行──用模型的 add_loss()方法將張量損失加
進來。這樣在編譯模型時就不需要再為其指定 loss 值了。

🔊 提示：

程式第 12 行是很容易出錯的地方。通常是沒有使用 add_loss()方法，而直接將張
量損失編譯到模型。例如寫成以下內容：

autoencoder.compile(optimizer='rmsprop', loss=vae_loss)

這種寫法在執行時期會遇到如圖 8-7 所示的錯誤。

```
  File "D:\ProgramData\Anaconda3\envs\tf21\lib\site-packages
\tensorflow_core\python\framework\ops.py", line 526, in
_disallow_bool_casting
    self._disallow_in_graph_mode("using a `tf.Tensor` as a
Python `bool`")

  File "D:\ProgramData\Anaconda3\envs\tf21\lib\site-packages
\tensorflow_core\python\framework\ops.py", line 515, in
_disallow_in_graph_mode
    " this function with @tf.function.".format(task))

OperatorNotAllowedInGraphError:    using a `tf.Tensor` as a Python
`bool` is not allowed in Graph execution. Use Eager execution
or decorate this function with @tf.function.
```

圖 8-7　變分自編碼的模型編譯錯誤

所以，張量損失一定要用模型的 add_loss()方法進行增加。

這時，如果直接執行程式，則會回報如圖 8-8 所示的錯誤。

```
  File "D:\ProgramData\Anaconda3\envs\tf21\lib\site-packages
\tensorflow_core\python\keras\engine\training_utils.py", line
496, in standardize_input_data
    'expected no data, but got:', data)

ValueError:    ('Error when checking model target: expected no
data, but got:', array([[0., 0., 0., ..., 0., 0., 0.],
       [0., 0., 0., ..., 0., 0., 0.],
       [0., 0., 0., ..., 0., 0., 0.],
       ...,
       [0., 0., 0., ..., 0., 0., 0.],
       [0., 0., 0., ..., 0., 0., 0.],
       [0., 0., 0., ..., 0., 0., 0.]], dtype=float32))
```

圖 8-8　模型輸入與訓練輸入不符合的錯誤

原因是：程式第 6~10 行將模型的標籤輸入從損失計算中去掉了，而在呼叫 fit 函數訓練時還會輸入標籤。

還需要修改 fit 函數的呼叫程式，將 8.3.3 節程式的第 64 行改成如下，再次執行即可透過。

```
  autoencoder.fit(x_train, validation_split=0.05, epochs=5,
batch_size=batch_size)
```

8.3.5 程式實現：將張量損失封裝成損失函數

在 8.3.4 節所介紹方法的基礎上，也可以再次將 vae_loss 封裝成損失函數進行執行。即，將 8.3.4 節程式第 10~13 行改成以下程式。

■ 程式 8-3 將張量損失封裝成損失函數（片段）

```
...
08 kl_loss = - 0.5 * K.sum(1 + z_log_var -
09                         K.square(z_mean) - K.exp(z_log_var), axis=-1)
10 vae_loss = xent_loss + kl_loss #直接相加，去掉計算平均值過程
11
12 def vae_lossfun(x, loss):
13     return loss
14 lossautoencoder = Model(inputs, vae_loss, name='lossautoencoder')
15 lossautoencoder.compile(optimizer='rmsprop', loss=vae_lossfun)
```

程式第 10 行在計算損失值 vae_loss 時沒有做平均值處理。這是需要注意的地方，因為在編譯模型的過程中，TensorFlow 2.1 版本的 tf.keras 架構預設會對損失值求平均值。如果第 10 行程式再對損失值 vae_loss 計算平均值，則在架構內部二次計算平均值時就會顯示出錯。

🔊 提示：

程式第 12 行在定義損失函數時，其參數是固定的（第 1 個是標籤，第 2 個是預測值）。雖然第 1 個參數 x 沒有使用，但也要寫上。如果將 vae_lossfun 的參數改變成以下內容：

def vae_lossfun(loss):

則在執行時期會出現如圖 8-9 所示錯誤訊息。

```
 File "D:\ProgramData\Anaconda3\envs\tf2\lib\site-packages\tensorflow
\python\keras\losses.py", line 96, in __call__
    losses = self.call(y_true, y_pred)

 File "D:\ProgramData\Anaconda3\envs\tf2\lib\site-packages\tensorflow
\python\keras\losses.py", line 158, in call
    return self.fn(y_true, y_pred, **self._fn_kwargs)

TypeError: vae_lossfun() takes 1 positional argument but 2 were given
```

圖 8-9 自訂損失函數參數錯誤

雖然自訂損失函數的前兩個參數不能改變，但也可以給損失函數增加額外的自訂參數。

本節所介紹的這種損失函數的撰寫方法非常常見。尤其在很多無監督模型中，由於沒有指定訓練標籤，所以損失函數的傳回值就是模型的輸出結果，例如 Deep Infomax（DIM）模型就是這種情況。對於這種類型的模型，使用 8.3.4 節和本節的方法都可以實現。

8.3.6 程式實現：在動態圖架構中實現變分自編碼

在 8.3.3、8.3.4、8.3.5 節中介紹的程式設計方法，都是用 tf.keras 介面的方式來訓練模型的。這種方法看似方便，但不適合模型的偵錯環節，尤其在訓練中出現 None 時，很難排除錯誤。

雖然 Keras 架構有單步訓練的方式，但仍不夠靈活。為了適應訓練過程中各種情況的偵錯，最好還是使用底層的動態圖來訓練模型。

在動態圖架構中訓練模型需要自己定義資料集。與訓練模型有關的主要程式如下。

■ 程式 8-4 在動態圖中實現變分自編碼（片段）

```
01 optimizer = Adam(lr=0.001)                    # 定義最佳化器
02 import os
03
04 training_dataset = tf.data.Dataset.from_tensor_slices(
05                                       x_train).batch(batch_size)
06 nb_epoch = 5
07 for epoch in range(nb_epoch):                 # 按照指定疊代次數進行訓練
08     for dataone in training_dataset:          # 檢查資料集
09         img = np.reshape(dataone, (batch_size, -1))
10         with tf.GradientTape() as tape:
11
12             z_mean,z_log_var = encoder(img)
13             z= samplingfun(z_mean, z_log_var)  #ok
14             x_decoded_mean = decoder(z)
15
16             xent_loss = K.sum(K.square(x_decoded_mean - img), axis=-1)
17             kl_loss = - 0.5 * K.sum(1 + z_log_var - K.square(z_mean) -
   K.exp(z_log_var), axis=-1)
18
19             thisloss = K.mean(xent_loss)*0.5+K.mean(kl_loss)
20
```

```
21              gradients = tape.gradient(thisloss,
22                  encoder.trainable_variables+decoder.trainable_variables)
23              gradient_variables = zip(gradients,
24                  encoder.trainable_variables+decoder.trainable_variables)
25              optimizer.apply_gradients(gradient_variables)
26      print(epoch," loss:",thisloss.numpy())
```

在本書第 3 章介紹了以動態圖為基礎的開發流程，讀者只需按照流程一步一步實現即可。需要注意，在程式第 21、23 行中需要加入所有要訓練的模型的權重。

使用動態圖訓練好的模型，本質是改變產生物理模型類別的物件，所以也可以用 keras.model()方法將其任意組成子模型。

TensorFlow 架構有一個非常值得稱讚的地方：它可以非常方便地將子模型分析出來，並透過權重的載入/載出方法將模型儲存和載入。例如：

```
modeENCODER.save_weights('my_modeldimvae.h5')      #儲存子模型
modeENCODER.load_weights('my_modeldimvae.h5')      #載入子模型
```

這種方法可以非常方便地進行模型專案化部署。

8.3.7 程式實現：以類別的方式封裝模型損失函數

為了程式工整，還可以用類別的方式封裝模型損失函數。主要程式如下。

■ 程式 8-5 以類別的方式封裝模型損失函數（片段）

```
01 class VAE(tf.keras.Model):   # 分析圖片特徵
02     def __init__(self ,intermediate_dim,original_dim,latent_dim,**kwargs):
03         super(VAE, self).__init__(**kwargs)
04         self.encoder = Encoder(intermediate_dim,latent_dim)
05         self.decoder = Decoder(intermediate_dim,original_dim)
06
07     def call(self, x):
08         z_mean,z_log_var = self.encoder(x)
09         z = sampling( (z_mean,z_log_var) )
10         y_pred = self.decoder(z)
11         xent_loss = original_dim * metrics.binary_crossentropy(x, y_pred)
   #ok
12         kl_loss = - 0.5 * K.sum(1 + z_log_var - K.square(z_mean) -
   K.exp(z_log_var), axis=-1)
```

```
13        loss = xent_loss + kl_loss
14        return loss
```

該類別的訓練方法可以參考 8.3.3 節。

8.3.8 程式實現：更合理的類別封裝方式

在開發程式時，常常會將特徵分析部分單獨分開作為一個類別，這樣利於擴充。

修改 8.3.7 節的程式，把變分自編碼封裝成一個獨立的類別，使其只完成訓練功能。實際程式如下。

■ 程式 8-6 更合理的類別封裝方式（片段）

```
01 class Featuremodel(tf.keras.Model):    # 分析圖片特徵
02    def __init__(self ,intermediate_dim,latent_dim, **kwargs):
03        super(Featuremodel, self).__init__(**kwargs)
04        self.hidden_layer = Dense(units=intermediate_dim, activation=
   tf.nn.relu)
05    def call(self, x):
06        activation = self.hidden_layer(x)
07        return x,activation
08
09 class Encoder(tf.keras.Model):          # 編碼器模型
10    def __init__(self ,intermediate_dim,latent_dim, **kwargs):
11        super(Encoder, self).__init__(**kwargs)
12        self.z_mean = Dense(units=latent_dim)
13        self.z_log_var = Dense(units=latent_dim)
14    def call(self, activation):
15        z_mean = self.z_mean(activation)
16        z_log_var= self.z_log_var(activation)
17        return z_mean,z_log_var
18
19 def sampling(args):                     # 取樣器
20    z_mean, z_log_var = args
21    epsilon = K.random_normal(shape=(K.shape(z_mean)[0], latent_dim),
   mean=0.,
22                              stddev=1.0)
23    return z_mean + K.exp(z_log_var / 2) * epsilon
24
25 class Decoder(tf.keras.Model):          # 解碼器模型
```

```
26      def __init__(self ,intermediate_dim,original_dim,**kwargs):
27          super(Decoder, self).__init__(**kwargs)
28          self.hidden_layer = Dense(units=intermediate_dim,
   activation=tf.nn.relu)
29          self.output_layer = Dense(units=original_dim, activation='sigmoid')
30      def call(self, z):
31          activation = self.hidden_layer(z)
32          output_layer = self.output_layer(activation)
33          return output_layer
34
35 class Autoencoder(tf.keras.Model):   # 自編碼器模型
36   def __init__(self, intermediate_dim, original_dim,latent_dim):
37     super(Autoencoder, self).__init__()
38     self.featuremodel = Featuremodel(intermediate_dim,latent_dim)
39     self.encoder = Encoder(intermediate_dim,latent_dim)
40     self.decoder = Decoder(intermediate_dim,original_dim)
41   def call(self, input_features):
42     x,feature =  self.featuremodel(input_features)
43     z_mean,z_log_var = self.encoder(feature)
44     epsilon = K.random_normal(shape=(K.shape(z_mean)[0], latent_dim),
   mean=0.,
45                              stddev=1.0)
46     code =  z_mean + K.exp(z_log_var / 2) * epsilon
47     reconstructed = self.decoder(code)
48     return reconstructed,z_mean,z_log_var
```

程式中的 Featuremodel 類別可以被擴充成更複雜的模型，Autoencoder 類別則可以專注於訓練。

📧 8.4 常用的批次歸一化方法

批次歸一化（BatchNorm）演算法是對一個批次圖片的所有像素求平均值和標準差。在深度神經網路模型中，該演算法的作用是讓模型更容易收斂，加強模型的泛化能力。

歸一化方法有很多種，除原始的 BatchNorm 演算法、InstanceNorm 演算法外，還有 ReNorm 演算法、LayerNorm 演算法、GroupNorm 演算法、SwitchableNorm 演算法。

8.4.1　自我調整的批次歸一化（BatchNorm）演算法

所謂自我調整的批次歸一化演算法，就是在批次歸一化（BN）演算法中加上一個權重參數。透過疊代訓練，使 BN 演算法收斂為一個合適的值。

當 BN 演算法中加入了自我調整模式後，其數學公式見式（8.18）。

$$BN = \gamma \cdot \frac{(x-\mu)}{\sigma} + \beta \qquad (8.18)$$

在式（8.18）中，μ 代表平均值，σ 代表方差。這兩個值都是根據目前資料運算來的。γ 和 β 是參數，代表自我調整的意思。在訓練過程中，會透過最佳化器的反向求導來最佳化出合適的 γ、β 值。

8.4.2　實例歸一化（InstanceNorm）演算法

實例歸一化（InstanceNorm，IN）演算法是對輸入資料形狀中的 H 維度、W 維度做歸一化處理。批次歸一化是指，對一個批次圖片的所有像素求平均值和標準差。而實例歸一化是指，對單一圖片進行歸一化處理，即對單一圖片的所有像素求平均值和標準差，參見 arXiv 網站上編號為 "1607.08022" 的論文。

在對抗神經網路模型、風格轉換這種生成式任務時，常用實例歸一化取代批次歸一化。因為，生成式任務的本質是——將產生樣本的特徵分佈與目標樣本的特徵分佈進行比對。生成式任務中的每個樣本都有獨立的風格，不應該與批次中其他的樣本產生太多聯繫。所以，實例歸一化適用於解決這種以個體為基礎的樣本分佈問題。

有關 InstanceNorm 的使用實例請見 8.7 節。

8.4.3　批次再歸一化（ReNorm）演算法

ReNorm 演算法與 BatchNorm 演算法一樣，注重對全域資料的歸一化，即對輸入資料的形狀中的 N 維度、H 維度、W 維度做歸一化處理。不同的是，ReNorm 演算法在 BatchNorm 演算法上做了一些改進，使得模型在小量場景中也有良好的效果，參見 arXiv 網站上編號為 "1702.03275" 的論文。

在 tf.Keras 介面中，在產生實體 BatchNormalization 類別後，將 renorm 參數設為 True 即可。

8.4.4 層歸一化（LayerNorm）演算法

LayerNorm 演算法是在輸入資料的通道方向上，對該資料形狀中的 C 維度、H 維度、W 維度做歸一化處理。它主要用在 RNN 模型中，參見 arXiv 網站上編號為 "1607.06450" 的論文。

在 tf.Keras 介面中，直接產生實體 LayerNormalization 類別即可。該類別在 tf.keras 介面的 layers 模組下定義。以作者本機原始程式為例，路徑為：

```
D:\ProgramData\Anaconda3\envs\tf21\Lib\site-
packages\tensorflow_core\python\keras\layers\normalization.py
```

在使用時，直接從 layers 模組引用即可。例如：

```
from  tensorflow.keras.layers import LayerNormalization
```

8.4.5 組歸一化（GroupNorm）演算法

GroupNorm 演算法是介於 LayerNorm 演算法和 InstanceNorm 演算法之間的演算法。它首先將通道分為許多組（group），再對每一組做歸一化處理。

GroupNorm 演算法與 ReNorm 演算法的作用類似，都是為了解決 BatchNorm 演算法對批次大小的依賴，參見 arXiv 網站上編號為 "1803.08494" 的論文。

8.4.6 可交換歸一化（SwitchableNorm）演算法

SwitchableNorm 演 算 法 將 BatchNorm 演 算 法、LayerNorm 演 算 法、InstanceNor 演算法結合起來使用，並為每個演算法都指定權重，讓網路自己去學習歸一化層應該使用什麼方法（參見 arXiv 網站上編號為 "1806.10779" 的論文）。

實際應用方法可以參考 8.5 節的實例。

⊕ 8.5 實例 39：建置 DeblurGAN 模型，將模糊照片變清晰

在拍照時，常常因為手抖或補光不足，導致拍出的照片很模糊。可以使用對抗神經網路模型將模糊的照片變清晰，留住精彩瞬間。本實例將使用 DeblurGAN 模型來將模糊照片變清晰。DeblurGAN 模型屬於影像風格轉換任務中的一種對抗神經網路模型。

8.5.1 影像風格轉換任務與 DualGAN 模型

影像風格轉換任務是深度學習中對抗神經網路模型所能實現的經典任務之一。用 CycleGAN 模型產生模擬梵谷風格的圖畫，已經是一個廣為熟知的實例。除此之外，影像風格轉換任務還可以實現橘子與蘋果間的轉換、斑馬與普通馬間的轉換、照片與油畫間的轉換，甚至還可以根據一張風景照片產生四季的照片。

影像風格轉換任務也被叫作跨域生成式任務。該任務的模型（跨域生成式模型）一般由無監督或半監督方式訓練產生。其技術本質是：透過對抗網路學習跨域間的關係，進一步實現影像風格轉換。

例如：CycleGAN 模型透過採用循環一致性損失（cycle consistency loss）和跨領域的對抗網路損失，在兩個影像域之間訓練兩個雙向的傳遞模型。這種模型的訓練樣本不用標記，只需要提供兩種統一風格的圖片即可，不要求一一對應。

另外，還有 DiscoGAN 模型、DualGAN 模型等影像風格轉換的優秀模型。

DeblurGAN 模型是一個對抗神經網路模型，由生成器模型和判別器模型組成。

- 生成器模型，根據輸入的模糊圖片模擬產生清晰的圖片。
- 判別器模型，用在訓練過程中，幫助生成器模型達到更好的效果。

想了解 DeblurGAN 模型的更多詳情請參見 arXiv 網站上編號為 "1711.07064" 的論文。

8.5.2 模型任務與樣本介紹

本實例使用 GOPRO_Large 資料集作為訓練樣本訓練 DeblurGAN 模型，然後用 DeblurGAN 模型將資料集之外的模糊照片變清晰。

GOPRO_Large 資料集裡包含高幀相機拍攝的街景照片（其中的照片有的清晰，有的模糊）和人工合成的模糊照片。樣本中每張照片的尺寸為 720 pixel ×1280 pixel。

1. 下載 GOPRO_Large 資料集

可以透過本書書附程式中的「deblur 模類型資料集下載連結.txt」來取得 GOPRO_Large 資料集的下載連結。

2. 部署 GOPRO_Large 資料集

在 GOPRO_Large 資料集中有許多套實景拍攝的照片。每套照片中包含 3 個資料夾：

- 在 blur 資料夾中，放置了模糊的照片。
- 在 sharp 資料夾中，放置了清晰的照片。
- 在 blur_gamma 資料夾中，放置了人工合成的模糊照片。

從 GOPRO_Large 資料集的 blur 與 sharp 資料夾裡，各取出 200 張模糊和清晰的圖片，放到本機程式的同級目錄 image 資料夾下用作訓練。其中，模糊的圖片放在 image/train/A 資料夾下，清晰的圖片放在 image/train/B 資料夾下。

8.5.3 準備 SwitchableNorm 演算法模組

SwitchableNorm 演算法與其他的歸一化演算法一樣，可以被當作函數來使用。由於在目前的 API 函數庫裡沒有該程式的實現，所以需要自己撰寫一套這樣的演算法。

SwitchableNorm 演算法的實現不是本節重點，其原理已經在 8.4.6 節介紹。這裡直接使用本書搭配資原始程式碼中的 "switchnorm.py" 即可。

直接將該程式放到本機程式資料夾下，然後將其引用。

🔊 提示：

在 SwitchableNorm 演算法的實現過程中，定義了額外的變數參數。所以在執行時期，需要透過階段中的 tf.compat.v1.global_variables_initializer 函數初始化，否則會回報「SwitchableNorm 類別中的某些張量沒有初始化」之類的錯誤。正確的用法見 8.5.10 節的實作方式。

8.5.4 程式實現：建置 DeblurGAN 中的生成器模型

DeblurGAN 中的生成器模型是使用殘差結構實現的。其模型的層次結構順序如下：

（1）透過 1 層卷積核心為 7×7、步進值為 1 的卷積轉換。保持輸入資料的尺寸不變。

（2）將第（1）步的結果進行兩次卷積核心為 3×3、步進值為 2 的卷積操作，實現兩次下取樣效果。

（3）經過 5 層殘差塊。其中，殘差塊是中間帶有 Dropout 層的兩次卷積操作。

（4）仿照第（1）和第（2）步的逆操作進行兩次上取樣，再來一個卷積操作。

（5）將第（1）步的輸入與第（4）步的輸出加在一起，完成一次殘差操作。

該結構使用「先下取樣，後上取樣」的卷積處理方式，這種方式可以表現出樣本分佈中更好的潛在特徵。實際程式如下。

■ 程式 8-7 deblurmodel

```
01 from tensorflow.keras import layers as KL
02 from tensorflow.keras import models as KM
03 from switchnorm import SwitchNormalization     #載入 SwitchableNorm 演算法
04 import tensorflow as tf
05 tf.compat.v1.disable_v2_behavior()
06 ngf,ndf = 64 ,64                          #定義生成器和判別器模型的卷積核心個數
07 input_nc,output_nc = 3 ,3                 #定義輸入、輸出通道
08 n_blocks_gen = 9                          #定義殘差層數量
09
10 #定義殘差塊函數
```

```
11 def res_block(input, filters, kernel_size=(3, 3), strides=(1, 1),
   use_dropout=False):
12     x = KL.Conv2D(filters=filters, #使用步進值為 1 的卷積操作，保持輸入資料的尺寸
   不變
13                 kernel_size=kernel_size,
14                 strides=strides, padding='same')(input)
15
16     x = KL.SwitchNormalization()(x)
17     x = KL.Activation('relu')(x)
18
19     if use_dropout:                    #增加 Dropout 層
20         x = KL.Dropout(0.5)(x)
21
22     x = KL.Conv2D(filters=filters, #再做一次步進值為 1 的卷積操作
23                 kernel_size=kernel_size,
24                 strides=strides,padding='same')(x)
25
26     x = KL.SwitchNormalization()(x)
27
28     #將卷積後的結果與原始輸入相加
29     merged = KL.Add()([input, x]) #殘差層
30     return merged
31
32 def generator_model(image_shape ,istrain = True): #建置生成器模型
33     #建置輸入層（與動態圖不相容）
34     inputs = KL.Input(shape=(image_shape[0],image_shape[1], input_nc))
35     #使用步進值為 1 的卷積操作，保持輸入資料的尺寸不變
36     x = KL.Conv2D(filters=ngf, kernel_size=(7, 7), padding='same')(inputs)
37     x = KL.SwitchNormalization()(x)
38     x = KL.Activation('relu')(x)
39
40     n_downsampling = 2
41     for i in range(n_downsampling):    #兩次下取樣
42         mult = 2**i
43         x = KL.Conv2D(filters=ngf*mult*2, kernel_size=(3, 3), strides=2,
   padding='same')(x)
44         x = KL.SwitchNormalization()(x)
45         x = KL.Activation('relu')(x)
46
47     mult = 2**n_downsampling
48     for i in range(n_blocks_gen):    #定義多個殘差層
49         x = res_block(x, ngf*mult, use_dropout= istrain)
```

```
50
51      for i in range(n_downsampling):    #兩次上取樣
52          mult = 2**(n_downsampling - i)
53          #x = KL.Conv2DTranspose(filters=int(ngf * mult / 2), kernel_size
    =(3, 3), strides=2, padding='same')(x)
54          x = KL.UpSampling2D()(x)
55          x = KL.Conv2D(filters=int(ngf * mult / 2), kernel_size=(3, 3),
    padding='same')(x)
56          x = KL.SwitchNormalization()(x)
57          x = KL.Activation('relu')(x)
58
59      #步進值為 1 的卷積操作
60      x = KL.Conv2D(filters=output_nc, kernel_size=(7, 7), padding=
    'same')(x)
61      x = KL.Activation('tanh')(x)
62
63      outputs = KL.Add()([x, inputs])    #與最外層的輸入完成一次大殘差
64      #為防止特徵值域過大,所以進行除 2 操作(取平均數殘差)
65      outputs = KL.Lambda(lambda z: z/2)(outputs)
66      #建置模型
67      model = KM.Model(inputs=inputs, outputs=outputs, name='Generator')
68      return model
```

程式第 11 行,透過定義函數 res_block 架設殘差塊的結構。

程式第 32 行,透過定義函數 generator_model 建置生成器模型。由於生成器模型輸入的是模糊圖片,輸出的是清晰圖片,所以函數 generator_model 的輸入與輸出具有相同的尺寸。

程式第 65 行,在使用殘差操作時,將輸入的資料與產生的資料一起取平均值。這樣做是為了防止生成器模型的傳回值的值域過大。在計算損失時,一旦產生的資料與真實圖片的像素資料值域不同,則會影響收斂效果。

8.5.5 程式實現:建置 DeblurGAN 中的判別器模型

判別器模型的結構相對比較簡單。

(1)透過 4 次下取樣卷積(見程式第 74~82 行),將輸入資料的尺寸變小。

(2)經過兩次尺寸不變的 1×1 卷積(見程式第 85~92 行),將通道壓縮。

(3)經過兩層全連接網路(見程式第 95~97 行),產生判別結果(0 或 1)。

實際程式如下。

■ 程式 8-7 deblurmodel（續）

```
69 def discriminator_model(image_shape):  #建置判別器模型
70
71     n_layers, use_sigmoid = 3, False
72     inputs = KL.Input(shape=(image_shape[0],image_shape[1],output_nc))
73     #下取樣卷積
74     x = KL.Conv2D(filters=ndf, kernel_size=(4, 4), strides=2, padding=
   'same')(inputs)
75     x = KL.LeakyReLU(0.2)(x)
76
77     nf_mult, nf_mult_prev = 1, 1
78     for n in range(n_layers):          #繼續 3 次下取樣卷積
79         nf_mult_prev, nf_mult = nf_mult, min(2**n, 8)
80         x = KL.Conv2D(filters=ndf*nf_mult, kernel_size=(4, 4), strides=2,
   padding='same')(x)
81         x = KL.BatchNormalization()(x)
82         x = KL.LeakyReLU(0.2)(x)
83
84     #步進值為 1 的卷積操作，尺寸不變
85     nf_mult_prev, nf_mult = nf_mult, min(2**n_layers, 8)
86     x = KL.Conv2D(filters=ndf*nf_mult, kernel_size=(4, 4), strides=1,
   padding='same')(x)
87     x = KL.BatchNormalization()(x)
88     x = KL.LeakyReLU(0.2)(x)
89
90     #步進值為 1 的卷積操作，尺寸不變。將通道壓縮為 1
91     x = KL.Conv2D(filters=1, kernel_size=(4, 4), strides=1, padding=
   'same')(x)
92     if use_sigmoid:
93         x = KL.Activation('sigmoid')(x)
94
95     x = KL.Flatten()(x) #兩層全連接，輸出判別結果
96     x = KL.Dense(1024, activation='tanh')(x)
97     x = KL.Dense(1, activation='sigmoid')(x)
98
99     model = KM.Model(inputs=inputs, outputs=x, name='Discriminator')
100     return model
```

程式第 81 行，呼叫了批次歸一化函數 BatchNormalization()，該函數有一個參數 trainable，在對參數 trainable 不做任何設定時，預設值為 True。

程式第 99 行，用 tf.keras 介面的 Model 類別建置判別器模型 model。在使用 model 時，可以設定 trainable 參數來控制模型的內部結構。

8.5.6 程式實現：架設 DeblurGAN 的完整結構

將判別器模型與生成器模型結合起來，組成 DeblurGAN 模型的完整結構。實際程式如下。

■ 程式 8-7 deblurmodel（續）

```
101 def g_containing_d_multiple_outputs(generator, discriminator,
    image_shape):
102     inputs = KL.Input(shape=(image_shape[0],image_shape[1],input_nc)  )
103     generated_image = generator(inputs)              #呼叫生成器模型
104     outputs = discriminator(generated_image)         #呼叫判別器模型
105     #建置模型
106     model = KM.Model(inputs=inputs, outputs=[generated_image, outputs])
107     return model
```

函數 g_containing_d_multiple_outputs 用於訓練生成器模型。在使用時，需要將判別器模型的權重固定，讓生成器模型不斷地調整權重。實際可以參考 8.5.11 節程式。

8.5.7 程式實現：引用函數庫檔案，定義模型參數

撰寫程式實現以下步驟：

（1）載入模型檔案——程式檔案 "8-7 deblurmodel.py"。
（2）定義訓練參數。
（3）定義函數 save_all_weights，將模型的權重儲存起來。

實際程式如下。

■ 程式 8-8 訓練 deblur

```
01 import os
02 import datetime
```

```
03 import numpy as np
04 import tqdm
05 import tensorflow as tf
06 import glob
07 from tensorflow.python.keras.applications.vgg16 import VGG16
08 from functools import partial
09 from tensorflow.keras import models as KM
10 from tensorflow.keras import backend as K          #載入 Keras 的後端實現
11 deblurmodel = __import__("程式 8-7  deblurmodel")  #載入模型檔案
12 generator_model = deblurmodel.generator_model
13 discriminator_model = deblurmodel.discriminator_model
14 g_containing_d_multiple_outputs =
   deblurmodel.g_containing_d_multiple_outputs
15 tf.compat.v1.disable_v2_behavior()
16 RESHAPE = (360,640)            #定義處理圖片的大小
17 epoch_num = 500               #定義疊代訓練次數
18
19 batch_size =4                 #定義批次大小
20 critic_updates = 5            #定義每訓練一次生成器模型需要訓練判別器模型的次數
21 #儲存模型
22 BASE_DIR = 'weights/'
23 def save_all_weights(d, g, epoch_number, current_loss):
24     now = datetime.datetime.now()
25     save_dir = os.path.join(BASE_DIR, '{}{}'.format(now.month, now.day))
26     os.makedirs(save_dir, exist_ok=True)   #建立目錄
27     g.save_weights(os.path.join(save_dir,
   'generator_{}_{}.h5'.format(epoch_number, current_loss)), True)
28     d.save_weights(os.path.join(save_dir,
   'discriminator_{}.h5'.format(epoch_number)), True)
```

程式第 16 行將輸入圖片的尺寸設為（360, 640），使其與樣本中圖片的高、寬比例相對應（樣本中圖片的尺寸比例為 720:1280）。

🔊 提示：

在 TensorFlow 中，預設的圖片尺寸順序是「高」在前，「寬」在後。

8.5.8 程式實現：定義資料集，建置正反向模型

本節程式的步驟如下：

（1）用 tf.data.Dataset 介面完成樣本圖片的載入（見程式第 29～54 行）。

（2）將生成器模型和判別器模型架設起來。

（3）建置 Adam 最佳化器，用於生成器模型和判別器模型的訓練過程。

（4）以 WGAN 的方式定義損失函數 wasserstein_loss，用於計算生成器模型和判別器模型的損失值。其中，生成器模型的損失值由 WGAN 損失與特徵空間損失（見 8.5.9 節）兩部分組成。

（5）將損失函數 wasserstein_loss 與最佳化器一起編譯到可訓練的判別器模型中（見程式第 70 行）。

實際程式如下。

■ 程式 8-8 訓練 deblur（續）

```
29 path = r'./image/train'
30 A_paths, =os.path.join(path, 'A', "*.png")          #定義樣本路徑
31 B_paths = os.path.join(path, 'B', "*.png")
32 #取得該路徑下的.png 檔案
33 A_fnames, B_fnames = glob.glob(A_paths),glob.glob(B_paths)
34 #產生 Dataset 物件
35 dataset = tf.data.Dataset.from_tensor_slices((A_fnames, B_fnames))
36
37 def _processimg(imgname):                             #定義函數調整圖片大小
38     image_string = tf.io.read_file(imgname)           #讀取整數個檔案
39     image_decoded = tf.image.decode_image(image_string)
40     image_decoded.set_shape([None, None, None])  #設定形狀，否則下面會轉換失敗
41     #變化尺寸
42     img =tf.image.resize( image_decoded,RESHAPE)
43     image_decoded = (img - 127.5) / 127.5
44     return image_decoded
45
46 def _parseone(A_fname, B_fname):                      #解析一個圖片檔案
47     #讀取並前置處理圖片
48     image_A,image_B = _processimg(A_fname),_processimg(B_fname)
49     return image_A,image_B
50
```

```
51 dataset = dataset.shuffle(buffer_size=len(B_fnames))
52 dataset = dataset.map(_parseone)           #轉為有圖片內容的資料集
53 dataset = dataset.batch(batch_size)        #將資料集按照 batch_size 劃分
54 dataset = dataset.prefetch(1)
55
56 #定義模型
57 g = generator_model(RESHAPE)               #生成器模型
58 d = discriminator_model(RESHAPE)           #判別器模型
59 d_on_g = g_containing_d_multiple_outputs(g, d,RESHAPE)  #聯合模型
60
61 #定義最佳化器
62 d_opt = tf.keras.optimizers.Adam(lr=1E-4, beta_1=0.9, beta_2=0.999,
   epsilon=1e-08)
63 d_on_g_opt = tf.keras.optimizers.Adam(lr=1E-4, beta_1=0.9, beta_2=0.999,
   epsilon=1e-08)
64
65 #WGAN 的損失
66 def wasserstein_loss(y_true, y_pred):
67     return tf.reduce_mean(input_tensor=y_true*y_pred)
68
69 d.trainable = True
70 d.compile(optimizer=d_opt, loss=wasserstein_loss) #編譯模型
71 d.trainable = False
```

程式第 70 行，用判別器模型物件的 compile() 方法對模型進行編譯。之後，將
該模型的權重設定成不可訓練（見程式第 71 行）。這是因為，在訓練生成器
模型時，需要將判別器模型的權重固定。只有這樣，訓練生成器模型過程才
不會影響判別器模型。

8.5.9 程式實現：計算特徵空間損失，並將其編譯到 生成器模型的訓練模型中

生成器模型的損失值由 WGAN 損失與特徵空間損失兩部分組成。WGAN 損失
已經由 8.5.6 節的第 66 行程式實現。本節將實現特徵空間損失，並將其編譯
到可訓練的生成器模型中。

1. 計算特徵空間損失的方法

計算特徵空間損失的方法如下：

（1）用 VGG 模型對靶心圖表片與輸出圖片做特徵分析，獲得兩個特徵資料。
（2）對這兩個特徵資料做平方差計算。

2. 特徵空間損失的實作方式

在計算特徵空間損失時，需要將 VGG 模型嵌入目前網路中。這裡使用已經下載好的預訓練模型檔案"vgg16_weights_tf_dim_ordering_tf_kernels_notop.h5"。讀者可以自行下載，也可以在本書書附程式中找到。

將預訓練模型檔案放在目前程式的同級目錄下。然後參照本書 7.1 節的內容，用 tf.keras 介面將其載入。

3. 編譯生成器模型的訓練模型

將 WGAN 損失函數與特徵空間損失函數放到陣列 loss 中，呼叫生成器模型的compile()方法將損失值陣列 loss 編譯進去，實現生成器模型的訓練模型。

實際程式如下。

■ 程式 8-8 訓練 deblur（續）

```
72 #計算特徵空間損失
73 def perceptual_loss(y_true, y_pred,image_shape):
74     vgg = VGG16(include_top=False,
75 weights="vgg16_weights_tf_dim_ordering_tf_kernels_notop.h5",
76                 input_shape=(image_shape[0],image_shape[1],3) )
77
78     loss_model = KM.Model(inputs=vgg.input, outputs=vgg.get_layer
   ('block3_conv3').output)
79     loss_model.trainable = False
80     return tf.reduce_mean(input_tensor=tf.square(loss_model(y_true) -
   loss_model(y_pred)))
81
82 myperceptual_loss = partial(perceptual_loss, image_shape=RESHAPE)
83 myperceptual_loss._name_ = 'myperceptual_loss'
84 #建置損失
85 loss = [myperceptual_loss, wasserstein_loss]
86 loss_weights = [100, 1]           #將損失調為統一數量級
```

```
87 d_on_g.compile(optimizer=d_on_g_opt, loss=loss, loss_weights=loss_weights)
88 d.trainable = True
89
90 output_true_batch, output_false_batch = np.ones((batch_size, 1)), -
   np.ones((batch_size, 1))
91
92 #產生資料集疊代器
93 iterator = tf.compat.v1.data.make_initializable_iterator(dataset)
94 datatensor = iterator.get_next()
```

程式第 85 行，在計算生成器模型損失時，將損失值函數 myperceptual_loss 與損失值函數 wasserstein_loss 一起放到清單裡。

程式第 86 行，定義了損失值的權重比例[100, 1]。這表示最後的損失值是：函數 myperceptual_loss 的結果乘以 100，將該積與函數 wasserstein_loss 的結果相加獲得和。

◀)) 提示：

權重比例是根據每個函數傳回的損失值得來的。

將 myperceptual_loss 的結果乘以 100，是為了讓最後的損失值與函數 wasserstein_loss 的結果在同一個數量級上。

損失值函數 myperceptual_loss、wasserstein_loss 分別與模型 d_on_g 物件的輸出值 generated_image、outputs 相對應。模型 d_on_g 物件的輸出節點部分是在 8.5.6 節程式第 106 行定義的。

8.5.10 程式實現：按指定次數訓練模型

先按照指定次數疊代呼叫訓練函數 pre_train_epoch，然後在函數 pre_train_epoch 內檢查整個 Dataset 資料集，並進行訓練。步驟如下：

（1）取一批次資料。

（2）訓練判別器模型 5 次。

（3）將判別器模型權重固定，訓練生成器模型 1 次。

（4）將判別器模型設為可訓練，並循環步驟（1），直到整個資料集檢查結束。

實際程式如下。

■ 程式 8-8 訓練 deblur（續）

```
95  #定義設定檔
96  config = tf.compat.v1.ConfigProto()
97  config.gpu_options.allow_growth = True
98  config.gpu_options.per_process_gpu_memory_fraction = 0.5
99  sess = tf.compat.v1.Session(config=config)          #建立階段（session）
100
101 def pre_train_epoch(sess, iterator,datatensor):  #疊代整個資料集進行訓練
102     d_losses = []
103     d_on_g_losses = []
104     sess.run( iterator.initializer )
105
106     while True:
107         try:                          #取得一批次的資料
108             (image_blur_batch,image_full_batch) = sess.run(datatensor)
109         except tf.errors.OutOfRangeError:
110             break                     #如果資料取完則退出循環
111
112         generated_images = g.predict(x=image_blur_batch, batch_size=
    batch_size)                      #將模糊圖片輸入生成器模型
113
114         for _ in range(critic_updates):     #訓練判別器模型 5 次
115             d_loss_real = d.train_on_batch(image_full_batch, output_
    true_batch)                           #訓練，並計算還原樣本的 loss 值
116
117             d_loss_fake = d.train_on_batch(generated_images, output_
    false_batch)                          #訓練，並計算模擬樣本的 loss 值
118             d_loss = 0.5 * np.add(d_loss_fake, d_loss_real) #二者相加，再
    除以 2
119             d_losses.append(d_loss)
120
121         d.trainable = False                #固定判別器模型參數
122         d_on_g_loss = d_on_g.train_on_batch(image_blur_batch,
    [image_full_batch, output_true_batch])   #訓練並計算生成器模型 loss 值
123         d_on_g_losses.append(d_on_g_loss)
124
125         d.trainable = True                 #恢復判別器模型參數可訓練的屬性
126         if len(d_on_g_losses)%10== 0:
127             print(len(d_on_g_losses),np.mean(d_losses),
    np.mean(d_on_g_losses))
```

```
128        return np.mean(d_losses), np.mean(d_on_g_losses)
129 #初始化 SwitchableNorm 變數
130 tf.compat.v1.keras.backend.get_session().run(tf.compat.v1.global_
    variables_initializer())
131 for epoch in tqdm.tqdm(range(epoch_num)):          #按照指定次數疊代訓練
132     #訓練資料集 1 次
133     dloss,gloss = pre_train_epoch(sess, iterator,datatensor)
134     with open('log.txt', 'a+') as f:
135         f.write('{} - {} - {}\n'.format(epoch, dloss, gloss))
136     save_all_weights(d, g, epoch, int(gloss))      #儲存模型
137 sess.close()                                       #關閉階段
```

程式第 130 行，進行全域變數的初始化。在初始化之後，SwitchableNorm 演算法就可以正常使用了。

🔊 提示：

即使是 tf.keras 介面，其底層也是透過靜態圖中的階段（session）來執行程式的。

在程式第 130 行中示範了一個用 tf.keras 介面實現全域變數初始化的技巧：

（1）用 tf.keras 介面的後端類別 backend 中的 get_session 函數，取得 tf.keras 介面目前正在使用的階段（session）。

（2）獲得 session 後，執行 tf.compat.v1.global_variables_initializer()方法進行全域變數的初始化。

（3）程式執行後輸出以下結果：

```
1%|        | 6/50 [15:06<20:43:45, 151.06s/it]10 -0.4999978220462799 678.8936
20 -0.4999967348575592 680.67926
…
1%|        | 7/50 [17:29<20:32:16, 149.97s/it]10 -0.49999643564224244 737.67645
20 -0.49999758243560793 700.6202
30 -0.4999980672200521 672.0518
40 -0.49999826729297636 666.23425
50 -0.4999982775449753 665.67645
…
```

同時可以看到，在本機目錄下產生了一個 weights 資料夾，裡面放置的便是模型檔案。

8.5.11 程式實現：用模型將模糊圖片變清晰

接下來在權重 weights 資料夾裡找到以 "generator" 開頭並且是最新產生（按照檔案的產生時間排序）的檔案，將其複製到本機路徑下（作者本機的檔案名稱為 "generator_499_0.h5"）。這個模型就是 DeblurGAN 中的生成器模型。

在測試集中隨機複製幾張圖片放到本機 test 目錄下。與 train 目錄結構一樣，A 中放置模糊的圖片，B 中放置清晰的圖片。

下面撰寫程式來比較模型還原的效果。

■ 程式 8-9 使用 deblur 模型

```
01 import numpy as np
02 from PIL import Image
03 import glob
04 import os
05 import tensorflow as tf                    #載入模組
06 deblurmodel = __import__("程式 8-7  deblurmodel")
07 generator_model = deblurmodel.generator_model
08
09 def deprocess_image(img):                   #定義圖片的後處理函數
10     img = img * 127.5 + 127.5
11     return img.astype('uint8')
12
13 batch_size = 4
14 RESHAPE = (360,640)                         #定義要處理圖片的大小
15
16 path = r'./image/test'
17 A_paths, B_paths = os.path.join(path, 'A', "*.png"), os.path.join(path,
   'B', "*.png")
18 #取得該路徑下的 png 檔案
19 A_fnames, B_fnames = glob.glob(A_paths),glob.glob(B_paths)
20 #產生 Dataset 物件
21 dataset = tf.data.Dataset.from_tensor_slices((A_fnames, B_fnames))
22
23 def _processimg(imgname):                   #定義函數調整圖片大小
24     image_string = tf.io.read_file(imgname) #讀取整數個檔案
```

```
25    image_decoded = tf.image.decode_image(image_string)
26    image_decoded.set_shape([None, None, None]) #變化形狀，否則下面會轉換失敗
27    #變化尺寸
28    img =tf.image.resize( image_decoded,RESHAPE )
   #[RESHAPE[0],RESHAPE[1],3])
29    image_decoded = (img - 127.5) / 127.5
30    return image_decoded
31
32 def _parseone(A_fname, B_fname):              #解析單一圖片
33    #讀取並前置處理圖片
34    image_A,image_B = _processimg(A_fname),_processimg(B_fname)
35    return image_A,image_B
36
37 dataset = dataset.map(_parseone)              #轉為有圖片內容的資料集
38 dataset = dataset.batch(batch_size)           #將資料集按照 batch_size 劃分
39 dataset = dataset.prefetch(1)
40
41 #產生資料集疊代器
42 iterator = tf.compat.v1.data.make_initializable_iterator(dataset)
43 datatensor = iterator.get_next()
44 g = generator_model(RESHAPE,False)            #建置生成器模型
45 g.load_weights("generator_499_0.h5")          #載入模型檔案
46
47 #定義設定檔
48 config = tf.compat.v1.ConfigProto()
49 config.gpu_options.allow_growth = True
50 config.gpu_options.per_process_gpu_memory_fraction = 0.5
51 sess = tf.compat.v1.Session(config=config)    #建立 session
52 sess.run( iterator.initializer )
53 ii= 0
54 while True:
55    try:                   #取得一批次的資料
56        (x_test,y_test) = sess.run(datatensor)
57    except tf.errors.OutOfRangeError:
58        break              #如果資料取完則退出循環
59    generated_images = g.predict(x=x_test, batch_size=batch_size)
60    generated = np.array([deprocess_image(img) for img in
   generated_images])
61    x_test = deprocess_image(x_test)
62    y_test = deprocess_image(y_test)
63    print(generated_images.shape[0])
64    for i in range(generated_images.shape[0]): #按照批次讀取結果
```

```
65        y = y_test[i, :, :, :]
66        x = x_test[i, :, :, :]
67        img = generated[i, :, :, :]
68        output = np.concatenate((y, x, img), axis=1)
69        im = Image.fromarray(output.astype(np.uint8))
70        im = im.resize( (640*3, int( 640*720/1280)    ) )
71        print('results{}{}.png'.format(ii,i))
72        im.save('results{}{}.png'.format(ii,i))  #將結果儲存起來
73    ii+=1
```

程式第 44 行，在定義生成器模型時，需要將其第 2 個參數 istrain 設為 False。
這麼做的目的是不使用 Dropout 層。

程式執行後，系統會自動在本機資料夾的 image/test 目錄下載入圖片，並放到
模型裡進行清晰化處理。最後產生的圖片，如圖 8-10 所示。

圖 8-10 DeblurGAN 的處理結果

圖 8-10 中有 3 個子圖。左、中、右依次為原始、模糊、產生後的圖片。比較
圖 8-10 中的原始圖片（最左側的圖片）與產生後的圖片（最右側的圖片）可
以發現，最右側模型產生的圖片比最左側的原始圖片更為清晰。

8.5.12 練習題

如果生成器模型使用普通的歸一化演算法，那會是什麼效果？並改寫程式實
驗一下。

答案：將 8.5.4 節所有的 KL.SwitchNormalization 程式都取代成 KL.Batch
Normalization 程式，並重新訓練模型。使用普通歸一化演算法產生的圖片如
圖 8-11 所示。

圖 8-11　普通歸一化的處理結果（掃描二維碼可檢視圖 8-11 和圖 8-12 的彩色效果）

用 SwitchableNorm 歸一化處理的結果如圖 8-12 所示。

圖 8-12　使用 SwitchableNorm 歸一化處理的結果

比較圖 8-11 與圖 8-12 中最右邊的圖片可以看出，圖 8-11 中最右邊圖片的頂部出現了一些雜訊，而圖 8-12 中產生的影像（最右側的圖）品質更好（消除了雜訊）。因為是黑白印刷，所以效果並不太明顯。

8.5.13　擴充：DeblurGAN 模型的更多妙用

DeblurGAN 模型可以提升照片的清晰度。這是一個很有商業價值的功能。

舉例來說，在開發智慧冰箱、智慧冰櫃專案中，使用者從冰櫃裡拿取商品時，一般需要透過高速相機在短時間內連續拍照，並挑選出高品質的圖片送入後面的 YOLO 模型進行識別。如果應用的是 DeblurGAN 模型，則可以用相對便宜的相機來替代高速相機，而 YOLO 模型的識別率又不會有太大的損失。這個方案可以大幅節省硬體成本。

另外，DeblurGAN 模型的網路結構沒有將輸入圖片的尺寸與權重參數緊耦合，它可以處理不同尺寸的圖片（請試著隨意修改 8.5.11 節程式第 14 行的尺寸值，程式仍可以正常執行）。所以說，DeblurGAN 模型應用起來更加靈活。

⊕ 8.6 更加了解 WGAN 模型

WGAN 模型的名字源於 Wasserstein Gan，Wasserstein 是指 W 距離。WGAN 模型的主要價值在於：它使用 W 距離作為損失函數，從某種程度上大幅改善了 GAN 模型難以訓練的問題。

8.6.1 GAN 模型難以訓練的原因

實際訓練中，GAN 模型存在著訓練困難、生成器和判別器的 loss 值變化無法與訓練效果同步、產生樣本缺乏多樣性等問題。這與 GAN 模型的機制有關。

1. 現象描述

其實 GAN 模型追求的納什均衡只是一個理想狀態，而在現實情況中我們獲得的結果都是中間狀態（偽平衡）。大部分情況下，隨著訓練的次數越來越多，則判別器 D 的效果也越來越好，進一步導致總會將生成器 G 的輸出與真實樣本區分開。

2. 現象剖析

因為生成器 G 是從低維空間向高維空間（複雜的樣本空間）對映的，其產生的樣本分佈空間 Pg 難以充滿整個真實樣本的分佈空間 Pr（即兩個分佈完全沒有重疊的部分，或它們重疊的部分可忽略），所以判別器 D 總會將它們分開。

為什麼可忽略呢？放在二維空間中會更好了解一些：二維平面中隨機取兩條曲線，兩條曲線上的點可以代表二者的分佈，要想判別器 D 無法分辨它們，則需要將兩個分佈融合在一起，即它們之間需要存在重疊線段，然而這樣的機率為 0；另外，即使它們很可能會存在交換點，但是相對兩條曲線而言，交換點比曲線低一個維度，長度（測度）為 0，即它只是一個點，代表不了分佈情況，所以可忽略。

3. 原因分析

這種現象會帶來什麼後果呢？假設先將判別器 D 訓練得足夠好，然後固定判別器 D，再來訓練生成器 G，透過實驗會發現生成器 G 的 loss 值無論怎麼更新也無法收斂到最小，而是無限地接近 ln2。這個 ln2 可以視為 Pg 與 Pr 兩個樣本分佈的距離。如果 loss 值固定（即生成器 G 的梯度為 0），則無法再透過訓練來最佳化整個網路。

所以在原始 GAN 模型的訓練中，如果判別器 D 訓練得太好，則生成器 G 的梯度會消失，生成器的 loss 值降不下去；如果判別器 D 訓練得不好，則生成器 G 的梯度不準，抖動劇烈。

8.6.2 WGAN 模型——解決 GAN 模型難以訓練的問題

WGAN 模型的思維是：將產生的模擬樣本分佈 Pg 與原始樣本分佈 Pr 組合起來，它們所形成的集合便是二者的聯合分佈。這樣可以從中取樣到真實樣本與模擬樣本，並能夠計算二者的距離，還可以算出距離的期望值。這樣就可以透過訓練模型的方式，讓網路沿著其本身分佈（該網路所有可能的聯合分佈）期望值的下界方向進行最佳化（即將兩個分佈的集合拉到一起）。這樣原來的判別器就不再是判別真偽的功能了，而是計算兩個分佈集合間距離的功能。所以，將其稱為評論器會更加合適。另外，最後一層的啟動函數 Sigmoid 也需要去掉了（參見 arXiv 網站上編號為 "1701.07875" 的論文）。

1. WGAN 模型的實現

用神經網路計算 W 距離，可以直接讓神經網路去擬合，見式（8.19）。

$$|f(x_1)| - |f(x_2)| \times \leqslant k|x_1 - x_2| \qquad (8.19)$$

$f(x)$ 可以了解成神經網路的計算，讓判別器來實現將 $f(x_1)$ 與 $f(x_2)$ 的距離轉換成 $x_1 - x_2$ 的絕對值乘以 k（$k \geqslant 0$）。k 代表函數 $f(x)$ 的 Lipschitz 常數，這樣兩個分佈集合的距離就可以表示成 $D(\text{real})-D(G(x))$ 的絕對值乘以 k 了，這個 k 可以了解成梯度，在神經網路 $f(x)$ 中 x 的梯度絕對值會小於 k。

將式（8.19）中的 k 忽略，整理後可以獲得二者分佈的距離公式，見式（8.20）。

$$L = D(\text{real}) - D(G(x)) \qquad (8.20)$$

現在要做的就是將 L 當成目標來計算 loss 值，G 用來將希望產生的結果 P_g 越來越接近 P_r，所以需要訓練讓距離 L 最小化。因為生成器 G 與第 1 項無關，所以 G 的 loss 值可以簡化為式（8.21）。

$$G(\text{loss}) = -D(G(x)) \qquad (8.21)$$

而 D 的任務是區分它們，所以希望二者距離變大，loss 值需要反轉，獲得式（8.22）。

$$D(\text{loss}) = D(G(x)) - D(\text{real}) \qquad (8.22)$$

同樣，透過 D 的 loss 值也可以看出 G 的產生品質，即 loss 值越小則代表距離越近，產生的品質越高。

2. WGAN 模型的改進

在實際訓練過程中，WGAN 模型直接使用了截斷（clipping）的方式來防止梯度過大或過小。每當更新完一次判別器的參數後，就檢查判別器的所有參數的絕對值有沒有超過一個設定值，例如 0.01，有的話就把這些參數限制在 [–0.01, 0.01] 範圍內。

但這個方式太過生硬，在實際應用中仍會出現問題，所以後來又產生了其升級版 Wgan-gp。

8.6.3 WGAN 模型的原理與不足之處

WGAN 模型引用了 W 距離，由於它相對 KL 散度與 JS 散度具有優越的平滑特性，所以理論上可以解決梯度消失問題。接著透過數學轉換將 W 距離寫成可求解的形式，利用一個參數值範圍受限的判別器神經網路來最大化這個形式，就可以近似地求 W 距離。在近似最佳判別器下最佳化生成器使得 W 距離縮小，就能有效拉近產生分佈與真實分佈。WGAN 模型既解決了訓練不穩定的問題，也提供了一個可靠的訓練處理程序指標，而且該指標確實與產生樣本的品質高度相關。

1. WGAN 模型的梯度截斷原理

原始 WGAN 模型使用 Lipschitz 限制的施加方式，但在實現時使用了梯度截斷（weight clipping）方式進行改進。如果想要了解其背後的原理，則要從 Lipschitz 限制開始。

Lipschitz 限制的本意是：當輸入的樣本稍微變化後，判別器列出的分數不能發生太過劇烈的變化。

梯度截斷方式透過在訓練過程中保障判別器的所有參數有界，確保了判別器不能對兩個略微不同的樣本列出天差地別的分數值，進一步間接實現了 Lipschitz 限制。

2. WGAN 模型的不足

在 WGAN 模型中使用梯度截斷的作用是限制原始樣本和模擬樣本之間的距離不能過大，而判別器的作用則是盡可能地擴大原始樣本和模擬樣本之間的距離，二者的作用相互矛盾。這便是 WGAN 模型的主要問題。

在判別器中希望 loss 值盡可能大，這樣才能拉大真假樣本的區別，這種情況會導致：在判別器中透過 loss 值算出來的梯度會沿著 loss 值越來越大的方向變大，然而經過梯度截斷（weight clipping）後，每一個網路參數的值又被進行了限制（舉例來說，設定值範圍只能在[-0.01, 0.01]區間）。其結果只能是，所有的參數走向極端，不是取最大值（如 0.01），就是取最小值（如 –0.01），使得判別器的能力變差，經過它回傳給生成器的梯度也會變差。

如果判別器是一個多層網路，則梯度截斷還會導致梯度消失或梯度爆炸問題。原因是：如果我們把梯度截斷的設定值（clipping threshold）設定得稍微小了一點，每經過一層網路梯度就變小一點，則多層之後就會按指數衰減；反之，如果設定得稍微大了一點，每經過一層網路梯度變大一點，則多層之後就會按指數爆炸。然而在實際應用中很難做到設定得合適，讓生成器獲得恰到好處的回傳梯度。

8.6.4 WGAN-gp 模型——更容易訓練的 GAN 模型

WGAN-gp 模型又被叫作具有梯度懲罰（gradient penalty）的 WGAN（wasserstein GAN）。它是 WGAN 模型的升級版，可以用來全面代替 WGAN 模型。

1. WGAN-gp 模型介紹

WGAN-gp 模型中的 gp 是梯度懲罰（gradient penalty）的意思。WGAN-gp 模型引用梯度懲罰主要用來取代梯度截斷（weight clipping）。WGAN-gp 模型透過直接設定一個額外的梯度懲罰項，來實現判別器的梯度不超過 k，見式（8.23）、式（8.24）。

$$\text{Norm} = \text{grad}\,(D(\text{X\_inter}),\,[\text{X\_inter}]) \qquad (8.23)$$

$$\text{gradient\_penaltys} = \text{MSE}（\text{Norm-k}） \qquad (8.24)$$

式（8.23）中的 X_inter 為整個聯合分佈空間的 x 份取樣；式（8.24）中的 MSE 為平方差公式，即梯度懲罰項 gradient_penaltys 為求整個聯合分佈空間的 x 對應 D 的梯度與 k 的平方差。

2. WGAN-gp 模型的原理與實現

判別器盡可能拉大真假樣本的分數差距，希望梯度越大越好，變化幅度越大越好，所以判別器在充分訓練後，其梯度 Norm 就會在 k 附近。所以，可以把上面的 loss 值改成要求梯度 Norm 離 k 越近越好，k 可以是任何數，我們就簡單地把 k 定為 1，再跟 WGAN 模型原來的判別器 loss 值加權合併，就獲得新的判別器 loss 值，見式（8.25）、式（8.26）。

$$L= D(G(x)\text{-}\,D(\text{real})+ \lambda\,\text{MSE}(\text{grad}\,(D(\text{X\_inter}),\,[\text{X\_inter}]\text{-}1) \qquad (8.25)$$

即：

$$L= D(G(\text{x}))\text{-}\,D(\text{real})+ \lambda\,\text{gradient\_penaltys} \qquad (8.26)$$

式（8.25）中的 λ 為梯度懲罰參數，用來調節梯度懲罰的力道。

gradient_penaltys 是需要從 Pg 與 Pr 的聯合空間裡取樣，對於整個樣本空間來講，需要抓住產生樣本集中區域、真實樣本集中區域，以及夾在它們中間的區域。即：先隨機取一個 0～1 的隨機數，令一對真假樣本分別按隨機數的比例加總來產生 X_inter 的取樣，見式（8.27）、式（8.28）

$$eps = torch.FloatTensor(size).uniform\_(0,1)　　（8.27）$$

$$X\_inter = eps \times real + (1.0 - eps) \times G(x)　　（8.28）$$

這樣把 X_inter 代入式（8.25）中，就獲得最後版本的判別器 loss。虛擬碼如下：

```
eps =
torch.FloatTensor(real_samples.size(0),1,1,1).uniform_(0,1).to(device)
  X_inter = eps*real + (1. - eps)* G(x)
  L= D(G(x)) - D(real) +λMSE(autograd.grad(D(X_inter), [X_inter])-1)
```

實驗表明，Wgan-gp 模型中的 gradient_penaltys 能夠顯著加強訓練速度，解決了原始 WGAN 生成器梯度二值化問題[見圖 8-13（a）]與梯度消失爆炸問題[見圖 8-13（b）]。

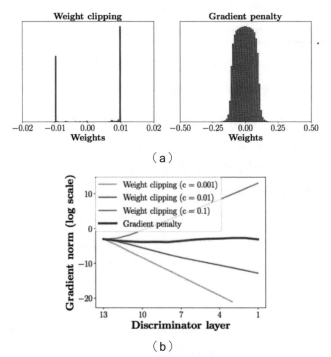

（a）

（b）

圖 8-13 WGAN-gp 模型效果比較

（該圖來自 wgan-gp 論文，該論文在 arXiv 網站上的編號為: 1704.00028）

🔊 提示：

由於對每個樣本獨立地施加梯度懲罰，所以在判別器的模型架構中不能使用 BN 演算法，因為它會引用同一個批次中不同樣本的相互相依關係。如果需要使用 BN 演算法，則可以選擇其他歸一化方法，如 Layer Normalization、Weight Normalization 和 Instance Normalization，這些方法不會引用樣本之間的依賴。

8.6.5 WGAN-div 模型——帶有 W 散度的 GAN 模型

WGAN-div 模型在 WGAN-gp 模型的基礎上從理論層面進行了二次深化。在 WGAN-gp 模型中，將判別器的梯度作為一個懲罰項加入判別器的 loss 值中。

在計算判別器梯度時，為了讓 X_inter 從整個聯合分佈空間的 x 份取樣，使用了在真假樣本之間隨機取樣的方式來實現，保障取樣區間屬於真假樣本的過渡區域。然而這種方案更像是一種經驗方案，沒有更完備的理論支撐（使用了個體取樣代替整體分佈，而無法從整體分佈層面直接解決問題）。

1. WGAN-div 模型的想法

WGAN-div 模型使用與 WGAN-gp 截然不同的想法：不再從梯度懲罰的角度去考慮，而是從兩個樣本間的分佈距離去考慮。

在 WGAN-div 模型中，引用了 W 散度用於度量真假樣本分佈之間的距離，並證明了 WGAN-gp 中的 W 距離不是散度。這表示 WGAN-gp 在訓練判別器時，並非總是會在拉大兩個分佈的距離，進一步在理論上證明了 WGAN-gp 缺陷——會有訓練故障的情況。

WGAN-div 模型從理論層面對 WGAN 進行了補充。利用 WGAN-div 模型所實現的損失不再需要取樣過程，並且所達到的訓練效果也比 WGAN-gp 更勝一籌。更多內容請參見 arXiv 網站上編號為 "1712.01026" 的論文。

2. 了解 W 散度

W 散度源於一篇 *Partial differential equations and monge-kantorovich mass transfer* 文獻中的方案（在 math.berkeley.edu 網站的 ~evans 路徑下搜尋 Monge-Kantorovich，可以找到論文連結）。

其公式轉換成對抗神經網路的場景下，可以描述成式（8.29）。

$$L= D(G(x))- D(\text{real})+ \frac{1}{2}\|\nabla T\|^2 \tag{8.29}$$

其中，∇T代表2個分佈的距離。如果將式（8.29）中的常數用符號表示，則可以寫成式（8.30）。

$$L= D(G(x))- D(\text{real})+ k\|\nabla T\|^p \tag{8.30}$$

3. WGAN-div 模型的損失函數

式（8.30）中的第3項可以進一步表示成式（8.31）。

$$k\|\nabla T\|^p = k(\frac{1}{2}\text{sum}(\text{real}_{\text{norm}}^2, 1)\ \frac{p}{2} + \frac{1}{2}\text{sum}(\text{fake}_{\text{norm}}^2, 1)^{\frac{p}{2}}) \tag{8.31}$$

🔊 提示：

sum(real_norm^2, 1)表示沿著real_norm^{2}的第1維度求和。

式（8.31）中的real_norm^2 與 fake_norm^{2}可以視為 $D(\text{real})$與 $D(G(x))$導數的 L2 範數。將式（8.31）代入式（8.30）即可獲得 WGAN-div 模型的損失函數，用虛擬碼表示如下：

```
real_norm  = grad(outputs= D(real),inputs= real)
real_L2_norm = real_norm.pow(2).sum(1) ** (p / 2)
fake_norm  = grad(outputs= D(G(x)),inputs= G(x))
fake_L2_norm = fake_norm.pow(2).sum(1) ** (p / 2)
div_gp = torch.mean(real_L2_norm** (p / 2) + fake_L2_norm** (p / 2)) * k
/ 2
less_d = D(G(x)) - D(real) + div_gp        #判別器的損失
less_g = -D(G(x))                          #生成器的損失
```

可以看到，WGAN-div 模型與 WGAN-gp 模型的區別僅在於判別器損失的梯度懲罰項部分，而生成器部分的損失演算法完全一樣。

透過搜尋實驗，發現在式（8.30）中，當 $k=2$，$p=6$ 時效果最好。

在 WGAN-div 模型中，使用了理論更完備的 W 散度來取代了 W 距離的計算方式。將原有的真假樣本取樣操作換成了以分佈層面為基礎的計算。

4. W 散度與 W 距離間的關係

對式（8.30）稍加轉換，令分佈距離∇T減去一個常數，即可變為式（8.32）。

$$L = D(\text{G}(x)) - D(\text{real}) + k\|\nabla T - n\|^p \qquad (8.32)$$

可以看到，當式（8.32）中的 $n=1$，$p=2$ 時，該式便與 WGAN-gp 模型中的判別式公式一致，見 8.6.4 節的式（8.25）。

⊕ 8.7 實例 40：建置 AttGAN 模型，對照片進行加鬍子、加頭簾、加眼鏡、變年輕等修改

本實例將實現一個人臉屬性編輯任務的模型。該模型把自編碼網路模型與對抗神經網路模型結合起來，透過重建學習和對抗性學習的訓練方式，融合人臉的潛在特徵與指定屬性，產生帶有指定屬性特徵的人臉圖片。

8.7.1 什麼是人臉屬性編輯任務

人臉屬性編輯任務可以將人臉按照指定的屬性特徵進行轉換，例如：轉換表情、增加鬍子、增加眼鏡、增加頭簾等。這種任務早先是透過特徵點區域像素取代方法來實現的。這種方法無法做出逼真的效果，常常將取代區域做得很誇張和卡通，可以造成娛樂的效果，所以多用於社交軟體中。

隨著深度學習的發展，人臉屬性編輯的效果變得越來越好，逼真度越來越高。透過特定的模型可以實現以假亂真的效果。

在深度學習中，人臉屬性編輯任務可以被歸類為影像風格轉換任務中的一種。它並不是以像素為基礎的單一取代，而是以圖片特徵為基礎的深度擬合。

實現人臉屬性編輯任務大致有兩種方法：以最佳化為基礎的方法、以學習為基礎的方法。

1. 以最佳化方法為基礎的人臉屬性編輯任務

以最佳化方法為基礎的人臉屬性編輯任務，主要是利用神經網路模型的最佳化器，透過監督式訓練來不斷最佳化節點參數，進一步實現從人臉圖片到目標屬性的轉換。例如：CNAI、DFI 等方法。

- CNAI 方法是計算人臉圖片透過 CNN 模型處理後的特徵與待轉換的人臉屬性特徵間的損失值，並按照該損失最小化的方向最佳化網路模型，進一步實現人臉屬性編輯。
- DFI 方法是在損失計算過程中加入了歐式距離的測量方法。

這兩種方法都需要透過大量次數的疊代訓練，且效果相對較差。

2. 以學習方法為基礎的人臉屬性編輯任務

以學習方法為基礎的人臉屬性編輯任務，主要是透過對抗神經網路學習不同域之間的關係，進一步實現從人臉圖片到目標屬性的轉換。它是目前主流的實現方法。

在影像風格轉換任務中用到的模型，都可以用來做人臉屬性編輯任務。例如：在 CycleGAN 模型中加入重構損失函數，以保障圖片內容的一致性（即將人臉中不需要變化的屬性保持原樣）。

在 CycleGAN 模型之後又出現了 StarGAN 模型。StarGAN 模型是在輸入圖片中加入了屬性控制資訊，並改良了判別器模型，在 GAN 網路結構中，除判斷輸入樣本真假外，還對輸入樣本的屬性進行了分類。StarGAN 模型可以透過屬性控制資訊實現用一個模型產生多個屬性的效果。

還有效果更好的 AttGAN 模型。該模型在生成器模型部分嵌入了自編碼網路模型（轉碼器模型架構）。這樣的模型可以更深層次地擬合原資料中潛在特徵和屬性的關係，進一步使得產生的效果更加逼真。

8.7.2 模型任務與樣本介紹

在本實例中，使用 CelebA 資料集訓練 AttGAN 模型，使模型能夠對照片中的人物進行修改，實現為照片中的人物增加鬍子、增加頭簾、增加眼袋、增加眼鏡、年輕化處理等 40 項屬性的處理。

1. 取得 CelebA 資料集

CelebA 資料集是一個人臉資料集,其中包含人臉圖片與人臉屬性的標記資訊。部分樣本資料如圖 8-14 所示。

圖 8-14 人臉資料集樣本範例

透過本書書附程式「程式 8-7 deblurmodel」資料夾中的連結下載 CelebA 資料集。

資料集下載完後,將其中的對齊圖片資料與標記資料分析出來用於訓練。實際操作如下:

(1) 在程式的本機資料夾下新增一個目錄 data。

(2) 將 CelebA\Img 下的 img_align_celeba.zip 解壓縮,獲得 img_align_celeba 資料夾,並將該資料夾放在 data 目錄下。

(3) 將 CelebA\Anno 下的 list_attr_celeba.txt 也放到 data 目錄下。

2. 了解樣本的標記資訊

CelebA 資料集中的標記檔案 list_attr_celeba.txt 記錄了每張人臉圖片的多個屬性特徵。在標記檔案 list_attr_celeba.txt 中,將人臉屬性劃分成 40 個屬性標籤。如果圖片中的人臉符合某個屬性標籤,則在該屬性標籤的位置上設定值 1,否則在該屬性的標籤上設定值–1。

這 40 種人臉屬性的內容如下：

'當天的小鬍荏': 0,	'拱形眉毛': 1,	'漂亮': 2,	'眼袋': 3,	'沒頭髮': 4,
'頭簾': 5,	'大嘴唇': 6,	'大鼻子': 7,	'黑髮': 8,	'金髮': 9,
'圖片模糊': 10,	'棕色頭髮': 11,	'濃眉毛': 12,	'胖乎乎': 13,	'雙下巴': 14,
'眼鏡': 15,	'山羊鬍子': 16,	'灰髮': 17,	'重妝': 18,	'高顴骨': 19,
'男': 20,	'嘴微微開': 21,	'小鬍子': 22,	'細眼睛': 23,	'沒鬍子': 24,
'橢圓形臉': 25,	'蒼白皮膚': 26,	'尖鼻子': 27,	'退縮髮際線': 28,	'玫瑰色臉頰': 29,
'連鬢鬍子': 30,	'微笑': 31,	'直髮': 32,	'波浪髮': 33,	'佩戴耳環': 34,
'戴帽子': 35,	'塗口紅': 36,	'戴項鍊': 37,	'打領帶': 38,	' 年輕': 39

這裡的標籤標記並不是 one-hot 分類，人臉圖片與這 40 個屬性標籤是多對多的關係，即一個圖片可以被打上多個屬性的分類標籤，如圖 8-15 所示。

圖 8-15 CelebA 的標記資料

從圖 8-15 中可以看出，標記檔案的內容主要分為 3 種資料：

- 第 1 行是總共標記的筆數。
- 第 2 行是這 40 種屬性的英文標籤。
- 第 3 行及以下行是每張圖片對應的標籤，表明該圖片實際帶有哪個屬性（1 表示具有該屬性，–1 表示沒有該屬性）。

8.7.3 了解 AttGAN 模型的結構

AttGAN 模型屬於對抗神經網路模型架構下的多模型結構。它在對抗神經網路模型架構基礎上，將單一的生成器模型換成一個自編碼網路模型。其整體結構描述如下。

▪ 生成器模型：由一個自編碼網路模型組成。用自編碼模型中的編碼器模型來分析人臉主要潛在特徵，用自編碼模型中的解碼器模型來產生指定屬性的人臉影像。

▪ 判別器模型：造成約束解碼器模型的作用，讓解碼器模型產生具有指定特徵屬性的人臉影像。

AttGAN 模型的完整結構如圖 8-16 所示。

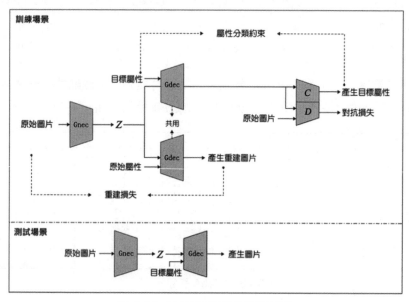

圖 8-16　AttGAN 模型的完整結構

圖 8-16 描述了 AttGAN 模型在兩個場景下的完整結構。

▪ 訓練場景：表現了 AttGAN 模型的完整結構。在訓練自編碼模型的解碼器模型時，將重建過程的損失值和對抗網路模型的損失值作為整個網路模型的損失值。該損失值將參與疊代訓練過程中的反向傳播過程。

▪ 測試場景：直接用訓練好的自編碼模型產生人臉圖片，不再需要對抗神經網路模型中的判別器模型。

1. 訓練場景中模型的組成及作用

在訓練場景中，模型由 3 個子模型組成：編碼器模型（Genc）、解碼器模型（Gdec）、判別器模型（CD）。實際描述如下。

- 編碼器模型（Genc）：將真實圖片壓縮成特徵向量 Z。
- 解碼器模型（Gdec）：使用了兩種訓練方式。一種訓練方式是將樣本圖片與原始標籤 a 組合作為輸入，重建出原始圖片；另一種訓練方式是將樣本圖片與隨機製作的標籤 b 組合作為輸入，重建出帶有標籤 b 中特徵的圖片。
- 判別器模型（CD）：輸出了兩種結果。一種是分類結果（C），代表圖片中人臉的屬性；另一種是判斷真偽的結果（D），用來區分輸入的是真實圖片還是產生的圖片。

在 AttGAN 模型中，生成器模型的隨機值並不是產生照片的隨機數，而是根據原始標籤變化後的標籤值。照片資料在模型中只是造成重建作用。因為在人臉編輯任務中，不希望對屬性之外的影像發生變化，所以重建損失可以最大化地保障個體資料原有的樣子。

2. 測試場景中模型的組成及作用

在測試場景中，AttGAN 模型由兩個子模型組成：

（1）利用編碼器模型將圖片特徵分析出來。
（2）將分析的特徵與指定的屬性值參數一起輸入編碼器模型中，合成出最後的人臉圖片。

更多細節參見 arXiv 網站上編號為 "1711.10678" 的論文。

8.7.4 程式實現：實現支援動態圖和靜態圖的資料集工具類別

撰寫資料集工具類別，對 tf.data.Dataset 介面進行二次封裝，使其可以相容動態圖與靜態圖。程式如下。

■ 程式 8-10 mydataset

```
01 import os
02 import numpy as np
03 import tensorflow as tf
04
05
```

```
06 class Dataset(object):          #定義資料集類別，支援動態圖和靜態圖
07    def __init__(self):
08        self._dataset = None
09        self._iterator = None
10        self._batch_op = None
11        self._sess = None
12        self._is_eager = tf.executing_eagerly()
13        self._eager_iterator = None
14
15    def __del__(self):            #多載 del() 方法
16        if self._sess:            #在靜態圖中，在銷毀物件時需要關閉 session
17            self._sess.close()
18
19    def __iter__(self):           #多載疊代器方法
20        return self
21
22    def __next__(self):           #多載 next() 方法
23        try:
24            b = self.get_next()
25        except:
26            raise StopIteration
27        else:
28            return b
29    next = __next__
30    def get_next(self):           #取得下一個批次的資料
31        if self._is_eager:
32            return self._eager_iterator.get_next()
33        else:
34            return self._sess.run(self._batch_op)
35
36    def reset(self, feed_dict={}): #重置資料集疊代器指標（用於整個資料集循環疊代）
37        if self._is_eager:
38            self._eager_iterator = tf.compat.v1.data.Iterator(self_dataset)
39        else:
40            self._sess.run(self._iterator.initializer, feed_dict=
    feed_dict)
41
42    def _bulid(self, dataset, sess=None): #建置資料集
43        self._dataset = dataset
44
45        if self._is_eager:        #直接傳回動態圖中的資料集疊代器物件
46            self._eager_iterator = tf.compat.v1.data.Iterator(dataset)
```

```
47          else:           #在靜態圖中需要進行初始化，並傳回疊代器的 get_next()方法
48              self._iterator =
    tf.compat.v1.data.make_initializable_iterator(dataset)
49              self._batch_op = self._iterator.get_next()
50              if sess:
51                  self._sess = sess
52              else:           #如果沒有傳入 session，則需要自己建立一個
53                  self._sess = tf.compat.v1.Session()
54          try:
55              self.reset()
56          except:
57              pass
58      @property
59      def dataset(self):      #傳回 deatset 屬性
60          return self._dataset
61
62      @property
63      def iterator(self):     #傳回 iterator 屬性
64          return self._iterator
65
66      @property
67      def batch_op(self):     #傳回 batch_op 屬性
68          return self._batch_op
```

整個程式相對比較好了解，就是內部維護了一套動態圖和靜態圖各自的疊代
關係。使用的都是 Python 基礎語法方面的知識。

8.7.5 程式實現：將 CelebA 做成資料集

製作 Dataset 資料集可以分成兩個主要部分：

- 函數 disk_image_batch_dataset，用來將實際的圖片和標籤資料拼裝成
  Dataset 資料集。
- 類別 Celeba 繼承於 8.7.4 節的 Dataset 類別。在該類別中實現了實際圖片資
  料的轉換函數 _map_func 與一個靜態方法 check_attribute_conflict()。靜態
  方法 check_attribute_conflict()的作用是將標籤中與指定屬性衝突的標示位
  歸零。

實際程式如下。

■ 程式 8-10 mydataset（續）

```
69  #從指定的圖片目錄中讀取圖片，並轉成資料集
70  def disk_image_batch_dataset(img_paths, batch_size, labels=None, filter=
    None,drop_remainder=True,
71                              map_func=None,  shuffle=True, repeat=-1):
72
73     if labels is None:                 #將傳入的圖片路徑與標籤轉成 Dataset 資料集
74         dataset = tf.data.Dataset.from_tensor_slices(img_paths)
75     elif isinstance(labels, tuple):
76         dataset = tf.data.Dataset.from_tensor_slices((img_paths,) +
    tuple(labels))
77     else:
78         dataset = tf.data.Dataset.from_tensor_slices((img_paths, labels))
79
80     if filter:                         #支援呼叫外部傳入的 filter 處理函數
81         dataset = dataset.filter(filter)
82
83     def parse_func(path, *label):   #定義資料集的 map 處理函數，用來讀取圖片
84         img = tf.io.read_file(path)
85         img = tf.image.decode_png(img, 3)
86         return (img,) + label
87
88     if map_func:                       #支援呼叫外部傳入的 map 處理函數
89         def map_func_(*args):
90             return map_func(*parse_func(*args))
91         dataset = dataset.map(map_func_, num_parallel_calls=num_threads)
92     else:
93         dataset = dataset.map(parse_func, num_parallel_calls=num_threads)
94
95     if shuffle:                        #亂數操作
96         dataset = dataset.shuffle(buffer_size)
97     #按批次劃分
98     dataset = dataset.batch(batch_size,drop_remainder = drop_remainder)
99     dataset = dataset.repeat(repeat).prefetch(prefetch_batch) #設定快取
100     return dataset
101
102 class Celeba(Dataset):
103     #定義人臉屬性
104     att_dict={'5_o_Clock_Shadow': 0,'Arched_Eyebrows': 1, 'Attractive': 2,
105               'Bags_Under_Eyes': 3, 'Bald': 4, 'Bangs': 5, 'Big_Lips': 6,
106               'Big_Nose': 7,'Black_Hair': 8, 'Blond_Hair': 9, 'Blurry': 10,
107               'Brown_Hair': 11, 'Bushy_Eyebrows': 12, 'Chubby': 13,
```

```
108              'Double_Chin': 14, 'Eyeglasses': 15, 'Goatee': 16,
109              'Gray_Hair': 17, 'Heavy_Makeup': 18, 'High_Cheekbones': 19,
110              'Male': 20, 'Mouth_Slightly_Open': 21, 'Mustache': 22,
111              'Narrow_Eyes': 23, 'No_Beard': 24, 'Oval_Face': 25,
112              'Pale_Skin': 26, 'Pointy_Nose': 27, 'Receding_Hairline': 28,
113              'Rosy_Cheeks': 29, 'Sideburns': 30, 'Smiling': 31,
114              'Straight_Hair': 32, 'Wavy_Hair': 33, 'Wearing_Earrings': 34,
115              'Wearing_Hat': 35, 'Wearing_Lipstick': 36,
116              'Wearing_Necklace': 37, 'Wearing_Necktie': 38, 'Young': 39}
117
118    def __init__(self, data_dir, atts, img_resize, batch_size,
119               shuffle=True, repeat=-1, sess=None, mode='train', crop=
   True):
120        super(Celeba, self).__init__()
121        #定義資料路徑
122        list_file = os.path.join(data_dir, 'list_attr_celeba.txt')
123        img_dir_jpg = os.path.join(data_dir, 'img_align_celeba')
124        img_dir_png = os.path.join(data_dir, 'img_align_celeba_png')
125
126        #讀取文字資料
127        names = np.loadtxt(list_file, skiprows=2, usecols=[0],
   dtype=np.str)
128        if os.path.exists(img_dir_png):   #將圖片的檔案名稱收集起來
129            img_paths = [os.path.join(img_dir_png, name.replace('jpg',
   'png')) for name in names]
130        elif os.path.exists(img_dir_jpg):
131            img_paths = [os.path.join(img_dir_jpg, name) for name in names]
132        print(img_dir_png,img_dir_jpg)
133        #讀取每個圖片的屬性標示
134        att_id = [Celeba.att_dict[att] + 1 for att in atts]
135        labels = np.loadtxt(list_file, skiprows=2, usecols=att_id,
   dtype=np.int64)
136
137        if img_resize == 64:
138            offset_h = 40
139            offset_w = 15
140            img_size = 148
141        else:
142            offset_h = 26
143            offset_w = 3
144            img_size = 170
145
```

```
146        def _map_func(img, label):
147            #從位於(offset_h, offset_w)的影像的左上角像素開始對影像修改
148            img = tf.image.crop_to_bounding_box(img, offset_h, offset_w,
       img_size, img_size)
149            #用雙向內插法縮放圖片
150            img = tf.image.resize(img, [img_resize, img_resize],
       tf.image.ResizeMethod.BICUBIC)
151            img = tf.clip_by_value(img, 0, 255) / 127.5 - 1#歸一化處理
152            label = (label + 1) // 2        #將標籤變為 0 和 1
153            return img, label
154
155        drop_remainder = True
156        if mode == 'test':                       #根據使用情況決定資料集的處理方式
157            drop_remainder = False
158            shuffle = False
159            repeat = 1
160            img_paths = img_paths[182637:]
161            labels = labels[182637:]
162        elif mode == 'val':
163            img_paths = img_paths[182000:182637]
164            labels = labels[182000:182637]
165        else:
166            img_paths = img_paths[:182000]
167            labels = labels[:182000]
168        #建立資料集
169        dataset = disk_image_batch_dataset(img_paths=img_paths,labels=
       labels,
170                batch_size=batch_size, map_func=_map_func,
171                drop_remainder=drop_remainder,
172                shuffle=shuffle,repeat=repeat)
173        self._bulid(dataset, sess)              #建置資料集
174        self._img_num = len(img_paths)          #計算總長度
175
176    def __len__(self):                          #多載 len 函數
177        return self._img_num                    #傳回資料集的總長度
178
179    @staticmethod                               #定義一個靜態方法，實現將衝突類別歸零
180    def check_attribute_conflict(att_batch, att_name, att_names):
181        def _set(att, value, att_name):
182            if att_name in att_names:
183                att[att_names.index(att_name)] = value
184
```

```
185          att_id = att_names.index(att_name)
186          for att in att_batch:              #循環處理批次中的每個反向標籤
187              if att_name in ['Bald', 'Receding_Hairline'] and att[att_id] == 1:
188                  _set(att, 0, 'Bangs')  #沒頭髮屬性和退縮髮際線屬性與頭簾屬性衝突
189              elif att_name == 'Bangs' and att[att_id] == 1:
190                  _set(att, 0, 'Bald')
191                  _set(att, 0, 'Receding_Hairline')
192              elif att_name in ['Black_Hair', 'Blond_Hair', 'Brown_Hair',
    'Gray_Hair'] and att[att_id] == 1:
193                  for n in ['Black_Hair', 'Blond_Hair', 'Brown_Hair',
    'Gray_Hair']:
194                      if n != att_name:              #頭髮顏色只能取一種
195                          _set(att, 0, n)
196              elif att_name in ['Straight_Hair', 'Wavy_Hair'] and
    att[att_id] == 1:
197                  for n in ['Straight_Hair', 'Wavy_Hair']:
198                      if n != att_name:              #直髮屬性和波浪屬性
199                          _set(att, 0, n)
200              elif att_name in ['Mustache', 'No_Beard'] and att[att_id] == 1:
201                  for n in ['Mustache', 'No_Beard']: #有鬍子屬性和沒鬍子屬性
202                      if n != att_name:
203                          _set(att, 0, n)
204
205      return att_batch
```

在程式第 104 行中，手動定義了人臉屬性的字典。該字典的屬性名稱與順序要與 8.7.2 節介紹的樣本標記中的一致。在整個專案中，都會用這個字典來定位圖片的實際屬性。

程式第 137 行是一個增強輸入圖片主要內容的小技巧：先按照一定尺寸將圖片的主要內容修改下來，再將其轉為指定的尺寸，進一步實現將主要內容區域放大的效果。因為本實例使用的人臉資料集是經過對齊前置處理後的圖片（高為 218 pixel，寬為 178 pixel），所以可以用人為調好的數值進行修改。

程式第 137~144 行的意思是：如果使用 64 pixel×64 pixel 大小的圖片，則從原始圖片（15, 40）座標處修改 148 pixel×148 pixel 大小的區域；如果使用其他尺寸大小的圖片，則從原始圖片的（3, 26）座標處修改 170 pixel×170 pixel 大小的區域。

修改後的圖片將被用雙向內插法縮放為指定大小的圖片。

8.7.6 程式實現:建置 AttGAN 模型的編碼器

編碼器模型由多個卷積層組成。每一層在進行卷積操作後,都會做批次歸一化處理(BN)。另外,用一個列表 zs 將每層的處理結果收集起來一起傳回。

編碼器模型的結果和清單 zs 中的中間層特徵會在 8.7.7 節的解碼器模型中被使用。

實際程式如下。

■ 程式 8-11 AttGANmodels

```
01 import tensorflow as tf
02 import tensorflow.keras.layers as KL
03
04 MAX_DIM = 64 * 16          #卷積輸出的最小維度
05 def Genc(x, dim=64, n_layers=5, is_training=True):
06     with tf.compat.v1.variable_scope('Genc', reuse=tf.compat.v1.AUTO_REUSE):
07         z = x
08         zs = []
09         for i in range(n_layers):    #循環卷積操作
10             d = min(dim * 2**i, MAX_DIM)
11             z = KL.Conv2D(d,4,2,activation=tf.nn.leaky_relu)(z)
12             z = KL.BatchNormalization(trainable=is_training)(z)#批次歸一化處理
13             zs.append(z)
14         return zs
```

在程式第 12 行的批次歸一化(BN)處理中,呼叫了 tf.keras 介面的 BatchNormalization 函數。該函數透過 trainable 參數來設定內部參數是否需要訓練。

8.7.7 程式實現:建置含有轉置卷積的解碼器模型

解碼器模型是由植入層、短連接層、多個轉置卷積層組成的。

- 植入層:將標籤資訊按照解碼器模型中間層的尺寸[h,w]複製 $h \times w$ 份,變成形狀為[batch,h,w,標籤屬性個數]的矩陣。然後用 concat 函數將該矩陣與解碼器模型中間層資訊連接起來,一起傳入下一層進行轉置卷積操作。
- 短連接:將 8.7.6 節編碼器模型中間層資訊與對應的解碼器模型中間層資訊

用 concat 函數結合起來，一起傳入下一層進行轉置卷積操作。

■ 轉置卷積層：透過將卷積核心轉置並進行反卷積操作。該網路層具有資訊
還原的功能。

解碼器模型中轉置卷積層的數量要與編碼器模型中卷積層的數量一致，各為 5
層。編碼器模型與解碼器模型的結構如圖 8-17 所示。

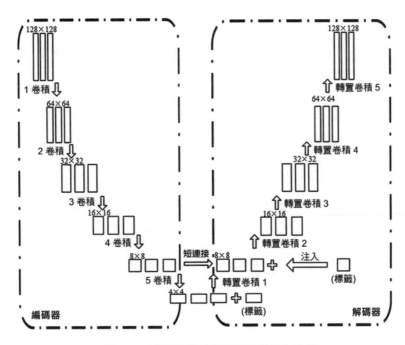

圖 8-17　編碼器模型與解碼器模型的結構

按照圖 8-17 中的結構，解碼器模型的處理流程如下：

（1）將編碼器模型的結果加入標籤資訊作為原始資料。

（2）在第 1 層進行轉置卷積後加入短連接資訊。

（3）將標籤透過植入層與第（2）步的結果連接起來。

（4）把第（3）步的結果透過 4 層轉置卷積，獲得與原始圖片尺寸相同（128
pixel×128 pixel）的輸出。

其中，短連接層的數量與植入層的數量是可以透過參數調節的。這裡使用的
參數為 1，代表各使用 1 層。

實際程式如下。

■ 程式 8-11　AttGANmodels（續）

```
15 def Gdec(zs, _a, dim=64, n_layers=5, shortcut_layers=1, inject_layers=0,
   is_training=True):
16     shortcut_layers = min(shortcut_layers, n_layers - 1)  #定義短連接層
17     inject_layers = min(inject_layers, n_layers - 1)        #定義植入層
18
19     def _concat(z, z_, _a):                          #定義函數，實現 concat 操作
20         feats = [z]
21         if z_ is not None:                            #追加短連接層資訊
22             feats.append(z_)
23         if _a is not None:                            #追加植入層的標籤資訊
24             #調整標籤維度，與解碼器模型的中間層一致
25             _a = tf.reshape(_a, [-1, 1, 1, _a.get_shape()[-1] ])
26             #按照解碼器模型中間層輸出的尺寸進行複製
27             _a = tf.tile(_a, [1, z.get_shape()[1],z.get_shape()[2], 1])
28             feats.append(_a)
29         return tf.concat(feats, axis=3)               #對特徵進行 concat 操作
30
31     with tf.compat.v1.variable_scope('Gdec', reuse=tf.compat.v1.
   AUTO_REUSE):
32         z = _concat(zs[-1], None, _a)          #將編碼器模型結果與標籤結合起來
33         for i in range(n_layers):                 #5 層轉置卷積
34             if i < n_layers - 1:
35                 d = min(dim * 2**(n_layers - 1 - i), MAX_DIM)
36                 z = KL.Conv2DTranspose(d,4,2,activation=tf.nn.relu)(z)
37                 z = KL.BatchNormalization(trainable=is_training)(z)
38                 if shortcut_layers > i:    #實現短連接層
39                     z = _concat(z, zs[n_layers - 2 - i], None)
40                 if inject_layers > i:      #實現植入層
41                     z = _concat(z, None, _a)
42             else:
43                 x = KL.Conv2DTranspose(3, 6, 2,activation=tf.nn.tanh)(z)
                   #對最後一層的結果進行特殊處理
44         return x
```

程式第 43 行，對最後一層的結果做了啟動函數 tanh 的轉換，將最後結果變成
與原始圖片歸一化處理後一樣的值域（−1~1）。

🔊 提示：

這裡分享一個在實際訓練中得出的經驗：啟動函數 leaky_relu 配合卷積神經網路的效果要比啟動函數 relu 好。所以可以看到，在 8.7.6 節中的編碼器模型部分使用的是啟動函數 leaky_relu，而在本節的解碼器模型部分使用的是啟動函數 relu。

8.7.8 程式實現：建置 AttGAN 模型的判別器模型部分

判別器模型相對簡單。步驟如下：

（1）用 5 層卷積網路對輸入資料進行特徵分析。

（2）在第（1）步的 5 層卷積網路中，每次卷積操作後都進行一次實例歸一化處理（8.4.4 節）。實例歸一化可以幫助卷積網路更進一步地對獨立樣本個體進行特徵分析。

（3）將第（1）步的結果分成兩份，分別透過 2 層全連接網路，獲得判別真偽的結果與判別分類的結果。

（4）將最後的判別真偽的結果與判別分類的結果傳回。

實際程式如下。

■ 程式 8-11 AttGANmodels（續）

```
45 def D(x, n_att, dim=64, fc_dim=MAX_DIM, n_layers=5):
46     with tf.compat.v1.variable_scope('D', reuse=tf.compat.v1.AUTO_REUSE):
47         y = x
48         for i in range(n_layers):    #5 層卷積網路
49             d = min(dim * 2**i, MAX_DIM)
50             y= KL.Conv2D(d,4,2, activation=tf.nn.leaky_relu)(y)
51         print(y.shape,y.shape.ndims)
52         if y.shape.ndims > 2:        #大於 2 維的，需要展開變成 2 維的再做全連接
53             y = tf.compat.v1.layers.flatten(y)
54         #用 2 層全連接辨別真偽
55         logit_gan = KL.Dense(fc_dim,activation =tf.nn.leaky_relu )(y)
56         logit_gan = KL.Dense(1,activation =None )(logit_gan)
57         #用 2 層全連接進行分類
58         logit_att = KL.Dense(fc_dim,activation =tf.nn.leaky_relu )(y)
59         logit_att = KL.Dense(n_att,activation =None )(logit_att)
60
```

```
61          return logit_gan, logit_att
62
63 def gradient_penalty(f, real, fake=None):   #計算WGAN-gp的懲罰項
64    def _interpolate(a, b=None):            #定義聯合分佈空間的取樣函數
65        with tf.compat.v1.name_scope('interpolate'):
66            if b is None:
67                beta = tf.random.uniform(shape=tf.shape(a), minval=0.,
    maxval=1.)
68                _, variance = tf.nn.moments(a, range(a.shape.ndims))
69                b = a + 0.5 * tf.sqrt(variance) * beta
70            shape = [tf.shape(a)[0]] + [1] * (a.shape.ndims - 1)
71            #定義取樣的隨機數
72            alpha = tf.random.uniform(shape=shape, minval=0., maxval=1.)
73            inter = a + alpha * (b - a)   #聯合空間取樣
74            inter.set_shape(a.get_shape().as_list())
75            return inter
76
77    with tf.compat.v1.name_scope('gradient_penalty'):
78        x = _interpolate(real, fake)       #在聯合分佈空間取樣
79        pred = f(x)
80        if isinstance(pred, tuple):
81            pred = pred[0]
82        grad = tf.gradients(pred, x)[0]   #計算梯度懲罰項
83        norm = tf.norm(tf.compat.v1.layers.flatten(grad), axis=1)
84        gp = tf.reduce_mean((norm - 1.)**2)
85        return gp
```

程式第 63 行是一個計算對抗網路懲罰項的函數。該懲罰項源於 WGAN-gp 對抗神經網路模型。如果在 WGAN 模型與 LSGAN 模型中增加了懲罰項,則分別變成了 WGAN-gp、LSGAN-gp 模型。

8.7.9 程式實現:定義模型參數,並建置 AttGAN 模型

接下來進入模型訓練環節。

首先,在靜態圖中建置 AttGAN 模型,並建立資料集。實際程式如下。

■ 程式 8-12 trainattgan

```
01 from functools import partial        #引用偏函數程式庫
02 import traceback
03 import re                            #引用正規函數庫
```

```
04 import numpy as np
05 import tensorflow as tf
06 import time
07 import os
08 import scipy.misc
09 tf.compat.v1.disable_v2_behavior()
10 mydataset = __import__("程式 8-10  mydataset")  #引用本機檔案
11 data = mydataset
12 AttGANmodels = __import__("程式 8-11  AttGANmodels")
13 models = AttGANmodels
14
15 img_size = 128            #定義圖片尺寸
16 #定義模型參數
17 shortcut_layers = 1       #定義短連接層數
18 inject_layers =1          #定義植入層數
19 enc_dim = 64              #定義編碼維度
20 dec_dim = 64              #定義解碼維度
21 dis_dim = 64              #定義判別器模型維度
22 dis_fc_dim = 1024         #定義判別器模型中全連接的節點
23 enc_layers = 5            #定義編碼器模型層數
24 dec_layers = 5            #定義解碼器模型層數
25 dis_layers = 5            #定義判別器模型器層數
26
27 #定義訓練參數
28 mode = 'wgan'             #設定計算損失的方式，還可設為"lsgan"
29 epoch = 200               #定義疊代次數
30 batch_size = 32           #定義批次大小
31 lr_base = 0.0002          #定義學習率
32 n_d = 5                   #定義訓練間隔，訓練 n_d 次判別器模型伴隨一次生成器模型
33 #定義生成器模型的隨機方式
34 b_distribution = 'none'   #還可以設定值：uniform、truncated_normal
35 thres_int = 0.5           #訓練時，特徵的上下限值域
36 #測試時特徵屬性的上下限值域
37 test_int = 1.0            #一般要大於訓練時的值域，使特徵更加明顯
38 n_sample = 32
39
40 #定義預設屬性
41 att_default = ['Bald', 'Bangs', 'Black_Hair', 'Blond_Hair',
   'Brown_Hair', 'Bushy_Eyebrows', 'Eyeglasses', 'Male', 'Mouth_Slightly_
   Open', 'Mustache', 'No_Beard', 'Pale_Skin', 'Young']
```

```
42  n_att = len(att_default)
43
44  experiment_name = "128_shortcut1_inject1_None"      #定義模型的資料夾名稱
45  os.makedirs('./output/%s' % experiment_name, exist_ok=True)   #建立目錄
46
47  tf.compat.v1.reset_default_graph()
48  #定義執行 session 的硬體規格
49  config = tf.compat.v1.ConfigProto(allow_soft_placement=True,
    log_device_placement=False)
50  config.gpu_options.allow_growth = True
51  sess = tf.compat.v1.Session(config=config)
52
53  #建立資料集
54  tr_data = data.Celeba(r'E:\newgan\AttGAN-Tensorflow-master\data',
    att_default, img_size, batch_size, mode='train', sess=sess)
55  val_data = data.Celeba(r'E:\newgan\AttGAN-Tensorflow-master\data',
    att_default, img_size, n_sample, mode='val', shuffle=False, sess=sess)
56
57  #準備一部分評估樣本，用於測試模型的輸出效果
58  val_data.get_next()
59  val_data.get_next()
60  xa_sample_ipt, a_sample_ipt = val_data.get_next()
61  b_sample_ipt_list = [a_sample_ipt]        #儲存原始樣本標籤，用於重建
62  for i in range(len(att_default)):         #每個屬性產生一個標籤
63      tmp = np.array(a_sample_ipt, copy=True)
64      tmp[:, i] = 1 - tmp[:, i]             #將指定屬性反轉，去掉顯像屬性的衝突項
65      tmp = data.Celeba.check_attribute_conflict(tmp, att_default[i],
    att_default)
66      b_sample_ipt_list.append(tmp)
67
68  #建置模型
69  Genc = partial(models.Genc, dim=enc_dim, n_layers=enc_layers)
70  Gdec = partial(models.Gdec, dim=dec_dim, n_layers=dec_layers,
    shortcut_layers=shortcut_layers, inject_layers=inject_layers)
71  D = partial(models.D, n_att=n_att, dim=dis_dim, fc_dim=dis_fc_dim,
    n_layers=dis_layers)
```

程式第 58~66 行，根據評估樣本的標籤資料來合成多個目標標籤。這些目標標籤將被輸入模型中用於產生指定的人臉圖片。實際步驟如下：

（1）用資料集產生一部分評估樣本及對應的標籤。

（2）從預設屬性 att_default（見程式第 41 行）中取出一個屬性索引。

（3）用步驟（2）的屬性索引，在樣本標籤中找到對應的屬性值，將其反轉。

（4）將反轉後的標籤儲存起來，完成一個目標標籤的製作。

（5）用 for 循環檢查預設屬性 att_default，在循環中實現步驟（2）~（4）的操作，合成多個目標標籤。

在合成目標標籤的過程中，每個目標標籤只在原來的標籤上改變了一個屬性。這樣做可以使輸出的效果更加明顯。

在程式第 69~71 行，用偏函數分別對編碼器模型、解碼器模型、判別器模型進行二次封裝，將常數參數固定起來。

8.7.10 程式實現：定義訓練參數，架設正反向模型

定義學習率、輸入樣本、模擬標籤相關的預留位置，並建置正反向模型。

1. 架設 AttGAN 模型正向結構的步驟

8.7.3 節中 AttGAN 模型正向結構的實作方式如下：

（1）用編碼器模型分析特徵。

（2）將分析後的特徵與樣本標籤一起輸入解碼器模型，重建輸入的人臉圖片。

（3）將步驟（1）分析後的特徵與模擬標籤一起輸入解碼器模型，完成模擬人臉圖片的產生。

（4）將步驟（3）的模擬人臉圖片與真實的圖片輸入判別器，模型進行圖片真偽的判斷和屬性分類的計算。

1. 架設 AttGAN 模型中的技術細節

標籤計算之前，統一進行一次值域變化，將標籤的值域從 0~1 變為-0.5~0.5，見程式第 75 行。

在模擬標籤部分，程式中列出了 3 種方法：直接亂數、用 uniform 隨機值進行變化、用 truncated_normal 隨機值進行變化，見程式第 77~82 行。

完整的程式如下。

■ 程式 8-12 trainattgan（續）

```
72 lr = tf.compat.v1.placeholder(dtype=tf.float32, shape=[])#定義學習率預留位置
73 xa = tr_data.batch_op[0]           #定義取得訓練圖片資料的 OP
74 a = tr_data.batch_op[1]            #定義取得訓練標籤資料的 OP
75 _a = (tf.cast(a,tf.float32) * 2 - 1) * thres_int    #改變標籤值域
76 b = tf.random.shuffle(a)           #打亂屬性標籤的對應關係，用於生成器模型的輸入
77 if b_distribution == 'none':       #建置生成器模型的隨機值標籤
78     _b = (tf.cast(b,tf.float32) * 2 - 1) * thres_int
79 elif b_distribution == 'uniform':
80     _b = (tf.cast(b,tf.float32) * 2 - 1) * tf.random.uniform(tf.shape(b))
   * (2 * thres_int)
81 elif b_distribution == 'truncated_normal':
82     _b = (tf.cast(b,tf.float32) * 2 - 1) *
   (tf.random.truncated_normal(tf.shape(b)) + 2) / 4.0 * (2 * thres_int)
83
84 xa_sample = tf.compat.v1.placeholder(tf.float32, [None, img_size,
   img_size, 3])
85 _b_sample = tf.compat.v1.placeholder(tf.float32, [None, n_att])
86
87 #建置生成器模型
88 z = Genc(xa)          #用編碼器模型分析特徵
89 xb_ = Gdec(z, _b)     #將編碼器模型輸出的特徵配合隨機屬性，產生人臉圖片（用於對抗）
90 with tf.control_dependencies([xb_]):
91     xa_ = Gdec(z,_a)#將編碼器模型輸出的特徵配合原有標籤屬性，產生人臉圖片（用於重建）
92
93 #建置判別器模型
94 xa_logit_gan, xa_logit_att = D(xa)
95 xb__logit_gan, xb__logit_att = D(xb_)
96
97 #計算判別器模型損失
98 if mode == 'wgan':          #用 wgan-gp 方式
99     wd = tf.reduce_mean(xa_logit_gan) - tf.reduce_mean(xb__logit_gan)
100     d_loss_gan = -wd
101     gp = models.gradient_penalty(D, xa, xb_)
102 elif mode == 'lsgan':      #用 lsgan-gp 方式
103     xa_gan_loss = tf.compat.v1.losses.mean_squared_error(tf.ones_like
   (xa_logit_gan), xa_logit_gan)
```

```
104    xb__gan_loss = tf.compat.v1.losses.mean_squared_error(tf.zeros_like
    (xb__logit_gan), xb__logit_gan)
105    d_loss_gan = xa_gan_loss + xb__gan_loss
106    gp = models.gradient_penalty(D, xa)
107
108 #計算分類器模型的重建損失
109 xa_loss_att = tf.compat.v1.losses.sigmoid_cross_entropy(a, xa_logit_att)
110 d_loss = d_loss_gan + gp * 10.0 + xa_loss_att #最後的判別器模型損失
111
112 #計算生成器模型損失
113 if mode == 'wgan':          #用 wgan-gp 方式
114    xb__loss_gan = -tf.reduce_mean(xb__logit_gan)
115 elif mode == 'lsgan':       #用 lsgan-gp 方式
116    xb__loss_gan = tf.compat.v1.losses.mean_squared_error
    (tf.ones_like(xb__logit_gan), xb__logit_gan)
117
118 #計算分類器模型的重建損失
119 xb__loss_att = tf.compat.v1.losses.sigmoid_cross_entropy(b,
    xb__logit_att)
120 #用於校準生成器模型的產生結果
121 xa__loss_rec = tf.compat.v1.losses.absolute_difference(xa, xa_)
122 #最後的生成器模型損失
123 g_loss = xb__loss_gan + xb__loss_att * 10.0 + xa__loss_rec * 100.0
124
125 t_vars = tf.compat.v1.trainable_variables()       #獲得訓練參數
126 d_vars = [var for var in t_vars if 'D' in var.name]
127 g_vars = [var for var in t_vars if 'G' in var.name]
128 #定義最佳化器 OP
129 d_step = tf.compat.v1.train.AdamOptimizer(lr, beta1=0.5).minimize(d_loss,
    var_list=d_vars)
130 g_step = tf.compat.v1.train.AdamOptimizer(lr, beta1=0.5).minimize(g_loss,
    var_list=g_vars)
131 #按照指定屬性產生資料，用於測試模型的輸出效果
132 x_sample = Gdec(Genc(xa_sample, is_training=False), _b_sample,
    is_training=False)
133
134 def summary(tensor_collection,   #定義 summary 處理函數
135             summary_type=['mean', 'stddev', 'max', 'min', 'sparsity',
    'histogram'],
136             scope=None):
```

```
137
138    def _summary(tensor, name, summary_type):
139        if name is None:
140            name = re.sub('%s_[0-9]*/' % 'tower', '', tensor.name)
141            name = re.sub(':', '-', name)
142
143        summaries = []
144        if len(tensor.shape) == 0:
145            summaries.append(tf.compat.v1.summary.scalar(name, tensor))
146        else:
147            if 'mean' in summary_type:
148                mean = tf.reduce_mean(tensor)
149                summaries.append(tf.compat.v1.summary.scalar(name +
    '/mean', mean))
150            if 'stddev' in summary_type:
151                mean = tf.reduce_mean(tensor)
152                stddev = tf.sqrt(tf.reduce_mean(tf.square(tensor -
    mean)))
153                summaries.append(tf.compat.v1.summary.scalar(name +
    '/stddev', stddev))
154            if 'max' in summary_type:
155                summaries.append(tf.compat.v1.summary.scalar(name +
    '/max', tf.reduce_max(tensor)))
156            if 'min' in summary_type:
157                summaries.append(tf.compat.v1.summary.scalar(name +
    '/min', tf.reduce_min(tensor)))
158            if 'sparsity' in summary_type:
159                summaries.append(tf.compat.v1.summary.scalar(name +
    '/sparsity', tf.nn.zero_fraction(tensor)))
160            if 'histogram' in summary_type:
161                summaries.append(tf.compat.v1.summary.histogram(name,
    tensor))
162        return tf.compat.v1.summary.merge(summaries)
163
164    if not isinstance(tensor_collection, (list, tuple, dict)):
165        tensor_collection = [tensor_collection]
166
167    with tf.compat.v1.name_scope(scope, 'summary'):
168        summaries = []
169        if isinstance(tensor_collection, (list, tuple)):
```

```
170              for tensor in tensor_collection:
171                  summaries.append(_summary(tensor, None, summary_type))
172          else:
173              for tensor, name in tensor_collection.items():
174                  summaries.append(_summary(tensor, name, summary_type))
175          return tf.compat.v1.summary.merge(summaries)
176 #定義產生 summary 的相關節點
177 d_summary = summary({d_loss_gan: 'd_loss_gan',gp: 'gp',
178      xa_loss_att: 'xa_loss_att',}, scope='D')              #定義判別器模型記錄檔
179
180 lr_summary = summary({lr: 'lr'}, scope='Learning_Rate') #定義學習率記錄檔
181
182 g_summary = summary({ xb__loss_gan: 'xb__loss_gan',      #定義生成器模型記錄檔
183      xb__loss_att: 'xb__loss_att',xa__loss_rec: 'xa__loss_rec',
184 }, scope='G')
185
186 d_summary = tf.compat.v1.summary.merge([d_summary, lr_summary])
187
188 def counter(start=0, scope=None):          #對張量進行計數
189     with tf.compat.v1.variable_scope(scope, 'counter'):
190         counter = tf.compat.v1.get_variable(name='counter',
191
    initializer=tf.compat.v1.constant_initializer(start),
192                                    shape=(),
193                                    dtype=tf.int64)
194         update_cnt = tf.compat.v1.assign(counter, tf.add(counter, 1))
195         return counter, update_cnt
196 #定義計數器
197 it_cnt, update_cnt = counter()
198
199 #定義 saver，用於讀取模型
200 saver = tf.compat.v1.train.Saver(max_to_keep=1)
201
202 #定義摘要記錄檔寫入器
203 summary_writer =
    tf.compat.v1.summary.FileWriter('./output/%s/summaries' %
    experiment_name, sess.graph)
```

在計算損失值方面，程式第 97~123 行中提供了對抗神經網路模型中計算 loss
值的兩種方式──wgan-gp 與 lsgan-gp。這兩種方式都是對抗神經網路模型中

主流的計算 loss 值的方式。它可以在訓練過程中，使生成器模型與判別器模型極佳地收斂。

程式第 123 行，在合成最後的生成器模型的損失時，分別為模擬標籤的分類損失和真實圖片的重建損失增加了 10 和 100 的縮放參數。這樣做是為了使損失處於同一數量級。類似的還有程式第 110 行，合成判別器模型的損失部分。

🔊 提示：

AttGAN 模型中各個損失值對模型的約束意義實際如下：

● 重建損失是為了表示屬性以外的資訊，可以確保與屬性無關的人臉部分不被改變。

● 分類損失是為了表示屬性資訊，使生成器模型能夠按照指定的屬性來產生圖片。

● 對抗損失是為了強化生成器模型的屬性產生功能，讓屬性資訊可以顯現出來。

如果沒有對抗損失，則生成器模型產生的圖片會很不穩定，用肉眼看去，有的具有屬性，有的卻沒有屬性。但這並不代表生成器模型產生的圖片沒有對應的屬性，只不過是人眼無法看出這些屬性而已。這時生成器模型相當於一個用於攻擊模型的對抗樣本生成器模型，即產生具有人眼識別不出來的圖片屬性。而對抗損失用真實的圖片與標籤進行校準，正好強化了生成器模型的分類產生功能，讓生成器模型可以產生人眼可見的屬性圖片。

程式第 121 行用 tf.compat.v1.losses.absolute_difference 函數計算重建損失。該函數計算的是產生圖片與原始圖片的平均絕對誤差（MAD）。相對於 MSE 演算法，平均絕對誤差受偏離正常範圍的離群樣本影響較小，讓模型具有更好的泛化性，可以更進一步地幫助模型在重建方面進行收斂。但缺點是收斂速度比 MSE 演算法慢。

程式第 119 行，在計算分類損失時，使用了啟動函數 Sigmoid 的交叉熵函數 sigmoid_cross_ entropy。啟動函數 Sigmoid 的交叉熵是將預測值與標籤值中的每個分類各做一次 Sigmoid 變化，再計算交叉熵。這種方法常常用來解決非互斥類別的分類問題。它不同於 softmax 的交叉熵：softmax 的交叉熵在 softmax 環節限定預測值中所有分類的機率值的「和」為 1，標籤值中所有分類的機率值的「和」也為 1，這會導致機率值之間是互斥關係。所以 softmax 的交叉熵適用於互斥類別的分類問題。

程式第 134~186 行實現了輸出 summary 記錄檔的功能。待模型訓練結束後，可以在 TensorBoard 中檢視。

8.7.11 程式實現：訓練模型

首先定義 3 個函數 immerge、to_range、imwrite，用在測試模型的輸出圖片環節。

接著透過循環疊代訓練模型。在訓練的過程中，每訓練判別器模型 5 次，就訓練生成器模型 1 次。實際程式如下。

■ 程式 8-12 trainattgan（續）

```
204 def immerge(images, row, col):#合成圖片
205     h, w = images.shape[1], images.shape[2]
206     if images.ndim == 4:
207         img = np.zeros((h * row, w * col, images.shape[3]))
208     elif images.ndim == 3:
209         img = np.zeros((h * row, w * col))
210     for idx, image in enumerate(images):
211         i = idx % col
212         j = idx // col
213         img[j * h:j * h + h, i * w:i * w + w, ...] = image
214
215     return img
216
217 #轉換圖片值域，從[-1.0, 1.0] 到 [min_value, max_value]
218 def to_range(images, min_value=0.0, max_value=1.0, dtype=None):
219
220     assert np.min(images) >= -1.0 - 1e-5 and np.max(images) <= 1.0 + 1e-5 \
221         and (images.dtype == np.float32 or images.dtype == np.float64), \
222         ('The input images should be float64(32) '
223          'and in the range of [-1.0, 1.0]!')
224     if dtype is None:
225         dtype = images.dtype
226     return ((images + 1.) / 2. * (max_value - min_value) +
227             min_value).astype(dtype)
228
```

```
229  def imwrite(image, path):          #儲存圖片，數值為 [-1.0, 1.0]
230      if image.ndim == 3 and image.shape[2] == 1:  #儲存灰階圖
231          image = np.array(image, copy=True)
232          image.shape = image.shape[0:2]
233      return scipy.misc.imsave(path, to_range(image, 0, 255, np.uint8))
234  #建立或載入模型
235  ckpt_dir = './output/%s/checkpoints' % experiment_name
236  try:
237      thisckpt_dir = tf.train.latest_checkpoint(ckpt_dir)
238      restorer = tf.compat.v1.train.Saver()
239      restorer.restore(sess, thisckpt_dir)
240      print(' [*] Loading checkpoint succeeds! Copy variables from % s!' %
     thisckpt_dir)
241  except:
242      print(' [*] No checkpoint')
243      os.makedirs(ckpt_dir, exist_ok=True)
244      sess.run(tf.compat.v1.global_variables_initializer())
245
246  #訓練模型
247  try:
248      #計算訓練 1 次資料集所需的疊代次數
249      it_per_epoch = len(tr_data) // (batch_size * (n_d + 1))
250      max_it = epoch * it_per_epoch
251      for it in range(sess.run(it_cnt), max_it):
252          start_time = time.time()
253          sess.run(update_cnt)          #更新計數器
254          epoch = it // it_per_epoch      #計算訓練 1 次資料集所需要的疊代次數
255          it_in_epoch = it % it_per_epoch + 1
256          lr_ipt = lr_base / (10 ** (epoch // 100))  #計算學習率
257          for i in range(n_d):            #訓練 n_d 次判別器模型
258              d_summary_opt, _ = sess.run([d_summary, d_step], feed_dict=
     {lr: lr_ipt})
259              summary_writer.add_summary(d_summary_opt, it)
260          g_summary_opt, _ = sess.run([g_summary, g_step], feed_dict={lr:
     lr_ipt})                            #訓練 1 次生成器模型
261          summary_writer.add_summary(g_summary_opt, it)
262          if (it + 1) % 1 == 0:          #顯示計算時間
263              print("Epoch: {} {}/{} time: {}".format(epoch, it_in_epoch,
     it_per_epoch,time.time()-start_time))
264
265          if (it + 1) % 1000 == 0:       #儲存模型
```

```
266            save_path = saver.save(sess, '%s/Epoch_(%d)_(%dof%d).ckpt' %
    (ckpt_dir, epoch, it_in_epoch, it_per_epoch))
267            print('Model is saved at %s!' % save_path)
268
269        #用模型產生一部分樣本，以便觀察效果
270        if (it + 1) % 100 == 0:
271            x_sample_opt_list = [xa_sample_ipt, np.full((n_sample,
    img_size, img_size // 10, 3), -1.0)]
272            for i, b_sample_ipt in enumerate(b_sample_ipt_list):
273                _b_sample_ipt = (b_sample_ipt * 2 - 1) * thres_int
    #標籤前置處理
274                if i > 0:
    #將目前屬性的值域變成 [-1，1]。如果 i 為 0，則是原始標籤
275                    _b_sample_ipt[..., i - 1] = _b_sample_ipt[..., i - 1]
    * test_int / thres_int
276                x_sample_opt_list.append(sess.run(x_sample,
    feed_dict={xa_sample: xa_sample_ipt, _b_sample: _b_sample_ipt}))
277            sample = np.concatenate(x_sample_opt_list, 2)
278            save_dir = './output/%s/sample_training' % experiment_name
279            os.makedirs(save_dir, exist_ok=True)
280            imwrite(immerge(sample, n_sample, 1), '%s/Epoch_(%d)_
    (%dof%d).jpg' % (save_dir, epoch, it_in_epoch, it_per_epoch))
281 except:
282    traceback.print_exc()
283 finally:    #在程式最後儲存模型
284    save_path = saver.save(sess, '%s/Epoch_(%d)_(%dof%d).ckpt' %
    (ckpt_dir, epoch, it_in_epoch, it_per_epoch))
285    print('Model is saved at %s!' % save_path)
286    sess.close()
```

程式執行後輸出以下結果：

```
...
Epoch: 116 233/947 time: 10.196768760681152
Epoch: 116 234/947 time: 10.141278266906738
Epoch: 116 235/947 time: 10.229653596878052
Epoch: 116 236/947 time: 10.178789377212524
...
```

結果中只顯示了訓練的進度和時間。內部的損失值可以透過 TensorBoard 來參看，如圖 8-18 所示。

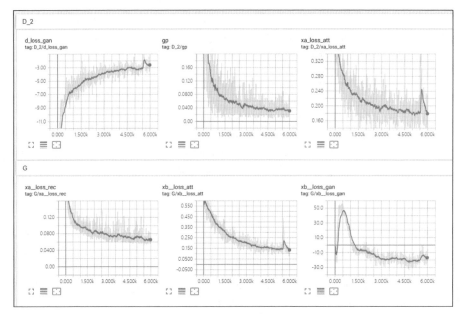

圖 8-18 AttGAN 的損失值

在目前的目錄的 output\128_shortcut1_inject1_None\sample_training 檔案下，可以看到產生的人臉圖片情況，如圖 8-19 所示。

圖 8-19 AttGAN 所合成的人臉圖片

圖 8-19 中，每一行是原始圖片和按照指定屬性產生的結果。其中，第 1 列為原始圖片。第 2 列到最後一列是按照程式第 66 行 b_sample_ipt_list 變數中的屬性標籤產生的，其中包含帶有眼袋、頭簾、黑頭髮、金色頭髮、棕色頭髮等屬性的人臉圖片。

程式第 274 行，在產生圖片時，將每個用於顯示圖片主屬性的值設為 1，高於訓練時的特徵最大值 0.5。這麼做是為了讓生成器模型產生特徵更加明顯的人臉圖片。另外還可以透過該值的大小來調節屬性的強弱，見 8.7.12 節。

8.7.12 為人臉增加不同的眼鏡

在 AttGAN 模型中，每個屬性都是透過數值大小來控制的。按照這個規則，可以透過調節某個單一的屬性值，來實現在編輯人臉時某個屬性顯示的強弱。

下面透過編碼來實現實際的實驗效果。在定義參數、建置模型後，按以下步驟實現：

（1）增加程式載入模型（見程式第 1～14 行）。
（2）設定圖片的人臉屬性及標籤強弱（見程式第 16～19 行）。
（3）產生圖片，並儲存。

實際程式如下。

■ 程式 8-13 testattgan（片段）

```
01 …
02 ckpt_dir = './output/%s/checkpoints' % experiment_name
03 print(ckpt_dir)
04 thisckpt_dir = tf.train.latest_checkpoint(ckpt_dir)
05 print(thisckpt_dir)
06 restorer = tf.compat.v1.train.Saver()
07 restorer.restore(sess, thisckpt_dir)
08
09 try:                        #載入模型
10     thisckpt_dir = tf.train.latest_checkpoint(ckpt_dir)
11     restorer = tf.compat.v1.train.Saver()
12     restorer.restore(sess, thisckpt_dir)
13 except:
14     raise Exception(' [*] No checkpoint!')
15
16 n_slide  =10               #產生 10 張圖片
17 test_int_min = 0.7         #特徵值從 0.7 開始
18 test_int_max = 1.2         #特徵值到 1.2 結束
19 test_att = 'Eyeglasses'    #只使用 1 個眼鏡屬性
```

```
20 try:
21     for idx, batch in enumerate(te_data):#檢查樣本資料
22         xa_sample_ipt = batch[0]
23         b_sample_ipt = batch[1]
24         #處理標籤
25         x_sample_opt_list = [xa_sample_ipt, np.full((1, img_size,
   img_size // 10, 3), -1.0)]
26         for i in range(n_slide):#產生 10 張圖片
27             test_int = (test_int_max - test_int_min) / (n_slide - 1) * i
   + test_int_min
28             _b_sample_ipt = (b_sample_ipt * 2 - 1) * thres_int
29             _b_sample_ipt[..., att_default.index(test_att)] = test_int
30             #用模型產生圖片
31             x_sample_opt_list.append(sess.run(x_sample,
   feed_dict={xa_sample: xa_sample_ipt, _b_sample: _b_sample_ipt}))
32         sample = np.concatenate(x_sample_opt_list, 2)
33         #儲存結果
34         save_dir = './output/%s/sample_testing_slide_%s' %
   (experiment_name, test_att)
35
36         os.makedirs(save_dir, exist_ok=True)
37         imwrite(sample.squeeze(0), '%s/%d.png' % (save_dir, idx + 182638))
38         print('%d.png done!' % (idx + 182638))
39 except:
40     traceback.print_exc()
41 finally:
42     sess.close()
```

程式執行後會看到，在本機 output\128_shortcut1_inject1_None\sample_testing_slide_Eyeglasses 資料夾下產生了許多張圖片。以其中的一組為例，如圖 8-20 所示。

圖 8-20 帶有不同眼鏡的人臉圖片

可以看到，從左到右眼鏡的顏色在變深、變大，這表示 AttGAN 模型已經能夠學到眼鏡屬性在人臉中的特徵分佈情況。根據眼鏡屬性值的大小不同，產生的眼鏡的風格也不同。

8.7.13 擴充：AttGAN 模型的限制

看似強大的 AttGAN 模型也有它的缺陷。AttGAN 模型的作者在用 AttGAN 模型處理跨域較大的風格轉換任務時（舉例來說，將現實圖片轉換成油畫風格），發現效果並不理想。這表明 AttGAN 模型適用於圖片紋理變化相對較小的圖片風格轉換任務（舉例來說，根據風景圖片產生四季的效果），但不適用於紋理或顏色變化較大的圖片轉換任務。這是因為，AttGAN 模型更偏重於單一樣本的產生，即對單一樣本進行微小改變。所以，該模型在批次資料上的風格改變效果並不優秀。在實際應用中，讀者應根據實際的問題選擇合適的模型。

🌐 8.8 散度在神經網路中的應用

WGAN 模型開創了 GAN 的新流派，使得 GAN 的理論上升到了一個新高度。在神經網路的損失計算中，採用最大/最小化兩個資料分佈間散度的方法，已經成為非監督模型中有效的訓練方法之一。

沿著這個想法擴充，在非監督模型訓練中，不僅可以使用 KL 散度、JS 散度，還可以使用其他度量分佈的方法。f-GAN 找到了度量分佈的規律，並使用統一的 f 散度實現了基於度量分佈方法訓練 GAN 模型。

8.8.1 了解 f-GAN 架構

f-GAN 架構源於對經典 GAN 模型的歸納，它不是一個實際的 GAN 方法，而是一套訓練 GAN 的架構。使用 f-GAN 架構可以在 GAN 模型的訓練中很容易地實現各種散度的應用。即，f-GAN 架構是一個生產 GAN 模型的工廠，所生產的 GAN 模型都有一個共同特點：對要產生的樣本的分佈不做任何先驗假設，而是使用最小化差異的度量去解決一般性的資料樣本產生問題。（這種GAN 模型常用於非監督訓練。）

8.8.2 以 f 散度為基礎的變分散度最小化方法

變分散度最小化（variational divergence minimization，VDM）方法是指，透過最小化兩個資料分佈間的變分距離來訓練模型中參數的方法。這是 f-GAN 架構所使用的通用方法。在 f-GAN 架構中，資料分佈間的距離使用 f 散度來度量。

1. 變分散度最小化方法的適用範圍

在前文介紹過 WGAN 模型的訓練方法，其實它也屬於 VDM 方法。所有符合 f-GAN 架構的 GAN 模型都可以使用 VDM 方法進行訓練。

VDM 方法不僅只適用於 GAN 模型的訓練，也適用於前文介紹的變分自編碼的訓練。

2. 什麼是 f 散度

f 散度（f-divergence）的定義如下：指定兩個分佈 P、Q。$p(x)$ 和 $q(x)$ 分別是 x 對應的機率函數，則 f 散度可以表示為式（8.33）。

$$D_f(P\|Q) = \int_x q(x)f\left(\frac{p(x)}{q(x)}\right)\mathrm{d}x \qquad (8.33)$$

f 散度相當於一個散度工廠，在使用它之前必須為式（8.33）中的產生函數 $f(x)$ 指定實際內容。f 散度會根據產生函數 $f(x)$ 所對應的實際內容，產生指定的度量演算法。

舉例來說，令產生函數 $f(x)=x\log(x)$，將其代入式（8.33）中，則便會從 f 散度中獲得 KL 散度。見式（8.34）。

$$\begin{aligned}
D_f(P\|Q) &= \int_x q(x)f\left(\frac{p(x)}{q(x)}\right)\mathrm{d}x \\
&= \int_x q(x)\left(\frac{p(x)}{q(x)}\right)\log\left(\frac{p(x)}{q(x)}\right)\mathrm{d}x \\
&= \int_x p(x)\log\left(\frac{p(x)}{q(x)}\right)\mathrm{d}x = D_{KL}(P\|Q) \qquad (8.34)
\end{aligned}$$

f 散度中的產生函數 $f(x)$是有要求的，它必須為凸函數且 $f(1)=0$。這樣便可以確保當 P 和 Q 無差異時，$f\left(\dfrac{p(x)}{q(x)}\right) = f(1)$，使得f 散度$D_f$=0。

類似 KL 散度的這種方式，可以用更多的產生函數 $f(x)$來表示常用的分佈度量演算法。實際如圖 8-21 所示。

Name	$D_f(P\|Q)$	Generator $f(u)$
Total Variation	$\frac{1}{2}\int |p(x)-q(x)|\,\mathrm{d}x$	$\frac{1}{2}|u-1|$
Kullback-Leibler	$\int p(x)\log\frac{p(x)}{q(x)}\,\mathrm{d}x$	$u\log u$
Reverse Kullback-Leibler	$\int q(x)\log\frac{q(x)}{p(x)}\,\mathrm{d}x$	$-\log u$
Pearson χ^2	$\int\frac{(q(x)-p(x))^2}{p(x)}\,\mathrm{d}x$	$(u-1)^2$
Neyman χ^2	$\int\frac{(p(x)-q(x))^2}{q(x)}\,\mathrm{d}x$	$\frac{(1-u)^2}{u}$
Squared Hellinger	$\int\left(\sqrt{p(x)}-\sqrt{q(x)}\right)^2\,\mathrm{d}x$	$\left(\sqrt{u}-1\right)^2$
Jeffrey	$\int(p(x)-q(x))\log\left(\frac{p(x)}{q(x)}\right)\,\mathrm{d}x$	$(u-1)\log u$
Jensen-Shannon	$\frac{1}{2}\int p(x)\log\frac{2p(x)}{p(x)+q(x)}+q(x)\log\frac{2q(x)}{p(x)+q(x)}\,\mathrm{d}x$	$-(u+1)\log\frac{1+u}{2}+u\log u$
Jensen-Shannon-weighted	$\int p(x)\pi\log\frac{p(x)}{\pi p(x)+(1-\pi)q(x)}+(1-\pi)q(x)\log\frac{q(x)}{\pi p(x)+(1-\pi)q(x)}\,\mathrm{d}x$	$\pi u\log u-(1-\pi+\pi u)\log(1-\pi+\pi u)$
GAN	$\int p(x)\log\frac{2p(x)}{p(x)+q(x)}+q(x)\log\frac{2q(x)}{p(x)+q(x)}\,\mathrm{d}x-\log(4)$	$u\log u-(u+1)\log(u+1)$
α-divergence ($\alpha\notin\{0,1\}$)	$\frac{1}{\alpha(\alpha-1)}\int\left(p(x)\left[\left(\frac{q(x)}{p(x)}\right)^\alpha-1\right]-\alpha(q(x)-p(x))\right)\,\mathrm{d}x$	$\frac{1}{\alpha(\alpha-1)}(u^\alpha-1-\alpha(u-1))$

圖 8-21 f 散度的產生函數（來自 arXiv 網站上編號為 "1606.00709" 的論文）

8.8.3 用 Fenchel 共軛函數實現 f-GAN

在 f-GAN 中，可以用 Fenchel 共軛函數計算 f 散度。

1. Fenchel 共軛函數的定義

Fenchel 共軛（fenchel Conjugate）又被叫作凸共軛函數。它是指，對於每個滿足凸函數且是下半連續的 $f(x)$，都有一個共軛函數f^*。f^* 的定義見式（8.35）。

$$f^*(t) = \max\nolimits_{x\in\mathrm{dom}\,(f)}\,[xt - f(x)] \qquad （8.35）$$

式（8.35）中 t 是變數；x 屬於 $f(x)$的定義域；max 是當水平座標軸取 t 時，垂直座標軸在多條 xt - $f(x)$直線中設定值最大的那個點，如圖 8-22 中最粗的線段就是$f^*(t)$函數中，所有點的集合。

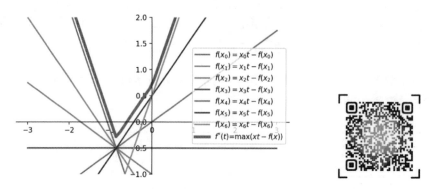

圖 8-22 Fenchel 共軛函數的圖形（掃描二維碼可以看彩色的效果）

2. Fenchel 共軛函數的特性

圖 8-22 中有 1 條粗線和許多條細直線，這些細直線是隨機取樣的幾個 x 值所產生的 $f(x)$；粗線是產生函數的共軛函數 $f^*(t)$。

圖 8-22 中的產生函數是 $f(x) = \frac{|x-1|}{2}$，該函數對應的演算法是總變差（total variation，TV）演算法。TV 演算法常用於對影像的去噪和復原。

可以看到，f 的共軛函數 $f^*(t)$ 仍然是凸函數，而且仍然下半連續。這表明 $f^*(t)$ 仍然會有它的共軛函數，即 $f^{**}(t) = f(u)$。因此 $f(u)$ 也可以表示成式（8.36）。

$$f(u) = \max_{t \in \text{dom}(f^*)} [ut - f^*(t)] \qquad (8.36)$$

3. 將 Fenchel 共軛函數運用到 f 散度中

將式（8.36）代入式（8.33）的 f 散度中，可以獲得推導式（8.37）。

$$D_f(P\|Q) = \int_x q(x) f\left(\frac{p(x)}{q(x)}\right) dx = \int_x q(x) \left\{ \max_{t \in \text{dom}(f^*)} \left[\frac{p(x)}{q(x)} t - f^*(t)\right] \right\} dx \quad (8.37)$$

式（8.37）中，P、Q 代表資料分佈，它們的機率函數分別是 $p(x)$ 和 $q(x)$。如果用神經網路的判別式模型 $D(x)$ 代替式（8.37）中的 t，則 f 散度可以寫成式（8.38）。

$$D_f(P\|Q) \geqslant \int_x q(x)\left(\frac{p(x)}{q(x)}D(x) - f^*(D(x))\right)dx$$

$$= \int_x p(x)D(x)dx - \int_x q(x)f^*(D(x))dx \qquad (8.38)$$

◀》 提示：

式（8.38）中，右側的 $D(x)$ 是透過神經網路產生的實際值，而左側的 f 散度是所有的 $D(x)$ 所代表的直線中的最大值。所以，右側永遠小於等於左側。

如果將式（8.38）中兩個資料分佈 P、Q 看成對抗神經網路中的真實樣本和模擬樣本，則式（8.38）可以寫成（8.39）。

$$D_f(P\|Q) = \max_D\{E_{x\sim P}[D(x)] - E_{x\sim Q}[f^*(D(x))]\} \qquad (8.39)$$

式（8.39）是判別器的損失函數。在訓練中，將判別器沿著 f 散度最大化的方向進行最佳化。而生成器則需要令兩個分佈的 f 散度最小化，於是整個對抗神經網路的損失函數可以表示成式（8.40）。

$$Loss_{GAN} = \arg\min_G \max_D\{D_f(P_r\|P_G)\}$$

$$= \arg\min_G \max_D\{E_{x\sim P_r}[D(x)] - E_{x\sim P_G}[f^*(D(x))]\} \qquad (8.40)$$

式（8.40）中，P_r 表示真實樣本的機率，P_G 表示模擬樣本的機率。按照該方法配合圖 8-21 中各種分佈度量的演算法，即可實現以指定演算法為基礎的對抗神經網路。

4. 用 f-GAN 產生各種 GAN

將圖 8-21 中的實際演算法代入式（8.40）中，便可以獲得對應的 GAN。有趣的是，在透過 f-GAN 所計算出來的 GAN 中，可以找到好多已知的 GAN 模型。這種透過規律的角度來反向看待個體的模型，會使我們對 GAN 了解得更加透徹。舉例如下：

- 原始 GAN 判別器的損失函數：將 JS 散度代入式（8.40）中，並令 $D(x)=\log[2D(x)]$（可以透過調整啟動函數實現），即可獲得。

- LSGAN 的損失函數：將卡方散度（圖 8-21 中的 pearson x^2）代入式（8.40）中便可獲得。
- EBGAN 的損失函數：將總變差（圖 8-21 中的 Total Variation）代入式（8.40）中便可獲得。

8.8.4 f-GAN 中判別器的啟動函數

8.8.3 節從理論上推導了 f-GAN 損失計算的通用公式。但在實際應用時，還需要將圖 8-21 中對應的公式代入式（8.40）進行推導，並不能直接指導編碼實現。其實還可以從公式層面對式（8.40）進一步推導，直接獲得判別器最後一層的啟動函數，直接用於指導編碼實現。

為了獲得啟動函數，需要對式（8.40）中的部分符號進行轉換，實際如下：

（1）將判別器 $D(x)$ 寫成 $gf(v)$，其中 gf 代表 $D(x)$ 最後一層的啟動函數，v 代表 $D(x)$ 中 gf 啟動函數的輸入向量。

（2）將生成器和判別器中的權重參數分別設為 θ、ω。則訓練 θ、ω 的模型可以定義為式（8.41）。

$$F(\theta, \omega) = E_{x \sim P_r}[gf(v)] - E_{x \sim P_G}[f^*(gf(v))] \qquad (8.41)$$

（3）在原始的 GAN 模型中，損失函數的計算方法是與目標結果（0 或 1）之間的交叉熵公式，訓練 θ、ω 的模型可以定義為式（8.42）。（參見 arXiv 網站上編號為 "1406.2661" 的論文。）

$$F(\theta, \omega) = E_{x \sim P_r}[\log(D(x))] + E_{x \sim P_G}[\log(1 - D(x))] \qquad (8.42)$$

式（8.41）是從分佈的角度來定義 $F(\theta, \omega)$ 的，式（8.42）是從數值的角度來定義 $F(\theta, \omega)$ 的，二者是相等的。比較式（8.41）與式（8.42）的右側第一項，即可得出式（8.43）。

$$gf(v) = \log(D(x)) \qquad (8.43)$$

由式（8.43）中可以看出，f-GAN 中的最後一層啟動函數本質上就是原始 GAN 中的啟動函數再加一個 log 運算。

🔊 提示：

式（8.41）與式（8.42）的右側各有兩項，它們的第 1 項和第 2 項都是相等的。為了計算簡單，只使用第 1 項進行比較，可以得出式（8.43）。如果將第 2 項拿來比較也可以得出式（8.43），只不過需要推理一下。有興趣的讀者可以把第 1 項推導的結果再代回第 2 項，會發現等式仍然成立。

有了式（8.43）後，便可以為任意計算方法定義最後一層的啟動函數了。舉例來說，在原始的 GAN 中，判別器常用 Sigmoid 作為啟動函數（可以輸出 0~1 之間的數）。以這種類型的 GAN 為例，將 Sigmoid=$1/(1+e^{-v})$ 的公式代入式（8.43）中，可以獲得對應的最後一層啟動函數 gf，見式（8.44）。

$$gf(v) = \log\big(D(x)\big) = -\log(1 + e^{-v}) \qquad (8.44)$$

類似這種計算方法，可以為 f-GAN 架構所產出的各種模型定義最後一層的啟動函數。如圖 8-23 所示。

Name	Output activation g_f	dom$_{f^*}$	Conjugate $f^*(t)$
Total variation	$\frac{1}{2}\tanh(v)$	$-\frac{1}{2} \leqslant t \leqslant \frac{1}{2}$	t
Kullback-Leibler (KL)	v	$\mathbb{R}$	$\exp(t-1)$
Reverse KL	$-\exp(v)$	$\mathbb{R}_-$	$-1 - \log(-t)$
Pearson χ^2	v	$\mathbb{R}$	$\frac{1}{4}t^2 + t$
Neyman χ^2	$1 - \exp(v)$	$t < 1$	$2 - 2\sqrt{1-t}$
Squared Hellinger	$1 - \exp(v)$	$t < 1$	$\frac{t}{1-t}$
Jeffrey	v	$\mathbb{R}$	$W(e^{1-t}) + \frac{1}{W(e^{1-t})} + t - 2$
Jensen-Shannon	$\log(2) - \log(1 + \exp(-v))$	$t < \log(2)$	$-\log(2 - \exp(t))$
Jensen-Shannon-weighted	$-\pi\log\pi - \log(1 + \exp(-v))$	$t < -\pi\log\pi$	$(1-\pi)\log\frac{1-\pi}{1-\pi e^{t/\pi}}$
GAN	$-\log(1 + \exp(-v))$	$\mathbb{R}_-$	$-\log(1 - \exp(t))$
α-div. ($\alpha < 1, \alpha \neq 0$)	$\frac{1}{1-\alpha}\log(1 + \exp(-v))$	$t < \frac{1}{1-\alpha}$	$\frac{1}{\alpha}(t(\alpha-1)+1)^{\frac{\alpha}{\alpha-1}} - \frac{1}{\alpha}$
α-div. ($\alpha > 1$)	v	$\mathbb{R}$	$\frac{1}{\alpha}(t(\alpha-1)+1)^{\frac{\alpha}{\alpha-1}} - \frac{1}{\alpha}$

圖 8-23 f-GAN 最後一層的啟動函數（來自 arXiv 網站上編號為 "1606.00709" 的論文）

SoftPlus 啟動函數，其定義見式（8.45）。

$$\text{SoftPlus}(x) = \frac{1}{\text{beta}}\log(1 + e^{\text{beta}x}) \qquad (8.45)$$

將 SoftPlus 啟動函數中的 beta 設為 1，並代入式（8.41）中，可以獲得式（8.46）。

$$F(\theta, \omega) = E_{x \sim P_G}[SP(v)] - E_{x \sim P_r}[SP(-v)] \qquad (8.46)$$

式（8.46）是可以直接指導 f-GAN 模型最後一層啟動函數編碼的最後表示，其中 SP 代表 SoftPlus(beta=1)。

🔊 提示：

在圖 8-23 的倒數第 5 行中，可以找到與 JS 散度相關的最後一層啟動函數，可以發現它比倒數第 3 項 GAN 模型所對應的啟動函數僅多了一個常數項 log(2)。

將 JS 散度相關的最後一層啟動函數代入式（8.41）中，可以獲得與式（8.46）一樣的公式。這說明式（8.46）不僅適用於普通的 GAN 模型，還適用於使用 JS 散度計算的對抗神經網路。該公式會在 8.9 節 Deep Infomax 模型中用到。

8.8.5　了解互資訊神經估計模型

互資訊神經估計（MINE）模型是一種以神經網路估計互資訊為基礎的方法。它透過 BP 演算法來訓練，對高維度連續隨機變數間的互資訊進行估計，可以最大或最小化互資訊，提升產生模型的對抗訓練，突破監督學習分類任務的瓶頸。

1. 將互資訊轉化為 KL 散度

在 8.1.7 節介紹過互資訊的公式，它可以表示為兩個隨機變數集合 X、Y 邊緣分佈的乘積相對於集合 X、Y 聯合機率分佈的相對熵，即 $I(X;Y)=D_{KL}(P(x,y)\|P(x)P(y))$，$P(x)$ 代表機率函數，x 和 y 屬於集合 X、Y 中的個體。這表明互資訊可以由求 KL 散度的方法進行計算。

2. KL 散度的兩種對偶表示公式

在 8.1.5 節介紹過 KL 散度具有不對稱性。可以將其轉化為具有對偶性的表示法進行計算。以散度為基礎的對偶表示公式有兩種。

（1）Donsker-Varadhan 表示，見式（8.47）。

$$D_{KL}(P(x)\|P(y)) = \max_{T:\Omega\to R}\{E_{P(x)}[T] - \log(E_{P(y)}[e^T])\} \qquad (8.47)$$

（2）Dual f-divergence 表示，見式（8.48）。

$$D_{KL}(P(x)\|P(y)) = \max_{T:\Omega\to R}\{E_{P(x)}[T] - E_{P(y)}[e^{T-1}]\} \qquad (8.48)$$

式（8.47）和式（8.48）中的 T 代表任意分類函數，$P(x)$ 代表機率函數。

其中，Dual f-divergence 表示相對於 Donsker-Varadhan 公式有更低的下界，會導致估計更加不準確。一般常使用 Donsker-Varadhan 公式。

3. 在神經網路中應用 KL 散度

將 KL 散度的表示式（8.47）帶入互資訊公式中，即可獲得以神經網路為基礎的互資訊計算方式，見式（8.49）。

$$I_w(X;Y) := E_{P(x,y)}[T_w] - \log(E_{P(x)P(y)}[e^{T_w}]) \qquad (8.49)$$

式（8.49）中，T_w 代表一個帶有權重參數 w 的神經網路，$P(x)$ 代表機率函數，參數 w 可以透過訓練獲得。根據條件機率公式可知，聯合機率函數 $P(X,Y)$ 等於 $P(Y|X)P(X)$。假如集合 Y 是集合 X 經過函數 $G(x)$ 計算得來的，則在神經網路中，式（8.49）的第 1 項可以寫成 $T(x, G(x))$。

將第 1 項中的聯合機率 $P(X,Y)$ 換成 $P(Y|X)P(X)$，再將條件機率 $P(Y|X)$ 轉換成邊緣機率 $P(Y)$，便獲得了第 2 項的資料分佈 $P(X)P(Y)$。邊緣機率可以了解成是對聯合機率另一維度的積分，空間上由曲面變成曲線，降低了一個維度。所以，集合 Y 的邊緣分佈不再與集合 X 中的個體 x 的設定值有任何關係。在神經網路中，集合 Y 中的個體 y 的值可以透過任取一些 x 輸入 $G(x)$ 中以獲得，這樣式（8.49）的第 2 項可以寫成 $T(x,G(\hat{x}))$。

◀)) 提示：

因為無法直接獲得邊緣機率 $P(Y)$，所以使用任取一些 x 輸入 $G(x)$ 的方法來獲得部分 y 代替邊緣機率 $P(Y)$。這種透過樣本分佈來估計整體分佈的方法被叫作經驗分佈。

經典統計推斷的主要思維就是用樣本來推斷整體的狀態。因為整體是未知的，所以只能透過多次試驗的樣本（即實際值）來推斷整體。

$T(x,G(\hat{x}))$ 的做法本質上是：要保障輸入 G 中的 x 與輸入 T 中的 x 不同。為了計算方便，常會將一批次的 x 資料所產生的 y 使用 shuffle 函數打亂順序，一樣可以實現 $G(x)$ 中的 x 與 $T(x,G(\hat{x}))$ 中的 x 不同。

8.8.6 實例 41：用神經網路估計互資訊

本實例主要是將 8.8.5 節的理論內容用程式實現，即使用 MINE 方法對兩組具有不同分佈的模擬資料計算互資訊。

1. 準備模擬樣本

定義兩組資料 x、y，x 資料出自由 1 和-1 這兩個數組成的集合；資料 y 在 x 基礎之上再加上一個符合高斯分佈的隨機值。

為了訓練方便，將它們封裝疊代器，實際程式如下。

■ 程式 8-14 MINE

```
01 from  tensorflow.keras.layers import *
02 from  tensorflow.keras.models import *
03 import tensorflow as tf
04 import tensorflow.keras.backend as K
05 import numpy as np
06 import matplotlib.pyplot as plt
07
08 batch_size = 1000        #定義批次大小
09 #產生模擬資料
10 def train_generator():
11     while(True):
12         x = np.sign(np.random.normal(0.,1.,[batch_size,1]))
13         y = x+np.random.normal(0.,0.5,[batch_size,1])
14         y_shuffle=np.random.permutation(y)
15         yield ((x,y,y_shuffle),None)
16
17 #視覺化
18 for inputs in train_generator():
19     x_sample=inputs[0][0]
20     y_sample=inputs[0][1]
21     plt.scatter(np.arange(len(x_sample)), x_sample, s=10,c='b',marker='o')
22     plt.scatter(np.arange(len(y_sample)), y_sample, s=10,c='y',marker='o')
23     plt.show()
24     break
```

程式第 15 行，用 yield 關鍵字傳回一個疊代器。該傳回值中包含 2 個元素，分別代表輸入樣本和標籤。這個格式是 tf.keras 所要求的固定輸入格式。因為在本實例中不需要輸入標籤，所以將傳回值的第 2 項設為 None。

程式第 14 行，計算了亂數後的 y 資料，該資料用於模型的訓練過程。

程式執行後輸出結果如圖 8-24 所示。

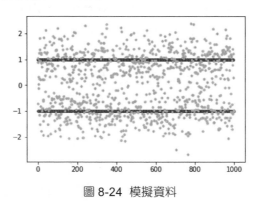

圖 8-24　模擬資料

圖 8-24 中兩筆橫線部分是樣本 x 資料中的點，其他部分是樣本 y 資料。

2. 定義神經網路模型

定義 3 層全連接網路模型，輸入是樣本 x 和 y，輸出是擬合結果。實際程式如下：

■　程式 8-14　MINE（續）

```
25 class Net(tf.keras.Model):
26     def __init__(self):
27         super(Net, self).__init__()
28         self.fc1 = Dense(10)
29         self.fc2 = Dense(10)
30         self.fc3 = Dense(1)
31
32     def call(self, x, y):
33         # x, y = inputs[0],inputs[1]
34         h1 = tf.nn.relu(self.fc1(x)+self.fc2(y))
35         h2 = self.fc3(h1)
36         return h2
37 model = Net()
38 optimizer = tf.keras.optimizers.Adam(lr=0.01)  #定義最佳化器
```

程式第 38 行，使用 Adam 最佳化器並設定學習率為 0.01。

3. 用 MINE 方法訓練模型並輸出結果

MINE 方法主要是在模型的訓練階段。按照 8.8.5 節中的描述使用以下步驟完成對 loss 值的計算：

（1）定義輸入預留位置 inputs_x 代表 X 的邊緣分佈$P(X)$。

（2）定義輸入預留位置 inputs_y 代表條件分佈$P(Y|X)$。

（3）將步驟（1）、（2）的結果放到模型中，可以獲得聯合分佈機率 $P(X,Y) = P(Y|X)P(X)$，這個聯合分佈機率$P(X,Y)$可以用神經網路中的期望值 pred_xy 來表示，它對應於 8.8.5 節的式（8.49）右側的第 1 項。

（4）定義輸入預留位置 inputs_yshuffle 代表 Y 的經驗分佈，近似於 Y 的邊緣分佈$P(Y)$。

（5）將步驟（1）和（4）的結果放到模型中，獲得邊緣分佈機率$P(X)P(Y)$，這個邊緣分佈機率可以用神經網路中的期望值 pred_x_y 來表示，它對應於 8.8.5 節的式（8.49）右側的第 2 項。

（6）將步驟（3）和（5）的結果代入 8.8.5 節的式（8.49）中，獲得互資訊。

（7）在訓練過程中，需要將模型權重向著互資訊最大的方向最佳化，所以對互資訊進行反轉，獲得最後的 loss 值。

在獲得 loss 值後，便可以進行反向傳播並呼叫最佳化器進行模型最佳化。實際程式如下。

■ **程式 8-14 MINE（續）**

```
39 #定義模型輸入
40 inputs_x = Input(batch_shape=(batch_size, 1))
41 inputs_y = Input(batch_shape=(batch_size, 1))
42 inputs_yshuffle = Input(batch_shape=(batch_size, 1))
43 pred_xy = model(inputs_x,inputs_y)                    #聯合分佈的期望
44 pred_x_y = model(inputs_x,inputs_yshuffle)         #邊緣分佈的期望
45 loss =  -(K.mean(pred_xy) - K.log(K.mean(K.exp(pred_x_y))))#Deep Infomax
46 #定義模型
47 modeMINE = Model([inputs_x,inputs_y,inputs_yshuffle],
48                          [pred_xy,pred_x_y,loss], name='modeMINE')
49 modeMINE.add_loss(loss)
50 modeMINE.compile(optimizer=optimizer)
51 modeMINE.summary()
52 n = 100
53 H = modeMINE.fit(x=train_generator(), epochs=n,steps_per_epoch=40, #訓練模型
```

```
54                        validation_data=train_generator(),validation_steps=4)
55 plot_y = np.array(H.history["loss"]).reshape(-1,)          #收集損失值
56 plt.plot(np.arange(len(plot_y)), -plot_y, 'r')              #視覺化
```

程式第 45 行直接將 loss 值反轉，便獲得 Deep Infomax 的值。

程式第 53 行，將疊代器傳入 fit() 方法中進行訓練，並設定每次疊代時對 40 筆
資料進行訓練，一共疊代 100 次。

🔊 提示：

新版的 tf.keras 介面中，fit() 方法支援用疊代器物件作為樣本輸入，但要求疊代器
中必須含有標籤 y 的傳回值，並且只能將疊代器傳入 fit() 方法中的 x 參數，不能
為 y 參數傳值。

程式執行後輸出以下結果：

```
    ...
    40/40 [==============================] - 0s 3ms/step - loss: -0.6327 -
val_loss: -0.6285
    Epoch 99/100
    40/40 [==============================] - 0s 4ms/step - loss: -0.6158 -
val_loss: -0.6390
    Epoch 100/100
    40/40 [==============================] - 0s 3ms/step - loss: -0.6277 -
val_loss: -0.6112
```

程式執行後，產生的視覺化結果如圖 8-25 所示。

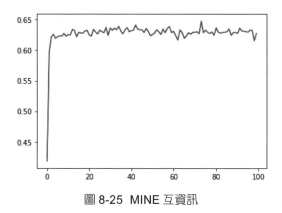

圖 8-25 MINE 互資訊

從圖 8-25 可以看到，最後所得到的互資訊值在 0.625 左右。

🔊 提示：

本實例實現了用神經網路計算互資訊。這是一個最簡單的實例，目的在於幫助讀者更進一步地了解 MINE 方法。

8.8.7 穩定訓練 GAN 模型的技巧

GAN 模型的訓練是神經網路中公認的難題。許多訓練失敗的情況主要分為兩種：模式捨棄（mode dropping）和模式崩塌（mode collapsing）。

- 模式捨棄：在模型產生的模擬樣本中缺乏多樣性。即，產生的模擬資料只是原始資料集中的子集。舉例來說，MNIST 資料一共有 0～9 共 10 個數字，而生成器所產生的模擬資料只有其中某個數字。
- 模式崩塌：生成器所產生的模擬樣本非常模糊，品質很低。

下面提供幾種可以穩定訓練 GAN 模型的技巧。

1. 降低模型的學習率

通常在使用較大量訓練模型時，可以設定較高的學習率。但是，當模型發生模式捨棄情況時，可以嘗試降低模型的學習率，並從頭開始訓練。

2. 標籤平滑

標籤平滑可以有效地改善訓練中模式崩塌的情況。這種方法也非常容易了解和實現：如果真實影像的標籤被設定為 1，則將它改成一個更低一點的值，例如 0.9。這個解決方案防止判別器對其分類標籤過於確信，即不依賴非常有限的一組特徵來判斷影像是真還是假。

3. 多尺度梯度

多尺度梯度技術常用於產生較大（例如 1024 pixel×1024pixel）的模擬影像。該技術處理的方式與傳統的用於語義分割的 U-Net 類似。

多尺度梯度技術在實現時，需要將真實圖片透過下取樣方式獲得的多尺度圖片，與生成器的中繼站連接部分輸出的多尺度向量一起送入判別器。有關這部分的詳細資訊，請參考 MSG-GAN 架構（參見 arXiv 網站上編號為 "1903.06048" 的論文）。

4. 更換損失函數

在 f-GAN 系列的訓練方法中，由於散度的度量不同，會存在訓練的不穩定性。這種情況下，可以在模型中使用不同的度量方法作為損失函數。

5. 善於借助互資訊估計方法

在訓練模型時，還可以用 MINE 方法來輔助模型訓練。

MINE 方法是一個通用的訓練方法。它可以用於各種模型（自編碼網路、對抗神經網路）。在 GAN 的訓練過程中，用 MINE 方法輔助訓練模型會有更好的表現，如圖 8-26 所示。

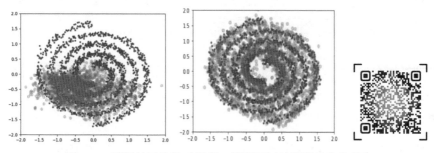

圖 8-26　兩種結果比較（掃描二維碼可以檢視彩色的效果）

在圖 8-26 中，左側是 GAN 模型產生的結果；右側是用 MINE 輔助訓練後產生的結果。可以看到，右側圖中的模擬資料（黃色的點）所覆蓋的空間與原始資料（藍色的點）更加一致（因為是黑白印刷，所以效果不明顯）。

用 GAN+MINE 方法改善模式崩塌的實例，如圖 8-27 所示。

（a）原始圖片　　（b）用 GAN 訓練後的結果　（c）用 GAN+MINE 訓練後的結果

圖 8-27　MINE 改善模式崩塌

在圖 8-27 中可以看到，圖 8-27（c）圖片的品質更接近原始圖片圖 8-27（a）。

🔊 提示：

MINE 方法中主要使用了兩種技術：將互資訊轉為神經網路模型的技術和使用對偶 KL 散度計算損失技術。最有價值的是這兩種技術的思維，將互資訊轉為神經網路模型的技術可以應用到更多的模型結構中；同時損失函數也可以根據實際任務的不同而使用不同的分佈度量演算法。8.9 節的 DIM 模型就是一個將 MINE 與 f-GAN 結合使用的實例。

🌐 8.9 實例 42：用 Deep Infomax（DIM）模型做一個圖片搜尋器

圖片搜尋器分為圖片的特徵分析和圖片的比對兩部分。其中，圖片的特徵分析是關鍵步驟。特徵分析也是深度學習模型中處理資料的主要環節，也是無監督模型所研究的方向。

本節使用 Deep Infomax（DIM）模型分析圖片資訊，並用分析出來的低維特徵製作圖片搜尋器。

8.9.1 了解 DIM 模型的設計思維

Deep Infomax（DIM）模型主要用於以無監督方式分析圖片特徵。在該模型中，幾乎用到了本章之前的所有內容，其網路結構使用了自編碼和對抗神經網路的結合；損失函數使用了 MINE 與 f-GAN 方法的結合；在此之上，又從全域損失、局部損失和先驗損失 3 個損失出發對模型進行訓練。

1. DIM 模型的主要思維

好的編碼器應該能夠分析出樣本的最獨特、實際的資訊，而非單純地追求過小的重構誤差。而樣本的獨特資訊則可以使用「互資訊」（mutual information，MI）來衡量。因此在 DIM 模型中，編碼器的目標函數不是最小化輸入與輸出的 MSE，而是最大化輸入與輸出的互資訊。

DIM 模型中的互資訊解決方案主要來自 MINE 方法，即先計算輸入樣本與編碼器輸出的特徵向量之間的互資訊，然後透過 Deep Infomax 來實現模型的訓練。

DIM 模型在無監督訓練中使用了以下兩種約束來進行表示學習。

- 最大化輸入資訊和進階特徵向量之間的互資訊：如果模型輸出的低維特徵能夠代表輸入樣本，則該特徵分佈與輸入樣本分佈的互資訊一定是最大的。
- 對抗比對先驗分佈：編碼器輸出的進階特徵要更接近高斯分佈，判別器要將編碼器產生的資料分佈與高斯分佈區分開來。

在實現時，DIM 模型使用了 3 個判別器，分別從局部互資訊最大化、全域互資訊最大化和先驗分佈比對最小化 3 個角度對編碼器的輸出結果進行約束，參見 arXiv 網站上編號為 "1808.06670" 的論文。

2. 用局部和全域互資訊最大化約束的原理

許多表示學習只使用已探索過的資料空間（稱為像素等級），當一小部分資料十分關心語義等級時，該表示學習將不利於訓練。

因為對於圖片，表示學習的相關性更多表現在局部特性中，圖片的識別、分類等應該是一個從局部到整體的過程。即，全域特徵更適合用於重構，局部特徵更適合用於下游的分類任務。

◀)) 提示：

局部特徵可以視為卷積後獲得的特徵圖（feature map）；全域特徵可以視為對特徵圖（feature map）進行編碼獲得的特徵向量。

所以 DIM 模型從局部和全域兩個角度對輸入和輸出做互資訊計算。而先驗符合的目的是，對編碼器產生向量形式的約束，使其更接近高斯分佈。

3. 用先驗分佈比對最小化約束的原理

在變分自編碼模型中,編碼器的主要作用是:在將輸入資料編碼成特徵向量的同時,還讓這個特徵向量服從標準的高斯分佈。這種做法可以使得特徵的編碼空間更加規整,有利於解耦特徵,便於後續學習。

在 DIM 模型的編碼器與變分自編碼中,編碼器的作用是一樣的。所以,在 DIM 模型中引用變分自編碼器的作用是:將高斯分佈當作先驗分佈,對編碼器輸出的向量進行約束。

8.9.2 了解 DIM 模型的結構

DIM 模型由 4 個子模型組成:1 個編碼器,3 個判別器。其中,編碼器的作用主要是對圖片進行特徵分析;3 個判別器分別從局部、全域、先驗比對 3 個角度對編碼器的輸出結果進行約束。整體結構如圖 8-28 所示。

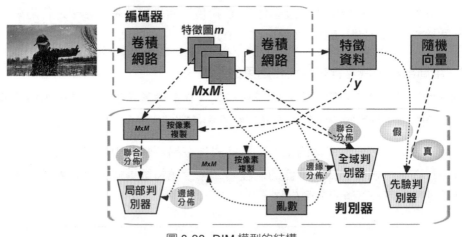

圖 8-28 DIM 模型的結構

在實現過程中,DIM 模型沒有直接用原始的輸入資料與編碼器輸出的特徵資料做 Deep Infomax 計算,而是使用編碼器中的特徵圖(feature map)與最後的特徵資料做互資訊計算。

根據 8.8.5 節所介紹的 MINE 方法,可以將「用神經網路計算互資訊的方法」換算成「計算聯合分佈和邊緣分佈間散度的方法」。實際做法如下:

（1） 將原始的特徵圖和特徵資料登錄判別器，用獲得的結果當作特徵圖和特徵資料聯合分佈。

（2） 將亂數後的特徵圖和特徵資料登錄判別器，用獲得的結果當作特徵圖和特徵資料邊緣分佈。

（3） 計算聯合分佈和邊緣分佈間的散度。

🔊 提示：

第（2）步處理邊緣分佈的方式與 8.8.6 節實例中的處理方式不同。8.8.6 節實例中是保持原有輸入不變，用亂數編碼器輸出的特徵向量作為判別器的輸入；DIM 模型中的方法是，先打亂特徵圖的批次順序，然後將其與編碼器輸出的特徵向量一起作為判別器的輸入。

二者的本質是一致的，即讓輸入判別器的特徵圖與特徵向量各自獨立（破壞特徵圖與特徵向量間的對應關係），詳見 8.8.5 節的原理介紹。

---

1. 全域判別器模型

如圖 8-28 所示，全域判別器的輸入值有兩個：特徵圖 m 和特徵資料 y。

在計算互資訊的計算中，在計算聯合分佈時，特徵圖 m 和特徵資料 y 都來自編碼器的輸出；在計算邊緣分佈時，特徵圖是由改變特徵圖 m 的批次順序得來的，而特徵資料 y 還是來自編碼器的輸出，如圖 8-29 所示。

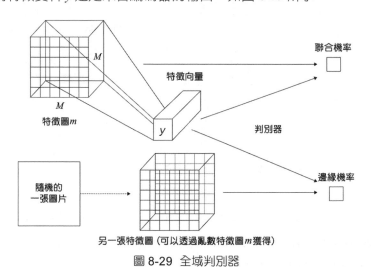

圖 8-29 全域判別器

在全域判別器中，實際的處理步驟如下：

（1）使用卷積層對特徵圖 m 進行處理，獲得其全域特徵。

（2）將該全域特徵與特徵資料 y 用 torch.cat 函數連接起來。

（3）將連接後的結果輸入全連接網路，輸出判別結果（一維向量）。

其中，第（3）步全連接網路的作用是對兩個全域特徵進行判斷。

2. 局部判別器模型

如圖 8-28 所示，局部判別器的輸入值是一個特殊的合成向量：將編碼器輸出的特徵資料 y 按照特徵圖 m 的尺寸複製成 $m×m$ 份。令特徵圖 m 中的每個像素都與編碼器輸出的全域特徵資料 y 相連，這樣就把判別器的任務轉換成「計算每個像素與全域特徵之間的互資訊」。所以該判別器又被叫作局部判別器。

在局部判別器中，計算互資訊的聯合分佈和邊緣分佈的方式與全域判別器一致，如圖 8-30 所示。

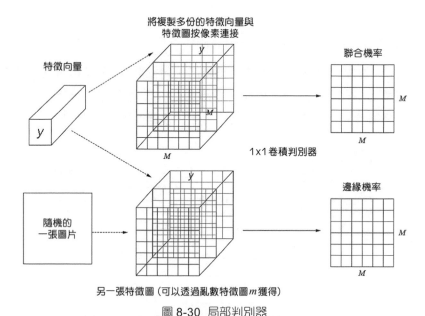

圖 8-30 局部判別器

如圖 8-30 所示，在局部判別器中主要使用了 $1×1$ 的卷積操作（步進值也為 1）。因為這種卷積操作不會改變特徵圖的尺寸（只是通道數的轉換），所以判別器的最後輸出也是 $m×m$ 尺寸的向量。

局部判別器透過多層 1×1 的卷積操作，最後將通道數變成了 1，作為最後的
判別結果。該過程可以視為，同時對每個像素與全域特徵進行互資訊的計
算。

3. 先驗判別器模型

在 8.9.1 節中介紹過，先驗判別器模型主要用來將輔助編碼器產生的向量對映
到高斯分佈中。先驗判別器模型的輸出結果只有 0 或 1，其做法與普通的對抗
神經網路一致：將高斯分佈取樣的資料當作真值（標籤值為 1），將判斷編碼
器輸出的特徵向量當作假值（標籤值為 0），如圖 8-31 所示。

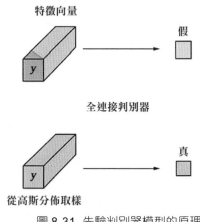

圖 8-31 先驗判別器模型的原理

如圖 8-31 所示，先驗判別器模型的輸入只有特徵向量一個，其結構採用的是
全連接神經網路，最後會輸出「真」或「假」的判斷結果。

4. 損失函數

在 DIM 模型中，將 MINE 方法中的 KL 散度換成了 JS 散度來作為互資訊的度
量。這麼做的原因是：JS 散度是有上界（ln2）的，而 KL 散度是沒有上界
的。相比之下，JS 散度更適合在最大化任務中使用，因為它在計算時不會產
生特別大的數，而且 JS 散度的梯度是無偏的。

在 f-GAN 中可以找到 JS 散度的計算公式，見 8.8.4 節的式（8.46）。其原理
在式（8.46）下方的提示部分有説明。

先驗判別器的損失函數非常簡單，與原始的 GAN 模型（參見 arXiv 網站上編號為 "1406.2661" 的論文）的損失函數一致，見 8.8.4 節的式（8.42）。

對這 3 個判別器各自損失函數的計算結果加權求和，便獲得整個 DIM 模型的損失函數。

8.9.3 程式實現：載入 MNIST 資料集

本實例使用的 MNIST 資料集與 8.3 節的一致，實際程式如下。

■ 程式 8-15 DIM

```
01 import numpy as np
02 from tensorflow.keras.layers import *
03 from tensorflow.keras.models import *
04 import tensorflow as tf
05 import tensorflow.keras.backend as K
06 from tensorflow.keras.datasets import mnist
07 from tensorflow.keras.activations import *
08 from tensorflow.keras import optimizers
09
10 (x_train, y_train), (x_test, y_test) = mnist.load_data()
11
12 x_train = x_train.astype('float32') / 255.
13 x_test = x_test.astype('float32') / 255.
14
15 batch_size = 100              # 定義批次大小
16 original_dim = 784            # 設定 MNIST 資料集的維度(28×28)
```

程式第 12、13 行，將資料集中的樣本轉為浮點數值。

8.9.4 程式實現：定義 DIM 模型

接下來定義編碼器模型類別 Encoder 與判別器類別 DeepInfoMaxLoss。

▪ Encoder：透過多個卷積層對輸入資料進行編碼，產生 64 維特徵向量。

▪ DeepInfoMaxLoss：實現全域、局部、先驗判別器模型的結構，並合併每個判別器的損失函數，獲得整體損失函數。

實際程式如下。

■ 程式 8-15 DIM（續）

```python
17 class Encoder(tf.keras.Model):   # 分析圖片特徵
18     def __init__(self, **kwargs):
19         super(Encoder, self).__init__(**kwargs)
20         self.c0 = Conv2D(64, 3, strides=1, activation=tf.nn.relu)
   # 輸出尺寸 26
21         self.c1 = Conv2D(128, 3, strides=1, activation=tf.nn.relu)
   # 輸出尺寸 24
22         self.c2 = Conv2D(256, 3, strides=1, activation=tf.nn.relu)
   # 輸出尺寸 22
23         self.c3 = Conv2D(512, 3, strides=1, activation=tf.nn.relu)
   # 輸出尺寸 20
24         self.l1 = Dense(64)
25         # 定義 BN 層
26         self.b1 = BatchNormalization()
27         self.b2 = BatchNormalization()
28         self.b3 = BatchNormalization()
29
30     def call(self, x):
31         x = Reshape((28, 28, 1))(x)
32         h = self.c0(x)
33         features = self.b1(self.c1(h))    # 輸出形狀[批次 , 24, 24, 128]
34         h = self.b2(self.c2(features))
35         h = self.b3(self.c3(h))
36         h = Flatten()(h)
37         encoded = self.l1(h)              # 輸出形狀[批次 , 64]
38         return encoded, features
39
40 class DeepInfoMaxLoss(tf.keras.Model):    # 定義判別器類別
41     def __init__(self, alpha=0.5, beta=1.0, gamma=0.1, **kwargs):
42         super(DeepInfoMaxLoss, self).__init__(**kwargs)
43         # 初始化損失函數的加權參數
44         self.alpha = alpha
45         self.beta = beta
46         self.gamma = gamma
47         # 定義編碼器模型
48         self.encoder = Encoder()
49         # 定義局部判別器模型
50         self.local_d = Sequential([
51             Conv2D(512, 1, strides=1, activation=tf.nn.relu),
```

```
52              Conv2D(512, 1, strides=1, activation=tf.nn.relu),
53              Conv2D(1, 1, strides=1)     ])
54          # 定義先驗判別器模型
55          self.prior_d = Sequential([
56              Dense(1000, batch_input_shape=(None, 64),
   activation=tf.nn.relu),
57              Dense(200, activation=tf.nn.relu),
58              Dense(1, activation=tf.nn.sigmoid),    ])
59          # 定義全域判別器模型
60          self.global_d_M = Sequential([              # 特徵圖型處理模型
61              Conv2D(64, 3, activation=tf.nn.relu),# 輸出形狀[批次 64, 22, 22]
62              Conv2D(32, 3),                      # 輸出形狀[批次, 64, 20, 20]
63              Flatten()  ])
64          self.global_d_fc = Sequential([         # 全域特徵處理模型
65              Dense(512, activation=tf.nn.relu),
66              Dense(512, activation=tf.nn.relu),
67              Dense(1),   ])
68
69      def call(self, x):                          # 定義全域判別器模型的正向傳播
70          y, M = self.encoder(x)                  # 對特徵圖進行處理
71          return self.thiscall(y, M)
72
73      def thiscall(self, y, M):
74          # 連接全域特徵
75          M_prime = tf.concat([M[1:], tf.expand_dims(M[0], 0)], 0)
76          y_exp = Reshape((1, 1, 64))(y)          # 輸出形狀[批次,1,1,64]
77          y_exp = tf.tile(y_exp, [1, 24, 24, 1])  # 輸出形狀[批次,24,24 64]
78          y_M = tf.concat((M, y_exp), -1)         # 輸出形狀[批次,24,24 192]
79          y_M_prime = tf.concat((M_prime, y_exp), -1) # 輸出形狀[批次,24,24 192]
80          # 計算局部互資訊
81          Ej = -K.mean(softplus(-self.LocalD(y_M)))        # 聯合分佈
82          Em = K.mean(softplus(self.LocalD(y_M_prime)))    # 邊緣分佈
83          LOCAL = (Em - Ej) * self.beta
84          # 計算全域互資訊
85          Ej = -K.mean(softplus(-self.GlobalD(y, M)))      # 聯合分佈
86          Em = K.mean(softplus(self.GlobalD(y, M_prime)))  # 邊緣分佈
87          GLOBAL = (Em - Ej) * self.alpha
88          # 計算先驗損失
89          prior = K.random_uniform(shape=(K.shape(y)[0], K.shape(y)[1]))
90          term_a = K.mean(K.log(self.PriorD(prior)))       # GAN 損失
```

```
91          term_b = K.mean(K.log(1.0 - self.PriorD(y)))        # GAN 損失
92          PRIOR = - (term_a + term_b) * self.gamma             # 最大化目標分佈
93          return GLOBAL, LOCAL, PRIOR
94      def LocalD(self, x):
95          return self.local_d(x)
96      def PriorD(self, x):
97          return self.prior_d(x)
98      def GlobalD(self, y, M):
99          h = self.global_d_M(M)
100         h = tf.concat((y, h), -1)
101         return self.global_d_fc(h)
```

程式第 58 行，在定義先驗判別器模型結構 prior_d 物件時，該結構 prior_d 物件最後一層的啟動函數需要用 Sigmoid。這是原始 GAN 模型的標準用法（可以控制輸出的值為 0~1），它是與損失函數搭配使用的。

程式第 81~83 行和第 85~87 行是互資訊的計算，與 8.8.4 節的式（8.46）基本一致。只不過在程式第 83、87 行對互資訊進行了「反轉」操作，將最大化問題變為最小化問題。這樣就可以在訓練過程中使用最小化損失的方法進行參數最佳化了。

程式第 92 行實現了判別器的損失函數。判別器的目標是將真實資料和產生資料的分佈最大化，所以也需要先對判別器的輸出結果進行「反轉」操作，然後透過最小化損失的方法實現。

在訓練過程中，梯度可以透過損失函數直接傳播給編碼器模型進行聯合最佳化。所以，不需要再額外對編碼器進行損失函數的定義。

8.9.5 產生實體 DIM 模型並進行訓練

接下來產生物理模型，並按照指定次數疊代訓練。在製作邊緣分佈樣本時，需要將批次特徵圖的第 1 條放到最後，這樣可以使特徵圖與特徵向量無法一一對應，實現與按批次打亂順序等同的效果。

這部分程式相對簡單，讀者可以參考本書書附程式中的程式檔案 "8-15 DIMpy" 自行檢視。

程式執行後，在本機路徑 "training_checkpoints" 中產生模型檔案，同時也會
輸出以下的訓練結果：

```
...
thisloss: 1.3787307 0.0018900502 1.3768406 7.697462e-06
thisloss: 1.3680916 0.0014069576 1.3666847 8.560792e-06
thisloss: 1.3746135 0.0017861666 1.3728274 7.143838e-06
thisloss: 1.3680246 0.0015721191 1.3664525 9.893577e-06
...
```

8.9.6 程式實現：分析子模型，並用其視覺化圖片特徵

DIM 模型中的編碼器 Encoder 類別用來分析圖片特徵。在訓練結束後，可以
將其權重單獨儲存起來，供以後載入使用。實際程式如下。

■ 程式 8-15 DIM（續）

```
102 inputs = Input(batch_shape=(None, original_dim))
103 y, M = dimer.encoder(inputs)
104 modeENCODER = Model(inputs, y, name='modeENCODER') #重組子模型
105 modeENCODER.save_weights('my_model.h5')    #單獨儲存子模型
106
107 #載入解碼器子模型
108 modeENCODER.load_weights('my_model.h5')
109 testn = 5000 #處理 5000 筆資料
110 x_test_encoded = modeENCODER.predict(np.reshape(x_test[:testn],
111                             (len(x_test[:testn]), -1)),
    batch_size=batch_size)
112 #引用 plt 函數庫將圖片的特徵顯示出來
113 from sklearn.manifold import TSNE
114 import matplotlib as mpl
115 import matplotlib.pyplot as plt
116
117 try:
118     #降維處理
119     tsne = TSNE(perplexity=30, n_components=2, init='pca', n_iter=2000)
    # 5000
120     low_dim_embs = tsne.fit_transform(x_test_encoded)
121 except ImportError:
122     print('Please install sklearn, matplotlib, and scipy to show
    embeddings.')
```

```
123 plt.scatter(low_dim_embs[:, 0], low_dim_embs[:, 1], c=y_test[:testn])
124 plt.colorbar()
125 plt.show()
```

程式第 119 行，用 TSne 函數對圖片的特徵進行 PCA 演算法的降維處理，使其變成二維資料以便在直角座標系中顯示。該函數中的參數 perplexity 代表困惑度；參數 n_components 代表最後維度。

程式執行後，輸出如圖 8-32 所示的視覺化結果。

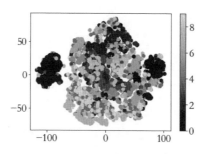

圖 8-32　圖片特徵的視覺化結果

8.9.7　程式實現：用訓練好的模型來搜尋圖片

接下來撰寫程式，載入編碼器模型，並對樣本集中所有圖片進行編碼；然後隨機選取 1 張圖片，找出與該圖片最相近的 20 張圖片，並輸出其對應的標籤。實際程式如下。

■　程式 8-15　DIM（續）

```
126 import random
127 index = random.randrange(0, len(y_test[:testn]))   # 隨機取得一個索引
128 mse = list(map(lambda x: ((x_test_encoded[index] - x) ** 2).sum(),
    x_test_encoded))
129 #按照距離進行排序
130 user_ranking_idx = sorted(enumerate(mse), key=lambda p: p[1])
131 findy = [y_test[i] for i, v in user_ranking_idx]
132 print(y_test[index], findy[:20])                    #輸出對應標籤
```

程式第 127 行，從測試資料集中隨機取出一張圖片。

程式第 128 行，用 MSE 演算法計算該圖片的特徵與其他圖片特徵之間的距離。

程式第 130 行，對距離按從小到大排序。

程式第 133 行，輸出前 20 張圖片所對應的標籤。

程式執行後，輸出結果如下：

```
0 [0, 0, 0, 0, 0, 0, 0, 0, 0, 0, 0, 0, 0, 0, 0, 0, 0, 0, 0, 0, 0]
```

結果中，第 1 個值為隨機圖片對應的標籤，後面的其他值為根據圖片特徵搜尋出來的相近圖片所對應的標籤。

識別未知分類的方法：零次學習

純監督學習在很多專案上都達到了讓人驚歎的結果，但是這種以資料驅動為基礎的演算法需要大量的標籤樣本進行學習，而取得足夠數量且合適的標籤資料集的成本常常很高。即使是付出了這樣的代價，所得到的模型能力仍然有限——訓練好的模型只能夠識別出樣本所提供的類別。

舉例來說，用貓狗圖片訓練出來的分類器，就只能對貓、狗進行分類，無法識別出其他的物種分類（例如雞、鴨）。這樣的模型顯然不符合人工智慧的終極目標。

零次學習（zero-shot Learning，ZSL）是為了讓模型具有推理能力，能夠透過推理來識別新的類別。即，能夠從已知分類中歸納出規律，透過推理識別出其從沒見過的類別，實現真正的智慧。其中「零次」（zero-shot）是指，對於要分類的物件之前沒有學習過。

🌐 9.1 了解零次學習

零次學習（ZSL）可以被歸類為遷移學習的一種，它偏重於對毫無連結的訓練集和測試集進行圖片分類。

本節來介紹一下零次學習（ZSL）的基礎知識。

9.1.1 零次學習的原理

零次學習的思維是：以物件為基礎的高維特徵描述對圖片進行分類，而非僅利用訓練圖片獲得特徵圖片的分類。

在零次學習中，圖片類別的高維特徵描述沒有任何限制，可以是與類別物件有關的各方面，舉例來說，形狀、顏色，甚至地理資訊等，如圖 9-1 所示。

圖 9-1 圖片分類的高維特徵描述

如果把每個類別與其對應的高維特徵描述對應起來，則可以將零次學習了解為在物件的多個特徵描述之間實現某種程度的遷移學習。

在人類的了解中，某個類別的特徵描述可以用文字來對應（例如：斑馬可以用有黑色、有白色、不是棕色、有條紋、不在水裡、不吃魚來描述）。

在神經網路的了解中，某個類別的高維特徵描述可以用被該類別文字所翻譯成的詞向量所代替（例如在 BERT 模型中，斑馬可以用兩個各包含 768 個浮點數字的向量來表示），如圖 9-2 所示。這個詞向量中所蘊含的語義便是該類別的高維特徵描述。

圖 9-2　人類和神經網路對斑馬的特徵描述

人類可以透過語言描述中的屬性資訊，來猜出被描述物件的樣子。同樣，機器也可以透過比較特徵向量間的距離，來分類未知類別的圖片。零次學習方法就是以這種思維進行延伸為基礎的。

1. 零次學習的一般原理

零次學習的原理可以分為以下 4 步：

（1）準備兩套類別沒有交集的資料集，一個作為訓練集，另一個作為測試集。

（2）用訓練集中的資料訓練模型。

（3）借助類別的描述，建立訓練集和測試集之間的聯繫。

（4）將訓練好的模型應用在測試集上，使其能夠對測試集的資料進行分類。

舉例來說，模型對訓練集資料中的馬、老虎、熊貓進行學習，掌握這些動物的特徵和對應的描述，然後模型可以在測試集中按照描述的要求找出斑馬。其中描述的要求是：具有馬的輪廓，身上有像老虎一樣的條紋，而且它像熊貓一樣是黑白色的動物，該動物叫作斑馬，如圖 9-3 所示。

如果將訓練類別表示成屬性向量 Y，測試類別（未知類別）表示為屬性向量 Z，則圖 9-3 中的實作方式步驟如下。

（1）用訓練集資料訓練一個圖片分類模型。

（2）用該模型對每個樣本圖片進行特徵轉換，獲得特徵向量 A。

（3） 訓練一個零次學習模型，該模型用來實現特徵向量 A 與訓練類別的屬性
　　　向量 Y 之間的對應關係。

（4） 測試時，利用該分類模型可獲得測試樣本的特徵向量 A，再使用零次學
　　　習模型將其對映成類別屬性向量。用模型產生的屬性向量比較測試集類
　　　別的屬性向量 Z，即可預測出測試分類的結果。

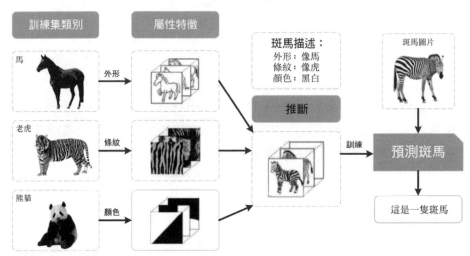

圖 9-3 ZSL 的原理

以上步驟是使用圖片特徵轉換成屬性特徵，並透過比較屬性特徵進行預測
的。這種方法只是零次學習的實現方式之一。在實際操作中，還可以將屬性
特徵轉為圖片特徵，並透過比較圖片特徵進行預測。

2. 零次學習的主要工作

具有 ZSL 功能的模型，在工作過程中需要執行以下兩部分計算。

▪ 計算出關於類別名稱的高維特徵，需要使用 NLP 相關模型來完成。

▪ 計算出關於圖片資料的高維特徵，需要使用圖片分類相關的模型來完成。

這兩部分主要工作是 ZSL 的核心。ZSL 的效果完全依賴完成這兩部分工作的
模型：如果類別屬性描述模型和分類器模型的效能越好，則 ZSL 對未知分類
的識別能力就越強。

9.1.2 與零次學習有關的常用資料集

在 ZSL 相關的研究中，對資料集有兩個要求：

- 訓練資料集與測試資料集中的樣本不能有重疊。
- 可見分類標籤（訓練資料集中的標籤）與不可見分類標籤（測試資料集中的標籤）在語義上有一定的相關性。

如果將可見分類的樣本當作源域，則不可見分類的樣本就是 ZSL 需要識別的目的域，而可見分類標籤與不可見分類標籤之間的語義相關性就是連結源域與目的域的橋樑。用 ZSL 方法訓練的模型就是完成這個橋樑的擬合工作。

在滿足這兩個要求的資料集中，最常用的有以下 5 種資料集。

1. Animal with Attributes（AwA）資料集

AwA 資料集中包含 50 個類別的圖片（都是動物分類），其中 40 個類別是訓練集，10 個類別是測試集。

AwA 資料集中每個類別的語義為 85 維，總共有 30475 張圖片。但是該資料集已被 AwA2 取代。AwA2 與 AwA 類似，總共 37322 張圖片。可以從本書書附資源「ZSL 資料集下載連結.txt」中找到它的下載網址。

2. 鳥類資料集（CUB-200）

鳥類資料集（CUB-200）共有兩個版本，Caltech-UCSD-Birds-200-2010 與 Caltech-UCSD-Birds-200-2011。每個類別含有 312 維的語義資訊。

其中，Caltech-UCSD-Birds-200-2011 相當於 Caltech-UCSD-Birds-200-2010 的擴充版本，並針對 ZSL 方法，將 200 大類資料集分為 150 大類訓練集和 50 大類測試集。

可以從本書書附資源「ZSL 資料集下載連結.txt」中找到 Caltech-UCSD-Birds-200-2011 的下載網址。

3. Sun 資料集（CUB-200）

該資料集總共有 717 個類別，每個類別有 20 張圖片，類別語義為 102 維。傳統的分法是訓練集 707 大類，測試集 10 大類。可以從本書書附資源「ZSL 資料集下載連結.txt」中找到它的下載網址。

4. Attribute Pascal and Yahoo 資料集（aPY）

該資料集共有 32 個類別，其中，20 個類別為訓練集，12 個類別為測試集，類別語義為 64 維，共有 15339 張圖片。可以從本書書附資源「ZSL 資料集下載連結.txt」中找到它的下載網址。

5. ILSVRC2012/ILSVRC2010 資料集（ImNet-2）

這是一個利用 ImageNet 做成的資料集，用 ILSVRC2012 資料集的 1000 個類別作為訓練集，ILSVRC2010 資料集的 360 個類別作為測試集，有 254000 張圖片。它由 4.6MB 的 Wikipedia 資料集訓練而獲得，共 1000 維。

在上述資料集中，1～4 資料集都是較小類型資料集，5 是大類型資料集。雖然在 1~4 資料集中已經提供了人工定義的類別語義，但也可以從維基語料庫中自動分析出類別的語義表示，以檢測自己的模型。

9.1.3 零次學習的基本做法

在 ZSL 中，把利用深度網路分析的圖片特徵稱為特徵空間（visual feature space），把每個類別所對應的語義向量稱為語義空間。而 ZSL 要做的就是——建立特徵空間與語義空間之間的對映。

為了識別不可見類別的物件，零樣本學習（ZSL）方法通常會有以下兩步驟：

（1）學習可見類別的公共語義空間和視覺空間之間的相容投影函數。
（2）將該投影函數直接應用於不可見分類上。

9.1.4 直推式學習

直推式學習（transductive learning）常用在測試集中只有圖片資料，沒有標籤資料的場景下。

直推式學習是一種類似遷移學習的 ZSL 實現方法，在訓練模型時，先用已有的分類模型對測試集資料計算特徵向量，並將該特徵向量當作測試集類別的先驗知識進行後面的推理預測（參見 arXiv 網站上編號是 "1501.04560" 的論文）。

9.1.5 泛化的零次學習任務

泛化的 ZSL（generalized ZSL）在普通的 ZSL 基礎之上提出了更高的要求：在測試模型時，測試資料集中不僅包含未知分類資料，還包含已知分類的資料。這更符合 ZSL 的實際應用情況，也更能表現出 ZSL 模型的能力。

◉ 9.2 零次學習中的常見困難

在 ZSL 的研究中常會遇到以下問題，它們是影響 ZSL 效果的主要問題。

9.2.1 領域漂移問題

領域漂移問題（domain shift problem）是指，同一種屬性在不同的類別中，其視覺特徵的表現可能差別很大，參見 arXiv 網站上編號是 "1501.04560" 的論文。

1. 領域漂移問題的根本原因

舉例來說，斑馬和豬都有尾巴，但是在類別的語義表示中，兩者尾巴的視覺特徵卻相差很遠，如圖 9-4 所示。

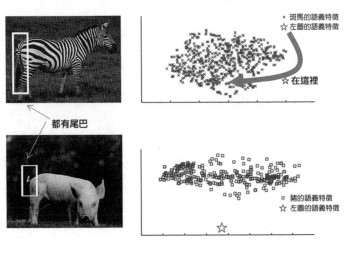

（a）原始圖片　　　　　（b）特徵空間

圖 9-4　領域漂移問題

在圖 9-4 中，右上角的圖片中「╳」代表斑馬的語義特徵，「☆」代表模型對左上角圖片預測後獲得的語義特徵。「☆」標記在「╳」集合的內部，表明該模型可以正確實現斑馬類別圖片向斑馬語義的對映。

接下來，將該模型用於不可見分類（豬的圖片）上，便獲得在圖 9-4 右下角的特徵分佈。其中，小正方形標記是豬的語義特徵，「☆」標記是模型對左下角圖片預測所得到的語義特徵，可以看到，二者相距很遠。這表明學習了斑馬分類的模型不能對未見過的豬做出正確的預測，將可見分類模型應用在未見過的分類上出現了領域漂移問題。

因為樣本的特徵維度常常比語義的維度大，所以在建立從圖片到語義對映的過程中，常常會遺失資訊。這是領域漂移問題的根本原因。

2. 解決領域漂移問題的想法

比較通用的解決想法是：將對映到語義空間中的樣本，再重建回去。這樣學習到的對映就能夠保留更多的資訊，例如語義自編碼模型（SAE），參見 arXiv 網站上編號是 "1704.08345" 的論文。

重建過程的做法與非監督訓練中的重建樣本分佈方法完全一致，例如自編碼模型的解碼器部分，或是 GAN 模型的生成器部分。它可以完全使用非監督訓練中重建樣本分佈的相關技術來實現。

在利用重建過程產生測試集的樣本之後，就可以將問題轉換成一個傳統的監督分類任務，以增加預測的準確率。

9.2.2 原型稀疏性問題

原型稀疏性（prototype sparsity）問題是指，每個類別中的樣本個體不足以表示類別內部的所有可變性，或無法幫助消除類別間相重疊特徵所帶來的問題。即，同一類別中的不同樣本個體之間的差異常常是極大的，這種差異會增大類間的相似性，導致 ZSL 分類器難以預測出正確的結果（參見 arXiv 網站上編號是 "1501.04560" 的論文）。

該問題的本質還是個體和分佈之間的關係問題，9.2.1 節的解決想法同樣適用於該問題。

9.2.3 語義間隔問題

語義間隔（semantic gap）問題是指：樣本在特徵空間中所組成的流形與語義
空間中類別組成的流形不一致。

🔊 提示：

流形是指局部具有歐幾里德空間性質的空間。在數學中它用於描述幾何形體。在
物理中，「經典力學的相空間」和「建置廣義相對論的時空模型的四維偽黎曼流
形」都是流形的實例。

圖片樣本的特徵常常是指視覺特徵（例如用深度網路分析到的特徵）；而以
圖片內容描述上為基礎的語義表示卻是非視覺的（例如以自然語言文字或是
數值屬性為基礎的所分析到的特徵）。當二者反映到資料上時，很容易會出
現流形不一致的現象，如圖 9-5 所示。

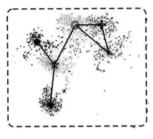
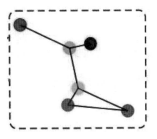

（a）視覺特徵　　　　　　　　（b）語義特徵

圖 9-5 語義間隔問題

這種現象使得直接學習兩者之間的對映變得困難。

解決此問題要從將兩者的流形調節一致入手。在實現時，先使用傳統的 ZSL
方法將樣本特徵對映到語義特徵上；再分析樣本特徵中潛在的類別級流形，
產生與其流形結構一致語義特徵（流形對齊）；最後訓練模型，實現樣本特
徵到流形對齊後的語義特徵之間的對映，如圖 9-6 所示（參見 arXiv 網站上編
號是 "1703.05002" 的論文）。

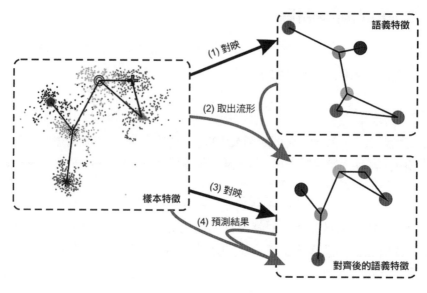

圖 9-6 流形對齊

9.3 帶有視覺結構約束的直推 ZSL （VSC 模型）

VSC（visual structure constraint）模型使用了一種新的視覺結構約束，以加強訓練集圖片特徵與分類語義特徵之間的投影通用性，進一步緩解 ZSL 中的域移位問題。

下面就來介紹 VSC 模型所有關的主要技術。

9.3.1 分類模型中視覺特徵的本質

分類模型的主要作用之一就是計算圖片的視覺特徵。這個視覺特徵在模型的訓練過程中，會根據損失函數的約束向著表現出類別特徵的方向接近。

從這個角度出發可以看出，分類模型之所以可以正確識別圖片的分類，是因為其計算出來的視覺特徵中會含有該類別的特徵資訊。

所以在分類模型中，即使去掉最後的輸出層，單純對圖片的視覺特徵進行分群，也可以將相同類別的圖片分到一起，如圖 9-7 所示。

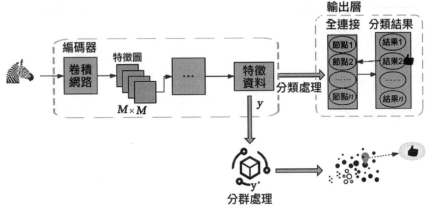

圖 9-7 影像的視覺特徵分群

9.3.2 VSC 模型的原理

VSC 模型的原理可以從以下幾個方面進行分解。

1. 視覺特徵分群

VSC 模型以圖 9-7 中所描述的理論為出發點，對訓練集和測試集中所有圖片的視覺特徵進行分群，使相同類別的圖片聚集在一起。這樣就可以將單張圖片的分類問題，簡化成多類別圖片的分類問題。

2. 直推方式的應用

透過視覺特徵的分群方法，可以將未知分類的圖片分成不同的簇。下一步就是將不同的簇與未知分類的類別標籤一一對應上。

在視覺特徵簇與分類標籤對應的工作中，使用直推 ZSL 的方式，對測試集（未知分類）的類別的屬性特徵和測試集的視覺特徵簇中心進行對齊，進一步實現識別未知分類的功能，如圖 9-8 所示。

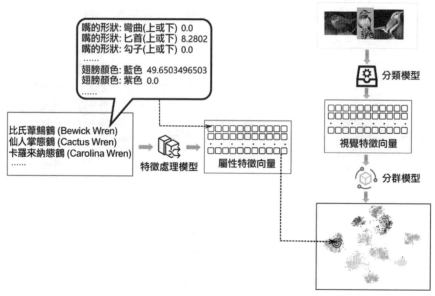

圖 9-8 VSC 模型的原理

圖 9-8 中有關 3 個模型：分類模型、分群模型、特徵處理模型。整個 ZSL 的任務可以被了解成訓練特徵處理模型，使其對類別標籤進行計算後產生的類別屬性特徵能夠與圖片的視覺特徵分群中心點對齊。

如果特徵處理模型能夠將任意的目標類別標籤轉換成該類別視覺特徵分群中心點，則可以根據待測圖片距離中心點的遠近，來識別該圖片是否屬於目標類別。這便是 VSC 模型的原理。

3. VSC 模型的核心任務及關鍵問題

分類模型可以透過用遷移學習方法微調通用的預訓練分類模型獲得。而分群演算法也是傳統的機器學習範圍，可以直接拿來使用。如何訓練出有效的特徵處理模型，是 VSC 模型的核心任務。

在本實例中，特徵處理模型的輸入和輸出很明確。輸入是資料集中帶有類別標記的 312 個屬性值（見 9.5.1 節）；輸出是與該類別的視覺特徵中心點。

在實現時，可以用一個多層全連接模型作為特徵處理模型的結構。將其輸入向量的維度設為 312（與類別標記的 312 個屬性值對應）；將其輸出向量的維度設為 2048（與視覺特徵的維度相同）。

因為對圖片視覺特徵分群後會產生多個簇，但並不知道每個簇與未知類別的對應關係，所以在訓練過程中，必須先找到與類別對應的簇，然後才能使用損失函數拉近兩個類別屬性特徵與簇中心點間的距離。

4. VSC 模型中關鍵問題的解決方法

在訓練 VSC 模型時，使用了 3 種約束方法來訓練特徵處理模型：

- 以視覺中心點學習為基礎的約束方法（visual center learning，VCL）。
- 以倒角距離為基礎的視覺結構約束方法（chamfer-distance-based visual structure constraint，CDVSc）。
- 以二分符合為基礎的視覺結構約束方法（bipartite-matching-based visual structure constraint，BMVSc）。

在特徵處理模型的訓練過程中，使用了訓練資料集和測試資料集的資料。其中，在使用訓練資料集時，採用的是 VCL 的約束方法；在使用測試資料集時，採用的是 CDVSc 或 BMVSc 中的一種約束方法。

下面將依次介紹 VCL、CDVSc 或 BMVSc 這 3 種約束方法的內容及應用。

9.3.3 以視覺中心點學習為基礎的約束方法

以視覺中心點學習（VCL）為基礎的約束方法的本質是：計算類別屬性特徵與視覺特徵簇中心點之間的平方差損失（MSE）。

由於該方法必須事先知道每個類別的屬性特徵與該類別的視覺特徵簇之間的對應關係，所以以 VCL 為基礎的約束方法只適用於在訓練資料集上的模型（因為：在訓練資料集中有每個圖片的分類資訊，能夠實現類別和圖片的一一對應）。

以 VCL 為基礎的約束方法使用訓練集中的資料，對每個類別進行屬性特徵和視覺特徵的擬合。這種方式可以使模型從已有的資料中學到屬性特徵與視覺特徵的關係。直接將這種關係作用到測試資料集，也能夠提升識別未知分類的能力。

如果在 VCL 約束方法的基礎上，讓模型從未知分類的資料中學到屬性特徵與視覺特徵的對應關係,則模型的準確率還會有進一步提升。這也是在 ZSL 中採用 CDVSc 約束或 BMVSc 約束的原因。

9.3.4 以倒角距離為基礎的視覺結構約束

以倒角距離為基礎的視覺結構約束(CDVSc)方法作用於模型在測試集上的訓練。它的作用是讓多個未知分類的屬性特徵找到與其對應的視覺特徵。

其中,類別的屬性資訊可以透過類別屬性標記檔案拿到;每個類別的視覺特徵就是測試集中圖片視覺特徵的分群中心點。

由於測試資料集中圖片的類別標籤未知,類別的屬性特徵與類別的視覺特徵無法一一對應,所以這種擬合問題就變成了兩個集合間的對映關係,即對類別的屬性特徵集合與類別的視覺特徵集合進行擬合。

這種問題可以用處理 3D 點雲任務中的損失計算方法(對稱的倒角距離)來進行處理。對稱的倒角距離的主要過程如下。

(1) 取出目前集合的點 P,並且在另一個集合中找到與 P 距離最近的點。

(2) 計算這兩個點的距離。

(3) 對目前集合的所有點按照步驟(1)、(2)操作。

(4) 對步驟(3)獲得的多個距離分別計算平方,再將平方後的結果進行求和。

有關倒角距離的更多資訊,請參見 arXiv 網站上編號為"1612.00603"的論文。

9.3.5 什麼是對稱倒角距離

倒角距離(chamfer-distance,CD)表示的意思是:先對「集合 1」中的每個點分別求出其到「集合 2」中每個點的最小距離,再將這些最小距離平方求和。

對稱的倒角距離就是:在倒角距離的基礎上再對「集合 2」中的每個點分別求出其到「集合 1」中每個點的最小距離,再將這些最小距離平方求和。

對稱的倒角距離是一個連續可微的連續的演算法。該計算方法可以被直接當作損失函數使用,因為它具有以下特性:

- 在點的位置上是可微的。
- 計算效率高，可以實現在神經網路中的反向傳播。
- 對少量的離群點也具有較強的堅固性。

對稱的倒角距離演算法的特點是：能更進一步地儲存物體的詳細形狀，且每個點之間是獨立的，所以很容易進行分散式運算。

9.3.6 以二分符合為基礎的視覺結構約束

雖然 CDVSc 有助保持兩個集合的結構相似性，但也可能會產生兩個集合元素間「多對一」的比對現象。而在 ZSL 中，需要「類別的屬性特徵」與「類別的視覺特徵」兩個集合中的元素一一對應。

在使用 CDVSc 方法進行訓練的過程中，當兩個集合中元素出現「多對一」比對情況時，屬性特徵中心點將被拉到錯誤的視覺特徵中心點，進一步產生對未知分類的識別錯誤。

為了解決這個問題，可以使用資料建模領域中的指派問題（見 9.3.7 節）的解決方案進行處理。這種方式被叫作「以二分符合為基礎的視覺結構約束（BMVSc）」。

9.3.7 什麼是指派問題與耦合矩陣

指派問題是數學建模中的經典問題。接下來將透過一個實際的實例來介紹指派問題。

例如：派 3 個人去做 3 件事，每人只能做一件。這 3 個人做這 3 件事的時間可以表示為以下矩陣（矩陣的一行表示一個人，矩陣的一列表示一件事。例如第 1 行第 1 列的元素為 4，表明第 1 個人做 1 件事的時間為 4 小時；第 2 行第 1 列的元素為 5，表明第 2 個人做第 1 件事的時間為 5 小時）：

$$\begin{bmatrix} 4 & 1 & 2 \\ 5 & 3 & 1 \\ 2 & 2 & 3 \end{bmatrix}$$

問如何分配人和事之間的指派關係，以使整體的時間最短？

由於資料量比較小，可以直接看出這個問題的答案：第 1 個人做第 2 件事、第 2 個人做第 3 件事、第 3 個人做第 1 件事，因為第 1 列的最小值為 2，第 2 列的最小值為 1，第 3 列的最小值為 1。

對於資料量比較大的任務，則要使用些專門的演算法來進行解決了，例如匈牙利演算法 （Hungarian algorithm）、最大權比對演算法（kuhn-munkres algorithm，KM）等。

在實作方式時，讀者不需要詳細了解演算法的實現過程，直接在 Python 環境中使用 scipy 函數庫中的 linear_sum_assignment 函數便可以對指派問題求解（linear_sum_assignment 函數使用的是 KM 演算法）。實際程式如下：

```
import numpy as np
from scipy.optimize import linear_sum_assignment

task=np.array([[4,1,2],[5,3,1],[2,2,3]])
row_ind,col_ind=linear_sum_assignment(task)    #傳回計算結果的行列索引
print(row_ind)                                  #輸出行索引：[0 1 2]
print(col_ind)                                  #輸出列索引：[1 2 0]
print(task [row_ind,col_ind])                   #輸出每個人的消耗時間：[1 1 2]
print(cost[row_ind,col_ind].sum())              #輸出整體消耗時間：4
```

在處理指派任務中，通常把程式中的 task 對應的矩陣叫作係數矩陣；把行列索引 row_ind、col_ind 所表示的矩陣叫作耦合矩陣 **P**。耦合矩陣可以反映出指派關係的最後結果，該問題的耦合矩陣如下：

$$\begin{bmatrix} 0 & 1 & 0 \\ 0 & 0 & 1 \\ 1 & 0 & 0 \end{bmatrix}$$

指派問題的最佳解有這樣一個性質：若從係數矩陣的一行（列）各元素中分別減去該行（列）的最小元素，獲得新矩陣，則以新矩陣為係數矩陣求得的最佳解和用原矩陣求得的最佳解相同。

利用這個性質，可將原係數矩陣轉為含有很多 0 元素的新矩陣，而最佳解保持不變。

9.3.8 以 W 距離為基礎的視覺結構約束

9.3.7 節中的指派問題的實例需要一個前提條件——每個人都是被獨立派去完成一個完整的事情。從機率的角度來看，某個待分配事件被指派到某個人的機率，不是 0，就是 1。這種方式也被叫作「硬比對」。

假設打破 9.3.7 節實例中的前提條件：每個人可以將精力分成多份，同時去做多件事情，每件事情只做一部分。這樣從機率的角度來看，某個待分配事件被指派到某個人的機率便是 0~1 之間的小數。這種方式被叫作「軟比對」。

軟比對的方式使得分配規則更為細化。與硬比對方式相比，它會使 3 個人完成 3 件事所消耗的總時間變得更少。

以 W 距離為基礎的視覺結構約束（WDVSc），本質上就是一種軟比對的解決方案。

1. 軟比對的應用

在現實中，軟比對的人事安排也會提升企業的工作效率。企業中的員工一般會被同分時配多個任務，或被劃分到多個專案小組中去。在每天的工作中，員工要根據自己所負責的任務情況來分配每個專案所投入的精力。

在 ZSL 中，由於存在樣本中的雜訊和特徵轉換過程中的誤差，所以「類別的屬性特徵」與「類別的視覺特徵」兩個集合的中心點不會完全按照 0、1 機率這樣硬比對。所以，在訓練過程中，使用軟比對的方式會更符合實際的情況。

2. 最佳傳輸中的軟比對

在最佳傳輸領域中，這種軟比對的方式又被叫作推土距離（或 Wasserstein 距離），也被人們常稱為 W 距離。

推土距離是指從一個分佈變為另一個分佈的最小代價，可以用來測量兩個分佈（multi-dimensional distributions）之間的距離。

在最佳傳輸理論中，Wasserstein 距離被證明是衡量兩個離散分佈之間距離的良好度量，其目的是找到可以實現最小比對距離的最佳耦合矩陣 X。其原理與指派問題的解決想法相同，但 X 表示軟比對的機率值，而非 {0, 1}（例如 9.3.7 中的耦合矩陣）。

3. WDVSc 的實現

在實現過程中，可以將「擬合類別屬性特徵」與「類別視覺特徵」兩個集合的約束當作最佳傳輸問題，透過帶有熵正規化的 Sinkhorn 疊代來解決。

WDVSc 演算法可以用來測量兩個分佈之間的距離，能產生比 CD 演算法更緊湊的結果，但有時會過度收縮局部結構。

9.3.9 什麼是最佳傳輸

隨著神經網路的不斷強大，在日漸成熟的學術環境中，想要進一步改善演算法、提升效能，沒有數學的支撐是不行的。而最佳傳輸（optimal transport，OT）便是神經網路的數學理論中的重要環節。它對於改進 AI 演算法具有很大的幫助。

最佳傳輸問題最早由法國數學家 Monge 於 1780 年代提出；由俄國數學家 Kantorovich 證明了其解的存在性；由法國數學家 Brenier 建立了最佳傳輸問題和凸函數之間的內在聯繫。

1. 最佳傳輸描述

最佳傳輸理論可以用一個實例來非正式地描述一下：把一堆沙子裡的每一鏟都對應到一個沙雕上的一鏟沙子，怎麼搬沙子最省力氣。

最佳傳輸的關鍵點是：要考慮怎樣把多個資料點同時從一個空間對映到另一個空間，而非只考慮一個資料點。

最佳傳輸和機器學習之間具有千絲萬縷的關係，例如 GAN 本質上就是從「輸入的空間」對映到「產生樣本的空間」。同時 OT 也被越來越多地用於解決成像科學（例如顏色或紋理處理）、電腦視覺和圖形（用於形狀操縱）和機器學習中的各種問題（用於回歸、分類和密度擬合），可參見 arXiv 網站上編號是 "1803.00567" 的論文。

了解最佳傳輸中的數學理論，可以更輕鬆地閱讀前端的學術文章、更有方向性地對模型進行改進。

2. 最佳傳輸中的常用概念

在 9.3.7 中介紹了耦合矩陣，它反映了兩個集合間元素的對應關係。在最佳傳輸中，更確切地說，耦合矩陣 P 應該表示為，將集合 A 中的元素移動到集合 B 中的元素上所需要分配的機率質量。

為了算出品質分配的過程需要做多少功，還需要引用成本矩陣。

成本矩陣是用來描述將集合 A 中的每個元素移動集合 B 中的成本。

距離矩陣是定義這種成本的一種方式，它由集合 A 和 B 中元素之間的阿基米德距離所組成，也被稱為 ground distance。

舉例來說，將集合{1, 2}移動到集合{3, 4}上，其成本矩陣見式（9.1）：

$$C = \begin{bmatrix} 3-1 & 4-1 \\ 3-2 & 4-2 \end{bmatrix} = \begin{bmatrix} 2 & 3 \\ 1 & 2 \end{bmatrix} \tag{9.1}$$

假設耦合矩陣 P 如下，

$$\begin{bmatrix} \frac{1}{2} & 0 \\ 0 & \frac{1}{2} \end{bmatrix}$$

則整體成本可以表示 P 和 C 之間的 Frobenius 內積，見式（9.2）：

$$\langle C, P \rangle = \sum_{ij} C_{ij} P_{ij} = 1 \tag{9.2}$$

9.3.10 什麼是 OT 中的熵正規化

最佳傳輸中的熵正規化是一種正規化方法。而熵正規化則是使用熵作為正規化懲罰項。

1. 熵正規化原理

在 L2 正規化中，L2 範數會跟隨原目標之間的損失值進行變化：損失值越大，則正規化的懲罰項 L2 範數則越大；損失值越小，則正規化的懲罰項 L2 範數則越小。

在最佳傳輸（OT）中，最關心的是集合 A 傳輸到集合 B 中的成本（cost），它可以寫成由 A 中每個元素到 B 中的距離矩陣與耦合矩陣之間的 Frobenius 內積，見式（9.2）。

耦合矩陣的熵也可以跟隨著集合 A 傳輸到集合 B 中的成本進行變化，即：cost 越大，則耦合矩陣的熵則越大；cost 越小，則耦合矩陣的熵則越小。

求最佳傳輸中的熵正規化項就是計算耦合矩陣的熵。

2. 熵正規化與集合間的重疊關係

如果集合中每個元素的品質都相等，則耦合矩陣只與集合間元素的距離有關。所以，耦合矩陣的熵也可以反映兩個集合間的重疊程度，如圖 9-9 所示。

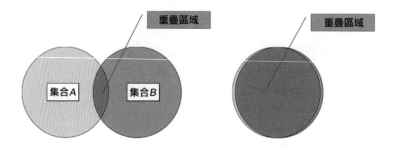

圖 9-9 集合的重疊程度

在圖 9-9 中，左圖中的兩個集合重疊區域比右圖中的兩個集合重疊區域小，其耦合矩陣的熵也會比右圖中的耦合矩陣熵小。

3. 熵正規化與最佳傳輸方案

在 8.1 節介紹過，熵可以表示成式（9.3）：

$$H(\boldsymbol{U}) = -\sum_{i=1}^{n} p_i \log(p_i) \qquad （9.3）$$

其中，$\boldsymbol{U}$ 是集合 A 和集合 B 間的耦合矩陣，p 是耦合矩陣中集合 A 中某個元素傳輸到集合 B 中某個元素的機率。

由熵的極值性（見 8.1.1 節）可以推出：當代價矩陣中的 p 均勻分佈時（所有 p 的機率設定值都相同），$\boldsymbol{U}$ 的資訊熵最大。

在元素的品質相同的情況下，如果將集合 A 中每個元素都均勻地分開，並被傳輸到集合 B 中每個元素的位置上，則耦合矩陣中的 p 分佈將非常均勻，此時的熵最大，表明這種做法成本最大。

相反，如果將集合 A 中每個元素都整體地傳輸到集合 B 中的某個位置上，則耦合矩陣中的 p 分佈將非常稀疏（沒有傳輸的位置，p 都是 0），此時的熵最小，表明這種做法成本最小。

一個熵較低的對偶矩陣中的 p 的分佈將更稀疏，它的大部分非零值集中在幾個點周圍。相反，一個具有高熵的矩陣會更平滑，其中的所有元素的值接近於均勻分佈。

在計算最佳傳輸方案時，可以從對偶矩陣的熵入手，透過調節對偶矩陣中的 p 來使代價矩陣中的熵最小，進一步獲得最佳的傳輸方案。這就是 Sinkhorn 疊代方法的主要思維（詳見 9.4 節），在 9.3.8 節所介紹的 WDVSc 演算法中也使用了該方法。

4. 熵正規化在損失函數中的作用

熵正規化與 L2 正規化一樣，也可以用在訓練模型的反向傳播中作為正規化懲罰項來使用。如果將它放到損失函數的公式裡，則需要加入一個調節參數 ε，該參數用來控制正規化對損失值 loss 的影響，見式（9.4）。

$$ \text{loss} = \min_{p} \langle C, P \rangle - \varepsilon H(P) \qquad (9.4) $$

式（9.4）中，loss代表最後的損失值，$\langle C, P \rangle$代表真實最佳傳輸（OT）的最小成本，$H(P)$代表耦合矩陣的熵正規化懲罰項。

同樣，一個單位的品質在傳輸過程中使用的路徑越少，則單一 p 值越大，耦合矩陣越稀疏，$H(P)$的值越小，減小loss值的幅度就越小。反之，在傳輸的過程中，使用的路徑越多，則單一 p 值越小，減小loss值的幅度就越大。這表明：熵正規化方法鼓勵模型使用流量小、數量多的路徑進行傳輸；而懲罰模型鼓勵使用流量大、數量少的路徑（稀疏路徑）進行傳輸，以達到減少計算複雜度的目的。

▣ 9.4 詳解 Sinkhorn 疊代演算法

Sinkhorn 演算法對相似矩陣求解的方式，是將最佳傳輸問題轉換成了耦合矩陣的最小化熵問題。即，只要在許多耦合矩陣中找到熵最小的那個矩陣，就可以近似地認為該矩陣是傳輸成本最低的耦合矩陣。

9.4.1 Sinkhorn 演算法的求解轉換

Sinkhorn 演算法將耦合矩陣 P 用式（9.5）表示：

$$P = \mathrm{diag}(U)K\mathrm{diag}(V) \tag{9.5}$$

式（9.5）中，diag 代表對角矩陣，K 代表變化後的成本矩陣。U 和 V 是 Sinkhorn 演算法中用於學習的兩個向量。如果將該式子展開，耦合矩陣中的每個元素 p_{ij} 可以表示成式（9.6）。

$$p_{ij} = f_i k_{ij} g_j \tag{9.6}$$

式（9.6）中的符號說明如下：

- i 和 j 分別代表矩陣的行和列。
- p_{ij} 代表耦合矩陣中索引為 i 行 j 列的元素。
- f_i 代表 $e^{u_i/\varepsilon}$，其中 u_i 是向量 U 中索引為 i 的元素。參數 ε 對耦合矩陣進行調節。
- k_{ij} 代表 $e^{-c_{ij}/\varepsilon}$，其中 c_{ij} 是成本矩陣中索引為 i 行 j 列的元素。
- g_j 代表，$e^{v_j/\varepsilon}$，其中 v_i 是向量 V 中索引為 j 的元素。

因為成本矩陣 C 是已知的，所以 K 矩陣也已知。

只要 Sinkhorn 演算法能夠算出合適的向量 U 和 V，就可以將其帶入式（9.5）中，獲得所求的耦合矩陣。

🔊 提示：

Sinkhorn 演算法有兩種實現方法：基於對數空間運算和直接運算。以對數空間運算方法為基礎的好處是：可以利用冪的運算規則將參數中的乘法變成加法，能夠大幅地提升運算速度。本節所介紹的 Sinkhorn 演算法就是以對數空間運算方法實現為基礎的。

在 Sinkhorn 演算法的運算過程中，參數ε的作用與 9.3.10 節中的一致，即當參數ε設定值較小時，傳輸路徑較少、較集中；當ε設定值較大時，正規化傳輸的最佳解變得更加「扁平」，傳輸路徑較多、較分散。

9.4.2 Sinkhorn 演算法的原理

在式（9.6）中 k 的值與成本矩陣的負值有關。這麼做是為了讓成本矩陣中最大的元素所對應的耦合矩陣機率最小。反之，如果要計算傳輸過程中的最大成本，則直接令k_{ij}的值為$e^{c_{ij}/\varepsilon}$即可。

Sinkhorn 演算法所計算的耦合矩陣是根據成本矩陣的負值得來的，即按照成本矩陣中取負後的元素大小來分配行、列方向的機率，參見 arXiv 網站上編號為 "1306.0895" 的論文。

1. 簡化版 Sinkhorn 演算法的舉例

舉例來說，一個成本矩陣的單行向量為[3 6 9]，則對其取負後變為[–3 –6 –9]。為了方便了解，先將 Sinkhorn 演算法中的機率分配規則簡化成按照每個值在整體中所佔的百分比計算，則獲得的機率為[1/6 1/3 1/2]。如果成本矩陣只有單行，則這個值便是其耦合矩陣。它是由單行向量中的每個元素都乘以[–1/18]得來的，這裡的[–1/18]就是式（9.6）中的 f，即，f 可以了解成某一行的歸一化因數（計算歸一化中的分母部分）。

2. 實際中的 Sinkhorn 演算法舉例

實際中的 Sinkhorn 演算法，對成本矩陣先做了一次數值轉換，再按照簡化版的方式進行求解。數值轉換的方法如下：

（1）將成本矩陣中的每個值按照參數ε進行縮放。

（2）將縮放後的值作為 e 的指數，進行數值轉換。

轉換後的值便可以按照簡化版本的 Sinkhorn 演算法進行計算了。

在 Sinkhorn 演算法中，對一個成本矩陣的單行為[3 6 9]的向量進行計算時，真實的歸一化分母為：$\frac{1}{(e^{-3/\varepsilon}+e^{-6/\varepsilon}+e^{-9/\varepsilon})}$，所算出的耦合矩陣單行的機率向量為：$[e^{-3/\varepsilon}/(e^{-3/\varepsilon}+e^{-6/\varepsilon}+e^{-9/\varepsilon})\quad e^{-6/\varepsilon}/(e^{-3/\varepsilon}+e^{-6/\varepsilon}+e^{-9/\varepsilon})\quad e^{-6/\varepsilon}/(e^{-3/\varepsilon}+e^{-6/\varepsilon}+e^{-9/\varepsilon})]$

使用這種數值轉換的方式可以增大成本矩陣中元素間的數值差距（由原始的線性距離上升到 e 的指數距離），進一步使得在按照數值大小進行百分比分配時，效果更加明顯，可以加快演算法的收斂速度。

縮放參數 ε 在成本矩陣數值轉換過程中，可以使元素間的數值差距的調節變得可控。這部分原理見 9.4.3 節。

3. Sinkhorn 演算法中的疊代計算過程

計算耦合矩陣的本質方法就是對成本矩陣取負，在沿著行和列的方向進行歸一化操作。而 Sinkhorn 演算法主要目的是計算負成本矩陣沿著行、列方向的歸一化因數，即式（9.5）中的 *U* 和 *V*。

在對負成本矩陣做行歸一化時，有可能會破壞列歸一化的分佈結構；同理，對列歸一化時，也可能會破壞行歸一化的分佈。所以 Sinkhorn 演算法透過疊代的方法，對負成本矩陣沿著行、列的方向交替進行歸一化計算，直到獲得一對合適的歸一化因數（即獲得最後的 *U*、*V*），見式（9.5），它可以使歸一化後的負成本矩陣在行、列兩個方向都滿足歸一化分佈，這種滿足條件的矩陣便是最後的耦合矩陣。

9.4.3 Sinkhorn 演算法中 ε 的原理

Sinkhorn 演算法的本質是在許多耦合矩陣中找到熵最小的那個矩陣，然後利用耦合矩陣中熵與傳輸成本間的正相關性，將其近似於最佳傳輸問題中的解。

為了可以使演算法可控，在演算法中加入了一個手動調節參數 ε，使其能夠對耦合矩陣的熵進行調節，見 9.4.1 節的公式（9.5）。

該做法的原理是利用指數函數的曲線特性，用參數ε來縮放每行或每列中各個元素間的機率分佈差距。指數函數的曲線如圖 9-10 所示。

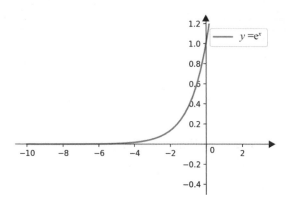

圖 9-10　指數函數的曲線

參數ε在式（9.5）中，是以倒數的形式被作用在$y = e^x$中的x上的，即$e^{-c_{ij}/\varepsilon}$其中 C 為成本矩陣，其內部的元素恒大於 0。當參數ε變小時，會使圖 9-10 中的x值變小，最後導致 y 值（k_{ij}）變更小（一旦 x 值大於-6，則對應的 y 值將非常接近 0）。

而耦合矩陣 P 是由成本矩陣 K 計算而來的，P 中小的機率值會隨著成本矩陣 K 中 k 值變小而變得更小，進一步產生更多接近於 0 的數。這使矩陣變得更為稀疏，熵就變得更小。反之，當參數ε變大時，會獲得更多 y 值不為 0 的數，矩陣變得更為平滑，熵就變得更大。

9.4.4　舉例 Sinkhorn 演算法過程

為能夠更進一步地了解 Sinkhorn 演算法，本節將用一個實例來描述 Sinkhorn 的計算過程。在本節的實例中先不涉及演算法中的參數ε。

1. 準備集合

舉例，有一個集合 A 和集合 B，其內部的元素如圖 9-11 所示：

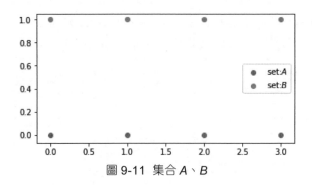

圖 9-11 集合 A、B

圖中的集合 A、B 各由 4 個點組成，實際數值如下：

```
A: {[0, 0], [1, 0], [2, 0], [3, 0]}
B: {[0, 1], [1, 1], [2, 1], [3, 1]}
```

2. 計算成本矩陣

集合 A 與集合 B 的成本矩陣可以由兩點間的歐式距離求得，即 $d = (x_1 - x_2)^2 + (y_1 - y_2)^2$，其中兩個點的座標分別為（$x_1, y_1$）和（$x_2, y_2$）。

經過計算後，集合 A 與集合 B 成本矩陣與其取負之後的矩陣如圖 9-12 所示。

$$\begin{bmatrix} 1 & 2 & 5 & 10 \\ 2 & 1 & 2 & 5 \\ 5 & 2 & 1 & 2 \\ 10 & 5 & 2 & 1 \end{bmatrix} \xrightarrow{\text{取負}} \begin{bmatrix} -1 & -2 & -5 & -10 \\ -2 & -1 & -2 & -5 \\ -5 & -2 & -1 & -2 \\ -10 & -5 & -2 & -1 \end{bmatrix}$$

圖 9-12 成本矩陣與負成本矩陣

3. 對行進行歸一化

假設縮放參數 ε 的設定值為 1，則先對負成本矩陣進行以 e 為底的冪次方轉換，並對轉換後的矩陣進行以行為基礎的歸一化計算，最後獲得滿足行歸一化的耦合矩陣。完整過程如圖 9-13 所示。

圖 9-13 中，歸一化因數的倒數即公式（9.5）中的 *U*。圖 9-13 中最下面的矩陣便是滿足行歸一化的耦合矩陣，可以看到，矩陣的每行加起來都是 1，但是矩陣每列加起來並不是 1，所以還需要再以列為基礎的歸一化。

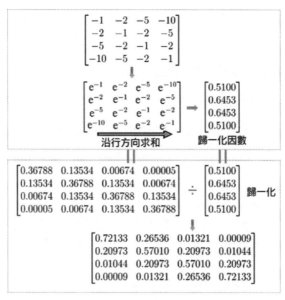

圖 9-13 行歸一化

4. 對列進行歸一化

列的歸一化是在行歸一化之後的耦合矩陣上進行的，實際做法如下：

（1）將行歸一化之後的耦合矩陣按照列方向相加，獲得列歸一化因數。

（2）將耦合矩陣中每個元素除以對應列的歸一化因數，完成列歸一化計算。

完整過程如圖 9-14 所示。

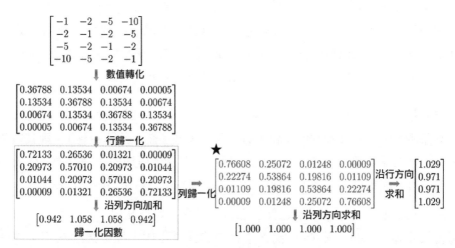

圖 9-14 列歸一化

圖 9-14 中歸一化因數的倒數即為式（9.5）中的 V，頂部帶★號的部分為列歸一化後的耦合矩陣，可以看到該矩陣的沿列方向的和都是 1，但是沿行方向求和並不等於 1，說明它破壞了沿行方向的歸一化分佈。

5. 疊代處理

經過多次疊代，最後會獲得一個行列方向都滿足歸一化分佈的耦合矩陣，如圖 9-15 所示。

★
$$\begin{bmatrix} 0.75263 & 0.23735 & 0.01182 & 0.00009 \\ 0.23555 & 0.54890 & 0.20193 & 0.01173 \\ 0.01173 & 0.20193 & 0.54890 & 0.23555 \\ 0.00009 & 0.01182 & 0.23735 & 0.75263 \end{bmatrix} \begin{array}{c} \text{沿行方向} \\ \longrightarrow \\ \text{求和} \end{array} \begin{bmatrix} 1.002 \\ 0.998 \\ 0.998 \\ 1.002 \end{bmatrix}$$

↓ 沿列方向求和

$$\begin{bmatrix} 1.000 & 1.000 & 1.000 & 1.000 \end{bmatrix}$$

圖 9-15 最後結果

圖 9-15 中頂部帶★號的矩陣是最後的結果，可以看出，它的行、列方向求和後值都接近 1。

9.4.5 Sinkhorn 演算法中的品質守恆

其實，在圖 9-15 裡頂端帶★號的矩陣並不是 Sinkhorn 演算法產生的最後結果。因為該矩陣中全部的元素加起來之後，總和等於 4，並不為 1。該矩陣只是實現了行、列兩個方向的都滿足歸一化分佈而已。這種歸一化方式是以行、列為基礎的總機率都是 1 的前提下進行的。它只顯示了在將集合 A 中所有的元素運輸到集合 B 中時，每個元素本身機率的分配情況。

1. 品質守恆

在實際情況中，如果將集合 A 和 B 分別作為一個整體，品質各為 1，則其內部每個元素的品質都是 1 中的一部分。所以，在最佳傳輸中計算行歸一化或列歸一化時，都要在歸一化後的耦合矩陣上乘以每個元素所佔的品質百分比。

在沒有特殊要求時，集合中元素的品質預設是平均分配的，即每個元素一般都會設定值為 $1/n$，其中 n 代表集合中的元素個數。按照這種設定，則在

Sinkhorn 演算法中，對應於圖 9-12 的計算過程如圖 9-16 所示。

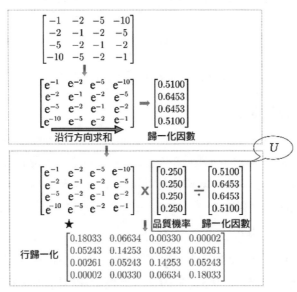

圖 9-16 Sinkhorn 演算法中的行歸一化

圖 9-16 中頂部帶★號的矩陣中所有元素的和固定為 1，這便是品質守恆。同理，圖 9-14 的真實過程如圖 9-17 所示。

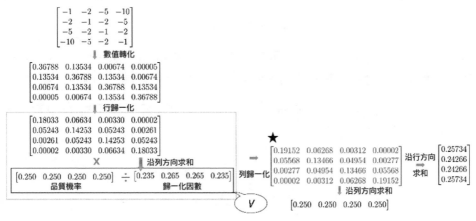

圖 9-17 Sinkhorn 演算法中的列歸一化

經過多次疊代運算，最後可以獲得滿足品質守恆耦合矩陣，如圖 9-18 所示。

$$\begin{bmatrix} 0.18816 & 0.05934 & 0.00295 & 0.00002 \\ 0.05889 & 0.13723 & 0.05048 & 0.00293 \\ 0.00293 & 0.05048 & 0.13723 & 0.05889 \\ 0.00002 & 0.00295 & 0.05934 & 0.18816 \end{bmatrix} \begin{matrix} \text{沿行方向} \\ \Rightarrow \\ \text{求和} \end{matrix} \begin{bmatrix} 0.250 \\ 0.250 \\ 0.250 \\ 0.250 \end{bmatrix}$$

⬇ 沿列方向求和

$$\begin{bmatrix} 0.250 & 0.250 & 0.250 & 0.250 \end{bmatrix}$$

圖 9-18 Sinkhorn 演算法最後結果

2. 利用品質守恆計算 *U* 和 *V*

假設要將含有 *n* 個元素的集合 *A* 傳輸到含有 *m* 個元素的集合 *B* 中,則 *A* 中元素的品質機率可以用 *n* 個 $1/n$ 組成的向量表示,而 *B* 中元素的品質機率可以用 *m* 個 $1/m$ 組成的向量表示。根據最佳傳輸中的品質守恆規則,經過 Sinkhorn 演算法所得到的耦合矩陣為 *n* 行 *m* 列,其中每行的機率加一起都為 $1/n$,而每列的機率加一起都為 $1/m$。

在 Sinkhorn 演算法的疊代運算中,為了疊代方便,將圖 9-16 中品質機率除以歸一化因數的結果當作式(9.5)中的 *U*;將圖 9-17 中品質機率除以歸一化因數的結果當作式(9.5)中的 *V*;*n* 個 $1/n$ 組成的向量叫作 *a*;*m* 個 $1/m$ 組成的向量叫作 *b*。則品質守恆則可以表示成式(9.7)、式(9.8)。

$$a = U \odot (KV) \tag{9.7}$$

$$b = V \odot (K^{\mathrm{T}}U) \tag{9.8}$$

式(9.7)、式(9.8)中的⊙表示哈達馬積(Hadamard product),即元素對應的乘積;括號裡的運算表示矩陣相乘。*K* 的意義與式(9.5)中的一致。

由式(9.7)、式(9.8)可以推導出 *U* 和 *V* 的求解式,見式(9.9)、式(9.10)。

$$U = \frac{a}{KV} \tag{9.9}$$

$$V = \frac{b}{K^{\mathrm{T}}U} \tag{9.10}$$

在程式實現時,先給 *V* 賦一個初值,再依據式(9.9)、式(9.10)對 *U* 和 *V* 進行交替運算。式(9.9)所計算的 *U* 本質上是獲得對數空間中矩陣中每行元素歸一化的分母;而式(9.10)所計算的 *V* 本質上是獲得對數空間中矩陣中每列元素歸一化的分母。由於式(9.9)、式(9.10)分別對同一個矩陣做以行和列為基礎的歸一化處理，所以導致做行歸一化時會打破列歸一化的數值，做列歸一化時會打破行歸一化的數值。透過多次疊代，可以使二者逐漸收斂，最後實現行和列都符合歸一化標準，完成 Sinkhorn 演算法的疊代。這便是 Sinkhorn 演算法的完整過程。

判斷 Sinkhorn 演算法疊代停止的方法是，將式（9.9）所得到的 *U* 與上一次執行式（9.9）的 *U* 進行比較，判斷是否發生變化。如果兩次執行式（9.9）所得到的 *U* 不再發生變化，則表明式（9.10）在執行時期沒有破壞行的歸一化分母，即矩陣的行列都符合歸一化，可以退出疊代。

9.4.6 Sinkhorn 演算法的程式實現

Sinkhorn 演算法是一種疊代演算法，它透過對矩陣的行和列交替進行歸一化處理，最後收斂獲得一個每行、每列加和均為固定向量的雙隨機矩陣（doubly stochastic matrix）。

由於 Sinkhorn 演算法只包含乘、除操作，所以其完全可微，能夠被用於點對點的深度學習訓練中。

為了讓計算簡單，Sinkhorn 演算法優先使用對數空間計算方法，即在矩陣中的元素相乘時，先將其轉為 e 的冪次方，再對最後結果取對數（ln）。這種方式可以借助冪的運算規則，將乘法轉為加法。

Sinkhorn 演算法程式在本書書附程式中的程式檔案 "9-1 Sinkhorn.py" 中。

Sinkhorn 演算法的核心是循環疊代更新 *U*、*V* 部分，實際程式如下：

```
C = self._cost_matrix(x, y)              #計算成本矩陣
for i in range(self.max_iter):           #按照指定疊代次數計算行列歸一化
u1 = u                                   #儲存上一步 U 值

u = epsilon * (tf.math.log(mu+1e-8) - tf.squeeze(lse(M(C,u, v)) )  ) + u
v = epsilon * (tf.math.log(nu+1e-8) - tf.squeeze(
lse(tf.transpose(M(C,u, v))) ) ) + v
    err = tf.reduce_mean( tf.reduce_sum( tf.abs(u - u1),-1) )

if err.numpy() < 1e-1:                    #如果 u 值沒有再更新，則結束
break
```

程式中的第 4、5 行是式（9.9）、式（9.10）的實現過程。該程式較難了解，這樣以第 4 行更新 u 值為例，詳細介紹如下。

1. 計算指數空間的耦合矩陣

程式中的函數 M(C, u, v)用於計算指數空間的耦合矩陣，其中，M 函數的定義如下：

```
    def M(self, C, u, v):            #計算指數空間的耦合矩陣
      return (-C + tf.expand_dims(u,-1) + tf.expand_dims(v,-2)) / epsilon
```

函數中 epsilon 對應於 9.4.1 小節式（9.5）中的 ε 參數，C 為成本矩陣。

2. 計算對數空間的耦合矩陣歸一化因數

程式中的函數 lse 的定義如下：

```
    def lse(A):
            return tf.reduce_logsumexp(A,axis=1,keepdims=True)
```

函數 lse 主要是透過 tf.reduce_logsumexp 函數，對指數空間的耦合矩陣先進行以 e 為底的冪次方（exp）計算，再按照行方向求和，最後對求和後的向量取對數。

3. 計算對數空間的 *U*

程式片段 tf.math.log(mu+1e–8)中，變數 mu 為品質機率（$1/n$），1e–8 是防止該項為 0 的極小數。

程式片段 tf.math.log(mu+1e–8) - tf.squeeze(lse(M(C,u, v)))的意思是：按照圖 9-16 中所標記的 *U* 計算方法，獲得本次對數空間的 *U* 值（在對數空間中，可以將除法變成減法）。由於在計算上指數空間的耦合矩陣時，對程式中的變數 C、u、v 分別除了 epsilon，所以在計算之後還要乘上 epsilon，將其縮放空間還原。

4. 以 *U* 為基礎的累計計算

由圖 9-17 中可以看出，在交替計算 *U* 或 *V* 時，每次疊代都是在上一次計算的耦合矩陣結果基礎之上進行計算的，在計算本次 *U* 值之後，需要在原始成本矩陣 *C* 上乘以將前幾次的全部 *U* 值和 *V* 值，這樣才能獲得用於下次計算的耦

合矩陣。由於整個過程是在對數空間進行的，所以用上一次的 *U* 加上本次的 *U*，即可獲得在對數空間中前幾次 *U* 值的累計相乘成果。

更新 *V* 值的原理與更新 *U* 值的原理一致。讀者可以參考 *U* 值的介紹進行了解。

⊕ 9.5 實例 43：用 VSC 模型識別圖片中的鳥屬於什麼類別

透過對已知類別的圖片進行訓練，使其能過識別未知圖片的分類，這便是 ZSL 的應用場景。這種方法可以實現圖片的快速分類，大幅減小人力成本。

本實例將用 VSC 模型來實現一個實際的任務，從已知類別與圖片間的對應關係，推導出未知類別與圖片間的對應關係。

9.5.1 模型任務與樣本介紹

本實例使用 Caltech-UCSD-Birds-200-2011 資料集來實現，將該資料集中的鳥類圖片分成兩部分：一部分帶有分類資訊的圖片作為訓練集，每個類別都帶有許多屬性描述；另一部分不帶有分類資訊的圖片作為測試集，只有每個類別的屬性描述，沒有圖片與類別間的對應關係。並且，測試集中的類別與訓練集中的類別互不相同。

模型的任務就是在測試集中，根據類別的屬性描述，找出其所對應的圖片。

按照 9.1.2 小節所介紹的資料集下載網址，下載完 Caltech-UCSD-Birds-200-2011 資料集後，可以在其 CUB_200_2011 資料夾下找到 README 檔案，該檔案裡有資料集中各個檔案的詳細説明。

除資料集中的分類圖片外，本實例還需要用到每個類別的屬性標記資訊。在 Caltech-UCSD-Birds-200-2011 資料集中有一個 attributes.txt 檔案，該檔案列出了每種鳥類名稱所包含的屬性項。該屬性共有 312 種，可以作為擴充鳥類名稱所代表的種類資訊。部分內容如圖 9-19 所示。

```
attributes.txt
1 has_bill_shape::curved_(up_or_down)
2 has_bill_shape::dagger
3 has_bill_shape::hooked
4 has_bill_shape::needle
5 has_bill_shape::hooked_seabird
6 has_bill_shape::spatulate
7 has_bill_shape::all-purpose
8 has_bill_shape::cone
9 has_bill_shape::specialized
10 has_wing_color::blue
11 has_wing_color::brown
12 has_wing_color::iridescent
13 has_wing_color::purple
14 has_wing_color::rufous
```

圖 9-19 鳥類屬性項

在 Caltech-UCSD Birds-200-2011\CUB_200_2011\attributes 目錄下有一個 class_attribute_labels_continuous.txt 檔案，該檔案包含 200 行和 312 個以空格分隔的列。每行對應一個類別（與 classes.txt 相同的順序），每一列包含一個對應於一個屬性的實數值（與 attributes.txt 相同的順序）。在每個數字代表目前類別中符合對應屬性的百分比（0～100），即每種鳥類所對應的 312 項屬性的機率，如圖 9-20 所示。

```
class_attribute_labels_continuous.txt
0.0 2.9197080292 1.4598540146 0.0 59.8540145985 26.2773722628 3.6496350365 5.839416058
4.41176470588 4.41176470588 2.94117647059 1.47058823529 57.3529411765 27.2058823529 0.0
0.0 3.97350993377 3.31125827815 0.0 70.8609271523 14.5695364238 5.29801324503 1.986754
0.0 1.4598540146 10.2189781022 0.0 0.0 0.0 8.75912408759 25.5474452555 54.0145985401 5
0.0 0.0 3.22580645161 0.0 1.0752688172 0.0 0.0 32.2580645161 63.4408602151 0.0 15.0 7.
0.0 0.0 0.0 0.0 0.0 4.12371134021 7.21649484536 77.3195876289 11.3402061856 0.0 11.688
0.0 0.0 1.61290322581 0.0 1.61290322581 5.64516129032 2.41935483871 30.6451612903 58.0
0.0 2.94117647059 10.7843137255 0.0 7.8431372549 11.7647058824 30.3921568627 17.647058
0.0 6.01503759398 0.0 0.0 0.0 0.0 69.1729323308 24.8120300752 0.0 9.02777777778 4.1666
```

圖 9-20 每種鳥類的屬性值

在實作方式中，用 Caltech-UCSD-Birds-200-2011 資料集的前 150 大類圖片作為訓練資料集，後 50 大類的圖片作為測試資料集。

本實例的任務可以進一步細分成：先用訓練資料集訓練模型，並透過 ZSL 方法將其識別能力進行遷移；然後透過 class_attribute_labels_continuous.txt 檔案中對未知鳥類（後 50 種未知參與訓練的鳥類）的屬性描述，去測試資料集中找到對應的圖片。

9.5.2 用遷移學習的方式獲得訓練集分類模型

借助於 7.3 節分類模型實例中的程式，使用 9.5.1 小節的鳥類資料集重新訓練模型，使其能夠只對 CUB-200 資料集中前 150 個類別進行識別。後 50 個類別作為不可見的類別用於測試。

在實現時，使用的預訓練模型為 ResNet101，實際程式請參考本書書附資源的「程式 9-2 finetune_resnet.py」檔案。

程式執行之後，可以獲得模型檔案 resnet.h5。該模型檔案會在分析圖片視覺特徵（見 9.5.3 小節）的環節使用。

9.5.3 用分類模型分析圖片的視覺特徵

在這個環節中，需要獲得兩個層面的視覺特徵。

（1）圖片層面：使用模型對每個實際圖片進行處理，獲得其視覺特徵。
（2）類別層面：使用平均值和分群兩種方式取得每個類別的視覺特徵。

圖片層面的視覺特徵相對簡單，直接呼叫模型對單張圖片進行處理即可。下面重點介紹類別層面視覺特徵的取得方式。

1. 用平均值方式取得類別層面的視覺特徵

根據資料集中類別與圖片的對應關係，對每個類別中圖片的視覺特徵取平均值。分別獲得訓練集（前 150 大類）和測試集（後 50 大類）中每個分類的視覺特徵。

在實際情況中是得不到測試集中分類與圖片的關係的，所以用平均值方式取得的類別特徵只能在訓練集中使用。

2. 用分群方式取得類別層面的視覺特徵

將測試集（後 50 大類）中所有圖片的視覺特徵進行分群，形成 50 個簇，可以獲得這 50 個未知類別的視覺特徵。如果能使這 50 個未知類別的視覺特徵與其屬性特徵一一對應，則可以完成最後的分類任務。

3. 使用程式取出特徵

直接執行本書書附資源中的程式檔案「程式 9-3 feature_extractor」，便可以獲得要分析視覺特徵的檔案，這些檔案分別放在以下兩個資料夾中。

- 資料夾 CUBfeature：按照原有資料集的類別結構，放置每個圖片的視覺特徵檔案。每個子資料夾代表一個類別，每個類別裡有一個 JSON 檔案。檔案裡放置的是該類別中所有圖片的視覺特徵。
- 資料夾 CUBVCfeature：包含兩個 JSON 檔案，ResNet101VC.json 和 ResNet101VC_testCenter.json，分別儲存的是以平均值方式和分群方式獲得的類別視覺特徵。

完整的檔案結構如圖 9-21 所示。

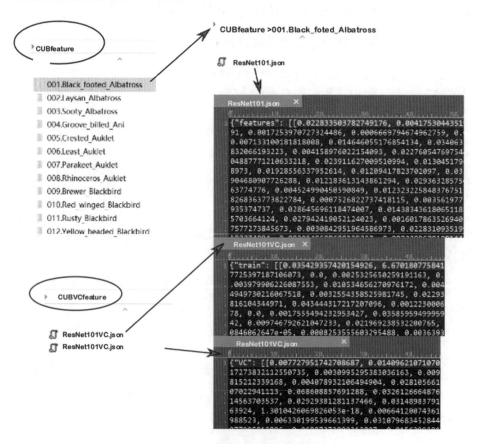

圖 9-21 特徵取出後的檔案結構

9.5.4 程式實現：訓練 VSC 模型，將類別屬性特徵轉換成類別視覺特徵

架設一個多層的全連接模型，並用 VSC 模型的訓練方法進行訓練，使每一個類別屬性特徵經過全連接轉換，產生與類別視覺特徵維度相同的資料。實際程式如下。

■ 程式 9-4 ZSL_train

```
01 import json
02 import numpy as np
03 import os
04 import tensorflow as tf
05 SinkhornDistance = __import__("程式 9-1  Sinkhorn")    #引用 Sinkhorn 演算法
06
07 class FC(tf.keras.Model): #定義多層全連接模型，將屬性特徵從 312 維對映至 2048 維
08     def __init__(self):
09         super(FC, self).__init__()
10         self.flatten = tf.keras.layers.Flatten()
11
12         self.dense1 = tf.keras.layers.Dense(1024, input_shape=(1,), name
  = 'dense1')
13         self.dense2 = tf.keras.layers.Dense(2048, name = 'dense2')
14
15         self.outputlayer = tf.keras.layers.Dense(2048, name =
  'outputlayer')
16         self.activation = tf.keras.layers.LeakyReLU(alpha=0.2)
17
18     def call(self, input_tensor):
19         x = self.dense1(input_tensor)
20         x = self.activation(x)
21         x = self.dense2(x)
22         x = self.activation(x)
23         x = self.outputlayer(x)
24         return x
```

程式第 7 行實現的多層全連接模型，輸入是 312 維資料，輸出是 2048 維資料。該模型僅用於示範實例。在真實專案中，可以用擬合效果更好的網路模型（舉例來說，卷積神經網路模型或 5.3 節的 wide_deep 模型）進行取代。

9.5.5 程式實現：以 W 距離為基礎的損失函數

在 9.3 節介紹過 VSC 模型有 3 種約束策略可選，這些策略都可以被當作損失函數，用於訓練 9.5.4 小節的 VSC 模型。

這裡選擇以 W 距離為基礎的視覺結構約束策略來訓練模型。在實現時，用 Sinkhorn 疊代演算法計算輸出特徵與視覺特徵之間的 W 距離，並將該距離作為損失值來最佳化模型權重。實際程式如下。

■ 程式 9-4 ZSL_train（續）

```
25 def WDVSc(x,y,epsilon,niter,no_use_VSC=False):   #定義損失函數
26     sum_ = 0
27     for  mask_idx in range(150):
28         sum_ += (x[mask_idx] - y[mask_idx]) ** 2
29     L2_loss = tf.reduce_sum(sum_) / (150 * 2)   #計算可見類別的 L2 損失
30     A = x[150:]
31     B = y[150:]
32     if no_use_VSC:
33         WD_loss=0.
34         P=None
35         C=None
36     else:
37         WD_loss,P,C =
   SinkhornDistance.sinkhorn_loss(A,B,epsilon,niter,reduction = 'sum')
38     lamda=0.001
39     tot_loss=L2_loss+WD_loss*lamda
40     return tot_loss
```

損失函數 WDVSc 實現了以下兩種損失。

- 以訓練集為基礎的 L2 損失：讓可見類別（訓練集中的類別）的屬性特徵經過全連接模型所輸出的結果向視覺特徵接近。

- 以 W 距離為基礎的損失：讓不可見類別（測試集的類別）的屬性特徵經過全連接模型所輸出的結果向分群的中心點接近。

經過測試發現，以 W 距離為基礎的損失乘以 0.001 後再與訓練集的 L2 損失合併，可以獲得最佳的效果。

當函數參數 no_use_VSC 為 True 時，表明只對訓練集做 L2 損失，即 VCL 損失（見 9.3.3 小節）。

9.5.6 載入資料並進行訓練

讀取資料集中的類別屬性標記檔案 class_attribute_labels_continuous.txt，將每個類別的 312 個屬性載入，並將 9.5.3 節制作好的 ResNet101VC.json 和 ResNet101VC_testCenter.json 檔案載入，其中：

- ResNet101VC.json 檔案的內容是訓練集每個類別的視覺特徵，在訓練過程中用作訓練集類別屬性特徵的標籤。
- ResNet101VC_testCenter.json 檔案的內容是測試集中分群後的類別視覺特徵，在訓練過程中用作測試集類別屬性特徵的標籤。

在模型的訓練過程中，使用了退化學習率配合 Adam 最佳化器。疊代次數為 5000 次。執行之後，可以獲得測試集中每個未知類別屬性所對應的視覺特徵。該特徵資料會被儲存在檔案 Pred_Center.npy 中。

該部分程式可以參考「程式 9-4 ZSL_train.py」檔案中模型訓練的片段。

9.5.7 程式實現：根據特徵距離對圖片進行分類

在獲得類別屬性對應的視覺特徵後，便可以根據每張圖片與類別屬性之間的視覺特徵距離遠近來分類。

在實現時，先將特徵資料檔案 Pred_Center.npy 載入，再從中找到離待測圖片視覺特徵最近的類別，將該類別作為圖片最後的分類結果。實際程式如下。

- 程式 9-5 ZSL_test （片段）

```
01 centernpy = np.load("Pred_Center.npy")      #載入特徵檔案
02 center=dict(zip(classname,centernpy))         #取得全部中心點
03 subcenter = dict(zip(classname[-50:],centernpy[-50:]))  #取得未知分類中心點
04
05 vcdir= os.path.join(r'./CUBVCfeature/',"ResNet101VC.json")
06 obj=json.load(open(vcdir,"r"))                #載入視覺中心點特徵
07 VC=obj["train"]                               #獲得可見類別的中心點
08 VCunknown = obj["test"]                       #獲得不可見類別的中心點
```

```
09 allVC = VC+VCunknown                       #視覺中心點
10 vccenter = dict(zip(classname,allVC))       #全部中心點
11
12 cur_root = r'./CUBfeature/'
13 allacc = []
14 for target in classname[classNum-unseenclassnum:]:  #檢查未知類別的特徵資料
15     cur=os.path.join(cur_root,target)
16     fea_name=""
17     url=os.path.join(cur,"ResNet101.json")
18     js = json.load(open(url, "r"))
19     cur_features=js["features"]              #取得該類別圖片的視覺特徵
20
21     correct=0
22     for fea_vec in cur_features:             #檢查該類別中的所有圖片
23         fea_vec=np.array(fea_vec)
24         ans=NN_search(fea_vec,subcenter)     #尋找距離最近的分類
25
26         if ans==target:
27             correct+=1
28
29     allacc.append( correct * 1.0 / len(cur_features) )
30     print( target,correct)
31 #輸出模型的準確率
32 print("準確率： %.5f"%(sum(allacc)/len(allacc)))
```

程式執行後輸出的結果如下：

```
151.Black_capped_Vireo 22
152.Blue_headed_Vireo 2
…
199.Winter_Wren 48
200.Common_Yellowthroat 26
準確率：0.51364
```

從結果中可以看到，模型在沒有未知類別的訓練樣本情況下，實現了對圖片以未知類別為基礎的分類。本例主要用於學習，在實際應用中精度還有很大的提升空間。

🌐 9.6 提升零次學習精度的方法

9.5 節的實例中，使用 VSC 模型實現了一個完整的零次學習任務。透過該實例可以了解到，零次學習任務的主要工作就是跨域的特徵比對。而在整個訓練環節中有關多個模型的結果組合，其中的任意一個模型都會對整體的精度造成影響。

本節在 9.5 節基礎之上介紹一些提升零次學習精度的方法。

9.6.1 分析視覺特徵的品質

在 9.3 節介紹過 VSC 模型的出發點，它是建立在相同類別圖片的視覺特徵可以被分群到一起的基礎上實現的，這也是 ZSL 中的常用想法。

ZSL 模型的精度會與圖片的視覺特徵息息相關。某種程度上，它可以標誌著 ZSL 模型精度的上限。即，如果用圖片與類別視覺特徵間的距離作為分類方法，則該方法獲得的準確度即整個 ZSL 模型的最大準確度。

因為 ZSL 模型本身就是用圖片與類別視覺特徵間的距離來作為分類方法的，所以在這個基礎之上還要進行類別屬性向類別視覺特徵的跨域轉換。因為由類別屬性轉換而成的視覺特徵本身就不如類別原始的視覺特徵，所以 ZSL 模型的整體精度必定小於用類別的原始視覺特徵距離進行分類的精度。

可以在 9.5 節實例的基礎上，使用可見類別（訓練集中類別）的視覺特徵進行以距離為基礎的分類，以測試該實例所使用的視覺特徵品質，進一步了解該模型所能夠提升的最大精度。實際操作如下。

修改 9.5.7 小節的程式第 14、24 行，使用全部類別的視覺特徵 vccenter 在訓練集上做以距離為基礎的分類。實際程式如下。

■ 程式 9-5 ZSL_test（片段）

```
14 for target in classname [:classNum-unseenclassnum]: #檢查訓練集類別
15     cur=os.path.join(cur_root,target)
16     fea_name=""
17     url=os.path.join(cur,"ResNet101.json")
18     js = json.load(open(url, "r"))
```

```
19      cur_features=js["features"]                    #取得該類別圖片的視覺特徵
20
21      correct=0
22      for fea_vec in cur_features:                   #檢查該類別中的所有圖片
23          fea_vec=np.array(fea_vec)
24          ans=NN_search(fea_vec, vccenter)           #尋找距離最近的分類
```

程式第 14 行,對訓練資料集中的圖片進行測試,依次尋找與其距離最近類別。如果圖片的視覺特徵足夠優質,則所有的圖片都可以透過該方法正確地找到自己所屬的分類。

程式執行後,輸出結果如下:

```
001.Black_footed_Albatross 54
002.Laysan_Albatross 53
...
147.Least_Tern 49
148.Green_tailed_Towhee 58
149.Brown_Thrasher 55
150.Sage_Thrasher 52
準確率: 0.85184
```

從輸出結果中可以看出。使用模型輸出的視覺特徵透過距離的方式進行分類,在訓練集上的精度只有 85%。這表明,使用該視覺特徵所完成的 ZSL 任務,最高精度不會超過 85%。

要想加強 ZSL 任務的精度上限,則必須找到更好的視覺特徵取出模型。

為了能夠獲得更好的視覺特徵取出模型,可以在微調模型時訓練出分類精度更高的模型,或是嘗試使用更好的分類模型,或使用其他方法來增大不同類別之間視覺特徵的距離。

9.6.2 分析直推式學習的效果

在 9.5.5 節使用 W 距離實現了對類別屬性轉換(直推式學習)模型的訓練。該方法訓練出的模型品質,並不能完全透過訓練過程的損失值來衡量。最好的衡量方式是——直接用測試集的類別視覺特徵來代替模型輸出的特徵,以測試未知分類的準確度。

修改 9.6.1 小節的程式第 14、24 行，使用類別的視覺特徵 vccenter 來進行測試。實際程式如下。

■ 程式 9-5 ZSL_test（片段）

```
14 for target in classname [classNum-unseenclassnum:]:#檢查測試集類別
15     cur=os.path.join(cur_root,target)
16     fea_name=""
17     url=os.path.join(cur,"ResNet101.json")
18     js = json.load(open(url, "r"))
19     cur_features=js["features"]              #取得該類別圖片的視覺特徵
20
21     correct=0
22     for fea_vec in cur_features:             #檢查該類別中的所有圖片
23         fea_vec=np.array(fea_vec)
24         ans=NN_search(fea_vec, vccenter)  #尋找距離最近的分類
```

該程式執行後，輸出結果如下：

```
151.Black_capped_Vireo 33
152.Blue_headed_Vireo 24
...
198.Rock_Wren 47
199.Winter_Wren 51
200.Common_Yellowthroat 41
準確率：0.70061
```

結果顯示，直接使用資料集中類別視覺特徵的分類精度為 70%，遠遠高於 9.5.7 節的結果 51%。

這表明模型在類別屬性特徵轉換（直推式學習）過程中損失了很大的精度。接下來用 9.6.3 節的方法分析直推模型的能力。

9.6.3 分析直推模型的能力

測試直推模型的能力，可以透過該模型輸出的測試集結果與測試集的標籤（測試資料集中類別的視覺特徵）進行比較。

在 9.5.7 小節的程式後面增加以下程式，可以實現對直推模型的能力進行評估。

■ 程式 9-5 ZSL_test（續）

```
33 #在模型的輸出結果中，尋找與測試資料集類別視覺特徵最近的類別
34 for i,fea_vec in enumerate(VCunknown):    #檢查測試資料集中真實類別的視覺特徵
35     fea_vec=np.array(fea_vec)
36     ans=NN_search(fea_vec,center)         #在模型輸出的結果中尋找最近距離的分類
37     if classname[150+i]!=ans:
38         print(classname[150+i],ans)       #輸出不符合的結果
```

程式執行後，輸出結果如下：

```
152.Blue_headed_Vireo 153.Philadelphia_Vireo
154.Red_eyed_Vireo 178.Swainson_Warbler
162.Canada_Warbler 168.Kentucky_Warbler
163.Cape_May_Warbler 162.Canada_Warbler
168.Kentucky_Warbler 167.Hooded_Warbler
169.Magnolia_Warbler 163.Cape_May_Warbler
171.Myrtle_Warbler 169.Magnolia_Warbler
176.Prairie_Warbler 163.Cape_May_Warbler
179.Tennessee_Warbler 153.Philadelphia_Vireo
180.Wilson_Warbler 182.Yellow_Warbler
```

結果輸出了 10 筆資料。這表明模型在將 50 個類別屬性特徵轉換成視覺特徵過程中出現了 10 個錯誤，相當於精度損失了 20%。

造成這種現象可能的原因如下：

- 模型本身的擬合能力太弱。這種情況可以從模型的訓練方法（VCL、BMVSc、WDVSc 等）上進行分析，尋找更合適的訓練方法。
- 資料集中的標籤不準。在測試資料集中，標籤（類別的視覺特徵）是透過分群方式獲得的，並不能保障其分群結果與測試集中類別的真實標籤完全一致，二者之間可能存在誤差。該誤差會直接影響未知類別的屬性特徵與視覺特徵之間的比對關係。

在實際情況中，因為資料集中的標籤不準而導致模型精度下降的情況更為常見，對於這方面的分析見 9.6.4 節。

9.6.4 分析未知類別的分群效果

對未知類別的分群效果是決定 ZSL 任務整體精度的關鍵。可以透過比較測試集中類別的類別結果與類別的視覺特徵之間的距離，來評估未知類別的分群效果。

1. 評估分群效果

在 9.5.7 節的程式後面增加以下程式，來實現對分群效果的評估。

■ **程式 9-5 ZSL_test （續）**

```
33 result = {}              #儲存比對結果
34 for i,fea_vec in enumerate(test_center):    #檢查測試資料的分群中心點
35     fea_vec=np.array(fea_vec)
36     ans=NN_search(fea_vec,vccenter)          #尋找離分群中心點最近的類別
37     classindex = int(ans.split('.')[0])
38     if classindex<=150:                       #如果分群中心點超出範圍，則分群錯誤
39         print("分群錯誤的類別",i,ans)
40     if classindex not in result.keys():
41         result[classindex]=i
42     else:                                     #如果兩個分群結果比對到相同類別，則分群重複
43         print("分群重複的類別",i,result[classindex],ans)
44 for i in range(150,200):                      #尋找分群失敗的類別
45     if i+1 not in result.keys():
46         print("分群失敗的類別：",classname[i])
```

程式執行後，輸出了以下結果：

```
分群錯誤的類別 0 135.Bank_Swallow
分群重複的類別 30 21 177.Prothonotary_Warbler
分群重複的類別 35 26 163.Cape_May_Warbler
分群重複的類別 36 11 188.Pileated_Woodpecker
分群重複的類別 38 6 179.Tennessee_Warbler
分群重複的類別 41 14 197.Marsh_Wren
分群重複的類別 43 40 195.Carolina_Wren
分群重複的類別 44 32 166.Golden_winged_Warbler
分群重複的類別 46 7 155.Warbling_Vireo
分群失敗的類別： 152.Blue_headed_Vireo
分群失敗的類別： 157.Yellow_throated_Vireo
```

```
分群失敗的類別: 161.Blue_winged_Warbler
分群失敗的類別: 167.Hooded_Warbler
分群失敗的類別: 170.Mourning_Warbler
分群失敗的類別: 176.Prairie_Warbler
分群失敗的類別: 178.Swainson_Warbler
分群失敗的類別: 182.Yellow_Warbler
分群失敗的類別: 184.Louisiana_Waterthrush
```

結果中顯示了 3 種分群出錯資訊：分群錯誤的類別、分群重複的類別和分群失敗的類別。這便是導致 9.5.7 節模型準確度不高的真實原因。

2. 分析分群不好的原因

造成分群效果不好的因素主要有兩點：

- 分析視覺特徵的模型不好，沒有將每個圖片的同類特徵極佳地分析出來，導致同類特徵距離不集中，或類別間特徵距離不明顯。
- 測試資料集中的樣本過於混雜，測試資料集中的樣本可能包含有已知、未知的分類，甚至不在待識別分類中的其他噪音資料。

3. 分群效果不好時應採取的方案

當測試出分群效果不好時，可以從以下 3 個方面進行最佳化：

- 使用更好的特徵分析模型，按照 9.6.1 節中的模型選取方案，更換或重新訓練更好的模型來分析特徵。
- 對測試資料集進行清洗，實際清洗方法見 9.6.5 節。
- 拆分任務，保留模型分群成功的類別特徵。利用這些類別，用 VSC 模型的訓練方式產生一個具有部分分類能力的模型。該方法雖然不能將所有的 50 個未知分類分開，但可以確保模型能對部分未知分類做出正確的預測。

9.6.5 清洗測試資料集

在實際情況下，測試資料集中可能存在許多不屬於任何已定義類別的不相關影像。如果直接對所有這些未過濾的影像執行分群，則獲得的中心點有可能與該類別本身的中心點出現偏差，進一步影響後續的訓練效果。

為了解決測試資料集中樣本「不純淨」的問題，可以先使用以下步驟對測試資料集進行清洗：

（1） 採取 VCL 方法，用訓練資料集訓練一個全連接網路，實現類別屬性特徵到類別視覺特徵中心點的對映。

（2） 利用該模型對測試集的未知類別屬性進行處理，獲得其對應的類別視覺特徵中心點（即未知分類的中心點）。

（3） 在訓練集中每個分類樣本裡找出兩個特徵距離最遠的點，並求出它們的最大值D_{Max}。

（4） 在測試集中找出距離中心點 C 小於 $D_{Max}/2$ 的樣本。

（5） 對這些樣本進行以視覺結構約束為基礎的訓練。

這種方式相當於先借助訓練集的中心點預測模型，找到測試集中的中心點；然後根據測試集中樣本離中心點的距離來篩選出可能為相同類別的純淨測試樣本；有了這些純淨樣本後再對其分析視覺中心點，進行視覺特徵與屬性特徵的比對訓練，就可以獲得更好的效果。

9.6.6 利用視覺化方法進行輔助分析

除上述分析方法外，還可以用視覺化方法進行輔助分析。透過對資料分佈及中心點的視覺化，可以幫助開發人員更直觀地偵錯和定位問題。

舉例來說，將本例測試集中的 50 個未知分類進行視覺化處理，如圖 9-22 所示。

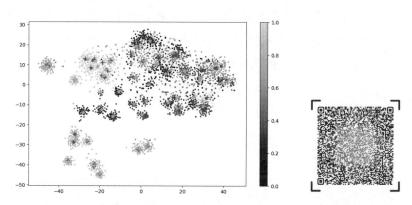

圖 9-22 測試集的視覺化結果（掃描二維碼可以看彩色的效果）

圖 9-22 中顯示了測試集中以圖片視覺特徵為基礎的視覺化結果。紅色小數點是每個類別視覺特徵，藍色「+」號是對圖片視覺特徵進行分群後的 50 個分群中心點，黃色「★」號是 VSC 模型對 50 個預測類別所計算出的視覺特徵，這 50 個視覺特徵是由類別屬性特徵轉換而來。

整體來看圖 9-22：

- 左上區域的圖片特徵分佈較平均，類別間邊界模糊，VSC 模型的輸出和分群結果相對於真實的類別視覺特徵誤差較大。
- 左下角和中間區域中的圖片特徵分佈較集中，類別間邊界清晰，VSC 模型輸出的結果與真實的類別視覺特徵誤差較小。

另外，視覺化結果還可以對在偵錯程式過程中發現資料邏輯層面的問題有很大幫助。例如從圖 9-23 中可以很容易看出分群的環節出現了錯誤。

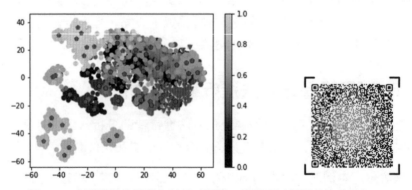

圖 9-23 分群錯誤的視覺化結果（掃描二維碼可以看彩色的效果）

圖 9-23 中，「★」是每個類別的中心點，「▼」號是分群後的結果。可以看到，大部分的分群結果都集中在中部偏右的位置，並沒有分佈在每個類別中心點附近。這表明，分群環節的程式出現了資料邏輯錯誤。

後記

讓技術更進一步地商業化

科技源於生活，用於生活。好的科研成果誕生於實驗室，再應用於社會，造福人類。而商業化是科研成果流到社會的重要途徑。希望讀者在掌握本書中的知識後，能夠靈活應用、舉一反三，讓自己在人工智慧商業化大潮中真真切切地發揮作用。

在此，為讀者列舉一些本書所講技術的擴充應用，這些擴充應用都源於程式醫生工作室的真實案例，希望能夠幫助讀者增長眼界、開闊想法。

擴充應用 1：特徵比對技術的應用

特徵比對技術可以被了解為表示學習的應用方向。第 9 章所介紹的零次學習本質上也是以表示學習為基礎的原理實現的，即利用圖片分類模型的輸出特徵作為資料來源進行後續的處理。

透過表示學習所得到的特徵，還可以直接作為樣本的另一種形態進行比較和比對等操作。以單一個體進行比對識別為基礎的任務（例如人臉識別、商標識別、步態識別等），都是使用特徵比對技術來實現的。

在使用特徵比對技術時，特徵間的比對規則可以有多種，例如歐式距離、夾角餘弦、相似度等。而特徵也可以透過多種方式對模型進行訓練獲得，例如使用損失函數 triplet-loss 進行有監督訓練的方式，使用 Deep Infomax 模型進行無監督訓練的方式（在第 8 章中介紹了），或直接使用分類模型的輸出特徵（在第 9 章中介紹了）。

在特徵比對技術的實現上，一般習慣在最後的特徵結果上做以 L2 範數為基礎的歸一化處理。這種做法可以使後續的比對規則更為平滑，因為一組向量一旦都被 L2 範數歸一化處理後，它們的歐式距離和餘弦相似度是相等的。另外，在卷積網路的歸一化演算法選擇上，優先使用 SwitchableNorm 歸一化演算法（見 8.4 節），它可以幫助模型實現更好的效能。

擴充應用 2：BERTology 系列模型的更多應用

本書中第 6 章所介紹的 BERTology 系列模型屬於入門等級，可以幫助讀者了解 NLP 領域目前的頂級技術系統，以及可以快速上手的 NLP 專案。

在實際應用中，BERTology 系列模型還可以發揮更大的用處。下面以 3 個專案舉例。

1. 興趣點文字分類專案

該專案本質上是情感分類專案（見 6.2 節）的升級版。

在情感分類專案中，模型要從使用者的留言中分析出該使用者對商品的滿意度。然而它並不能告訴產品經理使用者因為什麼不滿意、有哪些需要改進。

而興趣點文字分類專案則是要從使用者的留言中找出有價值的評論敘述。它就相當於一個漏斗，從巨量留言中過濾出產品經理最希望獲得的回饋資訊，大幅提升收集使用者回饋資訊的效率。

2. 文字校正專案

該專案本質上屬於完形填空應用（見 6.7.4 小節）的升級。

在實際場景中，需要進行完形填空的工作並不多，然而需要進行文章校對的工作卻不少。大到出版社會有專門人員進行校對，小到個人寫完文件後要進行自我檢查。可以說任何一篇文件，在寫完之後都需要有校對環節。

只要在完形填空模型的基礎上稍加修改，便可以將其用在文字校對專案中。顯然，能夠進行文字校對的模型更有實用價值。

3. 指代關係分析

如果將句子中每個詞的詞性及彼此間的依存關係匯入，則 BERTology 系列模型可以配合圖神經網路精準地確定句子中代詞所指代的內容，進一步實現更深層度的語義了解。該技術將是突破目前對話機器人技術瓶頸的關鍵（在筆者的後續圖書中還會對該技術進行詳細介紹。）

擴充應用 3：配合圖神經網路進行非歐式空間資料的應用

深度學習主要擅長處理結構規整的多維資料（歐式空間的資料）。

但在現實生活中還會有很多不規整的資料，例如在社交、電子商務、交通等領域中，大都是以龐大的節點與複雜的互動關係為基礎所形成了圖結構資料（或被稱為拓撲結構資料）。這些資料被稱為非歐氏空間資料，它們並不適合用深度學習模型進行處理。

圖神經網路使得模型，在處理樣本時能借助樣本之間的關係；在處理序列語言能借助於語法規則間的資訊；在處理圖片時能借助於與其相關的描述資訊……借助於圖神經網路的多領域特徵融合模型會有更強勁的擬合效果，也會有更大的發展空間。

在未來，越來越多的模型都會綜合使用到歐式空間資料和非歐式空間資料進行計算。這種綜合資料的模型可以用於影像處理領域、NLP 領域、數值分析領域、推薦系統領域，以及社群分析領域。它需要使用深度學習和圖神經網路兩方面的知識才能完成，這是下一代人工智慧的技術趨勢。在未來的 AI 應用中，會有更多的問題需要使用多領域特徵融合的方式進行計算。在筆者的後續圖書中，會介紹更多有關圖神經網路的技術及實戰應用，敬請期待。

Note

Note

Note